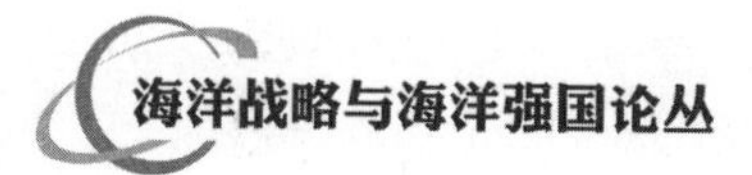

海洋强国兴衰史略

（第二版）

杨金森　著

海洋出版社

2014年·北京

图书在版编目(CIP)数据

海洋强国兴衰史略/杨金森著.—2版.—北京:海洋出版社,2014.1

ISBN 978-7-5027-8736-3

Ⅰ.①海… Ⅱ.①杨… Ⅲ.①海洋资源-资源开发-研究-世界 ②海洋战略-研究-世界 Ⅳ.①P74

中国版本图书馆CIP数据核字(2013)第271750号

责任编辑:高朝君
责任印刷:赵麟苏
海洋出版社 出版发行
http://www.oceanpress.com.cn
北京市海淀区大慧寺路8号 100081
北京画中画印刷有限公司印刷
2014年1月第2版 2014年1月北京第1次印刷
开本:787mm×1092mm 1/16 印张:24
字数:420千字 定价:58.00元
发行部:62132549 编辑室:62100038
邮购部:68038093 总编室:62114335

前　言

走向海洋是世界所有强国共同的国家战略。中华民族要复兴，成为世界强国，也必须走向海洋，成为海洋强国。这些话是我在1999年的一篇建议中写的。形成这样的认识已经多年了，但是一直未做深入研究。

2003年国务院发布的《全国海洋经济发展规划纲要》，正式把“建设海洋强国”写入文件，向社会公布。这就是说，建设海洋强国已经被列为国家战略目标。实施走向海洋的战略，实现建设海洋强国的战略目标，需要做很多研究工作，包括研究中国建设海洋强国的根本宗旨、基本原则，制定建设海洋强国的战略性规划，启动海洋强国建设的重大工程，实施海洋强国战略的步骤和措施等。研究工作中也包括吸收世界海洋强国兴衰的历史经验。本书就是探索研究最后一个问题。

在几千年的世界历史中，出现过许多世界大国，也出现过海洋大国和强国。这些国家不断地兴衰更替，有许多可以借鉴的经验和教训。国内外的许多专家，对于大国的兴衰，包括海洋强国的兴衰和演变，做过许多研究。这些研究工作形成了一些专著和论文，其中有许多很好的见解。外国的相关著作不是针对中国的需要写的。中国研究海洋强国的著作，针对中国建设海洋强国可以借鉴的经验和教训，也显得不够，还有深入研究的必要。因此，系统地考察世界历史上出现过的海洋强国，研究他们兴衰演变的经验和教训，特别是对于今天中国还有借鉴意义的经验和教训，是有必要的，这就要写一篇文章，或者写一本书。

最近几年，我就这个题目写过几篇内部研究文字，所用的历史资料和结论,都是零零碎碎从各种相关著作中摘录来的。闲来无事的时候我就翻书,查阅有关文献,一边看,一边摘录,陆续写了几十万字。书越看越多,问题也越来越多,针对借鉴历史经验的问题,难以理出头绪。比如:什么是海洋强国?成为海洋强国有什么历史作用?在世界历史上,哪些国家是海洋强国?他们建设海洋强国有什么经验,而许多海洋强国经过一定历史过程又都衰落了,这其中有什么可以借鉴的经验和教训?针对这些问题,一边读书,一边写一些东西,积累多了,就成了这本书。

本书主要研究世界强国走向海洋、成为海洋强国的经验和教训。这是大战略(grand strategy)问题,或国家战略问题。因此,我在写作这本书的时候,基本依据大战略(国家战略)的研究方法,研究大国走向海洋的战略问题。

关于大战略的研究方法,吴春秋认为:"西方大战略的制定形成了一套较为成熟的方法论,包括基本原则和程序。大战略必须为实现国家目标和政策服务,而国家目标和政策又是根据国家利益确定的。因此,明确国家利益是制定大战略的前提和基础。利益和目标决定战略要求;政策提供满足这些战略要求的准则;人力、物力、财力提供达成战略要求的手段。"[①]总之,研究大战略必须研究以下四个环节:(1)国家利益;[②](2)国家目标(政治目标);(3)国家政策;(4)综合国力。我在研究大国走向海洋的国家战略时,尽量考虑各国在当

① 吴春秋:《论大战略和世界战争史》,北京,解放军出版社,2002年,第44页。

② 国家利益的内容是多种多样的,不同的国家也有不同的利益要求。国家利益主要包括以下几个方面:国家安全利益,包括国民的生存、领土的完整、主权的独立和基本政治制度的保持等方面;国家经济利益,包括保证经济的自给自足、经济的稳定与繁荣发展、科技的进步和人民生活水平的提高等,以及维持和其他国家间稳定的经济关系,保证与外界资源的流通等方面;国际地位与权力,包括对国际政治事务的发言权、在国际政治运转规则的确立过程中体现本国意志、争取控制国际政治中其他行为者的行为等方面;制度和意识形态利益,力争在国际范围内扩充自己的制度和意识形态的影响,使别的国家能够接受其文化、价值观念、思想意识、信仰等。

时的国家利益和战略目标,实现这些国家利益和目标对走向海洋的需求,走向海洋采取的政策,实现海洋战略的综合国力(不单纯是海上军事力量)等。

我能够写出这本书,要感谢许多在我之前做过相关研究的学者,他们中有中国学者,也有外国学者。我在他们的著作中汲取了许多必不可少的营养。例如:美国肯尼迪·保罗的《大国的兴衰》,埃及教育部文化局的《埃及简史》,苏联罗琴斯卡亚的《法国史纲》,李雅书、杨共乐的《古代罗马史》,日本依田喜家的《简明日本通史》,霍立迪的《简明英国史》,孙颖、黄光耀的《世界当代史》,朱寰的《世界中古史》,苏联聂奇金娜的《苏联史》,申沉的《世界古代前期军事史》,刘庆、毛元佑的《世界中世纪军事史》,李明的《世界近代中期军事史》,皮明勇、宫玉振的《世界现代前期军事史》,鲁亦冬、张宁的《世界当代军事史》,乐庆平、王文涛的《世界古代后期政治史》,孙兰芝的《世界近代后期政治史》,署名编写组的《英帝兴衰史》,美国波特主编的《海上实力》,潘润涵、林永节的《世界近代史》,李文业的《世界近现代史》,傅蓉珍等的《海上霸主的今昔》,美国皮尔马编著的《苏联海军》,王连元的《美国海军争霸史》,美国内森·米勒的《美国海军史》,美国拉赛尔与 F. 韦格利的《美国军事战略与政策史》,吴春秋的《论大战略和世界战争史》,苏联马吉多维奇的《世界探险史》,美国马汉的《海权论》、苏联戈尔什科夫的《国家的海上威力》,张世平的《史鉴大略》,丁一平和李洛荣等的《世界海军史》等。近年来也有很多研究海洋战略的论文,通过互联网能查到的,我也认真读了,也借鉴了许多宝贵的资料和论述。我真心感谢这些学者,是他们让我查到很多有价值的资料,得到许多有益的启示,我在本书中也摘录了他们的许多精彩论述,其中大部分在相关之处做了脚注,也有些作为写作参考的文字未加脚注,只在参考文献中列出,敬请有关学者谅解。

尽管这是一部“汲取了许多必不可少的营养”的作品,但我有责任使本书具有其应有的特色,她既不同于史,又不光谈大战略,而是两者的形迹皆有之。正是这样,称其为“史略”倒也名副其实。希望本书的出版,能为“建设海洋强国”——实现中华民族伟大复兴,再献绵薄之力。

杨金森

2013年11月

目　次

第一章　绪　论

一、海洋强国概念和发展模式

这里说的海洋强国,与海洋霸权国家不同。霸权国家是一个或两个国家,海洋强国是一批国家。凡是能够利用海洋获得比大多数国家更多的海洋利益,从而使他们的国家成为比其他国家更发达的国家,都可以称为海洋强国。因此,一个时代可以有几个海洋强国。我们纵观世界历史,共有 19 个国家先后成为陆海强国和典型的海洋强国,其中有些是一个时代的强国,有些是几个时代保持海洋强国地位的国家,他们都能够利用海洋,获得较多的国家利益。

在第二次世界大战之前,走向海洋离不开战争,建设海洋强国都是为了控制海洋,这是共性,可以称为战争模式,其主要特征是:形成统一的国家—建立中央集权的政府—建设强大的军事力量—用战争打败竞争者—利用海洋谋求国家利益。其中,建设强大海军是实现这种模式的核心要素,所以,在一个很长时期里曾流行海军主义,西方列强政府内都设有海军部。

第二次世界大战之后,世界历史进入新时代,和平与发展成为时代特征,60 多年没有发生海洋强国之间的大规模战争,世界上既有海洋霸权国家,也有在和平环境下建设和保持一般海洋强国地位的国家,出现了可以采取和平模式建设海洋强国的历史环境。和平模式的主要特征是:具有建设海洋强国的综合国力基础—确立走向海洋的国家战略—建设以海军为骨干的综合海上力量—利用海洋谋求国家发展和安全利益。

二、海洋强国发展的时代划分

人类社会已经走过几千年的历史,历史上形成过许多海洋强国。不同的历史时期,海洋对于人类社会的作用不同,国家的海洋利益不同,获得海洋利益的手段也不同。获得海洋利益的手段就是海权。海权即国家的海上力量,它是实现国家利益的重要手段。以海权对实现国家利益的作用为基础,我把世界历史划分为陆权时代(陆权为主、海权为辅的时代)、海权时代(海权为主、陆权为辅的时代)和新海权时代(海权、陆权、天权等多元化时代)。不同的时代,形成了不同的海洋强国,他们的发展模式有共性,也各有不同的特点。

(1)封建社会(欧洲和亚洲)中期以前为陆权时代。陆权时代分为奴隶制时代和封建时代早中期两个历史时期。奴隶制时代的希腊王国、波斯帝国、迦太基王国、古罗马、古代中国和埃及,都可以说是世界强国,也是海上力量强大的国家。拜占庭帝国、奥斯曼帝国、阿拉伯帝国和中国,是封建时代的海陆兼备的大国和强国。这个时代影响国家利益的主要国家力量是陆权,海权是辅助的国家力量。这些海陆兼备国家的发展模式,主要是依靠强大的陆军和海军,通过战争(陆地战争和海战),蚕食和征服相邻陆地区域和隔海陆地区域,建立跨海、跨洲的帝国,成为当时的陆海兼备的强国。

(2)封建社会中后期开始进入海权时代。海权时代分为封建社会晚期、资本主义上升时期、帝国主义时期。海权成为实现国家利益的主要力量,海权强大的国家成为世界海洋强国。海权时代从世界大航海时代开始,到第二次世界大战结束为止。15 世纪至 17 世纪中期,是封建社会向资本主义过渡的时期,这个时期已经进入海权时代,葡萄牙、西班牙、荷兰和英国成为典型的海洋强国。17 世纪中期至 19 世纪中期,欧洲进入资本主义时代,这个时代英国和法国成为世界强国,其中英国成为海上霸权国家;法国为了争夺海洋霸权进行了百年奋争,但是,一直未能实现称霸海洋的梦想。19 世纪的最后阶段,欧洲、美洲和亚洲的一批国家进入帝国主义阶段,这个时期的英国、法国、俄国、日本、美国、德国成为世界强国,也成为海洋强国;中国曾经大力发展海军,希望成为海洋强国,但是,这个愿望没有实现。海权时代的海洋强国,主要发展模式是:把走向海洋作为国家大战略,发展以海军为核心的海上力量,通过战争实现控制海洋的目的,利用海洋谋求国家利益。

(3)第二次世界大战之后进入新海权时代。这个时代的主要特征是和平与发展,主要时代潮流包括经济全球化、世界多极化、谋求可持续发展等,海洋领域形成了和平和公平利用海洋的法律制度。海权本身也向多元化方向发展,由主要是海军力量,转变为海上军事力量、经济力量、科技力量、管理能力等结合的综合力量。新海权时代从 1945 年结束第二次世界大战开始,到戈尔什科夫的《国家的海上威力》出版,逐步被认识。海洋强国的发展模式也有所变化,没有发生过争夺海洋控制权的大规模战争,海洋强国各有自己谋求海洋利益的战略,建设海洋强国出现了和平模式。在这个新时代,美国是海洋霸权国家,其他海洋强国只要不采取战争手段与美国争夺海洋霸权,有正确的发展战略和策略,是可以和平建设海洋强国的。因此,这个时代出现了几类海洋强国:美国是海洋霸权国家;俄国、英国、法国是二流海洋强国;日本和德国是开发利用海洋的强国;中国和印度是潜在的海洋强国。

三、陆权时代的陆海强国

(一)陆权时代的认识

陆权时代包括奴隶制时代和封建社会早中期。这是一个漫长的历史时期,时间跨度超过4 000 年。在这个时期,国家的安全利益和经济利益主要在陆地,包括适合发展农业的土地,适合发展牧业的草原。因此,扩大陆地版图是大帝国的主要战略目标,包括用蚕食政策侵占周边国家的土地(草原),以及跨过海域征服邻近的地区。

实现这种战略目标的国家力量包括:第一,建立了中央集权的国家机器,通常有一个立志建立大帝国的领袖人物,国家行政能力比较强,有能力维持国家的生存和发展,有可能集中国家的资源进行对外征讨;第二,建立了强大的陆海兼备的武装力量,主要是陆军,在需要跨海征战时建立武装船队或海军,通过战争扩张陆地领土和滨海疆域,最终成为陆海兼备的大国。陆权时代的两个时期,也各有不同的特点。

(二)奴隶制时代的陆海强国

时代特点　奴隶制时代是指国家产生至公元5 世纪以前的时代。早在公元前4000 年前后,在五大文明的发祥地就出现了第一批国家。在尼罗河流域下游靠近地中海地区,产生了古代埃及文明;在亚洲西南部的幼发拉底和底格里斯河流域,在被黑海、里海、地中海和波斯湾包围的地域,产生了古代西亚文明;印度河与恒河流域的广大地区,产生了古代印度文明;在长江、黄河流域的中下游地区,产生了古代中国文明;在爱琴海地区,产生过古代爱琴海文明。这些古代文明区域的发展,产生了一批古代国家;在这些国家中形成了一批陆海强国。

海洋的法律地位　在奴隶制时代,新产生的国家还没有产生占有海洋的观念,海洋还是公有物。按照罗马法,当时的海洋像空气一样,是“大家共有之物”(res omnium communes),人类共同使用。罗马教皇曾倚仗权势,对海洋提出过管辖权,罗马与迦太基也曾缔结过限制对方船只活动海域的条约。但是,这种情况未形成被广泛接受的海洋法律制度。①

走向海洋的主要目的 公元前3000年以后,沿海地区的一些大帝国,开始跨越海洋进行贸易和抢夺财富,争夺海上通道及其周边海洋的控制权,因此,保护海上贸易和抗击海上入侵成为沿海国家捍卫国家利益的重要战略问题。在这个时期,古埃及、古希腊、波斯王国、古罗马、迦太基,逐步形成控制海洋的意识,开始争夺海洋霸权,陆续成为当时的强国。

强国的主要优势 这些强国在海洋方面的主要优势有以下几个方面:第一,比较早地建立了奴隶制国家,国家行政能力比较强;第二,海外商业比较发达;第三,海外殖民能力强;第四,有了比较强大的武装船队和海军。凭借这些优势,这些国家开始争夺海上霸权和海外领地,弱小民族的海防安全受到侵犯,甚至被征服。

古埃及 严格地说,埃及不是一个海洋国家,埃及文明也不属于海洋文明。但是,在奴隶社会的一段时期,埃及具有当时先进的造船能力,有扩展疆土的强大军事力量,地中海和红海变成了埃及的内湖。

古希腊 古希腊是一个滨海国家,创造了爱琴海文明,具有先进的风帆船建造技术,建立了世界上最早的海港和最早的海军,控制了爱琴海诸岛,建立了海外殖民地,希腊商船走遍了地中海和黑海,成为地中海地区的强国。

波斯 波斯有强大的陆军和海军,进行过长期的扩张战争,版图地跨亚、非、欧三大洲,是一个陆海兼备的大帝国,也是一个时期的强国。

腓尼基/迦太基 腓尼基是古地中海沿岸的古国,他们拥有当时最强大的海上力量,建立了许多最早的殖民地;迦太基是腓尼基在非洲今突尼斯境内建立的一个殖民城市,经过延续了3个世纪的征战,他们把希腊人从西班牙海岸大部分地区赶走,希腊人丧失了西部地中海的岛屿,腓尼基/迦太基成为海上强国。

古罗马 古罗马在公元前5世纪就成为地中海地区的海上强国,在安敦尼王朝(96—192年)期间,罗马帝国进入“黄金时代”,发展为横跨欧、亚、非的奴隶制霸权国家,整个地中海成为罗马人的内湖,这种状况一直延续到公元5世

① 刘楠来,等:《国际海洋法》,北京,海洋出版社,1986年,第3页。

纪,长达上千年时间。

中国　中国大地的先民,特别是沿海地区的先民,在有文字记载之前,就已经在沿海地区生存和发展。这些先民组织开发了沿海地区,也为后来形成国家,建立包括沿海地区在内的国家做出了贡献。轩辕黄帝时代,就达到东部的沿海地区了,这是中国海疆形成的重要基础。西周之初分封许多诸侯国,其中,地处沿海地区的诸侯国齐国、吴国、越国,逐步发展壮大,不断进行海上探索和开发,进行海上航行,初步形成了古代的海上力量。

(三)封建时代早中期的陆海强国

时代特点　封建时代早中期主要是指自人类进入封建时代开始,至大航海时代为止的时期。由于世界各国封建社会的发展不平衡,要划定一个适合所有国家封建社会的起止年代是困难的。在这里,采用的封建社会的起点为:中国自春秋战国之间(公元前475年)进入封建社会时代。公元476年西罗马帝国正式灭亡是西欧开始过渡到封建社会的标志。封建社会的终点为17世纪中叶英国资产阶级革命。在整个封建时代,又可以分为几个不同的时期。“我国史学界曾经采用过三分法,即分为早期(5—11世纪)、中期(11—15世纪)和晚期(16—17世纪中叶),以与封建社会的发生、发展和衰亡相适应。”①本书选择的封建时代早期和中期的世界大国,包括拜占庭帝国、奥斯曼帝国、阿拉伯帝国和中国,这些国家是比较典型的封建大国,与封建时代后期(主要指大航海以后到17世纪中叶)的葡萄牙、西班牙、荷兰等海洋强国有很大的区别。

海洋的法律地位　在封建时代的早中期,海洋的法律地位是不确定的,没有形成任何制度性公约。据刘楠来等研究认为,总体上说:“封建时代的国际海洋法,是以对于海洋的割据为特征的,海洋强国竞相提出权利主张,要求在其主张主权的那部分海域内航行的外国船舶向其旗帜致敬,在该海域内,向外国船舶征收通行费,控制或禁止外国船舶航行,禁止外国捕鱼等。”②

走向海洋的主要目的　拜占庭帝国、奥斯曼帝国、阿拉伯帝国、中国等大国,发展壮大与海洋有密切关系。封建时代早中期,人类还没有实现环球航行,当时的大国也只能在局部海域活动。建立跨海大帝国,是拜占庭、奥斯曼、阿拉伯等国走向海洋的主要目的。他们利用亚、非、欧三大洲之间的几个海域,形成

---

① 朱寰:《世界中古史》,长春,吉林人民出版社,1981年,第3页。

② 刘楠来,等:《国际海洋法》,北京,海洋出版社,1986年,第3页。

地跨三大洲的大国。

主要优势 这些国家建立了中央集权的封建国家,有能力集中国家的资源和力量,维持国家的生存和发展;向沿海地区和跨海扩张领土是主要的国家利益;建立强大的陆军和海军,通过战争扩张陆地和滨海疆域,最终成为陆海兼备的大国。

拜占庭帝国 拜占庭帝国就是东罗马帝国。帝国建立不久,就确立了重建罗马帝国的国家战略。为了实现这个大战略,建立了强大的陆军和海军,长期进行复兴罗马帝国的征战,成为中世纪地中海地区的大国。

阿拉伯帝国 7 世纪中期,伊斯兰教的兴起使阿拉伯各部落实现统一,之后从沙漠走向海洋,建立了海路和陆路兼备的阿拉伯商道,控制了当时的世界性贸易通道,形成了一个西起大西洋、东到印度洋,横跨亚、非、欧三洲的大帝国,伊斯兰教也变成一个世界性宗教。

奥斯曼帝国 奥斯曼帝国在中世纪建立独立国家,由小到大,由内陆走向海洋,逐步崛起,形成了一个地跨亚、非、欧三洲的大帝国,总面积达 600 万平方千米。

中国 中国在战国时期形成许多诸侯国,这些诸侯国为争夺土地和兼并人口,战争连年不断,战祸极其惨烈。要消除封建割据,只有实现统一。当时不但政治上需要统一,社会经济的发展也提出了统一的要求。在当时的社会历史条件下,统一只能靠武力征服来实现。秦朝完成了这个统一的大任。公元前 221 年,秦始皇建立中央集权的封建国家,疆域达到东部沿海。

秦代以后到清代的漫长历史时期,中国处于封建社会。其中,在明代中期之前,中国是世界上最强大的国家。郑和下西洋的时期,中国是世界海上力量最强大的国家,是海陆兼备的世界强国。清代中期之后,西方列强开始从海上入侵中国,中国逐渐沦为半封建半殖民地国家。中国衰落有多种原因,其中,国家缺乏“经略海洋”的大战略,长期重陆轻海,是其中重要原因之一。

四、海权时代的海洋强国

(一)海权时代的认识

大航海时代 海权时代大体上从 15 世纪开始,到 20 世纪 40 年代中期,约 600 年的时间。这个时期起始之初一个突出的时代特征,是人类进入大航海时代或“地理大发现”时代。当葡萄牙的第一批船只绕过好望角,西方统治的时代便开始了。这个时期的国家利益，是利用全球海上通道，跨海占领殖民地，发展航海事业和世界性商业，进行资本的原始积累，占领海外原料产地、商品销售市场。

海军成为国家力量的核心 国家海上力量的核心是海军，包括15—17世纪的风帆舰队；18—19世纪中期的蒸气铁甲舰队；19世纪末到20世纪初期大舰巨炮舰队；20世纪早、中期两次世界大战期间包括航空母舰、潜艇在内的现代海军。此外，还有一些很重要的因素，也是国家海上力量的重要组成部分。在马汉的《海上力量诸因素》中，列举了影响各国"海上力量"建设或"海权"运用的六个基本因素，其中包括：便于进入大洋的滨海位置；天然的资源、港湾与气候；海岸线的长度；从事海洋产业或经济的人口；热心向海洋发展的民族性格；是否能以"海上力量"或"海权"作为重心的政府。

海战场成为独立的战略方向 第一次世界大战时，排水量高达3万吨的无畏式战列舰，在各大洋上用380毫米口径的巨炮对射。海战场已不再附属陆战场而成为一个独立的战略方向，德意志的潜艇战甚至可单独扼杀不列颠帝国的海上战略运输线。到第二次世界大战，由于远洋潜艇、航空母舰、舰载机、雷达、声呐、无线电台等新式海战武器装备的大量应用，海战发生新的变革，出现了远程立体、全天候、不分昼夜大规模的战役行动。海军已发展成由水面舰艇、潜艇、航空兵、海军陆战队等诸兵种构成的合成军团，庞大的舰队可单独或与其他军种协同实施大规模的两栖登陆战役。马里亚纳海战、菲律宾海战、冲绳战役、诺曼底战役等，就是当时典型的海、空、陆联合作战。

海权时代又分为封建时代晚期(大航海时期)、资本主义上升时期、帝国主义时期三个时期。这三个时期也各有不同的时代特点。

(二)封建时代晚期的海洋强国

大航海时代 从15世纪末到17世纪40年代英国资产阶级革命，是西欧封建社会的晚期。这个时期资本主义生产关系在西欧诸国开始产生，封建社会进入解体阶段，开始向资本主义社会过渡。这个时期人类对海洋的认识产生了飞跃，认识到地球是圆形的，陆地是不连续的，而全球海洋是连通的，人类找到了环球航线，海洋国家发现并占领了许多落后地区。人类进入了大航海时代。当葡萄牙的第一批船只绕过好望角，世界历史也进入海权时代，西方列强统治世界的时代开始了。

海洋的法律地位 在欧洲的封建社会晚期，出现了称霸世界大洋的葡萄牙、西班牙、荷兰三个海洋强国。这些海洋强国对占有和控制海洋,有了更多的要求,形成了进一步割据海洋的局面。葡萄牙和西班牙以罗马教皇的谕旨为根据,主张瓜分大西洋、太平洋和印度洋,使海洋割据达到了登峰造极的地步。美国学者斯科特指出:"17 世纪初,欧洲诸海中大概没有一个部分处于某种权力要求之外的。"[①]这个时期出现了《奥列龙法集》《海上法汇纂》等海洋法文献,形成了一系列调整航海和贸易关系的法律规则。

这个时期的雨果·格老秀斯,于 1609 年发表了《海洋自由论》,提出了海洋自由原则。格老秀斯主张:海洋同空气一样,是供所有人使用之物,应保持自然形成时的法定地位,海洋不能为任何人占有,不能成为任何人的私有物,海洋要供一切人航行和捕鱼使用。海洋在本质上是不受任何国家主权控制的,所有国家都可以自由使用。海洋自由原则的提出,为近代国际海洋法体系的形成奠定了基础。

走向海洋的主要目的 这个时期的强国走向海洋,主要目的是探索环球航线,发现新的陆地,搜刮海外的金银财富,占领海外殖民地。

强国的主要优势 从研究海洋强国兴衰史的角度看,这些国家的主要优势有四个:一是商业经济发达;二是海上武装力量强;三是有海外武装探险能力,发现世界落后地区并占领这些地区的能力强;四是海上商船队规模大。他们利用大航海时代海洋的恩惠,发展航海事业,海外贸易事业,扩大海外殖民地,促进了资本主义发展,为后来成为世界先进国家创造了条件。

葡萄牙 葡萄牙原是欧洲的一个贫穷落后小国。国家独立之后,朝廷把走向海洋作为基本国策,集中国家的各种资源和力量向海洋进军,建立了探险船队、远征舰队、殖民地和基地网,称霸印度洋和西南太平洋,成为世界商业帝国和海洋强国。

西班牙 西班牙在 15 世纪形成中央集权的民族国家。之后,集中国家的各种资源和力量向海洋进军,建立了探险船队、无敌舰队,顽强地进行海外探险,发现了美洲大陆,建立了许多海外殖民地,称霸大西洋,成为世界商业帝国和海洋强国。

荷兰 荷兰位于波罗的海诸国、地中海沿岸各国以及德国各大河口之间的居中点。荷兰在欧洲进入封建社会晚期,率先走上资本主义道路,并利用他们

---

① 刘楠来,等:《国际海洋法》,北京,海洋出版社,1986 年,第 3 页。

的地理区位优势,成为欧洲的中转生意中心。为适应这种形势,荷兰大力发展造船和航海业,成为"海上马车夫",并利用这种优势在17世纪登上海上霸主的宝座。

英国　英国作为一个岛国,要继续发展,就必须走向海洋;不仅要防守海岸线,还要称霸海上。英国的海上霸主地位是经过长期战争获得的。1588年战胜了西班牙的无敌舰队,英国取得海上争霸斗争的初步胜利。17世纪中期战胜"海上马车夫"荷兰,海上霸权地位初步确立。从1485年都铎王朝建立算起,经过170多年的奋斗和争夺,英国最终成为海上霸主。

中国　明代中期,世界已经开始进入大航海时代。适应航海时代的要求,世界强国都在建立强大的海军,探索全球航道,占领殖民地,发展航海事业,逐步成为海洋强国。中国有条件走在这种世界潮流的前列,继续保持世界强国地位。中国在大航海时代开始的时候,曾经走在世界前列。郑和下西洋的船队是一支种类齐全的特混船队,一次就有大小船只200多艘。郑和下西洋历时28年,航路从东海出发,远至西亚、东非、波斯湾、阿拉伯海、红海,越过赤道达到南半球的麻林地。但是,郑和下西洋停止之后,中国与西方海洋强国走上相反的道路,开始实行闭关锁国政策,不但不发展航海事业,占领海外殖民地,而且开始限制与西方国家的贸易,商业、渔业和造船业都萎缩了,海军落后了,国家也由此走上衰落的道路。

(三)资本主义时代的海洋强国

英法争霸与瓜分殖民地时代　资本主义时代包括两个时期:一是从资本主义生产关系在西欧最初发生,到18世纪中叶资本原始积累和工场手工业发展时期;二是从18世纪后半期至19世纪60年代机器大工业发展和资本主义制度确立时期。这个时代的海洋强国,主要是英国、法国和俄国,主要的时代特征是英国与法国争夺海洋霸权,俄国寻找出海口以及主要资本主义国家瓜分殖民地。

海洋的法律地位　世界进入资本主义时代以后,新兴的民族国家为了能够在海上自由航行,要求打破把世界海洋分割为各国势力范围的格局,实现自由航行。雨果·格老秀斯的《海洋自由论》是适应资本主义时代要求的,因此成为这个时代海洋法律制度的基本原则。海洋自由原则在资本主义时代真正成为国际海洋法的基础,并逐步发展为国际海洋法体系。

走向海洋的主要目的　资本主义诞生初期的原始积累阶段,是海权发展的极其重要的时期,海洋强国依靠海上霸权,实现了在全球掠夺资源,掠夺贵金属,完成了资本的原始积累。在最初的全球资源分配中,海洋和海权发挥了通道和有效手段的作用。全球海洋大通道形成之后,出现了葡萄牙、西班牙、荷兰和英国等海洋强国。[①] 这些海洋强国凭借海军力量,在全球范围内掠夺财富,开始了资本原始的积累过程。这个过程从16世纪末开始,一直持续到19世纪中晚期。在大工业建立起来之前,正常的远洋商业是不能获得正常利润的。在资本积累过程中能够获利的活动包括:奴隶贸易、鸦片贸易和海盗的抢劫行为,再加上战争赔款。这些不平等的交换活动使葡萄牙、西班牙、荷兰成为富国,帮助英国等完成了资本的原始积累过程。

海洋强国的主要优势 资本主义时代海洋强国的主要优势包括:最先走上资本主义道路,走在工业革命的前列;利用蒸汽动力革命的成果,发展了近代造船业;建设了蒸汽铁甲舰武装起来的近代海军;有保持和争夺海外殖民地的能力。

英国 进入资本主义时代,英国已经是海洋强国。法国崛起之后,开始与英国争夺海上霸权。从1690年法国与英国海军在比奇赫德湾发生的海战算起,到1805年的特拉法加海战,共用115年,英国打败了法国的海军,打破了拿破仑海上争霸之梦,最后确立了英国的海上霸主地位。

法国 法国的国土接近六边形,三面临海,一面向陆。长期以来,法国人追求的是欧洲霸权,不重视海洋。到路易十四时代,柯尔培尔(1616—1683年)在1665年担任了法国海军大臣,开始走向海洋。他认为商船是国家赚取财富的手,而海军则是手中的枪,要有枪保护殖民地和商业利益。因此,他提出了谋利海军思想。在他任职期间,法国的海军发展起来,可与公海上航行的任何海军相抗衡,成为海洋强国之一。法国也想成为海上霸权国家,与英国进行了一百多年的争霸战争。但是,由于法国三面临海,一面向陆,海上有英国的压制,陆上有欧洲一些强国的威胁,无法集中力量建设能够战胜英国海军的海上力量,因而始终未能成为世界海上霸主,于是19世纪初放弃了与英国争夺海上霸权的战略。

中国 清朝一建国就出现严重的海防安全问题。清朝前期,海上反清势力存在很长时期,海盗侵扰一直未断。西方海洋强国出现之后,来自海上的侵略

---

① 关于这些国家称霸海洋的历史情况,傅蓉珍、张晴、金忠富的《海上霸主的今昔》(哈尔滨:黑龙江出版社,1998年)做了比较全面的研究。本书从中借鉴了不少史料和观点。

逐渐成为影响国家安全的主要因素,海防成为国家战略问题。但是,朝廷对世界形势了解非常少,对海防形势长期没有清醒的认识。康熙、乾隆、嘉庆等皇帝,对于世界上出现的资本主义制度、西方列强的对外侵略以及中国面临的海上入侵形势的认识,都处于蒙眬状态。康熙皇帝自以为了解海防大局,提出海防为"要务",实际上主要是防御海盗,他并不了解西方列强的潜在威胁。乾隆时期西方列强的侵扰活动已经开始增多。但是,他并没有认识到这种新形势,他对海防和水师的"上谕",也主要是防御海盗和加强水师的一般议论。嘉庆年间,西方的侵扰日益增多,所以嘉庆比其祖先更多地关注海防问题,特别是"洋盗"危及海防安全方面的问题。

清代中后期,西方海洋强国把侵略魔爪伸向亚洲,中国开始受到西方国家的侵略。但是,朝廷对海防安全仍然缺乏清醒的认识,两次鸦片战争期间,战时临时调集力量应付,战争结束立即解散海防武装力量。同时,由于中国在政治、经济、军事、科学技术等领域都处于落后状态,各种矛盾不断激化,社会动荡不安,呈现衰败没落景象。因此,在海防斗争中不断遭受失败,最后变成半殖民地半封建国家。

(四)帝国主义时代的海洋强国

战争与革命的时代　这里的帝国主义时代,是指从1871年巴黎公社革命和1873年经济危机,到第二次世界大战结束的时期。这个时期的时代基本特征是战争与革命:帝国主义国家为瓜分和重新瓜分殖民地与势力范围,进行了多次争霸战争以及两次世界大战;帝国主义战争引发无产阶级革命,社会主义革命提上了议事日程,建立了第一个社会主义国家——苏联,后来又有一批国家走上革命道路,形成了社会主义阵营。在战争与革命的时代,发生了两次世界大战,形成了新的国际关系格局。

第一次世界大战与"凡尔赛－华盛顿体制"　1873年世界经济危机加速了生产和资本的集中,资本主义开始从自由竞争阶段向垄断阶段过渡。危机也加剧了资本主义国家之间对原料产地、销售市场、投资场所及殖民地的争夺。到20世纪初,世界的落后地区和国家基本被瓜分完毕。帝国主义各国经济实力对比的变化与它们所拥有的殖民地和势力范围极不相称。于是,重新分割世界的斗争日益尖锐,最终导致了第一次世界大战。1914—1918年的第一次世界大战,就是以德国为主的同盟国集团和以英国为核心的协约国集团,为了重新瓜分殖民地、半殖民地,争夺世界霸权而爆发的帝国主义战争。战争结束后,英、法、美、意、日等战胜国于1919年在巴黎召开和会，缔结了《凡尔赛和约》，对德国进行总清算，德国的领土和殖民地被重新划分，德国向战胜国赔付巨额经济赔偿，德国发展军事力量受到严格限制。此外，奥地利、保加利亚、匈牙利和土耳其等战败国也先后与战胜国签署了和约。

为了重新划分远东的势力范围和建立列强间的势力均衡，美、英、日、比、法、中、意、荷、葡9国于1921—1922年召开了华盛顿会议，签订了3个主要条约：一是英、法、日、美保证尊重彼此在太平洋的领地；二是共同保证中国的独立，日本承诺最终把胶州湾归还中国；三是美、英、日、法、意5国签署海军公约，规定在10年内不再建造大型军舰。5国大型军舰比例分别保持在5:5:3:1.75:1.75；英美两国同意不再加强从新加坡到夏威夷之间的任何海军基地的防御工事。会议还重申在中国实行门户开放政策。

《凡尔赛和约》与华盛顿会议所达成的各种条约，构成了“凡尔赛－华盛顿体制”。这个体制延续了传统的势力均衡政策，依照新的力量对比重新划定了列强在欧洲和远东的势力范围；确认了美国和日本崛起的新现实，使国际体系从欧洲扩展到全世界；在这一体制中，欧洲世界政治中心的地位受到严重削弱，美国和日本在国际事务中的地位和作用开始上升。

第二次世界大战与雅尔塔体制　第二次世界大战由德、意、日“轴心国”发动，卷入了世界上80多个国家和地区，成为人类历史上规模最大的战争。这场战争对世界战略格局产生了深刻的影响。战争结束前夕，英国、美国和苏联在雅尔塔举行会议，就战后的政治安排进行磋商。雅尔塔会议在早日结束战争，处置战败国，划分战后的世界势力范围以及筹建维持战后和平的国际组织等方面达成谅解与一致，从而奠定了战后国际格局的基本框架。因此，战后的国际体系又称“雅尔塔体制”。

海洋的法律制度　在资本主义时期形成的国际海洋法，是以海洋自由原则为基础的。自由资本主义发展到帝国主义阶段以后，海洋上自由航行的法律制度仍然适合当时的时代要求。因此，这个时期海洋法律制度没有发生重大变革。新出现的问题主要是，海洋强国利用海洋自由原则，作为建立海上霸权的工具，用于保证他们的军事航行自由，保证他们在海洋上自由地掠夺资源，保证他们利用海洋侵略其他沿海国家。因此，一些沿海国家开始要求扩大国家管辖海域范围，苏联在早期也支持沿海国家扩大管辖海域的要求。但是，这些要求没有得到国际社会的确认，国际海洋法律制度也没有发生革命性变革。

海洋强国的主要优势　这个时期,远洋海军成为海洋强国的主要标志。这是马汉的海权论在全世界发生广泛影响的时代,西方列强普遍认为,海洋强国就是要有参与全球争霸斗争的强大海军。英国是世界海洋霸主,保持着最强大的海军;美国、德国、日本、法国、俄国等国,也都全力发展远洋海军,参与争夺海洋霸权的斗争。帝国主义列强展开了发展海军的大竞赛。经过两次世界大战,英国的海洋霸主地位动摇了,美国成为新的海洋霸主。苏联也发展起来,成为世界强大的国家之一。英国、法国、德国、意大利、日本也都是这个时代的海洋强国。

俄国/苏联　俄罗斯成为世界大国是从彼得一世开始的。彼得大帝缔造了一个强盛的俄国。在"两只手"思想的指导下,俄国建立了强大的陆军和海军,夺取出海口,争夺世界霸权。彼得大帝之后,经过长期扩张,蚕食周边区域,俄国成为横亘欧、亚大陆、国土面积2 280万平方千米的最大的国家。1905年日、俄战争后,俄国开始衰落,1917年灭亡了。苏联建立之后,经过第二次世界大战,逐步成为世界强国。

美国　独立建国是美国走上强国之路的开端。独立之后,美国通过购买、兼并、武力占领等几种方式,成功地扩大了国土面积,成为世界上国土面积较大的国家之一。美国在建国不久就形成了民主制度的理论和国家政体,这是美国能够成为世界强国的政治基础。进入帝国主义时期,美国成为经济实力最强的国家,为美国建设海洋强国奠定了坚实的经济基础。美国人的海洋意识很强,建国不久就形成了走向海洋的国家战略,最初是为了保证美国集中精力进行国内建设,把海洋作为"护城河",利用炮台与海军建立起海岸防卫体系,用海洋把欧洲列强与美国隔开,保护本国的安全。发展到帝国主义阶段之后,经济实力超过老牌强国,这个时期马汉提出了海权论,为美国走上称霸海洋的道路奠定了理论基础,并很快形成了统治海洋的国家战略。当时的海军部长特雷西说:"海洋将是未来霸主的宝座,像太阳必然要升起那样,我们一定要确确实实地统治海洋。"①为此,美国开始建设全球海军,经过两次世界大战,美国成为第一海洋强国。

---

①　阿伦·米利特,比得·马斯洛金:《美国军事史》,北京,军事科学出版社,1989年,第255－256页。

英国 在世界进入帝国主义阶段的时候，英国继续保持第一世界强国的地位，仍然是海洋上的霸主。19 世纪后期到 1914 年，英国的殖民地总面积扩大到 3 350 万平方千米，占地球面积的1/4，相当于英国本土面积的 110 倍，殖民地人口达 4 亿多，为英国本土人口的 9 倍，从而成为地跨五洲的“日不落”殖民大帝国。英国拥有一支吨位数占世界第一位的商船队，海上运输量占世界总运输量的一半。英国海军占据了从英国通向东方航道的一系列战略据点。伦敦是世界金融中心。第一次世界大战时，美国和德国的经济实力赶上了英国，要求重新瓜分世界。第二次世界大战使英国的经济实力进一步下降。丘吉尔在出席雅尔塔会议时说：“我的一边坐着巨大的俄国熊，另一边坐着巨大的北美野牛，中间坐着的是一头可怜的英国小毛驴。”①

法国 19 世纪中叶的法国，工业产量仅次于英国，居世界第二位。进入帝国主义阶段的法国，继续奉行殖民扩张政策。到 1914 年，法国已有殖民地领土 1 060 万平方千米，相当于法国本土的 20 倍，成为仅次于英国的庞大殖民帝国。经过两次世界大战，法国的国际地位下降了。第二次世界大战中法国被德国占领，死亡人数超过 63 万，600 万人无家可归，200 多万座建筑物全部或部分毁于战火，1 500 多万公顷土地荒芜，战争中共损失 2 万亿法郎（1938 年）的财富。法国的殖民统治也遭到了致命的打击。法国的国际地位受到严重影响。

德国 19 世纪 70 年代以前，德国实行“大陆政策”，目标是建立称霸欧洲大陆的中欧帝国。19 世纪 80 年代末，野心勃勃的威廉二世即位后制定了“世界政策”，从争夺欧洲霸权转变为争夺世界霸权。世界性强国必须走向海洋。德国崛起之后宣称，“德国的未来在海上”，“一支强大的舰队对于我们来说极端重要”，“帝国的力量意味着海上力量”。② 实行世界政策的德国奉行海军主义，力图建设一支赶上英国的海军力量。德国获得了一定的成功，20 世纪初成为第二海军强国，并发动了两次世界大战，但是，德国失败了。原因是多方面的：一是地理位置不利，德国处在欧洲中部，德国的崛起同时威胁到许多其他大国，必然遭到这些大国的反对；二是德国要向世界上一切国家挑战，这是决策的重大失误；三是国内政治矛盾突出，在推行“新世界政策”的时候，很难动员全国的力量，不具备打一场旷日持久的“总体”战的能力。

---

① 张世平：《史鉴大略》，北京，军事科学出版社，2005 年，第 255 页。

② 潘润涵，林承节：《世界近代史》，北京，北京大学出版社，2000 年，第 254 页。

日本 日本国由本州、九州、四国、北海道 4 个大岛和 3 000 多个小岛组成;海岸线总长 3.5 万余千米,仅次于美国,居世界第二位;专属经济区水域面积共约 451 万平方千米,[①]接近陆地面积的 12 倍,居世界第七位。日本成为海洋强国是从走出海岛、走向海洋并实行大陆政策开始的。岛国的地理位置使日本可以方便地走向海洋,走出海岛。日本成为海洋强国,还有实现国家统一的政治基础,明治维新创造的社会制度基础,以及确立走向海洋的国家战略等多种因素。日本是最后崛起的帝国主义国家。由于实行殖产兴业、文明开化、富国强兵、大陆政策等基本国策,日本在半个世纪里就跃进到了帝国主义列强的行列,并迅速成长为一个军事封建性的帝国主义国家。日本的主要对外政策是大陆政策,即用战争手段侵略和吞并朝鲜、经营满洲、征服中国、称霸亚洲,后来发展为向世界扩张的对外政策。日本发动了第二次世界大战,并在战争中遭受了惩罚。

五、新海权时代的海洋强国

(一)新海权时代的认识

和平与发展的时代大背景 第二次世界大战之后进入新海权时代。这个时代的基本特点是和平与发展成为时代的总趋势。第二次世界大战期间德国和日本战败,英国与法国严重削弱,英国独占的海洋霸主地位,一百多年之后退居二线,美国成为世界最强的国家,苏联成为政治、军事大国,以美国和苏联为首形成了对立的两极,两个超级大国争夺海洋霸权,世界处于冷战时代。

苏联解体和东欧剧变之后,世界上形成了统一的世界市场,所有国家都被卷入全球性经济体系,世界进入冷战后时代。美国成为唯一的霸权国家,也成为海洋霸主;俄罗斯继续保持比较强大的海上力量;英国、法国仍然是次级海洋强国;德国、日本正在恢复海上力量;中国、印度等发展中大国加快了发展步伐,成为新崛起的国家。

海洋法律制度的变革 在 20 世纪 40 年代以前,海洋只被区分为领海和公海两部分。自从 1945 年 9 月 28 日杜鲁门发布《关于大陆架的底土和海床的自然资源的政策》的总统公告之后,国际海洋法律制度发生了新的重大变革。新的海洋法律制度的基本原则包括:公平分享海洋恩惠,和平利用海洋,国际海底

---

① 2004 年日本海洋政策国际会议上,日本人提供的数字为 447 万平方千米。

及其资源是人类共同继承财产,合作开发和保护海洋,等等。依据这些原则,制定了《联合国海洋法公约》,形成了新的领海、专属经济区、大陆架和国际海底与公海等法律制度,并形成了新的海洋政治地理格局。世界海洋中的1.09亿平方千米的近海被沿海国家划分为管辖海域,成为这些国家的蓝色国土,由此形成了“蓝色圈地”运动;2.517亿平方千米的海域成为公海和国际海底区域。

国家的海洋利益全面扩大 旧海权时代的国家海洋利益,最主要的是控制和利用全球海上通道。新时代国家的海洋利益在区域上可以分为三类:一是在国家管辖海域,沿海国家享有领海主权,专属经济区和大陆架的主权权利,各项管辖权以及和平、安全等方面的利益。二是在公海,世界各国都享有行使公海自由的权利和利益。三是世界各国都有利用和分享国际海底区域人类共同继承财产的利益。这些海洋权利和利益在类别上可以分为海洋政治权利和利益、海洋经济权利和利益、海洋交通权利和利益、海洋安全权利和利益、海洋科研权利和利益。

国家海上威力理论 第二次世界大战之后,影响国家利益的主要力量开始多元化,陆权、海权、天权都是影响国家利益的重要因素。海权本身也向多元化方向发展,包括海上军事力量、经济力量、科技力量、管理能力等结合起来的综合海上力量。因此,旧的海权论不能适应新形势了,出现了新的海权理论。提出这个问题的代表人士,是苏联的戈尔什科夫。这个理论以其《国家的海上威力》为代表,从此世界进入新海权时代。新海权时代从第二次世界大战之后就开始了。戈尔什科夫在新形势下提出了“国家海上威力”的概念,它与马汉的“海权论”有重要差别。

(1)“国家海上威力”的内涵比“海权”更广泛。戈尔什科夫在其《国家的海上威力》一书中认为:“国家的海上威力就是:合理地结合起来的、保障对世界大洋进行科学、经济开发和保卫国家利益的各种物质手段的总和。它决定各国为本国利用海洋的军事和经济潜力的能力。”[①]国家海上威力既包括海上军事力量,还包括开发和利用海洋资源的能力,海洋科学研究能力以及海洋科学考察、勘探船队,海洋工程技术队伍;运输和渔业船队及其保障国家需要的能力;海上导航测量、打捞救生、环境监测监视和污染防治、情报资料、通信系统等设施和力量以及国家造船工业能力等。

---

① 戈尔什科夫:《国家的海上威力》,北京:海洋出版社,1985年,第2页。

(2)戈尔什科夫的国家海上威力是一个体系。“这个体系的特征不仅仅在于其各个组成部分(海军、运输船队、捕鱼船队、科学考察船队)之间有着各种联系,而且它与周围环境(海洋)是一个不可分割的整体。它与海洋相互依存,才能发挥作用和表现其整体性。”[①]按照这个“体系”理论,海洋强国不但要建设各种海上力量,还要发展海洋科学研究事业,提高认知海洋环境变化规律的程度,设计更好的舰船,更好地发挥海上武器装备的威力,为各种海上活动提供海洋环境保障服务等。

(3)“制海”的目的不仅在于取得海洋交通的自由,还包括海洋资源与海洋基地的利用。制海方式也不一定是“海战”,不同的任务采取不同的方式,也可通过政治、外交斗争,通过国际会议,争取建立新的海洋法律秩序去取得。譬如,拉美国家为维护本国的海洋权益,曾掀起200海里海洋权(maritime right)的斗争。

(4)特别重视大洋问题。戈尔什科夫认为:“国家海上威力的实质,就是为了整个国家的利益最有效地利用世界大洋(或如常说的地球水域)的能力。”[②]他深入研究了大洋的政治、经济、军事问题,研究了海军建设和大洋上武装斗争的特点和规律。

美国人海权思想的变化 在第二次世界大战之后,美国的海权思想也发生了重要变化。美国海军继承了马汉的海权思想,强调要控制世界海洋16个咽喉要道,而且提出争霸全球海洋的战略,以及由海向陆的海军战略。美国海上战略的基本原则包括:国家战略规定海军的基本任务;海军基本任务的完成需要确立海上优势;确保海上优势要重新确立一个严谨的海洋战略;海洋战略必须是一种全球性理论;海洋战略来源于而且从属于国家安全的总战略;海军力量必须进行前沿部署等。这些都是对马汉海权论的发展。

同时,美国也十分重视海军之外的其他海上力量。曾任美国海军部长的伊格内修斯指出:“假若把海上威力的各个方面都与美国的切身利益联系起来,那么,必须强调指出,为了保持军事战役独立作战的灵活性,必须拥有一支庞大的现代化的悬挂美国旗航行的商船队。没有一支强大的商船队,一系列军事解决的单独方案就会落空。在利用大洋方面,美国拥有技术优势,在国际范围内开辟扩大美国影响的新领域。美国在海洋考察方面的这一领先地位,对于将来

①② 戈尔什科夫:《国家的海上威力》,北京:海洋出版社,1985年,第2、9页。

发展与本国国民经济有密切联系的海上威力可能是极为必要的。同样,美国在海洋学上的优势,也可以使其保持在科学界的领先地位,并且还可以从事先常常极难预料的附带成果中,取得有实际价值的成果。国际威望不仅对于美国产品的外国买主来说是重要的,而且对于以海上威力为后盾的美国的对外关系也是重要的。"①

海军的重大变革 以信息技术为主要内容的新军事技术革命,使海军迎来了信息化舰队时代。信息化的发展极大地提高了海上武器装备的效能,改变了海上作战的深度和广度,导致了由海向陆机动作战理论、远程精确打击战法、网络中心战思想的出现,并使海军的建设与发展发生了重大转变:海上力量由数量规模型向质量效能型转变,编制体制朝着精干、高效、合成方向发展,海上作战平台加速向信息化、隐身化方向发展,武器弹药向智能化、精确化方向发展,海战场趋向进一步透明化、广域化,海上作战样式趋向于多维空间的一体化作战。海军的发展也在改变海上军事斗争的格局。以美国为首的西方发达国家以雄厚的经济实力为基础,以领先的高新技术为支撑,充分利用新军事技术成果,预计到2020年将建成全新的信息化海上舰队,其海军作战效能将成几何倍数增长。而广大发展中国家海军由于技术基础薄弱,经济落后,其海军质量将与之形成"代差"。在未来相当长的时间内,广大发展中濒海国家最迫切的问题仍是发展经济和提高综合国力,不可能投入大量资金去发展信息化海军。因此,广大发展中国家的海上安全将面临更加严峻的挑战。

(二)冷战时代的海洋强国

冷战与两极对立国际体制 第二次世界大战后,美国为了称霸世界,开始对苏联推行强硬政策。苏联对此做出针锋相对的反应,由此构成长达40多年的"冷战"。冷战是美国和苏联争夺全球利益和世界影响的斗争,也是它们遏制反遏制斗争所形成的两国关系和整个战后国际关系的一种状态,是1947—1991年的一种国际体系。冷战期间,美苏通过军备竞赛、外交斗争、经济压力、意识形态对立、宣传攻击、间谍战等途径,造成国际的紧张局势和国家之间的互相敌视和仇恨。冷战的主要参加者是美国及其西方盟国,苏联和华沙条约组织成员国。中国和许多发展中国家都自觉不自觉、程度不同地卷入了冷战。冷战

---

① 《美国海军学会会报》,1970年第4期,第26-31页。转引自戈尔什科夫:《国家的海上威力》,北京,海洋出版社,1985年,第14-15页。

的主要战场在欧洲,并逐步扩展到整个世界。冷战严重影响了国际关系的正常发展。

冷战时代的海洋强国　第二次世界大战前的强国,在战争期间发生了重大变化。在两极竞争的体制下,美国和苏联是两个超级大国,也是两个最大的世界海洋强国。英国和法国逐步恢复,仍然是海洋强国。德国和日本恢复得很快,又逐步成为除海上核力量之外的海洋强国。

(三)冷战后的海洋强国

和平与发展时代　冷战结束之后,和平与发展成为时代的主要潮流。在和平与发展时代,国际战略格局的主要特征包括:①国际局势总体趋缓,但是,局部战争和武装冲突仍然此起彼伏;②霸权主义依然存在,政治上的新干涉主义、军事上的新炮舰主义和经济上的新殖民主义成为霸权主义的主要表现形式;③大国间在加强对话与合作的同时,较量仍在继续,但重点已从冷战时期的以军事力量为主,转向以科技为先导,以经济为基础,以军事力量为后盾的综合国力竞争;④经济全球化发展进程加快,任何国家都不能孤立于外,但其负面影响有可能加深全球贫富鸿沟,给国际社会带来新的不稳定因素。

人类进入海洋世纪　2001 年 5 月,联合国缔约国大会的文件认为,21 世纪是海洋世纪(ocean century),海洋在多方面对世界历史进程产生越来越大的影响。

(1)“蓝色圈地”运动陆续完成,超过 1 亿平方千米的海域成为沿海国家的管辖海域,沿海国家的生存和发展空间将向海洋扩展。

(2)目前世界人口正以每 35 年加倍的速率在增加,陆地空间的承载压力进一步加大,人类将进一步向海洋发展,海洋成为人类可持续发展的宝贵财富。一是依赖海洋提供支持人类发展的自然资源;二是全球环境变化依赖海洋调节;三是人类进入全面开发海洋的时代,海洋生物资源、化学资源、动力资源、海底金属资源、生物基因资源、海底石油和天然气(包括天然气水合物)资源将得到全面开发,海洋将成为人类经济活动的立体空间,海洋经济成为世界经济的新增长点。

(3)沿海地区仍然是黄金地带,经济中心仍然在沿海地区,人口将进一步向沿海地区移动。目前世界上 60% 以上的人口居住在距离海岸线 100 千米以内的沿海地区,21 世纪中后期,沿海地区的人口有可能达到人口总数的 3/4。

(4)海洋防卫和军事斗争更加尖锐复杂。大多数沿海国家面临新炮舰主义的威胁,还要以海洋作为国防前哨;一些大国要利用海洋投送和屯住兵力,干涉别国内政;美国控制着世界上的主要海上通道;大洋是战略核威慑和核反击的重要基地。深海区作为内太空,是大国战略性争夺的领域。

(5)保护海洋生态环境、维护海洋健康成为人类的共同使命。

海洋强国的主要标志 ①综合国力强,这是成为海洋强国的基础,包括资源和经济活动能力、对外经济活动能力、科技能力、社会发展程度、军事能力、政府调控能力、外交能力,这是国家支持海洋事业发展的总体能力。②海洋软实力强,包括民族的海洋意识、政府的海洋政策和战略等。③海洋开发利用能力强,包括海洋开发装备制造能力和海洋经济发展总体能力等。④海洋研究和保障能力强,包括海洋调查研究能力、海洋环境监测预报和信息服务能力。⑤海洋管理能力强,包括管理法规、管理队伍、管理机制等。⑥海洋防卫能力强,包括海上军事力量、海洋防卫运输能力、海洋防卫动员体制等。

冷战后的海洋强国,分为最强国、次强国和潜在强国三类。美国是唯一的海上霸权国家,俄国是仅次于美国的海洋强国,英国和法国也是海洋强国,德国和日本逐步恢复,又逐步成为海洋强国。除了上述六个国家之外,印度和中国有可能成为海洋强国。在这八个国家中,美国是最强的海洋强国,海洋霸权国家;俄国、英国、法国、德国、日本是次强的海洋强国;印度和中国是潜在的海洋强国。

第二章　古埃及

埃及——严格讲还不算是一个海洋国家，埃及文明也不是海洋文明。但是，在古代，埃及具有当时先进的造船能力，有扩展疆土的强大军事力量，地中海和红海变成了埃及的内湖。因此，我在这里也为埃及写了一段文字。

一、最早的文明和军事霸业

古代埃及位于非洲东北部尼罗河下游，地理范围大约和今日的埃及国家相当，分为上埃及（南部）、下埃及（北部）两部分，以孟斐斯古城（今开罗附近）为界。古埃及成为当时的强国，主要原因是最早建立了统一的中央集权的专制政权，具有发达的文化和经济力量，并建立了最强大的军事力量。

古埃及在第一王朝（公元前3100—前2890年）时期，开始实现统一，以后又有反复，到第二王朝（公元前2890—前2685年）时期，恢复了国内和平和南北统一，进入古王国时期。古王国时期（公元前2686—前2181年，包括第三到第六王朝）进入统一的中央专制王权统治时代。“古王国时期，埃及同南方、东方和西方的邻近国家有些商业上的来往，它的舰队也时常出现在红海和地中海上，最远到过腓尼基海岸。”[①]古王国时期以来，埃及不能孤立地存在了，与邻近国家开始了更广泛的联系。这个时代的埃及建立了军事霸业，成为当时的强国。图特摩斯一世（公元前1525—前1512年）时期，埃及北进于西亚腹地，前锋达幼发拉底河边，占据了叙利亚北部地区。公元前1476年初夏，图特摩斯三世率军沿地中海东岸北上，经过毕布罗斯，征服了北部城镇乌拉扎和阿尔达塔，把腓尼基海岸的所有驻军全部变为囚犯。公元前1475年春，埃及人乘船返回。公元前1473年5月，图特摩斯三世率军突然出现在乌拉扎城下，在守兵惊惶之际攻破城防，攫取了城中的所有财产。而后，埃及在乌拉扎驻扎了军队，迫使黎

---

① 埃及教育部文化局：《埃及简史》，方边译，北京，生活·读书·新知三联书店，1972年，第20页。

巴嫩所有城邦交纳租税,变地中海东岸被占区各个港口为军需库,储存各种军需物资,以备将来征战之耗。从此之后,埃及人每年都从黎巴嫩输入众多的优质木材。图特摩斯三世还大规模入侵叙利亚和巴勒斯坦,不断出征努比亚,把埃及帝国的南界扩展到尼罗河第四瀑布。这个时期称为"新王国"时期。"这时期的国王都是伟大的战士,全都在南方、东方和北方开拓疆土。在托特莫斯(图特摩斯)三世的统治之下,地中海和红海变成了埃及的内湖。"①这时的埃及已经成为一个超级军事霸国。

公元前8世纪至前6世纪,埃及的社会和经济发展比较快。第25王朝(公元前730—前656年)、26王朝(公元前664—前525年)统治时期,铁器被普遍使用,金属器皿制造、制陶、纺织业都很发达。国内外贸易非常活跃,城镇也有所增加。埃及统治者为发展商业,鼓励希腊商人移居埃及,并发给移民者土地。公元前611—前595年开凿了尼罗河与红海之间的运河,这是埃及的复兴时期。公元前525年,波斯征服了埃及,古埃及文明结束了。"公元前525年,新兴的波斯帝国又侵入了埃及,埃及被纳入波斯帝国的版图,27王朝实际为波斯王朝。28、29、30王朝则是从公元前404年开始的埃及人建立的独立王朝,到公元前343年波斯再度征服埃及,称31王朝,最后于公元前332年埃及又被希腊人征服。"②

二、造船、贸易和海军三个优势

古埃及是世界文明古国和地区强国。埃及在海洋方面的优势,主要有三个方面。

(1)比较先进的造船业,这是建立海上贸易船队和海军的基础。埃及在尼罗河和沿海的航运活动已普遍使用帆船。这些船只一般以双杆并列竖为帆桅,一船一桅,也有双桅甚至三桅的大船,王室祭礼用的船就很大。胡夫金字塔内有两只船各长32.5米,全用黎巴嫩杉木制成,艄艉高昂,船中建有舱房。古王国时期还设立管理造船厂的长官,被称为"船舶建造者"。

(2)有海上运输船队,海上贸易比较发达。托勒密王朝的首都亚历山大里

---

① 埃及教育部文化局:《埃及简史》,方边译,北京,生活·读书·新知三联书店,1972年,第21页。

② 申沉:《世界古代前期军事史》,北京,中国国际广播出版社,1996年,第47页。

亚是整个古代世界最大的城市以及手工业、商业和文化的中心。它有优良的海港，是海上最大的贸易集散地，从海上可以运来各地区的货物。它又是埃及最大的陆上贸易地，一切货物都可方便地从运河运来。亚历山大里亚的港口建有灯塔，高一百多米，是古代世界七大奇观之一。城内有华丽的建筑、广阔的街道、花园、广场、体育场等，还有壮丽的庙坛和王宫。亚历山大里亚的博物馆、图书馆是当时最大的学术中心，许多著名的科学家、学者如欧几里得等人都是在这里工作和取得成就的。

（3）军事力量强大。古埃及既有陆军，也有海军，海军是古代埃及武装部队的一支重要力量。到第五王朝时，埃及舰队分成两部分，可以成为两大舰队。舰船数目也不少，在斯尼弗鲁时期，埃及为寻找雪松树，就曾派出 40 艘舰船编成的舰队。埃及的大型舰船能容纳 200 名受过航海训练的士兵。在第 20 王朝一个描绘埃及人同“海上民族”进行海战场景的浮雕上，埃及舰船的船艏已可用来冲撞敌船。后来希腊、罗马海军都采用了用船艏冲击敌舰的战斗方法。[①]

三、内反外攻逐步衰落

埃及的衰落有一个漫长的过程。衰落的原因主要是内部争夺王位的斗争、奴隶起义和来自地中海地区的海上民族的侵略。公元前 1463 年，黎巴嫩沿岸居民发动了反埃及统治的叛乱，起义斗争一直不断。之后，埃及的军事力量逐步衰落。公元前 1415 年，埃及国王阿门霍特普二世的儿子图特摩斯四世娶了米坦尼公主阿尔塔培玛为妻。从此，埃及的对外政策由武力征服变为联姻和黄金外交，无力再用武力征服周边国家。乘埃及衰弱之机，崛起于小亚细亚的一些小国也背叛了埃及。

公元前 1200 年，印欧人的一支伊里利安人闯入小亚细亚，颠覆了埃及邻国赫梯王朝，也向埃及进犯。埃及在拉美西斯三世时期，虽然顶住了伊里利安人和“海上民族”的冲击，但其国势已日薄西山了。拉美西斯二世的长期战争，并未能恢复第 18 王朝图特摩斯三世时期埃及的庞大版图。在战争的同时，拉美西斯二世曾兴建了众多的建筑物。然而，其统治后期的建筑，无论在规模还是在技艺上都明显下降，这是国内经济严重衰退的具体体现。拉美西斯二世之后，埃及帝国每况愈下，不久便陷入了内外交困的局面。

---

① 申沉：《世界古代前期军事史》，北京，中国国际广播出版社，1996 年，第 49 页。

在第19王朝末期,埃及国内阶级矛盾十分尖锐,发生了奴隶大起义。拉美西斯二世的继承者梅尔涅普塔死后,王朝内部又开始争权夺利。法老塞特那赫特镇压了伊尔苏起义,建立了第20王朝,但就在他当政的三年间,国内战争不断。拉美西斯三世统治时期,埃及国势稍稳,使他能够集中力量对付利比亚部落和"海上民族"的不断骚扰。为了抵抗卷土重来的利比亚人和来自地中海地区的"海上民族",拉美西斯三世把国内居民划分为若干集团,以便随时抽调兵员;又从利比亚人和地中海的沙尔丹人中间招募了雇佣兵。利比亚人和"海上民族"的两次进攻虽然都被击退,但埃及却丧失了先前在叙利亚和巴勒斯坦的大部分领土,所能控制的也只有西奈半岛和巴勒斯坦的南部地区。

拉美西斯三世死后,他的后继者拉美西斯四世至拉美西斯十一世的统治总共只有80年。在此期间,埃及丧失了巴勒斯坦和努比亚的统治权。在王权衰落的同时,僧侣的势力越来越强。王权的削弱和僧侣集团的增强,终于引起埃及统一帝国的分裂,称霸一时的埃及王国也随之瓦解了。到托勒密王朝统治埃及的时期,民族矛盾和阶级矛盾日渐尖锐。公元前3世纪末,埃及下层军人因待遇太差常常发生暴动。到托勒密王朝中期以后,人民起义日益增多。统治阶级内部争夺王位的斗争也不断发生。公元前30年托勒密王朝为罗马所灭。

第三章　希腊王国

古希腊是一个滨海国家,创造了爱琴海文明,具有先进的风帆船建造技术,建立了世界上最早的海港和最早的海军,控制了爱琴海诸岛,建立了海外殖民地,希腊商船走遍了地中海和黑海,古代曾是地中海地区的海洋强国。

一、滨海区位和古代文明

濒临地中海交通枢纽的区位条件　古代希腊的地理范围以希腊半岛为中心,包括东面的爱琴海和西面的爱奥尼亚海的群岛和岛屿,以及今土耳其西南沿岸、意大利南部及西西里岛东部沿岸地区。希腊人居住的环境多山、贫瘠,夏天干旱,冬天多雨,发展农业的条件差。但航海经商的条件比较好,海上贸易发达。公元前8世纪至前6世纪,希腊的商业迅速发展起来。希腊的主要生产事业是农业、畜牧业,金、银、铜、铁、锡、珠宝和艺术品等都是从国外输入的,所以海洋起着非常重要的作用。商品交换要通过海上贸易来进行。腓尼基商人运来地中海东部沿岸和东方的工业品、原料、食物等,用以与希腊人的牲畜交换。希腊本土与殖民地的交通,也只有通过海洋才能联系起来。当时希腊人善于航行,不怕大海,把地中海、黑海都走遍了,成为地中海地区的海上强国。

最早进入文明时代是基础　公元前2000—前1100年,希腊进入了文明时代,这就是爱琴海文明。爱琴海文明最先兴起的中心在克里特岛。公元前2000年,克里特岛上的居民开始大量使用铜器,并出现了城市国家。公元前8世纪至前6世纪,希腊地区形成了奴隶制城邦国家。这些城市国家是一种独特的宫廷国家,以一个规模宏大的宫殿作为政治、经济、宗教活动中心。这是成为海洋强国的政治制度基础。

二、造船、海港和海军三个优势

古希腊有三大海洋优势:风帆船建造技术;适合航运的海港和海湾;比较强大的海军。

(一)希腊有先进的风帆船建造技术

希腊吸取了腓尼基人的造船技术,并向前发展了一步。希腊建造的圆身船有高大圆形船艏、船艉和宽大的货舱。希腊的军舰拥有50个划船手,有甲板、兵房。公元前8世纪末已建造了第一批三层舰,载有200个划船手。这种高速度的大军舰到公元前5世纪得到推广。希腊的船可以同时和交替使用风力和人的划力。货船上张一个大帆,用坚硬的桅杆支撑。船上桨手的座位增加了。在一般情况下,商人的货船利用风力,特殊情况下用人力划船。在爱琴海,春季东南风吹来,船向北方、东北方向的色雷斯、赫勒斯滂(今达达尼尔海峡)和黑海方向驶去;从5月底开始,季风又从北方和东北方向吹来,一直到9月,这时船又从那些地方航行回来。据说希腊的货船能载250吨货物。

(二)希腊很早就出现了一些海洋交通的重要港口

公元前5世纪雅典外港拜里厄斯成了希腊四通八达的海路中心。这里有通往北方和东北的航路,除到马其顿、色雷斯等的海路外,还有到赫勒斯滂海峡和黑海去的海路,希腊人生活必需的谷物、干鱼和一些工业原料,都是通过海路运来的。从拜里厄斯向东方的航路经爱琴海可到达小亚细亚的列斯堡、福西亚、米利都等主要港口。向东南方向,从克里特岛、罗得斯岛中间出爱琴海,就可到达塞浦路斯岛、腓尼基的各港口以及尼罗河口的商站诺克拉提。向正南方向航行,绕行伯罗奔尼撒半岛南端之后,向正南可抵达北非的西利内伊卡,向西则可抵达称为大希腊的意大利南部,向北可达亚得里亚海和意大利北部的波河河口,向西则可抵达马赛和希腊在西方最远的贸易站。拜里厄斯港贸易额是巨大的。公元前5世纪商业兴旺时,贸易总额为2 500~3 000塔兰特。此外,科林斯、优卑斯岛也都有重要港口。

商船队的大船需要有特别设施的港湾,这就需要挖掘港湾、修防波堤、码头,以保护货船、便利装卸货物。拜里厄斯、科林斯、米利都、叙拉古等港湾都是经过修建的著名港湾。港湾的后面有仓库,用以储藏装卸的货物,并有宽阔的街道、广场。这些港湾的繁荣依赖于这些建筑的功能。

(三)希腊建设了世界上最早的海军

希腊海军传说很悠久。荷马的《伊利亚特》史诗,就是用诗句对史前希腊海军活动的真实描述。攻打特洛伊城就是为了控制今达达尼尔海峡,从而控制黑海贸易的一场商业战争。希腊在公元前5世纪时,把腓尼基人和迦太基人赶出黑海和爱琴海,并实际上垄断了地中海东部的航运。希腊人把贸易站发展成为殖民地,所以东至小亚细亚沿海,北至色雷斯,西至西西里岛和意大利南部,实际上已成为希腊领土的延伸。为了适应海上贸易的需要,一些城邦国家开始发展海上力量。希腊米诺斯王朝最先建立了海军。他们依靠自己的海军,称霸克里特岛,控制了爱琴海诸岛,而且达到希腊大陆的雅典,成为当时的一个海军强国。

三、海外征讨和殖民扩张

海上征讨　公元前12世纪初,西方世界发生了历史上第一次大规模的海上远征,这就是特洛伊战争。这是争夺海上贸易通道的战争。以迈锡尼为首的希腊城邦组成联军,乘舰船1 200艘东渡爱琴海,远征小亚细亚的特洛伊城。希腊联军与特洛伊人激战多年,一直相持不下,双方死伤惨重。到了第十个年头,足智多谋的奥德修斯想出了著名的“木马计”。他们制造了一匹巨大的木马,挑出几十名最勇敢的战将,全副武装地进入木马腹内。希腊联军则放火烧了营寨,登上战船,伪装撤退。特洛伊人见希腊联军撤退,出城来查看木马,把木马搬进城里。藏在木马中的将士,放火为号,告知希腊联军返航,并将城门打开,与希腊军里应外合,烧毁特洛伊城。

古希腊民族是个航海贸易民族,注重功利,富有冒险性和征服性。特洛伊城位于小亚细亚东北海岸,正好处在赫勒斯滂海峡和爱琴海交接处,而这个海峡又是往北进入黑海的唯一贸易通道。它扼住了爱琴海及整个地中海通达黑海的航运,不利于希腊人往东与黑海沿岸民族进行贸易。特洛伊战争的胜利使希腊人控制了赫勒斯滂海峡通道。利用这个条件,希腊人在地中海地区进行了广泛的殖民活动,殖民范围包括爱琴海北岸和希腊西北部地区,赫勒斯滂海峡和黑海沿岸许多地区,意大利地区以及法国和西班牙南部地区。

海外殖民　公元前1000年的初期,古希腊人从爱琴海向北推进。从公元前8世纪开始,希腊人分两路进行扩张:北路和东路。他们沿着巴尔干半岛海岸推进,依次发现了多瑙河、德涅斯特河和第聂伯河的下游地区,在多瑙河三角洲附近,德涅斯特河与第聂伯河河口处,建立了托玛、第拉夫和奥尔维亚等殖民地。在小亚细亚北部海角的锡诺普半岛东北地区建立了一系列殖民地。此后,殖民者在法希斯河(里奥尼河)河口的列尔希达沿海地区定居下来。在此期间,先后参加殖民的城邦共有44个,在上述地区共建殖民城邦139座。希腊人的殖民对当地原有居民是一种侵略活动,殖民者建立新的城邦,就要占地、筑城,占领当地土著居民的土地分给殖民者,殖民者成为新建城邦的公民。

公元前8世纪至前6世纪,希腊经历了3个世纪的海外殖民运动。殖民的地域包括:东北的赫勒斯滂海峡,博斯普鲁斯海峡和黑海沿岸的许多地区;在西方进入意大利、西西里、法国南部和西班牙东南部;南面达到北非利比亚沿岸。公元前6世纪,希腊多利茨人把北爱奥尼亚群岛变成了自己的殖民地,其中包括克基拉岛(科学岛)。他们在巴尔干海岸发现了伊利里亚沿海地区,而在西部的亚平宁海岸发现了意大利部族。多利茨人在波河与阿迪杰河的河口区建立了亚得里亚殖民地。由于这个殖民地名叫亚得里亚,所以这里的海也称为亚得里亚海。多利茨人把西西里岛南部沿岸地区变成了殖民地。

海外殖民的原因有如下几点:①由希腊人出国掠夺引起的。多利茨人的入侵引起了希腊土著居民和征服者之间的矛盾、冲突。被征服者之中,有许多人不愿意接受降低了的地位,于是便离开了自己的国家去寻找属于自己的土地。他们纷纷成群结队地去建立新的希腊城邦。②有些城邦为解决内部矛盾而建立,如斯巴达的男性成年公民长期在外征战,国内妇女生了一批私生子,被称为"处女之子",斯巴达不承认其公民权并不分给他们土地。这些人密谋起义,密谋败露后,公元前706年,斯巴达政府把他们遣送到意大利建立了塔林敦城邦。③遇到水旱灾荒也向海外移民。如公元前7世纪后期,一些地区多年无雨,不得不用两兄弟抽签的方法决定一人外迁,这样抽出200名壮丁到北非利比亚的施勒尼去建立新的城邦。马克思谈到希腊海外殖民的原因时说:"在古代国家,在希腊和罗马,采取周期性地建立殖民地形式的强迫移民是社会制度的一个固定环节。这两个国家的整个制度都是建立在人口的一定限度上的,超过这个限度……唯一的出路就是强迫移民。"[①]这就是说,在当时生产力发展水平和社会制度下,要解决土地问题是希腊海外移民的根本原因。

希腊人的移民活动,给希腊带来了大量财富和奴隶,扩大了希腊工商业在海外的市场。在海外移民过程中,希腊的奴隶制经济逐渐发展起来。公元前5世纪至前4世纪希腊奴隶制经济发展到高度繁荣时期,农业、工业、商业都得到了前所未有的发展。希腊的海外移民活动,虽然给被侵占地区的人民带去了灾难、痛苦,但在客观上也促进了当地经济文化的发展。

---

① 《马克思恩格斯全集》,第8卷,北京,人民出版社,第618-619页。

四、分裂、战乱导致最终衰落

没有形成统一的大帝国是根本原因　希腊人没有建成最强大的海上帝国，主要原因是希腊王国没有统一。古希腊没有出现中国的秦始皇，没有把分散的城邦统一起来。希腊半岛内，各民族分裂为独立的小城邦——雅典、斯巴达、科林斯、底比斯等，相互之间经常争执不休。希腊的海外属地，大部分不是真正的殖民地，而是独立的社区，由于在感情上、传统上和商业上的关系，才附属于希腊的母城邦。但是，没有一个城邦最终统一全希腊，形成大帝国。这种权力分散的国家，必然使希腊人失去强国地位。另外，希腊一些城邦的改革和下层的反抗斗争遭到了残酷镇压，这种状况严重地阻碍了希腊社会的进步和经济的振兴。

长期战乱使社会和经济日趋衰落　古希腊王国长期处于战乱状态。公元前431—前404年的伯罗奔尼撒战争，使希腊奴隶制城邦国家遇到严重危机。此后，从公元前4世纪后期到前2世纪初，希腊各城邦国家之间矛盾尖锐、战争不断，犹如中国的春秋战国时期。后来，马其顿国王腓力二世（公元前359—前336年）战胜了其他城邦，统一了希腊。在马其顿和希腊大奴隶主的统治下，希腊社会和经济日渐衰落。

发展中心向东方转移也是重要原因　马其顿国王腓力二世去世后，其后继者亚历山大征服了东方广大地区，建立了一个地跨亚、欧、非三洲的大帝国。东方有高度发展的生产技术和丰富的资源，逐步成为工商业中心。亚历山大定都在巴比伦，政治中心也移至东方。希腊的一部分人力、物力转移到东方，希腊各主要城邦的经济受到影响。另外，在公元前5世纪至前4世纪，沿地中海的城市和西西里、意大利南部各城市，工商业也迅速发展起来，这也使希腊工商业发达的主要城邦的经济地位相对削弱。因此，希腊各城邦在公元前4世纪后期以后，都不同程度地衰落下去，斯巴达、雅典衰落尤甚。在马其顿统治时，希腊奴隶制城邦国家衰落了。公元前165年新兴的罗马灭亡了马其顿，公元前146年希腊也归罗马统治，从此希腊的奴隶制就融入到庞大的罗马奴隶制体系之中。

第四章　波斯帝国

波斯帝国兴起于伊朗高原,是由农牧部落波斯人建立的国家。波斯有强大的陆军和海军,进行过长期的扩张战争,版图地跨亚、非、欧三大洲,是一个陆海兼备的帝国,也是一个时期的海洋强国。

一、陆海兼备的大帝国

波斯帝国是由农牧部落波斯人建立的国家。波斯帝国公元前6世纪兴起于伊朗高原。公元前4000年,波斯地区的居民开始定居,后来,一些定居点发展为城市和贸易中心。公元前550年,波斯出了一个能干的领袖居鲁士,他带领波斯人赶走了亚述人,统一了伊朗高原,建立了波斯帝国。波斯帝国自居鲁士创建帝国,冈比西斯发展,大流士达到极盛时期,经过希波战争,到公元前330年大流士三世败亡,存在200年,历经11个国王。波斯帝国控制了200万平方千米的领土,从埃及和爱琴海延伸到印度,从波斯湾到黑海和里海的地方。

二、国王、民族和军队三个优势

波斯兴起的主要原因与其他国家有些不同,包括出现了一位立志称霸的国王、富于勇武精神的民族以及建立了统一指挥的军队(包括有一支强大的海军)。

出现了立志称霸的国王　公元前550年,出身于阿黑门尼德族的王子居鲁士,统一了伊朗地区,建立了波斯国。他是波斯的开国君主。居鲁士是一位智力超群、力量出众、目光远大的领袖。他领导着波斯人从一个默默无闻的民族转变为帝国的主人。在一个圆柱铭文上刻有:“我,居鲁士,世界之王,伟大的王,强有力的王,巴比伦王,苏美尔阿卡德王,天下四方之王。”[1]在居鲁士之后,

---

① 这段文字有不同的翻译,这里转引的是张世平《史鉴大略》第131页的引文,北京,军事科学出版社,2005年。

冈比西斯、大流士、薛西斯等国王,都继承拓展疆土的国策,长期进行对外扩张战争,最终成为大帝国。

具有“勇武”的民族精神　在当时的波斯社会,奉行掠夺比劳动更荣耀,是最大的美德。早期军队大多由本民族战士组成。按惯例,全体成年男子都有出征打仗的义务。他们平时即按氏族关系编组起来,携带家属住在军营中,依靠掳掠和瓜分战利品维持生活。这种军队具有英勇善战、不畏艰苦、行动迅速、补给容易的特点,但也存在着军纪不佳,胜则四处劫掠,败则四散逃跑。到帝国中后期,贵族生活日益腐化,不愿再承担艰苦的作战任务,而更多地依靠雇佣兵组成常备军。有时帝国政府也从城市平民和农民中间招募一些士兵组成临时性的军队。这种军事组织在民族解放、民族扩张之初,具有很强的战斗力。因此,波斯帝国能够组织动员战争力量,长期进行对外扩张战争。

建立了新的军事体制[①]　公元前522年(一说前521年),野心更大的大流士上台。他进行了有名的军事改革,形成了新的军事体制。首先是把全国划分为五大军区,每个军区辖若干行省。其次是建立兵种齐全的常备军,包括步兵、骑兵和海军。军队的精锐部分由波斯人组成,称为“不死队”,始终保持1万人的员额。除了波斯人组成的军队,还广泛使用由各征服民族的成员组成的军队,其最高指挥官由波斯人担任。第三是修筑了军事交通设施。为了密切中央与地方的联系,保证军队的迅速调动,波斯人重视修筑道路、设置驿站,使帝国境内道路四通八达,为其动员力量、调动军队,对外进行扩张战争创造了良好的交通条件。

拥有强大的海军　波斯帝国兴起于伊朗高原的西部,起初并不擅长航海。但是,国家扩张需要利用海洋,他们就利用懂得航海的腓尼基人,组建起强大的海军,一次远征可以动员1 000多艘战船,这是很了不起的。波斯海军舰船有自己的特点。它通常有上下两层甲板。下甲板每边最少有25个座位,每个座位上坐两个人,每只帆船上的100多名划手都是武装的士兵。在上甲板,还专门配备有擅长格斗的战士,可以与敌舰进行接舷战。这支海军与海上力量强大的希腊进行过长期的海上战争。后来,在与希腊作战失败后,波斯海军力量逐渐萎缩,进入中世纪以后,波斯的海军就衰落了。

---

① 刘庆,毛元佑:《世界中世纪军事史》,北京,中国国际广播出版社,1996年,第10页。

三、通过战争扩张版图

征服亚非 波斯人凭借一支强大的军队，东征西伐，从公元前546—前525年先后攻占了小亚细亚的吕底亚，新巴比伦，中亚，埃及，控制了巴勒斯坦和腓尼基。经过对西非的征服，帝国的版图扩大到广大地区，支配着许多不同的、遥远的民族，如中亚大草原上的游牧人、尼罗河的渔夫、利比亚沙漠的游牧部落、希伯来人、希腊人、美索不达米亚人以及现在阿富汗境内的游牧部落，是一个地跨亚、非两洲的大帝国。

进入欧洲 公元前514—前513年，大流士率军渡过博斯普鲁斯海峡，进入欧洲，占领了色雷斯和黑海海峡，截断希腊与黑海的交通，并进一步向欧洲扩张，建立了地跨欧、亚、非三大洲的大帝国。公元前500年，米利都等希腊城邦发动了反抗波斯统治的暴动。小亚细亚的希腊城邦向斯巴达和雅典求援，斯巴达因没有海外利益，又没有海军，故而拒绝了。雅典派出20艘军舰，埃列特里亚派出5艘军舰支援。支援的海军被波斯军所败。公元前497年，波斯集中兵力围攻米利都，公元前495年攻占了米利都。希腊城邦也再次沦为波斯的殖民地。

希波战争 公元前492年，大流士第一次远征希腊，开始了长达半个世纪的希波战争。第一次希波战争始于公元前492年。大流士委派其女婿马多纽斯（亦译为“玛尔多纽斯”）为统帅，率领一支庞大的陆军和海军同时进发。战略计划是，以陆军为主，取陆路迂回路线，在海军沿海岸开进的支援下，先征服色雷斯和马其顿，再从希腊北部南下，进攻雅典。战争发起后，由于波斯军的前进速度较慢，雅典等各大邦都进行了必要的反击准备。因此，波斯陆军进入色雷斯境内后，战斗频繁，每夺取一地都要付出相当大的代价。波斯海军行动迟缓，导致陆军补给发生困难，因此波斯军士气大降，付出了较大代价且经过了较长时间才抵近马其顿。正在这时，统帅马多纽斯身负重伤；海军在抵达阿托斯海角时遭到飓风袭击，损失惨重，有300多艘舰船和2万多名海军官兵沉入海底、葬身鱼腹。至此，陆军失去了海上依托，也失去了给养补充的主要来源，不得不收兵，首次远征失败了。

第一次远征失败后，大流士一面命令加紧建造新的战舰和船只，一面进行外交恫吓，要求希腊献出“土和水”。希腊不少城邦屈服了，但雅典把波斯使者抛入深渊，斯巴达则把波斯使者投之于井，让其自取水和土。于是战端又起，波斯统帅大流士决定发动第二次远征希腊的战争。公元前490年,大流士又派几十万大军,乘600艘舰船,采用海上入侵的战术,向希腊的马拉松进军。马拉松离雅典42千米。由于马拉松地区平原很窄,波斯骑兵难以展开,经过一场血战,波斯大军失败。

第三次希波战争是在公元前480年春爆发的。波斯统帅薛西斯亲率海陆军从阿比多斯出发,进入欧洲,沿着色雷斯海岸水陆并进。海陆军总人数50万左右(一说为36万人),战舰1 200艘。希腊联军的陆军11万人,海军400艘战舰。第一次战斗发生在温泉关。温泉关是南下中希腊的主要道口,傍山靠海,关口狭窄。守卫温泉关的联军仅7 200人,其核心是300名斯巴达战士,统帅则是斯巴达国王列奥尼达斯。希腊守军凭借有利的地形,击退了敌人一次又一次的进攻。薛西斯出动了"不死队"的精锐部队,也溃败下来。当正面攻击迟迟不能得手的时候,当地的一个希腊人叛国投敌,在夜间带领波斯军队,从一条小路迂回到温泉关背后。面对陷于重围的危险局势,列奥尼达斯命令大部分部队安全撤走,以便保存有生力量。他率领300名斯巴达人,以及1 100多名其他战士坚守在山上,次日对波斯人进行了阻击。斯巴达人终因寡不敌众,全部壮烈牺牲,波斯人也付出了惨重的代价。但是,这场保卫战使联军的主力转移,使希腊舰队能够顺利驶往萨拉米岛附近,为后方备战赢得了宝贵的时间,为萨拉米海战的胜利创造了良好的条件。

萨拉米海战　温泉关失陷之后,希腊海军迅速撤退到萨拉米海湾,把希腊中部让给波斯人。波斯人不久攻陷了雅典。希腊人决定在萨拉米海峡与波斯人决战。当时,希腊拥有一支将近500艘战舰的海军舰队。如果在海上作战取得胜利,希腊就会使波斯的海上供应线遭到袭击。薛西斯的舰队约有1 400艘战舰,①开进萨拉米海峡以东几海里的海域。萨拉米海峡水域狭窄,庞大的波斯舰队进入此处难以展开,有利于快速灵活的希腊战船歼敌。薛西斯于夜间调动舰队封锁了海峡出口。希腊舰队意识到只有拼死决战才是唯一出路。公元前480年9月23日天刚破晓,总数约380艘的希腊舰队出现于萨拉米岛与雅典海岸之间的狭窄水域,波斯舰队随即全面出击。波斯舰船大,数量多,在狭窄的海湾里无法施展。希腊的小型舰船运转灵活,熟悉航路。波斯舰船进入海湾

---

①　波斯舰队有1 400艘战船的数字引自波特:《海上实力》,北京,海洋出版社,1990年,第5页。

后,互相挤碰。希腊舰队从侧面撞击波斯船只。波斯舰队一片混乱,几乎丧失了作战能力,有的触礁,有的搁浅,许多船只被装有撞角的希腊战舰击沉。战斗持续到晚上,拥有千余艘舰船的波斯舰队溃不成军,战舰被击沉300余艘,波斯海军几乎全军覆没,而希腊仅损失40艘舰船。波斯大军失败后,退回亚洲。后来,经过普拉提亚战役,希腊取得胜利。①

从公元前479—前449年,波希战争的战场转移到了色雷斯和小亚细亚沿海地区,作战重点也逐渐转为海战。公元前478年,雅典舰队占领赫勒斯滂海峡北岸的重镇塞斯托斯,控制了通向黑海的要道。公元前476年,希腊联军远征色雷斯,把波斯军控制的大部分港口都夺了过来。同时还占领了战略要地拜占庭,清除了波斯人对这些地区的统治。公元前466年,希腊联军在小亚细亚南部打败了波斯海军,俘获波斯军官兵近2万人、舰船200余艘。波斯帝国基本丧失了对希腊进攻的能力。公元前450年,波斯海军袭击了准备从塞浦路斯撤退回国的希腊舰队,并与希腊海军决战于塞岛东岸附近海域。结果,波斯海军又一次大败。至此,波斯帝国在战争的最后一战中又失败了。公元前449年,波斯与希腊在苏萨签订了《卡利阿斯和约》,条约规定:波斯舰队不得进入爱琴海,放弃对爱琴海及赫勒斯滂和博斯普鲁斯海峡的控制,承认小亚细亚西海岸希腊各城邦的独立。从此波希战争正式结束。②

四、腐败、内争和强敌使帝国衰落

希波战争结束之后,波斯帝国就开始衰亡。衰亡的原因包括:国王和军队严重腐败,被征服民族未被波斯民族融合,以及外部强敌的进攻。

波斯人本来有一种尚武勇敢精神。但是,由于长期的和平环境,使波斯军民养尊处优,逐步丧失进取精神。波斯最精锐的部队"万人不敌之军"的将士们,在远征希腊的大战争中,也要带着自己的侍妾奴仆,军粮也与一般军人不同。波斯帝国的后来君主们,生于深宫,疏于武力,他们也没有保持强国地位的决心。

波斯是依靠军事征服建立起来的大帝国。帝国建立之后,国内的政治制度

---

① 丁一平,等:《世界海军史》,北京,海潮出版社,2000年,第59页。

② 张世平:《史鉴大略》,北京,军事科学出版社,2005年,第136页;丁一平,等:《世界海军史》,北京,海潮出版社,2000年,第61页。

建设、民族融合工作等都未深入进行,征服者与被征服者之间的矛盾长期存在。当帝国得势之时,各被征服者均俯首称臣、相安无事。帝国统治集团发生内争时,被征服者便乘势作乱。大流士一世之子薛西斯一世统治期间,巴比伦和埃及不断发动叛乱,造成波斯内部不稳定。被征服的民族并未被同化,用他们征服其他民族,很难成为一支有效的战争力量。薛西斯第三次远征希腊时,强迫征调的部队,包括许多不同的民族,人员庞杂、武器不同,服装各异,语言不通,思想也不统一,根本不可能实行统一的指挥。① 一些由被征服者组成的部队,还出现临阵脱逃的情况。由埃及人组成的海军部队在萨拉米斯海湾大海战中的叛逃,就是波斯帝国第三次远征失利的重要原因之一。

波斯帝国衰亡的转折点是希波战争。当时的希腊已经是一个强国,长期对强国发动战争是一个战略错误。从公元前492年至前449年的40多年时间,大流士和薛西斯先后率5万以至50万海陆大军进犯希腊。长期战争给波斯的经济造成沉重的负担。而且,波斯征战的对手是已经强盛的希腊各城邦。当时雅典修好斯巴达,团结城邦250个,希腊各民族英勇御敌,经过马拉松、温泉关和萨拉米海战等,终于彻底击败波斯帝国。最后,公元前334年,马其顿王亚历山大率军从希腊东进,攻打波斯帝国。波斯末代君主大流士三世于公元前330年被一个臣属谋杀,波斯帝国的波斯阿黑门尼德王朝灭亡了。此后,波斯帝国虽然又有崛起和波动,但很难恢复称霸世界的大帝国地位。

在第三次波斯对希腊的战争中,波斯被打败了。战争的转折点是萨拉米海战。这次海战的失败,一是海上供应线被切断。希腊海军在海上作战取得胜利,使波斯的海上供应线遭到袭击,这就难以再打下去了。二是战术指挥出现失误。波斯的舰队约有1 400艘战舰,在萨拉米海峡的狭窄水域难以展开,且波斯的舰船大而笨重,结果被快速灵活的希腊战船打败。三是缺乏海上水文气象保障。波斯海军在三次远征中,屡次遭到海上风暴等灾害的严重打击。首次远征希腊时,在抵达阿托斯海角时遭到飓风袭击,损失300多艘舰船和2万多人。第三次远征时,在爱琴海南下时又遭遇飓风袭击,损失近400艘舰船。这是天灾。

---

① 张世平:《史鉴大略》,北京,军事科学出版社,2005年,第136页。

第五章 腓尼基/迦太基

腓尼基是地中海东岸的古国,他们拥有当时最强大的海上力量,建立了许多最早的殖民地;迦太基是腓尼基在非洲今突尼斯境内建立的一个殖民城市,经过延续3个世纪的征战,他们夺取了希腊人在西部地中海的岛屿,成为海上强国。因此,在这里把他们放在一起,作为历史上出现过的海陆强国。

一、腓尼基的海外殖民和探险

腓尼基是地中海东岸的古国,大约在今天的黎巴嫩和叙利亚沿海一带。腓尼基人很早就开始进行海上贸易。在公元前3000—前2000年之间,腓尼基就产生了一些城市国家,最著名的有推罗(今苏尔)和西顿(今赛达),此外还有比布罗斯(今朱拜勒)等。这些城邦的工、商、航海业都比较发达。《圣经》描写推罗说:"你由海上运出货物就使许多国民充足;你以许多资财、货物使地上的君王丰富。"腓尼基还贩卖奴隶。"你们既夺取我的金银,又将我可爱的宝物带入你们的宫殿,并将犹太人和耶路撒冷人卖给希腊人,使他们远离自己的境界。"①

腓尼基人早在公元前2000年就已经在塞浦路斯岛建立起一些殖民地并把该岛作为向"日落之海"(地中海)的中部和西部海域航行的基地。他们在爱琴海、地中海、北非沿岸等许多地区建立了殖民地,其中包括马耳他岛、帕若木斯(巴勒莫)、希波、乌提卡、伽伏尔(今加的斯)和迦太基等。以后这些殖民地又渐渐形成一个个小城邦,其中的迦太基慢慢强大起来,曾一度称霸于西地中海。②

公元前2000年中期,腓尼基人抵达克里特岛。他们利用克里特岛作为跳板向西继续推进,从而开始发现欧洲大陆。腓尼基人从希腊群岛出发,航行到

① 《圣经·旧约全书》。

② 丁一平,等:《世界海军史》,北京,海潮出版社,2000年,第47页。

巴尔干半岛的南岸地区。腓尼基人发现了西西里岛。并在该岛上建立了几座城市。他们还发现了撒丁岛，并在该岛的南岸建起了一座名叫卡利阿里的城市，还发现了巴利阿里群岛。他们去过科西嘉岛，但是未把这个岛变成殖民地。约在公元前1000年中期，科西嘉岛成了腓尼基的领地。从西西里岛向南，腓尼基人在地中海中心发现了马耳他岛（古代的梅利塔岛），并把这个岛变成了殖民地。他们从西西里岛出发，横渡宽阔的海峡，到达非洲的北部海角，并在那里的海峡沿岸建起了迦太基城——这是腓尼基的新城。腓尼基人从迦太基城向东南扩张，在海上航行的过程中认识了苏尔特湾，并在这些海湾的沿岸建立了几个殖民地。腓尼基人从北非或巴利阿里群岛出发，发现了比利牛斯岛。在直布罗陀海峡东部入口处，建立了马拉加城，然后，腓尼基人穿过海峡，进入大西洋，并在这条海峡的出口处，建立了一座城堡，即现今的加的斯。他们还在非洲海岸边建造了另一座城市，名叫丁金斯（即丹吉尔）。①

公元前6世纪，腓尼基人受埃及人的雇佣进行了环非洲航行。他们从厄立特里亚海（红海）起航，驶进南海（印度洋）。秋天到了，他们靠近海岸，登岸后就开垦土地播种，收获完粮食后又继续向前航行。腓尼基人从南面环绕非洲航行，从东向西往前行驶，非洲的海岸线长约3万千米，腓尼基人航驶这段路程时，一段使桨划，另一段使用风帆，一大半路程能够顺海流航行。他们用三年时间完成了全部的航程。

二、迦太基的崛起

迦太基原是腓尼基的一个殖民地，位于非洲今突尼斯境内，是一个新的殖民城市。腓尼基建城的时间约在公元前800年。公元前600年左右，迦太基的政治和军事力量都远远超过所有腓尼基城市，在西部地中海反对希腊商人的斗争中获得了领导权。经过延续3个世纪的一系列战斗，迦太基人把希腊人从西班牙海岸大部分地区赶走，希腊人丧失了西部地中海的岛屿，仅仅占有西西里东部地方，迦太基成为海上强国。

迦太基位于西部地中海的主要海路上，优越的地理位置，使它成为西部地中海的商业枢纽，当地居民素以航海和经商著称。这种经济形势要求迦太基优

① [苏]约·彼·马吉多维奇：《世界探险史》，屈瑞、云海译，北京，世界知识出版社，1988年，第19－20页。

先发展海上商业贸易,崇尚商业和尊重商人。他们的主要经济部门是中转贸易的商业,商业贸易在社会经济中占重要的地位。它的对外贸易范围之广,经营商品种类之多,所获利益之大,在古代世界是罕见的。它的殖民城市和商业点几乎遍布于西部地中海沿岸地区。为了追逐暴利,迦太基商人有时还会冒险到更远的地方航行。迦太基人在公元前5世纪末到公元前4世纪初,从米卡尔特石柱沿非洲海岸向西南推进,开拓殖民地。他们在非洲西北海岸上建造了城市,到达了佛得角以南热带非洲的海岸。迦太基人率领一支舰队(大约60艘战船)出地中海,进入大西洋,到达非洲西海岸。公元前510年左右,迦太基人的贸易向西扩张到北海和西非洲。迦太基在几个世纪中掌握了地中海西部的海上霸权。

迦太基人的商业主要是中转贸易。迦太基人在欧洲、非洲大西洋沿岸和地中海西部的贸易中起着支配作用。在迦太基控制的撒丁岛和利比亚地区,罗马人不能做生意,不能建立城市。总之,从公元前4世纪开始,迦太基取得了商业霸权地位,不许别国在西利内伊卡以西的非洲、撒丁岛、西班牙南部和直布罗陀海峡等地区经商。迦太基建立海上霸权的条件主要有以下几点。

发达的造船业 迦太基造船业很发达。造船是迦太基人的专长,造船用的木材是非洲本地出产的,做绳索用的芦苇草是从西班牙运来的。造船业一部分由私人造船厂经营,另一部分由国家管理。军舰是国家造船厂制造的。迦太基的船队经常穿梭往来于地中海南北岸各地,舰船在质量和数量上都超过西部地中海的其他势力。迦太基的大商船用帆航行,有时也用桨航行。他们不仅可以在沿岸航行,也可以作远海航行,并靠观察星辰定方位。

港口、商站和货币 这些都是发展海上商业的必要条件。迦太基建立了许多殖民地港口。这些港口分布在非洲北岸和西班牙南岸,有的是腓尼基人原有的,有的则是迦太基后来建设的。港口有停泊所、避难所、根据地,能保障船舶的安全和供给。除港口之外,还建立了许多商站。这些港口、商站是迦太基的货物集散地。最初在这些地方的商业采取物物交换的形式。后来又用从中非得到的金子,从西班牙得到的银子,与希腊等国家的外国货币进行交换。公元前4世纪以后,迦太基人开始铸造货币,先是在西西里岛上仿希腊货币铸造货币。后来又在撒丁岛设铜币铸造厂和在西班牙设银币铸造厂。这些措施方便了迦太基在各地的商业活动。

强大的海军和陆军 迦太基的陆军装备精良,是职业雇佣兵;海军拥有装备了50支桨的战船几百艘,每船配备水兵120人。不仅有三列桨舰船,而且有巨型的五列桨舰船。公元前3世纪以前,迦太基曾牢牢控制着地中海西部的制海权,地中海成了迦太基的内湖。迦太基还不断向海外拓展殖民地,到公元前3世纪,它已经占有北非西北沿海地区,西班牙南部沿海地区,西西里大部分地区,科西嘉、撒丁、巴利阿里群岛等地,成为西地中海的海上强国。

三、在争霸中走向衰落

迦太基的命运不好。在迦太基成为海上强国期间,与正在谋求霸权的罗马发生了冲突。罗马最初不是一个海上强国,他的主要力量是陆军。由于缺乏海上力量,罗马人多次与迦太基人签订条约,承认迦太基在地中海的制海权。罗马和迦太基缔结的条约是在公元前509—前508年签订的(有人则认为是在公元前4世纪签订的)。条约中规定:"罗马人和他们的同盟者都不许从美丽海角向西航行……假如罗马人在属于迦太基的西西里各地登陆,……在撒丁岛和利比亚,罗马人不能做生意,也不能建立城市。"①

但是,罗马人一心要向海外扩张,为适应这种需要,很快就建立了一支强大的海军。罗马与迦太基为了争夺资源和奴隶,争夺西地中海的霸权,进行了一场生死决战,公元前246—前146年,罗马与迦太基之间进行了3次布匿战争,最后迦太基被罗马打败。在最后一场布匿战争中,即公元前147年,罗马人对迦太基实行严密的海陆包围,断绝了迦太基同外界的联系,致使城里发生了饥馑和瘟疫。公元前146年春,罗马军队对迦太基发起了最后攻击。迦太基人进行殊死的抵抗,巷战进行了六天六夜,终因众寡悬殊,迦太基城被夷为平地,20多万人战死,5万居民被卖为奴隶,迦太基地区成为罗马的阿非利加省。

迦太基是一个很小的国家,能够从腓尼基的殖民地发展成为经济比较发达的国家,建立强大的海军是关键。由于它有了强大的海军,获得了地中海制海权,就垄断了西地中海的贸易,成为西地中海地区的海上强国,与罗马进行了长期争夺。

迦太基的衰落也与海军有关。对海洋国家来说,能否取得对海洋的控制权直接影响陆上争夺的成败。由于丧失了海上优势,进而丧失了陆上优势,是迦太基失败的一个重要原因。迦太基不断向海外扩张,与罗马人发生历史性对

---

① 杜丹:《古代世界的经济生活》,中译本,第224页。转引自《新编世界经济史》(上),北京,中国国际广播出版社,1996年,第56页。

撞,而罗马人比迦太基人发展得更快,在拥有强大陆军的同时,发展海上力量的意识极强,全面超过迦太基,因此,迦太基不得不退出历史舞台。罗马是一个新兴的国家,其海军发展几乎从零开始。罗马竭尽全力建设和发展海军。战争中罗马海军多次遭受严重挫折,船队一次次遭飓风袭击而沉没,但他们顽强地奋斗,几次重建海军,最终战胜了迦太基海军。迦太基终于丧失了对海洋的控制权,并导致灭亡。

迦太基人商业活动的范围是海洋,依赖海洋在广阔地区建立了自己的商业霸权。但是,迦太基也有自己致命的弱点,这就是缺少一个广阔的农民阶层提供兵员和依靠,在对外战争中靠雇佣兵,而雇佣兵在战争中缺乏爱国热情、勇敢和献身精神。所以,迦太基在和罗马进行的争霸战争中最后失败了,被自己的敌人毁灭了。

第六章　古罗马

罗马在公元前5世纪就成为地中海地区的强国，在安敦尼王朝（96—192年）期间，罗马帝国进入“黄金时代”，发展为横跨欧、亚、非的奴隶制霸权国家，整个地中海和周围的附属水域成为罗马人的内湖，这种状况一直延续到公元5世纪，长达上千年的时间。

一、延续千年的地中海强国

古代罗马国家的发祥地在意大利。它的中心地区是意大利，地理范围包括意大利半岛及其南端的西西里岛，罗马城位于半岛中部。意大利最古老的居民是利古里亚人。古代罗马诞生于2600多年前，经历了王政时代、共和时代和帝制时代。在公元前5世纪的共和时代，罗马就成为地中海地区的强国，一直延续到公元5世纪，长达上千年的时间。

大约在公元前600年，罗马人建立了罗马城。很快，罗马进入传说中的王政时代，也就是罗马的军事民主制和国家形成时期。公元前509年，罗马人发动起义，驱逐塔克文家族，结束了伊达拉里亚人在罗马的统治，从此罗马的王政时代结束，进入共和时期。公元前5世纪到前3世纪初，罗马奴隶主贵族依靠武装精良的军队，逐步征服了意大利半岛。在征服意大利后，罗马发动了更大规模的对外侵略扩张。公元前3世纪到前2世纪间，进行了三次布匿战争以及“东方战争”（即征服马其顿和打败条支的战争）。到公元前2世纪后期，罗马由意大利的统治者扩张成为东起小亚细亚、西抵大西洋岸的地中海地区的霸主，实行对外扩张政策，进行了一系列扩张战争。公元前30年，执政官屋大维击败了所有的对手，成为罗马的独裁者。公元前27年，屋大维建立帝制，号称“奥古斯都”。罗马共和国随之寿终正寝。一个统一强盛的罗马大帝国建立起来，屋大维本人则成了罗马帝国的第一个皇帝——恺撒·奥古斯都大帝。在安敦尼王朝（96—192年）期间，罗马的国家机构进一步加强与完善，巩固了元首制度，皇权极盛，统治稳固，被称为帝国的“黄金时代”。罗马帝国的版图扩大到东起幼发拉底河、西迄不列颠岛、北至达西亚、南达北非地区，统治着整个地中海。由于所有海岸和海军基地都为罗马帝国所管辖，整个地中海和周围的附属水域成为罗马人的内湖。罗马帝国发展为横跨欧、亚、非的奴隶制霸权国家。罗马成为海洋强国的主要优势有以下几方面。

建立了先进的社会制度 这是罗马成为强国的重要条件。孟德斯鸠认为，罗马兴盛在于共和，衰落在于帝制。罗马地处古代意大利地区，这个地区分布着许多城邦，其中在台伯河下游的村民们逐渐组成一个农业城邦，并实现了政治统一。统一之后，建立了当时先进的制度：①为适应当时奴隶制的需要，建立了中央集权的官僚制度，并且通过不断改革，比较全面地满足了骑士阶层、中小奴隶主、自由民等各方面的利益，使帝国政权拥有一个较为稳固的社会政治基础。②建立了行省制，中央向各行省派驻总督，给予必要的自治权，既维护了中央集权，又有利于各行省的自主发展。③不断完善法制，稳固社会秩序，调整各社会阶层的利益，协调各民族的关系，维持长久的统治。著名的《罗马法》是罗马文明中的一个伟大成就，它表现了罗马凭借法制统治幅员辽阔大帝国的智慧。

军事上的三个优势 ①罗马军队有高昂的士气和严格的组织纪律，官兵在战争中团结、忠诚、顺从。②军队数量与对手相比占有绝对优势，屋大维统治时期就以 28 个最精锐的军团组成常备军，并辅以相应的地方部队驻防各行省。③不断改进军事技术和战术，罗马军团所拥有的武器是当时最好的。[①]

建设了强大的海军 在与迦太基人争夺海上霸权的斗争中，罗马人下决心建设强大的海军，这是罗马人取得强国地位的一个正确的战略决策。迦太基是海上强国，罗马人要从迦太基手中争夺霸权，战胜迦太基，既要夺取陆上胜利，更要控制海洋，获得制海权，因此罗马也必须发展海上力量。罗马人在战争的过程中认识到这一点，下决心建设海军。罗马人建设海军遇到过十分艰巨的困难，包括经济和造船技术问题，船员和海军训练问题等，还有克服海上自然力的问题。罗马建立海军的意志是十分顽强的。经过一段时间的努力，罗马建立了自己的战船队。但是，公元前 255 年，罗马战船队在返国途中遭遇风暴袭击，280 艘战船和 10 万人，几乎全部覆没。公元前 253 年，罗马又新造了一批战船，组建了新的船队。但是，在企图去非洲作战时，又一次遭受飓风，船队又一

---

① 张世平：《史鉴大略》，北京，军事科学出版社，2005 年，第 160 页。

次被摧毁。罗马人非常顽强,又重新建造战船,重建了海军。

罗马人也是不幸的,公元前 249 年,罗马船队的数百艘战船,在西西里岛南部再次遭风暴袭击而沉没。建立海军是罗马人的宿愿,公元前 243 年,罗马人通过志愿贷款运动,又重新建造 250 艘战船。正是罗马人坚持建设强大海军,才使得它成为海陆力量兼备的强国。

二、争霸战争造就了强国地位

罗马发展成为强国的过程,就是进行争霸战争的过程,其中发展海上力量,进行一系列海战并取得胜利,是罗马成为强国的基本模式。罗马建立共和国以后,所面临的外部环境相当严峻。公元前 5 世纪上半期,罗马通过持久的战争击败了埃魁人和沃尔斯奇人。接着,罗马又进行了接近一个世纪的对伊达拉里亚人的战争。在征服意大利半岛之后,罗马决定走向海洋,称霸地中海地区。当时西部地中海地区的强国迦太基,是罗马走上帝国之路的第一个障碍,于是罗马与迦太基进行了一个多世纪的争霸战争。因为罗马人称迦太基人为布匿,所以这场争夺西部地中海霸权的战争被称为布匿战争。罗马人是经过上百年的陆上战争和海上战争,取得西地中海地区强国地位和海上强国地位的。[①]

第一次布匿战争　第一次布匿战争是在公元前 264 年开始的。公元前 262 年,罗马人出动 4 万军队,包围西西里岛上迦太基人固守的阿格里真托。罗马人以 3 万人的代价,夺取了一座空城,迦太基人突围了。罗马取得初步胜利,但战争的胜负还未确定,因为迦太基的舰队还未受到攻击,在罗马没有海军的情况下,迦太基人可以利用海军进行回击,封锁西西里和意大利海岸,断绝罗马军队的后路,置罗马军队于绝境。此后,罗马开始发展海军,双方开始海上霸权的争夺。

只有陆军而没有海军,是不能成为世界性强国的。罗马决定创建海军。当时的罗马是个农业国家,只有农民组成的陆军。要想在与布匿战争中获胜,称霸地中海,必须由一个陆军强国转变为一个全面发展的陆海军强国。罗马人很快在外国技师的帮助下,建立起一支包括 120 只舰船的大舰队,有 3 万多个划桨手。在希腊人的帮助下,这支新的海军很快就出现在地中海。

罗马年轻的海军在海战技术上无法与老牌海军强国迦太基相比。为弥补

---

① [苏]科瓦略夫:《古代罗马史》,王以铸译,北京,生活·读书·新知三联书店,1957 年,第 90–95 页。

这个缺陷,为发挥陆军的强大优势,罗马人在舰船上发明了吊桥战术。在每只舰船的舰艏安装一种前端装有抓钩、侧面装有栏杆的吊桥(乌鸦座),前进时竖起系在桅杆上,接近敌舰时放下,吊桥前端的抓钩便像乌鸦嘴一样钩住敌舰的甲板,使两只船连接在一起,这时罗马步兵从吊桥上冲过去,在敌舰的甲板上展开肉搏战。这实质上是在海上进行陆战。罗马人由此把自己的陆军特长移植于海上,在海战中处于有利地位。公元前260年,由140多艘舰船组成的罗马舰队,与113艘舰船组成的迦太基舰队,在西西里岛北面的海域,展开了一次大海战,罗马军队用上述桥舰(乌鸦座)第一次打败了迦太基舰队,迦太基人的舰船约一半被击沉,另一半逃跑。罗马人又利用舰队进攻科西嘉岛和撒丁岛,公元前259年在撒丁岛附近再次打败迦太基舰队。

迦太基人失利以后,退到西西里西部,凭借那里的海军要塞固守,战争出现了相持局面。罗马人看到在西西里迅速取胜是不可能的,便决定进攻迦太基的本土。公元前256年,罗马组织了230艘战舰组成的舰队,载着4万名步兵,远征非洲,第一次布匿战争进入第二阶段。罗马舰队由墨萨纳出发,在西西里南岸的埃克诺姆斯角海域,遇上了由350只战船组成的迦太基舰队。在这次海战中,罗马的舰桥再次发挥了威力,大败迦太基舰队,迦太基损失100艘战船,罗马只损失24艘。

公元前241年,罗马船队准备开往西西里时,与迦太基船队遭遇在西西里岛西面的埃加迪群岛附近。罗马人赢得了这一次海战,击沉迦太基战船50艘,俘获70艘,迦太基战船约有100艘逃回非洲。迦太基从此放弃西西里岛,并赔偿罗马2 000塔兰特(罗马货币单位)。到此时,第一次布匿战争结束。

第二次布匿战争 第一次布匿战争没有彻底解决罗马和迦太基之间的矛盾。罗马虽然扩大了地域范围,得到了巨额的战争赔款,但还没有掌握对西地中海的制海权。迦太基也不甘心失败,它的经济政治力量并没有被摧毁。迦太基利用其丰富的资源,轻易偿付了战争赔款,迅速从战争灾难中恢复过来。公元前218年春,迦太基统帅汉尼拔率领由9万步兵、1 200名骑兵以及37只战象组成的军队,从新迦太基城出发,避开罗马的海上优势,进入意大利,开始了第二次布匿战争(公元前218—前201年)。战争初期,迦太基打了许多胜仗,公元前216年的坎尼之战,8万罗马军队几乎全部被消灭,罗马人几乎家家都在战场上失去亲人。但是,迦太基人远离本土,海洋被罗马人封锁,得不到补给,战斗力越来越弱。公元前204年,罗马人利用制海权,跨海进攻迦太基的本土,迦太基统帅汉尼拔不得不率领军队回国迎战。公元前202年,在扎玛地区,迦太基与罗马展开会战,迦太基被打败,被迫求和,于公元前201年签订了和约。和约规定:迦太基只能保留非洲本部的土地,不经罗马允许不得和邻国作战,除保留10只战船防止海盗袭击外,必须交出全部船只和战象,此外还得交出100位名门子弟作人质,50年内向罗马赔款1万塔兰特。从此罗马成为西地中海地区最强大的国家。

迦太基进攻罗马之所以失败,一个很重要的原因是,迦太基人没有坚固的战争基地和稳定的交通运输线。迦太基的交通运输线有两条:一是海上运输线;二是迂回穿越高卢的运输线。海上线路被罗马的海上力量所封锁,陆上线路被罗马军团截断。这时的迦太基已经失去了制海权。所以,迦太基的战争基地也不巩固。罗马占据了罗马本身和西班牙北部,这是两个战争基地的中心。它们之间通过一条内部交通线和海洋连接,这就使得罗马的各种战争力量能够相互支援,得以持续不断地进行战争。

第三次布匿战争　第二次布匿战争虽然摧毁了迦太基的军事力量,但是它的经济力量并未受到多大影响,并迅速从战争创伤中复苏过来,很快又成为一座繁荣的城市。迦太基的迅速复苏引起了罗马的不安。公元前149年,罗马又向迦太基宣战,发动了第三次布匿战争。罗马人派出8万步兵、4 000骑兵和600艘战船,组成联合军队,在两位执政官率领下攻打迦太基。迦太基的居民日夜赶造武器,修筑工事,贮存粮食,妇女们甚至剪下自己的头发搓成绳索。当罗马军队来到城下的时候,城市已经牢固地设防。罗马军队包围了城市,但是城里有充足的粮食贮备,城外有部分野战军策应,海岸也没有被封锁住,迦太基人坚持顽强地斗争。罗马军队连续围攻两年多,最后战胜迦太基,迦太基地区成为罗马的阿非利加省。

东地中海的领土扩张　布匿战争持续进行之际,罗马还同时向东地中海进行领土扩张。当时东地中海地区的希腊马其顿王国、埃及托勒密王国和叙利亚塞琉斯古王国都已趋向衰落。公元前215—前168年,罗马先后发动三次对马其顿的战争,征服了马其顿王国。与此同时,罗马在公元前192—前188年又发动了对叙利亚的战争,叙利亚王国被迫放弃在小亚细亚西部和中部的领地。从此,罗马就把势力扩张到亚洲西部。经过公元前3世纪至前2世纪的侵略战争,罗马扩张到了亚洲西部、西班牙大部、北非一部、巴尔干半岛和地中海上的许多岛屿。在罗马向外扩张期间,罗马海军起了非常大的作用。它首先消灭了地中海的海盗。这些海盗经常从西里西亚的巢穴中出来,在小亚细亚沿岸和克里特岛上活动,破坏罗马的海上补给线,甚至使非洲的谷物不能进口。公元前67年,罗马"海上独裁官"庞培指挥500艘战船和12万人的军队,进行了为期3个月的反海盗战。据说,在这次战斗中有1万名海盗被杀死,2万名被俘,庞培因此成了英雄。罗马海军给陆军的海上运输提供掩护,还同任何与罗马争夺制海权的敌舰队作战。罗马海军先后打败了马其顿舰队和叙利亚舰队。在这一过程中,罗马海军完善了自己的航海技术,丰富了自己的海上经验,还学会了投射战术,使用弩炮和弩弓投射石块、标枪和易燃物,罗马人还发展了新的战斗队形,海上实力更加强大。

公元1世纪,罗马人还对不列颠进行了探索和研究。公元43年,罗马军团穿过海峡,占领了不列颠岛南半部地区(威尔士除外)。同时,他们从西北方到达爱尔兰海。公元60年,他们占领了安格尔西岛(曼岛)。公元78—85年期间,罗马人完成了对不列颠岛的发现。

三、落后、腐败和蛮族入侵使帝国衰落

社会制度变革落后于时代 罗马帝国的后期,欧洲社会已经发展到奴隶制社会向封建社会过渡的时期。公元3世纪以后,罗马的社会生产力已经发展到新阶段,奴隶制度已经不适应社会发展的需要。但是,罗马帝国未能跟上这个时代潮流,奴隶制度未能及时变革,因此发生了全面危机。经济急剧衰落,政治全面混乱,中央政权陷于瘫痪,军事政变层出不穷,人民起义风起云涌。罗马帝国的奴隶制经济陷入深重危机。罗马帝国统治者又未能通过变革经济制度向新的生产方式过渡,而是倒行逆施,强化奴隶制统治,两极分化严重,激化阶级矛盾,奴隶、隶农和下层民众的起义摧毁了罗马文明的社会基础。为挽救崩溃中的奴隶制帝国,公元3世纪末,罗马皇帝戴克里先(公元284—305年)进行了一系列改革。首先废止元首制,正式确立君主专制统治。公元4世纪初,君士坦丁建立了庞大的官僚体系,奖励告密,让官吏互相监督,严禁隶农逃亡,还利用基督教麻痹人民。但是,这些办法不仅没能挽救奴隶制的灭亡,反而加剧了社会矛盾,把衰亡中的帝国推向深渊。公元4—5世纪,罗马帝国境内的各族人民不断掀起大规模的起义,与此同时,帝国周围的"蛮族"也相继入侵。公元395年,罗马帝国在内外交困中分裂为东西两部分。公元476年,西罗马帝国在连绵不断的人民大起义和外族入侵的联合打击下灭亡。

长期君主政体造成争夺皇位的混战　在君主专制体制下,皇帝掌握着最高权力。皇帝的子孙们不断进行争夺皇位的战争。公元 337 年君士坦丁死后,他的 3 个儿子和 2 个侄子分治帝国,为争夺皇位,发生了骨肉相残的屠杀,血腥内战持续了 16 年。在公元 235—284 年的 50 年间,先后出现了 30 个皇帝。在皇权之下,形成十分庞大的寄生性官僚机构,并且形成严格的等级制度。各级官僚人物都享有一系列特权,国家的行政制度已彻底官僚化了。这些人以效忠君主为自己的最高职责,君主的意志是唯一的法律。国家的最高公职人员同时也是宫廷的总管。帝国的政务和皇帝的私人事务已经难以区分了。为争夺最高政权,军事将领之间混战不休。这也是帝国走向衰落的极其重要的原因。

军队腐败和叛乱　罗马后期的军队已经严重腐败,军人们已毫无尚武精神,军纪松弛,安于享乐,基本丧失了战斗力。一支英勇善战的军队,一旦步入飞扬跋扈、贪图安逸、腐败堕落、军纪涣散、争权夺利的怪圈,结果必然是丧失战斗力。后期帝国时代,整个罗马帝国处于风雨飘摇和动荡之中,原本为罗马帝国创建立下汗马功劳的军队,已经开始叛乱和搞军事政变。后来,罗马帝国的实权掌握在蛮族将领手中,皇权徒有虚名。公元 253—268 年,军队就扶植皇帝 30 人,严重加剧了社会的动荡和文明的衰落。

蛮族入侵的沉重打击　公元 5 世纪,罗马帝国遭受了三次蛮族大规模入侵的毁灭性打击。第一次是阿拉里克率西哥特人横扫希腊,远征意大利,于公元 410 年攻陷罗马这座“永恒之城”,并屠城洗劫。第二次是汪达尔侵占西班牙南部后攻入北非,联合当地的阿哥尼斯运动,攻克希波城、占领迦太基,并再次攻克罗马城,大肆洗劫破坏,使罗马城成为废墟。第三次是匈奴人对西欧的征伐。在长期外族军事打击下,罗马帝国只剩下意大利半岛一点点地方。公元 476 年,日耳曼人统帅奥多亚克废黜罗马末代皇帝罗慕洛斯而自立为王,罗马帝国正式灭亡。[①]

---

① 张世平:《史鉴大略》,北京,军事科学出版社,2005 年,第 162 - 163 页。

第七章 拜占庭帝国

拜占庭帝国就是东罗马帝国。帝国建立不久,就确立了重建罗马帝国的国家战略。为了实现这个大战略,建立了强大的陆军和海军,长期进行复兴罗马帝国的征战,成为中世纪地中海地区的大国。

一、重建罗马帝国的国家战略

拜占庭帝国亦称东罗马帝国。395 年东西罗马帝国正式分立,各有皇帝,成为两个国家。西罗马帝国以罗马为首都,476 年灭亡。东罗马帝国以原希腊殖民城市拜占庭(后更名为君士坦丁堡)为首都,亦称拜占庭帝国。拜占庭帝国在 7—11 世纪期间,完成了封建化过程,成为地中海地区的强国。拜占庭帝国长期以复兴罗马帝国、征服意大利、恢复昔日帝国版图为目标,曾经长期为此而征战,并进而建立了强大的海上力量,走向地中海,征讨地中海沿岸国家,疆域范围包括巴尔干半岛、小亚细亚、叙利亚、巴勒斯坦、两河流域及埃及等地。到 1453 年被奥斯曼帝国灭亡时,拜占庭存在了 1 000 余年。①

二、建立强大的陆军和海军

拜占庭帝国为了复兴罗马帝国,努力建立和保持一支强大的军队,包括陆军和海军。拜占庭帝国几经兴衰,能够支撑近千年的时间主要是因为它拥有一支强大的军队。拜占庭实行一种叫“宅姆制”的军区制度。7 世纪末,全国共划分为 13 个军区。其中 7 个集中在安纳托利亚,3 个在巴尔干半岛,3 个在地中海和爱琴海诸岛及沿岸地区。10 世纪时,军区数量增加到 30 个。军区的最高长官是将军,此外还有总管(即参谋长)、兵站官等。军区又分为若干军分区,由军分区司令官管辖,其下再设专区和小区。每个拜占庭军区通常建有若干位置险要的要塞,其间有良好的道路网和烽火台等迅捷的通信设施,并驻有 2 ~ 3

---

① 朱寰:《世界中古史》,长春,吉林人民出版社,1981 年,第 98 页。

个处于高度戒备状态的联队,还可以动员当地民兵。这种军区体制在对付外来进攻时是非常有效的。

拜占庭的陆军中分为重步兵、轻步兵和重骑兵。同陆军一样,海上防务设立专区加以管理。例如,小亚细亚沿岸部分为吉维利奥海专区,爱琴海诸岛和小亚细亚东岸部分地区为爱琴海专区。每一个专区都设立一位司令官。整个海军拥有 5 支舰队,分别驻泊爱琴海、地中海、黑海,并以君士坦丁堡为中央基地,由海军司令指挥。虽然当时的战船多属单层甲板木船,靠船艄金属撞角、弹射机攻击敌船,但它两次击败强大的阿拉伯舰队的攻击,保卫了西西里领土,立下很大功劳。

三、重建帝国的征战

拜占庭重建罗马帝国的战略,面临着征服西部各王国、抗击东部波斯、阿拉伯和突厥入侵的严峻斗争形势。所以,在拜占庭帝国存在的时期,长期进行着各种战争,最后也在战争中被奥斯曼土耳其所消灭。

抗击波斯的入侵 拜占庭帝国在建立之初,首先遇到波斯帝国的挑战。波斯帝国为了争夺两河流域平原,同拜占庭帝国进行了长期的战争。527 年,农民出身的查士丁尼继位成为拜占庭皇帝。他是一位精力过人的政治家,上台伊始,便着手整治帝国内部,加强立法措施,野心勃勃地打算重建罗马帝国,恢复西罗马已经丧失的土地。为了实现这一计划,查士丁尼首先要对东方的波斯开战,消灭其军事力量,以免拜占庭军队征服西方时,波斯在背后骚扰。查士丁尼挑选了年仅 25 岁的贝利撒留出任东方波斯战线的统帅。530 年,一支约有 4 万人的波斯军准备围攻底格里斯河上游的达拉斯要塞。查士丁尼给贝利撒留 1 万名步兵、500 名骑兵及 7 000 名近卫军,其中步、骑兵主要由游荡于帝国各地的日耳曼和匈奴雇佣兵组成。他们大部分未经过训练,对军队统帅也不忠诚,随时有倒戈的危险。尽管如此,贝利撒留还是决定冒险同波斯人进行一场会战。他选择要塞的南面为预设阵地,命令士兵在离城墙不远的地方挖掘一条又宽又深的战壕,战壕两端又挖掘两条稍短的战壕,然后把骑兵隐蔽起来,波斯军队看到这种形势,怀疑贝利撒留有什么圈套,便避开中央,首先向贝利撒留的左翼发动进攻,迫使其部队节节后退。这时,隐蔽的骑兵突然冲出,从后方和侧翼向波斯骑兵展开攻击。与此同时,贝利撒留的右翼正受到另一股波斯骑兵的猛烈攻击。贝利撒留发现这股波斯骑兵与处在中央阵线的步兵部队之间出现了一个大缺口，于是他下令骑兵迅速冲入这个缺口，切断步兵与骑兵的联系，从侧后攻击波斯骑兵。左右翼的波斯骑兵受到前后夹击，队形散乱，互相践踏，纷纷逃离战场。剩下的波斯步兵被贝利撒留的部队包围，拜占庭骑兵从侧翼攻击，步兵利用战壕为掩护，向波斯人发射箭石、弩炮和木炮，很快将数量占优势的波斯步兵彻底击败。达拉斯一战的胜利，遏制了波斯军队的进攻势头。

查士丁尼死后，继任的几个皇帝转而奉行东进西守战略，重新向波斯开战。双方在争夺战略要地亚美尼亚的几次会战中互有胜负，谁也没有占上风。直到589年，波斯帝国发生内乱，拜占庭乘机收回亚美尼亚的大部分土地。几年之后，拜占庭内部也发生了内乱，军队普遍对政府不满，到处都发生暴动。波斯人抓住了这一良机，在边境上发动了大规模进攻。拜占庭与波斯的战争互有胜败，互相不得安宁。

恢复西部版图的征战 拜占庭军队虽然在达拉斯一战中大败波斯军队，但查士丁尼皇帝对波斯帝国的领土和财富并没有多大胃口，他朝思暮想的是在罗马废墟上赶走一系列“蛮族”王国，恢复昔日帝国版图。为了实现这个梦想，避免两翼作战，花重金与波斯签订了和约。在战略上，也开始奉行防守方针，在国境线上修筑了一连串的碉堡和工事。然后，将杰出的军事统帅贝利撒留召回，集中全力准备实现征服西方的计划。

当时位于拜占庭西方的国家有东哥特王国、盎格鲁－撒克逊王国、法兰克王国、勃艮第王国、西哥特王国、汪达尔王国。其中尤以地处北非的汪达尔王国统治最不牢固，军事力量也比较弱。531年，汪达尔国王希尔德里克被他的侄子格里梅尔推翻，并投入监狱。查士丁尼便以自己同希尔德里克年青时代是盟友，要帮助他恢复王位为借口，向汪达尔王国宣战。533年6月22日，拜占庭远征军从君士坦丁堡出发。这支远征军总共只有1万步兵、5 000骑兵，但装备精良、训练有素，并由著名将领贝利撒留指挥。他们分乘500艘战舰向西驶去。在西西里岛停留期间，贝利撒留探听到汪达尔新国王格里梅尔正忙于镇压属地撒丁岛人民起义，还不知道拜占庭军队到来的消息。他决定利用这个机会，命令将士立即上船，扬帆直驶非洲海岸。9月初，贝利撒留在距汪达尔首都迦太基仅9天路程的地方登陆。他一上岸便四下张贴布告，说拜占庭军队是为了讨伐格里梅尔来的，决不会威胁人民。随后他挥兵向迦太基城挺进，前锋很快抵达城下。格里梅尔听说拜占庭远征军到来，大惊失色。他一面派人火速调回远在撒丁岛的主力部队，调集迦太基的所有部队，打算在离城几十里的隘路歼灭敌人。他分兵3路,一路正面阻击拜占庭军队,一路打算从左翼攻击,而他自己则率主力绕至敌人背后发动进攻。经过多次战斗,汪达尔人全线崩溃,拜占庭征服了原罗马帝国的非洲属地。

接着,查士丁尼制定了从东哥特人手中夺回意大利的计划。在拜占庭人攻打汪达尔军队时,地处意大利的东哥特王国发生了政变。新任国王提尔达哈德杀死了实际执掌权力的姨母阿马拉苏沙。而这位阿马拉苏沙曾私下与查士丁尼往来,请求他的支持和保护。查士丁尼借此机会,向东哥特人正式宣战。535年冬,查士丁尼决定分兵两路向意大利进军。一路由大将孟德领兵3 000人,侵入达尔马提亚,然后沿海岸北进,吸引敌人主力,同时以金钱为诱饵与法兰克人结成联盟,协助进攻东哥特人。另一路,由贝利撒留领兵7 500人,乘船进攻西西里岛。贝利撒留很快征服了西西里岛。东哥特王提尔达哈德听说西西里岛陷落的消息,十分害怕,派人向查士丁尼求和。谈判刚刚开始,贝利撒留就被调到北非去镇压汪达尔人起义。恰巧另一路拜占庭军队在达尔马提亚作战失利,统帅孟德阵亡。查士丁尼只好又将贝利撒留派来攻打东哥特王国。536年5月,贝利撒留进入意大利半岛。当时东哥特王国发生内讧,顾不上组织防御,使贝利撒留在意大利南部如入无人之境,很快攻克意大利中部的战略要地那不勒斯,然后向罗马城进军。536年12月10日,拜占庭军队开抵罗马城下时,守军弃城而逃,教皇等人开门迎降,贝利撒留顺利地占领了罗马城。第二年3月,东哥特的新国王维提吉斯率军来围攻罗马城,此后,拜占庭与东哥特经过多次争夺,东哥特最终失败,东哥特国王因重伤被拜占庭人杀死,其军事力量受到毁灭性打击。战后,拜占庭军队乘胜横扫东哥特残余力量,驱走意大利境内的法兰克人,至554年,拜占庭终于占领了整个北非、达尔马提亚、意大利、西班牙东南部、西西里、撒丁岛等地,实现了查士丁尼变地中海为罗马帝国内湖的梦想。

抗击阿拉伯的入侵　7世纪,新兴的阿拉伯军队替代波斯人成为拜占庭帝国的主要对手。634年,新崛起的阿拉伯国家看到拜占庭帝国在长期内外征战中已耗尽钱财,国力空虚,遂派兵向拜占庭夺取土地。听到阿拉伯人入侵的消息,起初拜占庭皇帝并不在意,以为边疆地区会组织有效抵抗。不料阿拉伯军队在哈里德的率领下,以闪电般的速度从幼发拉底河推进到大马士革城下。636年,哈里发以2.5万兵力全歼两倍于他的拜占庭军队,占领整个叙利亚,结束了拜占庭帝国在叙利亚的统治。

抗击突厥的斗争　1040年,力图恢复昔日东方疆土的拜占庭帝国,遇上了塞尔柱突厥人的进攻。塞尔柱突厥人原来居住在中亚北部的大草原上，后来不断迁徙，在呼罗珊地区建立王国，史称“塞尔柱王朝”。塞尔柱的军队以轻骑兵为主，战士手持弓箭、长矛和剑。作战时由各部落头领率领，勇敢不畏死，唯战法过于单调。他们在向伊朗和东方各国大肆入侵的时候，正碰上阿拉伯帝国极度衰弱，皇亲贵族花天酒地，耗尽国库钱财，军队离散，城塞工事荒废，因而一路势如破竹，不仅取代阿拉伯帝国统治伊朗，攻克巴格达城，而且进入亚美尼亚、耶路撒冷、卡帕多西亚，威胁着拜占庭帝国对小亚细亚的统治。

1067 年，军人出身的罗马拉斯继位成为拜占庭皇帝。为了赶走塞尔柱人，他在叙利亚境内的腓尼基组建了一支由马其顿、亚美尼亚、保加利亚、法兰克等不同国家的士兵组成的部队，率领他们向塞尔柱人进攻。塞尔柱人采取打了就跑的游击战术，始终不与拜占庭主力正面交锋，害得罗马拉斯东奔西走，却无法彻底消灭塞尔柱的军事力量。1071 年初，罗马拉斯领兵来到叙利亚，分兵两路，准备同时夺占曼西克特城和基拉特城。当时塞尔柱苏丹正在叙利亚，他集结了主动退出曼西克特城的军队及其他援军计 4 万人，在基拉特城准备与拜占庭军队决战一场。苏丹听说罗马拉斯已占领曼西克特，并且召集拜占庭重装步兵前来，决定设法分散其兵力。他派一些骑兵袭击拜占庭重装步兵，将其引诱到相反的方向去。自己则率主力迎战罗马拉斯。罗马拉斯对眼前的危险毫无察觉，直到前卫部队与塞尔柱人仓促遭遇，才想起派人调集步兵立即赶来。但此时拜占庭步兵主力已被引诱得越走越远，罗马拉斯不得不以 2 万 ~3 万人的劣势部队与塞尔柱人的优势兵力相对抗。不过罗马拉斯并不担心。他认为塞尔柱人一贯奉行游击战原则，绝不会有勇气进行正式会战。1071 年 7 月 4 日，双方在曼西克特附近列阵交锋。罗马拉斯将战斗力强的近卫军部队部署在中央，左右两翼为骑兵部队，后方保留一支由雇佣兵骑兵组成的强大预备队。塞尔柱人以骑兵弓箭手为主，他们没有什么阵势，往往由首领率领冲锋。塞尔柱苏丹对这样一支组织性不强的军队与拜占庭人交锋，心里也很没有底。为了激励士气，他把指挥大权交给手下的将军塔劳格，命令他“不胜利则砍头”，他本人则把自己的弓箭抛弃，换上剑和锤，并把马尾巴编成小辫，穿上一件白袍，涂上香粉，然后告诉身边的人：“假如战败了，这里就是我的坟墓。”在苏丹的激励下，塞尔柱骑兵一接战便发起进攻，以弓箭射杀拜占庭人。配置在两翼的拜占庭骑兵首先抵挡不住，开始退却。阵形中央的拜占庭骑兵在雨矢之下伤亡很大。罗马拉斯命令重装步兵出战，以挽回局势。这些步兵排成 16 列纵队，高举防护盾牌，一步步向敌人紧逼。塞尔柱人眼看射箭无效，趁着茫茫夜色，很快撤出了战斗。罗马拉斯打算后退，找到一处水草丰美、适宜宿营的地方过夜。可当他刚刚下令撤退时，来去如飞的塞尔柱人又前来进攻。他立即命令部队停止后撤，准备调过头迎击敌人。岂料由雇佣兵组成的预备队拒不听命，偷偷撤走，从而使步兵失去掩护。塞尔柱人立即集中兵力攻击左翼的步兵，很快将其击溃，并使右翼步兵不战而溃。最后塞尔柱人骑兵将位于中央的拜占庭精锐部队团团围住。罗马拉斯和手下将士虽然奋力拼杀，终因寡不敌众，伤亡惨重，罗马拉斯也受伤被俘。曼西克特会战使拜占庭军队大伤元气，从此丧失了亚洲军区，也失去了东方各省和小亚细亚海岸的大片土地，称雄欧、亚、非三大洲的历史也从此结束。

奥斯曼土耳其灭亡拜占庭帝国　1421—1451 年，奥斯曼土耳其帝国（突厥人的一支建立的）在穆罕默德二世执政期间，势力逐渐恢复。15 世纪中叶，他们对垂死的拜占庭帝国展开新的攻势。1453 年，苏丹穆罕默德二世（1451—1481 年）亲自率领 20 万大军和 300 只战船，围攻君士坦丁堡，拜占庭末代皇帝君士坦丁十一世（1449—1453 年）依靠 8 000 名雇佣军坚守城池。经过 53 天的激战，君士坦丁堡于 5 月 29 日陷落，拜占庭帝国终于灭亡。

第八章 阿拉伯帝国

7世纪中期,伊斯兰教使阿拉伯各部落实现统一,之后从沙漠走向海洋,建立了海路和陆路兼备的阿拉伯商道,控制了当时的世界性贸易通道,形成一个西起大西洋、东到印度河,横跨亚、非、欧三洲的大帝国,伊斯兰教也变成一个世界性宗教。

一、帝国的崛起

阿拉伯半岛是世界第一大半岛,位于亚洲的西南部地区,面积320余万平方千米。这个幅员辽阔的半岛,绝大部分是沙漠,土地贫瘠,气候干燥,夏季酷热,最高温度可达80℃,半岛上居民被称为"沙漠之子"。7世纪中期,阿拉伯人在穆罕默德(约570—632年)的说服下,虔诚地信仰了伊斯兰教。统一的宗教使原本相互敌视的部落消除分歧,一盘散沙的阿拉伯各部落联合起来。632—634年,阿拉伯地区的各个派别承认伊斯兰教和伊斯兰教创始人穆罕默德的独尊地位,半岛基本统一,这也标志着阿拉伯国家的建立,为阿拉伯半岛政治、经济、文化的发展揭开了新的一页。632年穆罕默德死了,穆罕默德的岳父和密友、阿布·伯克尔被推举为阿拉伯国家第一任"哈里发"(632—634年)。"哈里发"是阿拉伯语,意为先知的代理人或继承人,是集宗教、军事和行政大权于一身的阿拉伯国家元首。

阿拉伯国家建立不久,就开始大规模的对外扩张,并逐步成为地跨亚、非、欧三大洲的大帝国。636年,阿拉伯人在约旦河支流雅姆克河畔,打败拜占庭20万大军,占领了叙利亚。638年,阿拉伯军队占领了全部巴勒斯坦地区。636年,阿拉伯人在两河流域打败伊朗,并于642年迫使伊朗投降。639—646年,阿拉伯人在北非征服整个埃及。645年攻占利比亚。7世纪末,在圣战的旗号下,阿拉伯帝国继续推行大规模的侵略扩张政策。在北非,侵入突尼斯,攻陷迦太基,消灭在北非的拜占庭人的残余势力。

接着,阿拉伯人越过直布罗陀海峡,攻入欧洲。711年,阿拉伯人消灭西班牙的西哥特王国,征服伊比利亚半岛。但是732年在普瓦提埃附近被法兰克王国的军队击败。在东方,阿拉伯人的势力扩张到中亚和印度河流域,8世纪还与唐朝军队发生过冲突。8世纪中叶,阿拉伯已形成一个西起大西洋,东到印度河,横跨亚、非、欧三洲的大帝国,伊斯兰教也随着变成一个世界性的宗教。

8世纪到9世纪中叶,阿拉伯帝国进入繁荣时期。这时,战争减少,经济文化发达。叙利亚和大马士革地区,美索不达米亚南部,波斯湾东岸和阿姆河流域,是当时著名的四大谷仓。阿拉伯的手工业和国际贸易也很发达。中国的丝绸和瓷器,印度的香料,中亚的宝石,东非的象牙和金砂等,都经阿拉伯人转销世界各地。首都巴格达成为帝国的政治、宗教和手工业中心,也是国际贸易的中心。但是,帝国内部的阶级矛盾、民族矛盾和统治集团内部的矛盾错综复杂,统治者日益腐化,人民起义连绵不断,许多地方先后脱离阿拉伯王朝而独立。9世纪末和10世纪,在伊拉克、呼罗珊、也门、叙利亚等地,掀起了主张社会平等、财产公有的卡尔马符运动,一度攻占麦加。各族人民起义此起彼伏,阿拔斯王朝统治下的阿拉伯帝国版图日益缩小。1258年,随着蒙古人的西征,阿拉伯帝国彻底瓦解。阿拉伯帝国延续到1258年,历时635年,经历55位哈里发。

阿拉伯帝国的兴起,有多方面的原因。

(1)古代商道兴起的推动作用。阿拉伯半岛是世界上最大的半岛,位于亚洲西南部。地理区位优势使其成为古代亚欧大陆的一条重要商道。东方的商品经海路运到也门,然后由骆驼商队经阿拉伯地区运到地中海东岸,再转运到欧洲。在商路的两旁兴起了许多商业据点和城镇,其中以麦加和雅特里布最为重要。

(2)社会发展客观要求实现统一。6世纪,阿拉伯半岛上部落之间盛行血亲复仇,贵族之间争夺牧场和水源的斗争也十分激烈,战争连绵不断,社会动荡不安。此时,拜占庭和伊朗两大帝国都想南下控制阿拉伯商道。525年,埃塞俄比亚在拜占庭支持下侵入也门。572年,伊朗出兵将也门置于自己的统治之下,使东方商品改由波斯湾经两河运往欧洲。战争的破坏、商道的转移,使阿拉伯地区的商业衰落,牧场荒芜,大量民众失业并沦为债奴、奴隶,贫民与贵族的斗争空前尖锐。阿拉伯人要求改变这种现状。国家所能调集的武装力量中大部分是贝都因人,他们都希望到肥沃的北方去征战,以增加财富。建立一神教和统一的国家是实现这种愿望的前提。阿拉伯帝国就是在这种背景下建立起来的。

(3)穆罕默德的个人作用。创立伊斯兰教的穆罕默德,对于阿拉伯半岛的统一和阿拉伯帝国的崛起发挥了重要作用,他为阿拉伯帝国的建立奠定了民族统一的基础,也奠定了精神统一的基础。穆罕默德顺应历史发展的客观要求,创立了伊斯兰教,建立政教合一、统一强大的神权国家,奠定了阿拉伯帝国的基础。伊斯兰教思想是阿拉伯崛起的思想武器。伊斯兰教信徒们认为,他们有统治世界的权力,这种权力被其他国家非法窃取了。他们应该与这些人进行无情的斗争。他们把宗教分为正统教徒和异教徒。异教徒都是敌人。《古兰经》号召穆斯林为信仰而战,今世的奖赏是战利品,来世的奖赏是乐园。正是这些思想武器,使阿拉伯人不怕死亡,勇于征战,成为阿拉伯帝国长期征战的力量。

二、在征战中建立大帝国

在阿拉伯半岛统一的过程中,造就了一支生气蓬勃、精力充沛的强大军队,包括强大的陆军和海军。另外,中东地区两个相互对立的帝国(波斯帝国、拜占庭帝国)长期对抗、互争雄长,导致双方元气大伤,国力消耗殆尽,也为阿拉伯的扩张提供了机会。[①]

"圣战"是伊斯兰教的一项宗教义务,阿拉伯国家建立以后,穆罕默德的继承者(哈里发),就以"圣战"为号召发动对外战争。从第二任哈里发奥马尔时期(634—644年)起,阿拉伯人开始大规模地向半岛以外的地区扩张。到了8世纪中期,地中海的西部、南部和东部海岸、红海和波斯湾的整个海岸以及阿拉伯海的北部沿海地区,已全部掌握在阿拉伯人手中。

占领叙利亚 634年,新崛起的阿拉伯国家看到拜占庭帝国在长期内外征战中已耗尽钱财,国力空虚,遂派兵向拜占庭夺取土地。636年,阿拉伯军队以2.5万兵力全歼两倍于他的拜占庭军队,占领整个叙利亚,结束了拜占庭帝国在叙利亚的统治,这仅仅是阿拉伯军队一系列胜利的第一步。

控制波斯湾 637年,阿拉伯人在卡地西亚击败了波斯大军,乘胜占领伊拉克。641年又攻占了艾克巴塔那,控制了波斯湾。695年,攻占迦太基,结束了拜占庭帝国对北非的控制。到8世纪初,阿拉伯帝国成为一个横跨亚、非、欧

---

① 张士平:《史鉴大略》,北京,军事科学出版社,2005年,第168页。

三洲的庞大王朝,在西方到达了大西洋海岸,在东方深入到印度彭嘉普河上,在中亚则与唐王朝为邻。但历代哈里发及阿拉伯将领的最大愿望仍然是攻克拜占庭首都君士坦丁堡。

海军的争霸活动 阿拉伯国家在向外扩张的过程中,建立起自己的海军,这支海军起了重要作用。649 年,阿拉伯人占领了塞浦路斯岛和罗德岛;652 年,阿拉伯舰队首次袭击西西里岛;655 年春,拥有 200 艘战船的阿拉伯舰队,在阿达·伊本·萨德的指挥下,扬帆驶向君士坦丁堡,在菲尼克斯附近遭到拜占庭舰队的阻击。拜占庭皇帝君士坦丁二世亲自指挥 500 艘战船猛烈攻击阿拉伯舰队。尽管阿拉伯舰队寡不敌众,战术也比不上拜占庭舰队,但在紧要关头阿拉伯旗舰用抓钩钩住一艘拜占庭大帆船,水手们跳到它上面进行搏斗砍杀,夺取了这艘敌船。然后,阿拉伯人立即将自己的战船组成一个浮动堡垒,开始组织登船突击队,一个个地摧毁敌船,结果,拜占庭在这场海战中大败,阿拉伯人取得了第一次伟大胜利,打开了通向君士坦丁堡的道路。

攻打君士坦丁堡 670 年,阿拉伯舰队攻占赫勒斯滂海峡,并进入马尔马拉海。为了给下一步进攻君士坦丁堡打好基础,阿拉伯人还在西兹库斯半岛上抢占有利地势。为保障和后方的联系,阿拉伯人占领罗德岛以及爱琴海上的约斯岛和科斯岛。与此同时,为不暴露其真正企图,阿拉伯人攻击突尼斯境内的普罗康萨勒特,并偷袭西西里岛。674—678 年,阿拉伯舰队在埃米尔法达拉斯的率领下,用夏天包围、冬天撤退的方式从水陆两路封锁君士坦丁堡。

678 年夏,阿拉伯舰队对君士坦丁堡发动新的攻势,从海上进攻这个三面环海一面临山的城市。拜占庭帝国海军一直是东地中海最强大的海上武装力量,握有海上霸权数个世纪,在阿拉伯海军到来之前几乎没有对手,无人能越过海军这道防线而靠近君士坦丁堡。阿拉伯舰队乘着东南风对君士坦丁堡连续发起的多次进攻都被强弓硬弩、滚石檑木所击退。6 月 25 日清晨,数百艘阿拉伯战舰杀向君士坦丁堡。拜占庭轻型舰船将大量的"希腊火"用喷射器喷向海面。这种"希腊火"是用石油制成的一种"液体火焰"燃料。阿拉伯人对这种新式武器毫无认识,没有加以防范。拜占庭的舰船上万箭齐发,箭箭带火。霎时间,海面上漂浮的油脂被点燃,很快变成一片火海。火借风势,风助火威,冲在前面的舰船全都陷入了火海。这一仗,阿拉伯舰队的 2/3 被毁,不得不撤退。

在返回的路上，舰队遇到风暴，全军覆没。

715年，阿拉伯军队兵分两路，开始新一轮的进攻。拜占庭利用君士坦丁堡的城墙和海湾进行了一场持久的防御战。他们利用君士坦丁堡的双重城墙，组织了多道防线，并在城墙上安装了大量城防器械，修建了装满粮食的谷仓和大量兵器制造工场；在海湾的出口处悬挂起一条粗大的铁链，连接在两个守望塔上，可以自由升起或放下。拜占庭的舰队驻泊在铁链之后，随时可以出击。阿拉伯的陆军大约有8万人，海军有1 800艘战舰，军力超过拜占庭。经过长期反复的交战，阿拉伯陆军不能在陆上攻入君士坦丁堡，海军在海战中遭到一连串失败，718年8月撤兵回国。阿拉伯舰队在归途中遇上大风暴，全军覆没。此次围攻君士坦丁堡，阿拉伯人一共调集了2 560艘战船，陆军20万人，战后却只剩下5艘战船和不到3万名陆军士兵。君士坦丁堡之战彻底改变了拜占庭和阿拉伯两大军事集团的力量对比。

720年以后，拜占庭军队开始向阿拉伯军实施战略反攻。在君士坦丁堡战役后的200年间，阿拉伯海军和拜占庭舰队为争夺地中海上岛屿一直不断地进行海战。827年，阿拉伯人在西西里岛登陆，与拜占庭帝国争夺西西里岛。争夺西西里岛的战斗一直延续到964年。其中880年在伯罗奔尼撒半岛附近克法利尼亚进行的一次海战中，拜占庭人消灭了一支阿拉伯舰队。964年阿拉伯人终于控制了整个西西里岛。后来，阿拉伯海军在进攻希腊时被击退，遭受严重损失。此后，再也没有恢复元气。

三、海陆兼备的阿拉伯商道

阿拉伯帝国是伊斯兰教国家。伊斯兰教非常重视商业，《古兰经》明确规定，鼓励和保护商业是所有穆斯林必备的义务和道德。商业在阿拉伯帝国经济中占有重要地位。

首都巴格达既是阿拉伯帝国的政治中心，也是商业码头。巴士拉、开罗、亚历山大、凯鲁万、撒马尔罕等城市也都是东西方中介贸易的重要商埠。很多穆斯林商人活跃于亚、欧、非三大洲，从事以中介贸易为主的商业活动。阿拉伯商人的活动范围从东南亚的苏门答腊、马来亚到南亚印度，再到西南欧的西班牙、北非的摩洛哥，甚至北欧波罗的海和斯堪的纳维亚半岛。当时，中国的广州、泉州、扬州等地也聚居着大批穆斯林商人。中国的丝绸、瓷器，印度和马来群岛的香料、矿物、染料、蔗糖，中亚的宝石，东非的象牙、金砂，北欧和俄罗斯的蜂蜜、黄蜡、毛皮和木材等都是阿拉伯商人经营的商品。大规模的阿拉伯商业贸易，促进了各个封建文明区域间的经济文化交往，推动了中世纪印度洋区域和地中海区域海上贸易的繁荣与发展。

阿拉伯的商业是随着海上航运活动的发展而发展起来的。阿拉伯海员在长期的航行过程中，研究和详细记述了印度洋上的季风，并且在航行中巧妙地利用了这种季风，缩短了航行时间。在古代阿拉伯的地理书籍中也记录了大量的海洋地理资料。13—15 世纪，阿拉伯人的航海技术得到了新的发展。15 世纪初，当中国明朝的航海家郑和的船队到达印度之后，雇用了阿拉伯导航员继续前往东非的航行。一个世纪之后，出身于阿拉伯航海世家的伊本·马吉德熟悉红海和印度洋的海洋环境，被阿拉伯海员奉为“保护神”。在他的指引下，葡萄牙航海家达·伽马的船队顺利渡过印度洋，开辟了通往印度的新航路。阿拉伯海船上的装备也比较先进，从事远洋航行船只已拥有整套的航海仪器，如指南针、测岸标方位的仪器、测太阳和星体高度的量角仪和测水深度的水砣等，还绘制了标有岸上方位物坐标和水深流向的海图和对景图。

到 8 世纪，地中海的西部、南部和东部海岸，红海和波斯湾的整个海岸以及阿拉伯海的北部沿海地区，全都掌握在阿拉伯人手中。他们在穿越中亚、高加索和伊朗高原，联络欧洲和印度的许多陆路交通线上以及丝绸之路的西段定居下来。阿拉伯人成了欧洲与南亚、东南亚以及中国进行贸易的中间人。他们在印度洋东部的商道上占据了重要阵地，成了印度洋西部地区真正的统治者。8 世纪中期，阿拉伯人在印度洋西部海域发现并占领了科摩罗群岛。9 世纪，他们航行到马达加斯加岛，并与当地的马来居民建立了商业贸易联系，然后在非洲海岸建起了商站。他们在莫桑比克岛上也建起了商站，该岛成了阿拉伯人在非洲最南端的一个据点。

阿拉伯人的航船是用椰子树的木料建造的轻型平底船，一般只适宜在沿岸海区航行。在霍尔木兹海峡的港口，许多阿拉伯商人把自己的货物转载到中国的大帆船上。这些商人从霍尔木兹出发前往印度，然后到达锡兰。从锡兰出发转向东北，沿着印度斯坦的科罗曼德尔(东部)海岸向前航行。他们经常到达吉斯德纳河口，然后穿过孟加拉湾到达安达曼群岛。离开安达曼群岛后，他们的船只向东南航行，到达苏门答腊岛的北岸，穿过马六甲海峡和南中国海驶向中国。阿拉伯商人乘坐中国船可以到达浙江省杭州城附近的澉浦港湾。[①]

四、阿拉伯帝国的衰落

武力占领的疆域难以长期有效统治。阿拉伯帝国衰落的原因也是多方面的,用武力占领的疆域幅员过大是其中之一。阿拉伯帝国的疆域,从比利牛斯山脉到信德,从摩洛哥到中亚的所有地区,边远的省份远离首都达3 000英里。这个大帝国地跨欧、亚、非三大洲,而当时的国家管理手段十分有限,很难形成有效的控制。当时以乘马、乘船为主要信息传递方式,信息传递非常困难;当时的统治方法和工具也很难有效控制这样广阔的疆域。阿拉伯帝国有这个问题,其他大帝国也有这个问题。苏联也有这样的问题。第二次世界大战之后,苏联的版图扩大了,建立了16个加盟共和国。其中,许多加盟共和国不是俄罗斯民族,有自己的文化,距离莫斯科很远,他们始终存在独立的要求,结果,在苏联体制内40多年,最后还是独立了。阿拉伯帝国也是这样的问题。阿拉伯帝国极盛的阿拔斯王朝时期,就开始出现独立倾向,西班牙于公元756年、摩洛哥于788年、突尼斯于800年即先后摆脱了阿拉伯帝国的统治。到9世纪60年代,在埃及、叙利亚、伊朗和中亚等地也先后出现了许多地方贵族的小王朝,名义上称臣于阿拉伯的哈里发,实际上已经完全独立。[②] 这就是这种超级大帝国的教训之一。

帝国内部矛盾不断激化是衰落的内因 首先是伊斯兰教派之争。什叶派、逊尼派等伊斯兰教各派别之争,很早就发生了。这些教派斗争又与统治集团内部之争搅缠在一起,矛盾复杂激烈。其次是权位之争。穆罕默德去世后,在继承人的问题上就出现过分歧;第一任哈里发产生以后,阿拉伯统治集团内部的斗争愈演愈烈。在争夺哈里发的问题上,不断发生流血斗争。再次是统治阶层的残酷压迫和剥削,激起民众的不满,矛盾日益激化,各阶层民众不断反抗,形成无法调和的矛盾。最后是复杂的社会关系。士兵不满低下的政治地位,被征服的新穆斯林不满其社会地位,未加入伊斯兰教的人不满意不公平的地位等。在内部矛盾斗争和外部强敌的打击下,9世纪末和10世纪,伊拉克、呼罗珊、也

---

① 约瑟夫·彼得洛维奇·马吉多维奇:《世界探险史》,北京,世界知识出版社,1988年,第72-74页。

② 张世平:《史鉴大略》,北京,军事科学出版社,2005年,第168页。

门、叙利亚等地，掀起了主张社会平等、财产公有的卡尔马符运动，一度攻占麦加。各族人民起义此起彼伏，阿拔斯王朝统治下的阿拉伯帝国版图日益缩小，1258年，随着蒙古人的征讨，阿拉伯帝国彻底瓦解。

蛮族和更强大帝国的入侵是阿拉伯帝国最终衰落的外因。在阿拉伯帝国不断扩大和逐步衰落的过程中，也在受着其他民族和帝国的侵略，包括来自北部诺曼人、南部摩洛哥人和柏柏尔人的侵略，以及东方突厥人和蒙古人的侵略。1016年，热那亚和比萨的联合舰队从阿拉伯人手中夺取了撒丁岛和科西嘉岛。1071年，从北方南下的诺曼人征服了西西里岛。其中，对阿拉伯帝国威胁最大的是以基督教名义进行的十字军东征。1095年，罗马教皇乌尔班二世，在法国克莱蒙召开宗教会议，用基督的名义发动了对“异教徒”的战争。这是一场十字架反对新月（穆斯林旗帜上有新月图形）的战争。十字军东征延续了200多年，它实质上是西欧封建主阶级在宗教掩饰下进行的一场大规模军事殖民战争。它严重地破坏了西亚和东罗马的社会生产和文化，牺牲了亚洲和欧洲无数人的生命，但却产生了扩大东西方贸易的结果，促进意大利商业城市的迅速发展。这些城市在十字军东征过程中承担了东西方运输的绝大部分，他们的商船循着东方船队的路线，一直走到中东的终点，从东方诸国带回香料和丝绸，然后将它们转送到西欧和南欧的沿海城市。威尼斯由于所处的地理位置得天独厚，在十字军东征过程中获利最大，特别是第四次十字军东征，完全是按威尼斯商人意愿进行的。这次东征最初的目的本是去攻打埃及，但威尼斯商人同信奉伊斯兰教的埃及商业往来密切，他们一点不热心运送十字军战士去攻打商业上的盟友。他们的主要竞争对手是拜占庭帝国的君士坦丁堡和其他城市的商人。于是威尼斯商人决定变十字军的行为为商业活动。但是，十字军东征还是阿拉伯帝国衰落的重要外部原因。

第九章　奥斯曼帝国

奥斯曼帝国在中世纪建立独立国家，由小到大，由内陆走向海洋，逐步崛起，形成一个地跨欧、亚、非三洲的大帝国，总面积达600万平方千米。

一、由弱到强逐步崛起战略

概况　奥斯曼国家是古代土耳其人在小亚细亚（现今土耳其境内）建立的国家。奥斯曼土耳其人信奉伊斯兰教。13—15世纪的东罗马帝国在政治、经济、军事上均已走下坡路，小亚细亚及巴尔干半岛的大部分基督教地区逐渐为突厥人和其他穆斯林所取代。奥斯曼土耳其人建国后实行军事采邑制度。他们打着反基督教徒的旗号，进行伊斯兰"圣战"，发动一系列战争，夺取土地和战利品。在穆罕默德二世（1451—1481年）统治时，奥斯曼土耳其人开始进攻当时欧洲政治文化的中心——东罗马首都君士坦丁堡，并于1453年攻陷，将其改名为伊斯坦布尔，定为奥斯曼帝国的首都。然后继续扩张，苏里曼一世（1520—1566年）时达到鼎盛，其疆域东起中东波斯湾，西到匈牙利，北抵高加索，南达北非沿地中海一带，辖红海、黑海、爱琴海及东部地中海，形成一个横跨欧、亚、非的军事封建帝国，总人口达1 400万。

形成过程　奥斯曼土耳其人是突厥人的一支。突厥人最初居住在中西伯利亚西侧，叶尼塞河上游，在我国秦汉时代发展到贝加尔湖（古称北海）畔，中国史书上称之为丁零。552年，突厥人建立政权，其势力东至辽海（泛指辽河流域以东地区），西达里海，北抵贝加尔湖，南到青海。唐贞观四年（630年）和显庆四年（659年），唐朝先后灭东西突厥。后来，突厥人重新崛起，并于8世纪接受了伊斯兰教。11世纪初，突厥人开始大迁徙，出中亚草原向西，进入阿拉伯帝国控制的地区，1055年推翻巴格达哈里发的统治，阿拉伯帝国名存实亡。1071年，突厥人的军队在曼西克特战役中打败拜占庭军队，并迅速占领小亚细亚大部分地区，势力范围扩张到地中海东岸。

奥斯曼土耳其帝国是西突厥部分，原住在里海东南岸。13世纪初，他们迁徙到小亚细亚,依附于塞尔柱突厥人建立的罗姆苏丹国(1077—1308 年)。奥斯曼土耳其的首领奥斯曼(1259—1336 年),乘罗姆苏丹国分裂衰弱之机,占领罗姆苏丹国大部分领土,1293 年奥斯曼宣布独立。后来,这个国家被称为奥斯曼(土耳其)帝国。1326 年,奥斯曼之子乌尔罕(1326—1359 年)夺取濒临马尔马拉海的布鲁萨,定都于此。1362 年,奥斯曼土耳其占领亚得里亚堡,1369 年迁都于此。1389 年,奥斯曼土耳其在科索沃战役中打败塞尔维亚、保加利亚、波斯尼亚、阿尔巴尼亚等国联军。1396 年,奥斯曼土耳其打败英格兰、法兰西、波兰、捷克、匈牙利、伦巴德、德意志的十字军联军(约有六七万人),在欧洲巴尔干地区和亚洲安纳托利亚地区形成一个大帝国。

15 世纪初,奥斯曼土耳其帝国一度衰落。1402 年 7 月,他们在安卡拉附近被蒙古贵族帖木儿(1335—1405 年)击败,苏丹巴耶塞特被俘。接着奥斯曼土耳其帝国出现王位之争。苏丹穆罕默德二世(1421—1451 年)上台后势力逐渐恢复。1453 年,奥斯曼苏丹穆罕默德二世(1451—1481 年)率领 20 万大军和 300 只战船,占领了君士坦丁堡,消灭了拜占庭帝国。奥斯曼帝国迁都君士坦丁堡,并将其更名伊斯坦布尔,意为伊斯兰之城。

16 世纪中叶,苏里曼一世统治时期(1520—1566 年),奥斯曼土耳其帝国进入鼎盛时期。1521 年,奥斯曼土耳其派兵攻取贝尔格莱德,占领匈牙利;1529 年夺取维也纳,在欧洲的扩张达到极限。1555 年,苏里曼和伊朗订立和约,奥斯曼土耳其人拥有两河流域。在非洲,奥斯曼土耳其军队相继占领的黎波里(1536 年)、阿尔及利亚(1529 年)和突尼斯(1574 年),从而使奥斯曼土耳其帝国的版图囊括昔日拜占庭和阿拉伯帝国统治的大部分地区,形成一个地跨欧、亚、非三洲的大帝国,领土范围包括:北面从奥地利边界到俄国境内,南面一直伸入非洲内地,西面边界在非洲的摩洛哥,东面到亚洲的高加索和波斯湾,总面积达 600 万平方千米,是今天欧、亚、非三大洲的近 40 个国家和地区。自 16 世纪中叶开始,奥斯曼土耳其由盛转衰。1921 年 1 月,奥斯曼大国民会议改国名为土耳其,1922 年 11 月,大国民议会决定废除苏丹制(帝制),奥斯曼帝国灭亡,历时 620 多年。

二、陆海军和“圣战”思想

强大的陆海军事力量　奥斯曼建国时的作战力量就比较强。当时的奥斯曼人分为两部分,一部分从事游牧业,另一部分已过渡为定居农民。在游牧民中,所有成年男子都是战士,并由他们组成轻骑兵。这些轻骑兵按氏族部落编组,宗法关系很强,加之本身具有较强的机动力,因此是一支颇具战斗力的部队。至1330年左右,乌尔汗又建立了常备的近卫军。这支部队待遇优厚,享有特权,训练有素,装备精良,成为奥斯曼帝国崛起和扩张的劲旅,在帝国崛起的进程中,发挥了巨大的历史作用。

“圣战”思想 奥斯曼土耳其帝国是政教合一的军事封建专制国家,伊斯兰教是国教。古兰经是信仰和法律的源泉。自奥斯曼时期起,就以伊斯兰教古老的“圣战”思想武装军人,并吸收从小亚细亚各地来的圣战者壮大自己的力量。奥斯曼每次对外扩张,都是在对异教徒进行圣战的旗号下进行的,伊斯兰教在奥斯曼帝国崛起的进程中起到了凝聚力量、统一思想、鼓舞斗志的作用。尤其是奥斯曼人还采取了传统的“信仰武士”的作战方式,“把那种充满着早期伊斯兰教原有的火热、率直和战斗性的信仰,带到了小亚细亚并加以广泛地传播。而这种信仰是一种把信条当作战争的呐喊,把教义当作动员号令的武士宗教精神”。[①]

三、走向海洋和争霸战略[②]

奥斯曼帝国开始对外扩张不久,就走向海洋,参与海洋霸权的争夺。1326年,他们占领亚德里雅堡并迁都于此,切断君士坦丁堡与巴尔干半岛其他地区的联系,东罗马帝国的首都被孤立了。1354年,他们渡过赫勒斯滂海峡,占领海峡欧洲沿岸的加利波里,以此为桥头堡向色雷斯进攻。不久,他们占领巴尔干半岛绝大部分。1453年,穆罕默德二世率领15万大军和300艘战船攻下君士坦丁堡,并改名为伊斯坦布尔。1459年,奥斯曼土耳其征服了全部塞尔维亚;1463年又征服波斯尼亚;1479年兼并阿尔巴尼亚。此外,奥斯曼土耳其还确立了对瓦拉几亚、摩尔达维亚的宗主权,占领热那亚在黑海地区的殖民地及其重要商业城市卡法,并臣服克里米亚汗国(1475年)。1499年,奥斯曼土耳其的舰队在宗乔和勒班陀近海的两次战役中大败海上强国威尼斯舰队。

到了苏里曼一世统治时期(1520—1566年),奥斯曼土耳其帝国的扩张野心达到极点。在狂热的穆斯林教徒的支持下,刚刚即位的苏里曼就指挥大军进

---

① 黄维民:《奥斯曼帝国》,西安,三秦出版社,2000年,第11页。

② 波特:《海上实力》,北京,海洋出版社,1990年,第14-20页。

占贝尔格莱德和罗德斯岛;1526年,他在摩哈赤打败匈牙利、捷克联军,进驻布达佩斯;1529年,他又率军向奥地利推进,围困维也纳。在向北方扩张的同时,苏里曼一世还在南方入侵叙利亚和埃及。他的战船和海盗船只在地中海大肆破坏。1536年,奥斯曼土耳其侵占的黎波里和阿尔及利亚;同年征服阿拉伯半岛和也门。

奥斯曼土耳其对外扩张的军事力量,包括强大的炮兵部队和舰队,他们的炮兵技术和装备精良;舰队有船只300余艘。这个时期东、西方航线已经开辟,西方国家正忙于四处掠夺,相互争夺,结果被奥斯曼土耳其人各个击破。在奥斯曼土耳其向外扩张的过程中,海军发挥了重要作用。奥斯曼土耳其最初发展海军,仅仅是为攻陷四面环海的君士坦丁堡。但是,后来在横渡里海的作战中,在南下向叙利亚和埃及的进军中,为争夺爱琴海诸岛、罗得岛和塞浦路斯岛的控制权中,以及同威尼斯发生的一系列冲突中,海军也发挥了极其重要的作用。16世纪初叶的几十年中,威尼斯、热那亚和奥地利王室的舰队,尚能阻挡奥斯曼帝国的海军,到了16世纪中叶,奥斯曼土耳其的海军已经相当强大,不断袭扰意大利和西班牙的港口以及巴利阿里群岛。苏里曼大帝统治时期海上征战很多,苏里曼在位46年,亲自参加了13次征战。1538年帝国舰队和西班牙等国联合舰队,在今希腊西部普雷佛扎附近海面发生海战,共有150艘兵船的奥斯曼舰队战胜了两倍于己的联合舰队,巩固了奥斯曼帝国在东地中海的战略地位。奥斯曼帝国的扩张势头一直到勒班陀海战才受到遏制。①

1566年,奥斯曼土耳其的苏丹西利姆二世(1566—1574年)继位。他把扩张的矛头直接指向地中海。当时在地中海周围的海上强国一是西班牙,一是威尼斯。1569年9月13日,威尼斯港发生大爆炸,全欧洲最大的威尼斯火药厂全部烧毁,海港中的舰队也遭烈火波及。奥斯曼帝国认为攻占威尼斯的塞浦路斯岛的时机来了。1570年7月12日,奥斯曼土耳其舰队开始进攻塞浦路斯岛。地中海地区的基督教国家在罗马教皇的倡导下,形成了一个反穆斯林同盟,并组建了联合舰队。威尼斯舰队是联合舰队的主力,教皇自己掏钱购置12艘战舰,西班牙也派西西里舰队加入了这支联合舰队。联合舰队有舰船316艘,官兵8万余人。联合舰队主要战舰是快船、大船和中船。其中快船比奥斯曼土耳其快船的火力强。另外,许多基督教士兵配备有火绳枪,这种枪是滑膛

① 丁一平,等:《世界海军史》,北京,海潮出版社,2000年,第137页。

枪的前身,而此时奥斯曼土耳其人仍然使用弓箭。[①]

奥斯曼土耳其舰队停泊在勒潘陀。1570 年 9 月 29 日,联合舰队获悉这个信息,把奥斯曼土耳其舰队堵在海湾内。联合舰队在阿克西亚海角和斯克罗法海角之间的海峡中摆开了宽约 6 000 米的大横列。奥斯曼土耳其舰队阵容与联合舰队大体相近,摆成一个巨大的新月形,月牙的两端分别顶住佩特雷湾的南北两岸。10 时 30 分,双方战阵靠近,相互用火炮射击。但每艘舰上的前炮仅发射 2 ~ 3 发,战斗就变成了短兵相接的混战。由于联合舰队和奥斯曼土耳其舰队都分成三个独立的支队,各支队之间尚有一定的距离,所以海战在三个战场分别打响。经过残酷的混战,奥斯曼土耳其舰队被彻底打败,联合舰队共击沉奥斯曼土耳其战舰 113 艘,俘获 117 艘,缴获火炮 274 门,击毙奥斯曼土耳其 3 万余人,俘获8 000余人。联合舰队仅损失 12 艘战舰,被俘 1 艘,死伤 1.5 万余人。[②]勒潘陀海战在历史上是亚克兴海战之后的第一场用桨帆舰船作战的大型海战,也是历史上最后一次桨帆战舰的大型海战。勒潘陀海战解除了奥斯曼土耳其帝国对西方基督教世界的威胁,也是奥斯曼土耳其走向衰落的开始。

四、帝国的衰落

社会制度落后 奥斯曼帝国是封建的中央集权国家,最高领导人是皇帝。像奥斯曼帝国这样的大帝国,需要卓越的领袖人物以保持国家的发展。但是,1566 年以后,受皇族体制的限制,接连由 13 个无能的苏丹执政。在西欧经历文艺复兴、科学革命和工业革命的时候,奥斯曼帝国顽固坚持落后的封建专制制度,思想保守,抵制变革。封建专制统治扩展到社会各方面。印刷机由于可能传播危险观点而被禁止使用。希望进口西方产品,但禁止出口;苏丹支持行会阻挠革新和资本主义的发展。拒绝采用控制瘟疫的新方法,结果全体居民遭到严重恶性传染病的侵害。奥斯曼土耳其士兵在 1580 年,把国家天文台毁掉,他们断定是天文台带来了流行病。军队已成为保守主义的堡垒。尽管他们也注意到欧洲军队的新式武器,并且有时吃过苦头,但自己在现代化上行动缓慢。他们没有用轻型铁铸火炮取代笨重的火炮。勒潘陀海战失败后,也没有建造欧洲式的大型船只。在南方,穆斯林舰队仅受命停泊在红海和波斯湾风平浪静的水域中,因而不必仿效建造葡萄牙型远洋船只。奥斯曼土耳其的社会制度落后

---

①② 丁一平,等:《世界海军史》,北京,海潮出版社,2000 年,第 139、145 页。

于时代潮流,这是其衰落的根本社会制度因素。

既得利益集团坚决抵制改革　军队是改革的最大阻力。在奥斯曼帝国衰落的过程中,也进行过一些旨在挽救帝国颓势的改革。但是,这些改革都未能从根本上改变帝国衰亡的总趋势。原因是既得利益者坚决抵制改革,王公贵族们,对于任何一项触及已有利益的改革措施,都坚决反对;最高统治者也没有改革的坚定决心。当深入改革触及到权贵们的利益时,他们就采取诬蔑和诽谤的办法,破坏改革主导者的威望,穆罕默德四世听信谗言,把改革者处死。军队反对改革、参与起义和暴乱。1792 年开始的第一次改革,反对者中就有相当一部分是近卫军军官,他们还于 1807 年策动了近卫军的首都暴动,屠杀改革派大臣、废逐了塞里姆三世。1806 年,塞尔维亚人民起义者攻占贝尔格莱德,并提出脱离奥斯曼土耳其统治的独立要求,塞里姆三世派军队去镇压,结果屡遭惨败,根本无法维护国内稳定。

社会内部矛盾严重激化　奥斯曼帝国崛起之时,就面临着统治阶级与被统治阶级、统治阶级内部、民族和宗教等多重矛盾。随着帝国的日益强盛和政策的失误,许多矛盾逐步加深,有的甚至成为“血仇”。1511—1512 年,什叶派发动了席卷整个小亚细亚的人民起义,谢利姆一世派兵进行残酷镇压,一次就杀害了 4 万多人。1518—1519 年再次爆发在小亚细亚的农民大规模起义,又遭到残酷镇压,从而使阶级矛盾、民族矛盾和宗教矛盾达到了你死我活的程度。

经济基础脆弱　奥斯曼帝国的经济是一种受中央专制政权管制的经济,扼制了农民、工匠和商人的积极性和行会组织的自主权,经济发展十分缓慢。战争要耗费大量的人力和金钱。而奥斯曼帝国与后来的西班牙、荷兰和英国不同,经济收益能力不大。在与波斯的斗争期间,战争耗费多,又丧失了亚洲的贸易,政府只能拼命搜索新的财政收入。这就加剧了国内民族矛盾、宗教矛盾和各种社会矛盾。1550 年后,由于没有再扩张领土,也没有随之而来的战利品,物价大幅度上涨,士兵转而对内掠夺。商人和企业家(几乎都是外国人),过去受到鼓励,现在是税收不断增高,有时被没收全部财产,破坏了商业,减少了城镇人口。受害最大的是农民,他们的土地和村庄遭到劫掠。小亚细亚和巴尔干地区不断出现人民起义。到 17 世纪中叶以后,内外交困、危机四伏的奥斯曼土耳其帝国逐渐衰落下去。

统治集团严重腐败　奥斯曼土耳其统治集团的腐败,起自对帝国贡献较大的巴耶塞特统治时期。当时,随着个人权力的不断增大,巴耶塞特完全沉溺于豪华奢侈的生活之中,变得嗜酒和好色。以后的穆罕默德三世、穆罕默德四世、易卜拉欣一世等,都整天迷恋于打猎和女色,不理朝政、穷奢极侈。帝王君主们奢靡无度的宫廷生活,不但使帝国统治集团日趋腐败,而且还耗去了巨额财力,导致国库日益枯竭,不断开辟税源和提高税额。16 世纪初期,奥斯曼帝国的人头税为每人 20 ~25 阿克切(奥斯曼帝国的货币单位),到 16 世纪末和 17 世纪初,人均税额已达 400 ~500 阿克切。从 1591 年开始,迪亚巴克尔、安纳托利亚等广大地区,不断爆发大规模的农牧民起义。宫廷内部行贿受贿、卖官鬻爵、任人唯亲盛行。作为奥斯曼帝国主要武装力量的近卫军也日益腐败和涣散。

扩张战略失误 奥斯曼土耳其的对外扩张政策与其国家的综合国力脱节,战线过长。到 16 世纪后半期,奥斯曼帝国的对外扩张已经出现战略上的问题。它在中欧驻扎了大批军队,在地中海进行耗资巨大的海战,派遣部队到北非、爱琴海、塞浦路斯和红海作战,要有部队坚守克里米亚,抗击新兴的俄国。在近东,伊斯兰世界发生灾难性的宗教分裂,先以伊拉克,后又以波斯为基地的什叶派对占优势的逊尼派的习俗和教义提出挑战。奥斯曼土耳其苏丹只有用武力镇压什叶派教徒才能保持其统治地位。但是在边界的另一边,波斯的什叶派王国在阿巴斯大帝的统治下,已准备好与欧洲国家联盟共同对付奥斯曼土耳其。在这种战略态势下,奥斯曼土耳其的失败就是必然的了。

外部的不断干预和侵蚀 奥斯曼帝国走向极盛之时,也是周边各国发展崛起之时。奥地利的哈布斯堡王朝发展起来了,俄罗斯崛起了,欧洲列强不断窥视奥斯曼帝国的领土和财富,通过军事的、政治的、经济的、文化的等多种途径和手段,逐步瓦解和蚕食奥斯曼帝国。1853—1856 年间,奥斯曼帝国在英国和法国的支持下赢得了对俄战争的第一次胜利,依靠这场克里米亚战争的胜利,奥斯曼帝国恢复了大国地位。欧洲列强强行要求帝国进行各种社会改革,维护基督教徒等少数民族的权力,坚持通商条约中所获得的各种特权。到 19 世纪后半期,奥斯曼土耳其帝国在欧洲势力的干涉和蚕食之下加快了衰落的步伐。

第十章　葡萄牙

葡萄牙是西欧最早建立中央集权制度的民族国家。葡萄牙是欧洲的一个贫穷落后小国，国家独立之后，朝廷把走向海洋作为基本国策，集中国家的各种资源和力量向海洋进军，建立了强大的探险船队、远征舰队、殖民地和基地网，称霸印度洋和西南太平洋，成为世界商业帝国和海洋强国。

一、建立日不落帝国的国家目标

建立独立的民族国家　葡萄牙是西欧的一个小国，土地面积9.2万平方千米。16世纪初，葡萄牙人口为110万，东边和北边与西班牙接壤。中世纪的葡萄牙地区长期被阿拉伯帝国所占领。葡萄牙人长期进行反对占领的斗争。1143年葡萄牙获得独立地位，阿丰索·恩里克成为葡萄牙勃艮第王朝的第一代国王。葡萄牙独立以后，继续反对阿拉伯帝国的侵略和收复失地运动。1249年，葡萄牙占领了伊比利亚半岛西南部阿尔加维地区，从而将葡萄牙领土恢复到阿尔加维地区，成为独立的民族国家。为了改变贫穷落后的面貌，葡萄牙利用有利的地理位置，开始向海上扩张，在欧洲从封建社会向资本主义社会过渡时期，成为世界性海洋强国。

二、走向海洋的基本国策

葡萄牙是欧洲大陆的小国。在达·伽马时代，葡萄牙人口总数110万左右。大城市奥波尔图只有8 000人，首都里斯本也不过4万人。沿海居民有不少就是以捕鱼和晒盐为生的商品生产者。葡萄牙的对外贸易主要是出口食盐、咸菜、橄榄油、皮革、水果、酒类等少数几样产品，需要从西欧和北欧输入布匹、小麦、铁木器，从摩洛哥进口金币。葡萄牙走向海洋的根本目的，是实现由小变大、由穷变富，成为世界强国。走向海洋的具体目标包括，开辟海上新航路，开拓疆土和扩张。葡萄牙社会各阶层都关心海外探险事业。葡萄牙国王要通过开辟新航路来开拓疆土、扩张版图，扩大收入来源和摆脱财政困境。破产的军事贵族渴望从远航冒险中获得战利品和财富;商人也积极支持海外探险。因此,葡萄牙的出路就是发展航海事业,开辟海外市场,把走向海洋作为基本国策。

15世纪末至16世纪初,欧洲的历史发展客观上提出了开辟新航路的要求。但是,这需要国家拿出大宗财力和物力来支持远洋航行。而这时西欧各国有的尚处于封建割据状态,如德国、意大利等;有的刚刚实现国家的统一,如英国、法国,他们都没有实现开辟新航路所必须具有的条件。只有已经完成独立、政治统一并建立了巩固的中央集权制度的西班牙和葡萄牙,具备了组织大规模远洋航行所必需的政治基础。建立中央集权的封建国家制度,使葡萄牙能够集中国家的各种资源和力量向海洋进军。葡萄牙的历届国王都积极为远洋航行准备物资。例如,在1497年就为达·伽马远航探险备足了3年的生活物资。在国王的亲自领导下,在消灭异教徒的思想旗帜下,依靠先进的航海技术和海军,依靠勇敢和冒险精神,经过几代人的努力,终于找到通往东方的新航线,称霸印度洋和西南太平洋,成为世界商业帝国和海洋强国。

葡萄牙地理位置处于地中海进出大西洋的要道上,里斯本是往来船只必经的港口,有利于走向海洋。从国王阿丰索三世起,历代国王都非常重视航海事业的发展,把它作为传统的国策。他们开放王室森林,以大量优质木材供应造船,发展造船业;奖励优秀造船官和工人;重视发展航海人才,任命一个热那亚人为世袭海军司令,招揽热那亚水手,把他们培养成为海员。到15世纪后期,里斯本每年进出口的商船已达400多只。

三、强大的海上力量

葡萄牙是当时海上力量最强大的国家。葡萄牙拥有先进的造船业,建立了强大的商船队、海外探险船队和舰队,是发展航海事业的物质力量。葡萄牙在几个世纪的收复失地运动中,涌现出一批以战争为职业的军人贵族。这些好战的贵族企图从远航冒险中获得战利品,为此,他们都很积极地参加探险活动。再加上航海业发达,一些港湾又是意大利和尼德兰航路的中间停泊站,热那亚许多水手迁居于这些地方,这就为远航探险准备了大量人才。

在亨利统治时期,葡萄牙的造船业已经有了巨大的发展。15世纪下半叶,葡萄牙就成了西欧造船业的强国。16世纪最后25年,葡萄牙人在造船方面仍然独占优势。到了亨利王子的晚年,他们的三桅帆船已经在葡萄牙船队中占有相当大的比重。这种船能顺利地逆风曲线前进，为地理发现提供了宝贵的航行工具，葡萄牙人可以利用这种船航行到人们没有探索过的海岸线。

称霸海洋必须有强大的海上武装力量。海上武装力量的核心是海军。葡萄牙在长期与阿拉伯人的战争中，锻炼出一支强大的舰队，在海军力量上占有优势。例如，达·伽马第二次远航印度时，有战船25艘，阿尔马达远征印度时有战船22艘，船员中训练有素的战斗员有1 500人。在这些战船上都配有当时比较先进的武器，尤其是火炮，这是海战中的主要武器。葡萄牙人正是由于多次运用这种战船上的火炮轰击卡里库特城，才战胜了印度、埃及联军，使印、埃联盟瓦解，最后征服了印度。

四、坚持海外探险活动

寻找黄金是直接目的　15世纪末，由于商品货币经济的发展，资本主义开始萌芽，货币的需求量大大增加。货币不仅是商品交换的媒介，而且也是财富和权力的象征。贵金属金银是理想的货币。西欧最初实行银本位制，15世纪以后，逐渐过渡到金本位制，金银是国家贸易的支付手段。于是，西欧的国王、贵族和商人到处追求黄金和白银，形成一股贵金属热。哥伦布就说过："黄金是一个奇妙的东西，谁有了它，谁就成为他想要的一切东西的主人。有了黄金，甚至可以使灵魂进入天堂。"①然而，欧洲金银产量不能满足需求。1275年夏，威尼斯人马可·波罗（1254—1324年）随父亲、叔父来到中国，受到元世祖忽必烈的盛宴欢迎。他在中国居住并为官17年。1295年回国后发表《马可·波罗行纪》（又名《东方见闻录》），书中描写北京的宫墙、房壁和天花板满涂金银，日本用金来盖房，而且声言绝对确实可信。这本书广泛流传，使西欧人垂涎三尺，决心远渡重洋，到东方去淘金。恩格斯说："葡萄牙人在非洲海岸、印度和整个远东寻找的是黄金；黄金一词是驱使西班牙人横渡大西洋到美洲去的咒语；黄金是白人刚踏上一个新发现的海岸时所要的第一件东西。"②

探索中国和印度新航路是主要目标　15世纪末以前，从西方通往东方的商路主要有三条。一条是陆路，即传统的"丝绸之路"，从君士坦丁堡登陆，经

---

① 孔祥民：《世界中古史》，北京，北京师范大学出版社，2006年，第206页。

② 恩格斯：《论封建制度的瓦解和民族国家的产生》，见《马克思恩格斯全集》，北京，人民出版社，第450页，第21卷。

小亚细亚、黑海和里海南岸至中亚,再翻越帕米尔高原到中国。另两条是海路,一条从叙利亚和地中海东岸,经两河流域到波斯湾;另一条从埃及经红海至波斯湾,再换船到印度和中国。这几条商路经过意大利、阿拉伯、拜占庭和波斯等地,货物要经过商人多次转手才能运抵西欧。15 世纪中叶,奥斯曼土耳其帝国兴起,先后占领小亚细亚和巴尔干半岛,控制传统商路,对过往商品征收重税,使运往西欧的货物减少,比原价高 8 ~ 10 倍,于是,西欧的商人、贵族,迫切希望另辟一条绕过地中海东岸直达中国和印度的新航路。这就是葡萄牙开展海外探险的重要动力。

15 世纪,葡萄牙不惜花费大量的人力和财力,派出一支又一支远征队,寻找通往东方的新航路,这种持续不断地远征是亚洲所没有的。当达·伽马完成了东方航行后,葡萄牙王朝立即为以后的海洋远征和有组织的贸易,制订了详细、周密的计划,其中包括在马拉巴诸港口设立商行、驻外代理处和每年派出若干持有皇家特许证的舰队等。

亨利亲王支持海外探险活动 葡萄牙探险事业中最突出的人物是绰号叫"航海家"的亨利亲王。1419 年,亨利亲王被任命为葡萄牙南部阿尔加维地区总督,驻萨格里什。亨利亲王把组织远洋探险、海外掠夺当作毕生事业。他在萨格里什设立专门研究航海技术的天文观测台,办航海学校,把萨格里什变成当时地理学研究的中心,招揽航海人才,收集地理、星象、信风、海流、航海等各种文献资料。根据葡萄牙海员带回的资料,绘制了海图,制订南方考察计划。亨利亲王还多方筹措航海所需的资金,把自己的家产也全部投入航海事业,以致 1460 年他去世时,还欠 13 万英镑的债。

亨利亲王把对非洲的探险作为毕生的事业。1415 年亨利亲王参与一支葡萄牙军队,攻占了直布罗陀海峡南边的穆斯林据点休达城。休达城是沿非洲海岸向南寻找通往东方新航路的要冲。攻占休达城,使葡萄牙人在北非获得了立足点,亨利被任命为休达总督。接着,亨利亲王沿非洲西海岸向南探险。探险的最初目标是北非与欧洲海岸外大西洋中的几个群岛。这些群岛富饶多产,还是战略基地和泊船港口。1420 年,葡萄牙占据了马德拉群岛,在这里获取了高质量的木材;1432 年发现了亚速尔群岛,建立了一个泊船港口,然后全面勘探亚速尔群岛。随后,葡萄牙人向这些群岛移民,开荒种地,开办甘蔗和葡萄种植园。亨利将这几个岛屿封给几个探险队船长作为世袭领地,每年从这里向葡萄牙国王献纳大量贡物。

在阿拉伯市场上出售的黄金、象牙、鸵鸟羽毛和奴隶,是从撒哈拉以南的非洲运来的。因此,亨利亲王组织力量沿非洲西海岸向南航行探险。1441 年,船长安塔姆·贡萨尔维斯绕过位于今日毛里塔尼亚境内的布朗角,到了沙漠和潮湿地带之间的过渡带南边。葡萄牙人认为这里就是他们长期寻找的“金河”,并将四周的大片地方称为“金河”。他们将黑人、黄金及其他物品带回里斯本,向亨利邀功请赏,并作为航海成功的见证。1443 年,亨利便在拉各斯开设奴隶贸易站,阿丰索第五授予亨利以垄断奴隶贸易权的权利。黄金贸易的消息传出后,葡萄牙商船蜂拥前往,仅在 1446 年就有 51 艘船到达几内亚,并带回了大量的黄金。葡萄牙贵族商人看到掳掠来的非洲人可以充作家奴,充实劳动力市场,补充马德拉群岛和亚速尔群岛的劳动力,还可以出卖黑奴赚钱,于是出钱支持以掠夺奴隶为主要目的的航行。

阿丰索第五的接续探险　在亨利去世以前,葡萄牙人探险所向往的目标,还包括印度,渴望找到一条前往香料产地东印度群岛的新路。从那时起,发现和控制香料路线成为葡萄牙人政策的首要目的。1460 年,亨利王子去世,他的遗志由葡萄牙王阿丰索第五继承下来。阿丰索第五的目标是西非沿海,是非洲的黄金、象牙和奴隶。1461 年和 1462 年,他两次派出远征队,前往塞拉利昂。1469 年,他把几内亚的贸易专利权卖给富商戈米斯,条件是每年必须将考察推进 100 海里。在戈米斯的主持下,探险活动沿着海岸向东航行,在几内亚湾进行了一批黄金贸易,并在此设商站。1471 年戈米斯的远征队首次越过赤道,1472 年越过贝宁湾,为葡萄牙找到了更大的财源。西非一些著名海岸,如谷物海岸、象牙海岸、黄金海岸和奴隶海岸等都是这时命名的。1479 年阿丰索第五又和西班牙国王费迪南与王后伊莎贝拉签订《阿尔卡索法条约》,取得了自诺恩角直到印度之间所有海洋和岛屿的独占权。到 1481 年阿丰索第五去世时,他的远征队已到达南纬 12°。1482 年,葡萄牙又在黄金海岸的艾尔明那修建了西非沿岸第二个武装据点——圣乔治堡。这个据点发展成几内亚湾的活动中心。1488 年迪亚士发现了非洲南端的好望角,并且向海角以东航行了 500 多海里。这就为最后完成印度海路的事业创造了条件。

达·伽马探索印度航路　发现到印度的海上航路是达·伽马完成的。1495 年,曼努埃尔一世登上王位后,组建了一支全副武装的战斗舰队。达·伽马率领这支舰队,于 1497 年 7 月 8 日从里斯本南面的雷斯特洛出发。1497 年 7 月 25 日到达佛得角群岛。他们在这里停泊修理船舰,8 月 3 日舰队出航,11

月7日到达好望角以北100千米的圣·海伦那岛,12月8日到安格拉·达·洛卡(即今天的阿尔戈阿湾)。1498年3月2日到达今天的莫桑比克岛,4月7日进入今天肯尼亚的蒙巴萨。1498年5月20日到达印度西南部卡里库特附近的一个镇市,这是远东地区与阿拉伯的贸易中心。1499年3月20日,远征队的"贝里奥"号于7月10日返抵葡萄牙的特茹河。达·伽马所在的"圣·加布里尔"号绕道到了亚速尔群岛的特塞拉岛,9月9日回到里斯本。达·伽马开辟西欧直通印度的航线以后,为葡萄牙称霸印度洋创造了条件,使葡萄牙掌握了全部香料贸易,夺取印度洋的制海权,开始称霸印度洋。有人估计,1450—1500年的50年内,葡萄牙从西非掳夺的黑奴共达15万人,还有大量黄金。①

五、瓜分世界海洋

葡萄牙和西班牙是同时成长起来的海洋强国。15世纪末,伊比利亚半岛上的西班牙和葡萄牙,完成了国家统一,建立了中央集权的政治制度,成为探索新航路和进行殖民掠夺的先锋,并形成了瓜分世界海洋的两个强国。葡萄牙和西班牙两国把所到之处都宣布为本国的领土,结果发生冲突。经过罗马教皇亚历山大六世的调停,两国于1494年6月签订了托尔德西里亚斯条约,瓜分了对海洋的控制权:在佛得角群岛以西约370里加处(1里加等于5.92千米,370里加约合2 184千米,大致在西经46°),从北极到南极划一条分界线(称"教皇子午线"),线东"发现"的非基督教国土地归葡萄牙所有,线西归西班牙。这个条约在西方的意义在于确立了大国瓜分殖民地的先例,西方世界的全球扩张始于这个条约。然而地球是圆的,当麦哲伦向西航行抵达摩鹿加群岛时,双方对该岛的归属又发生争执。1529年,两国再签新的条约,将西班牙殖民活动的西界定在摩鹿加群岛以东17°。根据两个条约,西班牙几乎独占整个美洲,而葡萄牙的势力范围在亚洲和非洲广大地区。这是世界上第一次瓜分海洋和殖民地。

六、称霸印度洋

卡布拉尔打击摩尔人的远征　称霸印度洋是葡萄牙的既定战略目标。他们的第一个目标是打垮摩尔人。达·伽马开辟印度洋航路之后半年,葡萄牙国王曼努埃尔一世就组织了一支庞大的远征队,由大贵族卡布拉尔率领,有战船

① 傅蓉珍,等:《海上霸主的今昔》,哈尔滨,黑龙江人民出版社,1998年,第42页。

13 艘,训练有素的战斗人员 1 200 人,于 1500 年 3 月 9 日从葡萄牙扬帆出征。国王命令卡布拉尔,在海上或不友好国家的港口里,凡遇到往来麦加的摩尔商船,就发动攻击,抓捕他们的商船,夺取货物和财产。除了领航员、船长和主要商人可以带回葡萄牙外,其余都可以凭赎金加以释放;把其余的船只都击沉或烧毁。葡萄牙远征队过了佛得角以后,风暴把他们送到南美的巴西海岸。他们在那里竖立了一个刻有葡萄牙王室徽章的十字架,表示这块新发现的土地属于葡萄牙王室。1500 年 5 月 2 日,远征队从巴西出发,7 月 6 日到达东非的索法拉。这时,13 艘战船中只剩下严重损伤的 6 艘。远征队残破战船在 7 月 20 日到了莫桑比克,同月 26 日到了基尔瓦,9 月 13 日到了卡里库特,并建立了葡萄牙商站,开始进行贸易。①

进入西部印度洋的达·伽马舰队 葡萄牙国王决心垄断香料贸易和称霸印度洋。摩尔人、埃及大商人在印度洋上有很大的势力,他们以卡里库特为总据点,进行商贸和其他方面的活动。葡萄牙人要想达到自己的目的,必须以强大的武力打击摩尔人、埃及大商人以及摧毁卡里库特。因此,国王曼努埃尔为达·伽马装备了一支庞大的远征舰队。达·伽马于 1502 年 2 月 10 日出发,有船舰 30 艘。国王曼努埃尔下令给达·伽马,要他对埃及贸易船队和他们的贸易中心,即卡里库特进行毁灭性打击,从而把欧亚贸易渠道由红海和波斯湾扭转到好望角方向去。同时,以柯钦和坎纳诺尔为据点,在海上巡逻,拦截摩尔商船。达·伽马到印度的达布尔,通知那里的统治者说,葡萄牙国王是海洋的主人,他禁止摩尔人或印度人经营胡椒贸易,也不许载运摩尔人、土耳其人或印度人,凡是未得到葡萄牙所发执照者,一概不得开船,而任何船只,都不得开到卡里库特去。达·伽马在 1503 年 9 月 1 日回到里斯本,留下佐特雷率领 5 艘舰船驻守柯钦和坎纳诺尔,负责拦截摩尔商船和香料船只。这是欧洲人在东方所设的第一支永久性的海军舰队。这支舰队的出现,标志着曼努埃尔决心在西部印度洋建立海上霸权。

夺取印度洋的制海权 1505 年,曼努埃尔决定扩大行动规模,夺取全部印度洋的制海权,垄断全部香料贸易。他任命阿尔马达为“印度总督”,授予他在好望角以东进行统治的最高行政权和司法权,目的是要阿尔马达统一指挥葡萄牙在印度洋上所有的人员,在东非、红海、波斯湾和印度夺得地盘,建造碉堡,设

① 傅蓉珍,等:《海上霸主的今昔》,哈尔滨,黑龙江人民出版社,1998 年,第 62 页。

防驻军,特别是在亚丁、霍尔木兹和马六甲建立据点,以便全面截断波斯人、土耳其人、阿拉伯人和埃及人的航运通路,封闭从直布罗陀到新加坡的一切海峡,控制全部贸易。其中,海军的任务就是将大海全部置于葡萄牙控制之下。

海军上将阿尔马达提出他自己的行动纲领,“避免兼并领土”,只从当地统治者手里夺取沿海基地,并以基地为依托,到印度洋面去“摧毁”摩尔商船,把香料的流向“扭转”到好望角的方向上去。阿尔马达在东非索法拉,袭击了那里的所有摩尔商船,洗劫了船上的一切财物,并把正在争夺苏丹王位的两个兄弟之一杀掉,把另一个扶上王位充当傀儡,从而打开了黄金贸易的大门。阿尔马达在基尔瓦把一个叫安康米的内奸立为基尔瓦苏丹,利用他在该地建造了一座碉堡,取名圣·詹姆斯堡。阿尔马达到达蒙巴萨,把全城烧掉,杀死居民1 513 人、掳走1 000 人。到1509 年止,东非沿海的阿拉伯人聚居地都被征服了,整个东非沿海贸易都掌握在葡萄牙人手里。

阿尔马达进军马拉巴海到了柯钦。在柯钦,阿尔马达自己则就任印度总督,成为整个印度洋的最高统治者,控制所有海港,阿尔马达对印度洋上的一切商船实行通行执照制度。从1505 年夏季开始,不悬挂葡萄牙国旗的舰船,不得运载一粒香料。这个制度禁止一切摩尔商船在印度和阿拉伯之间经营香料贸易,只许他们在印度次要港口之间从事某些土产买卖。就是印度商船,凡未取得葡萄牙人执照者,既要把船没收,还要把人判为奴隶。

葡萄牙的掳掠行动,迫使中东的摩尔商船绕道马尔代夫群岛到锡兰和马六甲去贩运香料。阿尔马达为了拦截这些商船,在1506 年初,派出以他的儿子劳伦斯为首的一支分遣队进行搜索。劳伦斯分遣队被风吹到科伦坡。当地国王巴胡和劳伦斯签订条约。条约规定,劳伦斯可以取得土地作为居留地,享有一个作为君主的权利,并独占欧洲货物的进口和葡萄牙人所需出口货物的贸易业务,而葡萄牙人则保护港口和沿岸的安全。

印度西岸各邦中,进行反侵略斗争最坚决的是卡里库特的沙末林。沙末林与埃及苏丹、古吉拉特省督一起,组建了一支庞大的印、埃联合舰队。1508 年,这支舰队在考尔大败葡萄牙远征队,连远征队的指挥员劳伦斯也被打死。为了进行报复,1508 年12 月,阿尔马达率船舰19 艘,队员1 600 人北上,到了达布尔,屠杀和平居民1 500 人,掳掠财物价值达15 万杜卡持,然后放起大火把全镇化为一片灰烬。1509 年2 月3 日,阿尔马达远征队在第乌海面,与印、埃联军进行了两场海战,印、埃联军失败了。第乌海战之后,葡萄牙人把势力扩张到北印度洋海面。印、埃联军瓦解后,葡萄牙基本上在西部印度洋建立了海上霸权。

七、建立殖民地和基地网

占领印度洋沿岸殖民地 新航路的发现过程,也是葡萄牙东方殖民帝国建立的过程。随着新航路的逐渐发现,葡萄牙首先在印度洋上的东非和印度沿岸建立殖民据点。15 世纪末,葡萄牙人在非洲西海岸也建立了许多殖民据点。这些据点里驻有军队,保护往来船只,为这些船只提供蔬菜、粮食和淡水,还充当运送掳掠来的奴隶和其他商品的转运站。在东非海岸,葡萄牙也建立了一些殖民据点。这些殖民据点是它进行东方殖民扩张的补给基地。

建立印度洋和南太平洋基地网 为了长期维持侵略势力的存在,葡萄牙人还必须直接占有陆上据点,特别是具有重大价值的战略根据地,形成基地网。首先认识这一点的葡萄牙人是葡萄牙第二任“印度总督”阿尔布魁克。葡萄牙东方殖民帝国的基础就是由他扩大和巩固的。阿尔布魁克的征服计划是,侵占亚丁以控制红海的入口,侵占霍尔木兹以控制波斯湾的入口,侵占果阿作为东方殖民帝国的首都,侵占马六甲以拦截太平洋、印度洋的通道。同时,占领东非、阿拉伯、印度东西两岸、锡兰、印度支那半岛、马来半岛以及东南亚的群岛,建立次级据点,形成一长串基地网,独霸印度洋和西南太平洋的广大地区。

1507 年 8 月阿尔布魁克从索科特拉向霍尔木兹进军,炸毁了港内的 200 多艘船只,建立了炮台,索取了大量贡款。1510 年 2 月 28 日,阿尔布魁克率领舰队到果阿,杀死许多当地居民后退出。在海上,阿尔布魁克得到两支葡萄牙舰队的支援,11 月 25 日占领了果阿,果阿成为葡萄牙的东方殖民帝国中枢。

1511 年 7 月 1 日,阿尔布魁克率领一支由 18 艘舰船组成的远征队占领了马六甲,并把它建成为战略性殖民据点,统治了 130 多年。阿尔布魁克在马六甲的恐怖行动,把东南亚的许多小邦吓破了胆,暹罗、爪哇、苏门答腊等地的土邦王公,不少都向葡萄牙王称臣纳贡。1511 年 12 月,葡萄牙派出阿布鲁领导的远征队,包括 3 只葡萄牙船和 1 只俘虏的东方船,搜索香料群岛,并很快在菲律宾的一些地区建立了殖民点。阿尔布魁克在 1513 年 2 月,率舰船 24 艘进攻亚丁。由于亚丁人的斗争,未能在亚丁建成葡萄牙的殖民据点。1515 年 2 月,阿尔布魁克率舰船 27 艘再次向霍尔木兹进军,并最终占领了霍尔木兹。果阿、马六甲和霍尔木兹成为葡萄牙帝国的战略根据地。这个帝国东西横跨 140 个经度,从里斯本出发要经历 70 个纬度才能到达好望角,从好望角到波斯湾,航程达4 000英里,从波斯湾经科摩林角、孟加拉湾、马六甲、爪哇到德那第又有 15 000 英里。帝国的统治中心是果阿。①

在巴西建立殖民帝国② 葡萄牙是偶然发现巴西的。1500 年,葡萄牙航海家卡布拉尔去印度的航行途中,被风吹到南美洲,发现了巴西。葡萄牙国王于 1501 年、1503 年和 1516 年,曾先后派遣远征队对巴西进行探险勘察。因为当时葡萄牙的主要精力是侵略印度和非洲,因而对巴西的勘察进展迟缓。16 世纪中期,葡萄牙开始加强对巴西的侵略。经过多年的征讨,葡萄牙在巴西设立了 13 个都督府,形成了完整的殖民统治体系。

葡萄牙人对巴西的侵略和奴役分为三个时期。第一个时期为"红木时期"。葡萄牙人占领巴西初期,没找到黄金,决心掠夺既可提取染料又可做家具的巴西木。葡萄牙王室宣布垄断巴西木的采伐。1505 年,第一艘运载巴西木的船到达里斯本。他们驱使印第安人砍伐了几乎半个世纪。从此,这种木材几乎被砍绝了,在巴西也成为罕见之物。这半个世纪,在巴西经济史上称为"红木时期"。

第二个时期称为"食糖时期",即种植园制度创立和巩固时期。巴西沿海地区适宜于种甘蔗。1530 年,马丁·苏沙到巴西时,在巴西兴建了一些城市,将沿海地区划为 14 个封地,分封给 12 个封建领主,大量种植甘蔗。从此大种植园制与单一作物制成为巴西殖民制度的基础。巴西在 16 世纪中叶至 17 世纪末叶,成为世界上最大的产糖国,被称为"食糖时期"。

第三个时期为"黄金时期"。1694—1696 年,葡萄牙人在米纳斯吉拉斯发现大金矿。1729 年又在塞罗·弗雷奥发现丰富的钻石矿。葡萄牙人从四面八方拥到矿区,出现了"黄金热"。在这之前,巴西只有二三十万人口,"黄金热"潮中,巴西人口增至 200 万,每年输入的黑奴平均有 5 万之多。自 17 世纪末金矿和钻石矿发现以后,采矿业在巴西发展起来。葡萄牙在巴西 300 年的殖民统治中,运走价值 6 亿美元的黄金和 3 亿美元的钻石,平均每年运走 9 000 克的

---

①② 傅蓉珍,等:《海上霸主的今昔》,哈尔滨,黑龙江人民出版社,1998 年,第 76、97－100 页。

钻石。1493—1600 年间,葡萄牙人还从非洲运回 27.6 万千克的黄金。①

15 世纪末的几年,威尼斯商人在亚历山大港平均每年获得的香料价值约 350 万英镑;而 1502—1505 年的 4 年中,平均每年获得的香料仅值 100 万英镑。与此相反,葡萄牙人的香料进口却增加了,1501 年价值 23.4 万英镑,1506 年为 230 万英镑。16 世纪上半叶以后,葡萄牙逐步控制了跨越半个地球的商业航线,商业达到高度繁荣的阶段。葡萄牙人控制了阿拉伯海、印度洋、南洋群岛之后,便竭力排斥欧、亚各国商人,截断阿拉伯人向印度和印度尼西亚的商业往来,打破阿拉伯人和意大利商人对印度洋的传统垄断。

葡萄牙最先在美洲建立奴隶种植园,种植甘蔗,垄断大西洋上的食糖贸易。葡萄牙人从 15 世纪末到 16 世纪上半叶,运走亚洲香料总产量的 1/10。然后,把香料、食糖在欧洲高价出售,一跃成为世界性的商业帝国。葡萄牙还发展了奴隶贸易,他们在非洲大肆从事奴隶贩卖活动。

走向海洋的葡萄牙,人口不到 200 万,就因为最早成为海洋强国,从海洋走向世界,占领了广大的殖民地,垄断了世界上的香料、食糖、黑奴贸易,成为世界性的商业帝国,欧洲的权力中心,变得富庶强大。

八、葡萄牙殖民帝国的衰落

葡萄牙衰败既有国内矛盾问题,也有国外竞争问题。第一是侵略扩张能力不足。葡萄牙人口过少,难以控制极其广大的殖民地。16 世纪初葡萄牙只有 150 万人口,殖民地跨越欧洲、美洲、非洲、亚洲,驻在地区的士兵人数都很少,除几个关键地点外,多数殖民地是以据点形式存在,根本无力控制内陆,建立直接殖民统治,也无力控制主要港口以外的其他港口,给其他竞争者以可乘之机。海员的人数也不足,1610 年葡萄牙只有 6 000 名海员,根本无法驾驭其全部船只。第二是腐败落后。农业人口流入城市,农村农业逐渐衰落。国内富人享乐腐败,浪费大量财富,国民缺乏追求、思想颓废。国内经济不平等,生产力衰退,阶级矛盾尖锐,在这种形势下进行海外扩张就很难了。国王要征服摩洛哥,结果葡萄牙军队被诱进内陆,1578 年 8 月 5 日全军覆灭,国王也丧了命。第三是国外的强国竞争。葡萄牙大帝国在极盛时期并没有完全控制香料贸易,法国、

① 傅蓉珍,等:《海上霸主的今昔》,哈尔滨,黑龙江人民出版社,1998 年,第 100 - 101 页。

英国、德国和威尼斯商人参与竞争,财富大量流失到外国人手中。西班牙国王菲利浦通过武力打败了葡萄牙国内的竞争者,于 1580 年被选为葡萄牙国王,葡萄牙不复存在了。西班牙政府忙于当时欧洲的战事,无力维护葡属殖民地,葡萄牙多年经营的殖民体系逐步瓦解。从 16 世纪 90 年代后期起,葡萄牙在东方的殖民地受到荷兰的排挤,1605 年荷兰把葡萄牙人赶出安汶,1619 年赶出雅加达,1641 年赶出马六甲。英国人在 1622 年夺取霍尔木兹海峡,1630 年迫使葡萄牙停止商业竞争,1654 年强令它开放东方一切据点。在美洲,1624 年荷兰人侵占巴西,葡萄牙在东非的势力从 17 世纪 30 年代开始衰落。葡萄牙在 1640 年摆脱了西班牙的统治,但荷兰的殖民势力已经巩固,它的东方殖民帝国早已被全面瓦解。到 18 世纪初,它在东方的殖民据点,只剩下果阿、第乌、帝汶和中国澳门等有限的几处。葡萄牙彻底衰落了。

第十一章　西班牙

西班牙在15世纪形成中央集权的民族国家。之后,集中国家的各种资源和力量向海洋进军,建立了强大的探险船队、无敌舰队,顽强地进行海外探险,发现了美洲大陆,建立了许多海外殖民地,称霸大西洋,成为世界商业帝国和海洋强国。

一、跻身强国行列的国家目标

西班牙位于欧洲西南部,1479年正式成为中央集权的民族国家。西班牙的北、西和西南面临大西洋,东临地中海,南面以直布罗陀海峡与非洲相隔。海岸线长3 144千米。西班牙北与法兰西接壤,西与葡萄牙接壤,南与英国的殖民地直布罗陀接壤。半岛上的面积为49.1万平方千米,加上各小岛屿的总面积为50.3万平方千米。

独立、统一之后,西班牙国王和统治集团确立了发展壮大、跻身于欧洲列强的国家目标。实现这个目标的战略措施就是走向海洋,大力开展海外探险,建立商船队和无敌舰队,向海外扩张势力,成为世界强国。中央集权的民族国家的建立,也使西班牙政府能够集中国家的资源支持这些事业,实现走向海洋的战略目标。

二、发现美洲大陆和环球航行

哥伦布发现美洲大陆　葡萄牙人在非洲西海岸的成功航行和扩张,刺激了西班牙人,促使他们积极寻找另一条通往东方的新航路。他们资助哥伦布一行从欧洲向西航行,以为这是到达东方比较近的航路,结果到了美洲,开辟了通往美洲的新航路。西班牙支持哥伦布远征探险的原因是,他们和哥伦布具有同样的欲望,也想到东方去寻求黄金。另外,他们还有更远大的政治军事打算:那就是联合东方国家,夹攻回教徒以及向海外扩张,掠夺海外财富,摆脱贫困,跻身于欧洲列强之列。

哥伦布希望进行远征探险,也有自己的野心和目的。哥伦布与西班牙国王进行了三次谈判,签订了《圣大菲协定》,协定做出五条规定,满足了哥伦布的要求:①西班牙国王任命哥伦布为他所"发现"和取得的一切岛屿和大陆的元帅,哥伦布和他的继承人永远享受这个职衔及其相应的一切权利和特权。②任命哥伦布为这些岛屿和大陆的总督和省长,还可以对每个下属官职提出3个候选人,以便国王斐迪南和伊莎贝拉选任其一。③哥伦布保有这些领地所生产和开采出来的一切黄金、白银、珍珠、宝石、香料和其他财物的1/10,完全免税。④涉及这些财物的任何诉讼,由哥伦布或他的代表以元帅的身份掌控审判权。⑤哥伦布有权向开到这些"新领土"去的任何船只投入资本总额的1/6,取得利润的1/6。

1492年8月3日,哥伦布带领87名水手,分乘"圣玛丽亚"号、"平塔"号、"尼尼亚"号3艘船,从巴罗斯港出发,9月进入大西洋,10月12日到达巴哈马群岛东南方的萨马纳岛。哥伦布以西班牙国王的名义将其占领,命名为"圣萨尔瓦多"。他认为他所到的地方是印度,称当地居民为"印第安人",即印度人,并向他们查询黄金产地。10月28日,哥伦布到达古巴。他们误认为古巴是中国的一个地方,其东方是日本。哥伦布的船队掉头转向东方,12月7日到达海地,见其山川秀丽,犹如西班牙,遂命名为"小西班牙"。圣诞节那天,旗舰"圣玛丽亚"号在海地北岸触礁搁浅,哥伦布利用船体修建了第一个殖民据点,取名"圣诞城"。1493年1月16日,哥伦布率船返航,3月15日回到巴罗斯港。5月底,西班牙国王颁布命令,任命哥伦布为新发现地方的海军司令、钦差大臣和总督,正式颁发授衔证书。

1493年9月25日,哥伦布率领1 500余人,其中有传教士、官员和想去海外发洋财的贵族,带着枪支弹药、家畜、种子和生产工具,分乘17艘船,离开加的斯港,进行第二次航行。他们到加那利群岛后立即向西南航行,经20个昼夜到达多米尼加岛、瓜德罗普岛和维尔京群岛的波多黎各岛,进行了大规模的殖民掠夺。11月27日,船队驶抵海地,发现他们建立的殖民据点已被印第安人夷为平地,留下的39人全被消灭。哥伦布率领西班牙殖民者开始向海地的印第安人征收人头税,甚至加以屠杀或掳为奴隶。1496年3月,哥伦布从海地回到西班牙。

1498年5月,哥伦布组织了第三次航行,远征队有6艘船,300名船员。第三次西航到达特立尼达岛和委内瑞拉的奥里诺科河口,望见南美大陆。

1502年哥伦布又进行第四次西航,有4艘船,150名船员。这次航行到达洪都拉斯、哥斯达黎加和巴拿马,1504年回到西班牙。哥伦布的四次探险,发现了美洲大陆,从而把世界连成了一体,为世界历史写下了新的一页。哥伦布是殖民主义者,但是,他发现了美洲大陆和大西洋航路,历史功绩不可磨灭。

麦哲伦环球航行　哥伦布没有到达东方,也没有给西班牙立刻带来可观的财富。西班牙当局希望能找到一条直通东方的新航路,因此继续支持远洋探险活动。他们曾经设想,绕过新大陆的南端可以到达盛产香料的摩鹿加群岛。1513年,西班牙的美洲殖民地总督巴尔波亚(1475—1517年),率领探险队越过巴拿马海峡,在山顶上望见美洲西边一片汪洋,称之为"大南海"。他也相信,如能找到与"大南海"沟通的海峡,就可以到达盛产香料的东方了。1514年和1515年,人们为寻找那个海峡先后南航到阿根廷的拉普拉塔河口和圣马提阿斯湾。

麦哲伦是葡萄牙人,一直密切注意这些动态。他从这些远征中了解到,摩鹿加群岛以东是一片汪洋大海,这使他联想到,经过这片海洋距摩鹿加群岛以东不远的地方,应是哥伦布从欧洲西行所发现的土地。1515年和1516年,麦哲伦把自己酝酿已久的航行愿望拟成具体的计划,要绕过美洲驶向摩鹿加群岛,其中关键是要真正找到一条沟通大西洋和"大南海"的海峡。麦哲伦的远洋探险计划未被葡萄牙当局采纳。1517年10月20日,麦哲伦愤然离开葡萄牙,到了西班牙的塞维利亚城。1518年,他和西班牙人法利罗向西班牙国王查理一世提出远征香料群岛的计划。麦哲伦强调香料群岛在托尔德锡斯条约分界线以东2°30′的西班牙一边。他认为有一条更短的新航线,绕过葡萄牙势力范围直达这个群岛,取得香料,再顺原路返回西班牙。同年3月18日,西班牙国王查理一世接见麦哲伦,3月22日与麦哲伦等签署了远洋探险协定。协定规定:麦哲伦和法利罗享有在这些尚未勘察过的海洋上开拓土地的专有特权。协定要求他们在划归西班牙管辖的范围之内,竭力发现新土地。麦哲伦和法利罗可得到新发现土地中获取的全部收入的1/20,如果他们能够发现6座以上的新岛屿,他们还有权占有其中两座,两人及其后辈和继承人,将享有所有这些土地和岛屿的总督封号。[①] 国王答应装备5艘船只,在两年内,保证充分供应船上所需的全体船员、粮食和大炮。

---

① 傅蓉珍,等:《海上霸主的今昔》,哈尔滨,黑龙江人民出版社,1998年,第147页。

1519年9月20日,麦哲伦率领265人,分乘5艘船,从西班牙塞维利亚的外港圣卢卡尔起航,1520年1月到达美洲拉普拉培河口,经实地勘察证明它不是一个海峡。2月24日,船队驶抵至马提阿斯湾。再往南行都是航海家从未到过的地方。3月31日,船队驶进圣胡利安港,在这里过冬。8月24日,麦哲伦的船队继续南航。10月24日,船队驶进南纬52°处的一个海峡。麦哲伦率领3艘船,经过38天的艰苦航行,于11月28日走出海峡,进入"大南海"。在"大南海"里航行3个多月,竟没有遇到一次暴风雨,于是麦哲伦便称它为"太平洋",这个名称一直延用至今。1521年3月,麦哲伦的船队驶抵菲律宾群岛的马萨瓦岛。4月27日,麦哲伦率领数十名殖民者进攻宿务岛以东的马克坦岛,强令该岛人民称臣纳贡,被当地首领拉普拉普领导的战士击毙。麦哲伦死后,环球航行的最后一段航程由他的随员们继续完成。1521年11月8日,麦哲伦的远征队到达摩鹿加群岛的提多尔岛(哈马黑拉岛以西)。这时,船队只剩下"维多利亚"号一艘船,这艘船于12月21日起程归航。"维多利亚"号横渡印度洋,绕过好望角,1522年6月8日越过赤道,7月9日经过佛得角群岛,9月6日回到了西班牙原出发地圣卢卡尔港。人类第一次环绕地球一周的航行,终于胜利地结束了。这次航行从1519年9月开始,1522年9月结束。返航时,"维多利亚"号船上,仅剩下18名海员。麦哲伦环球航行证明地圆学说是正确的,为人类地理知识的扩大和科学的发展做出了重大贡献。

科尔特斯远征墨西哥和中美洲 哥伦布的地理大发现,替冒险者开辟了新园地。从1500—1520年,许多航海者打着各种旗号到南北美洲探险,希望通过探险发财。这些人继哥伦布之后,进一步发现了美洲的各个地方。大批西班牙的小骑士到美洲后,建立残酷的殖民制度。其中,埃尔南多·科尔特斯(1485—1547年)是西班牙最大的早期殖民头目之一,他在1519年2月10日,率领11艘战船开始探险。经过几年的征战,科尔特斯在1524年征服了墨西哥,在墨西哥建立了殖民统治。之后,科尔特斯又领兵南进,侵入洪都拉斯,建立了殖民统治。

三、建设商船队和无敌舰队

世界一流的商船队 由于远征探险需要大量船只,所以造船工业发展迅速,使西班牙能够建设第一流的船队。到16世纪初,西班牙已拥有商船1 000艘,航行于世界各大洋。他们的船队把美洲的产品运往欧洲各地,把自己的羊毛、丝绸、呢绒运往意大利、北非和尼德兰。从美洲运回的糖、可可、烟草等，利润高达400% ~500%。沿海城市塞维利亚、加迪斯、巴塞罗那和瓦伦西亚发展成为巨大的商埠城市。布尔哥斯、瓦拉多列德成为国内商业中心。

无敌舰队　随着新航路的开辟，16世纪初期西班牙的商船航行于世界各大洋。为了保护商船队，西班牙建立了一支强大的海军舰队。1571年西班牙舰队在勒潘陀附近海战中大败土耳其舰队，赢得“无敌舰队”的称号。1588年封锁英吉利海峡就出动132艘战舰，其中大型战舰60艘，3 165门大炮，参战人员达3万余名，其中船员和水手7 000人，步兵23 000人。1581年，西班牙吞并葡萄牙，实力更加强大。西班牙还凭借自己强大的舰队，掌握了欧洲与东方各国和美洲贸易的垄断权，成为海上霸主，称霸大西洋。

四、掠夺财富和占领殖民地

占领拉丁美洲殖民地　西班牙在探险的过程中，同时进行了大量的殖民活动，在西半球广袤的土地上迅速建立了殖民帝国。从哥伦布发现美洲时起，西班牙就开始对拉丁美洲殖民。拉丁美洲是指从墨西哥湾格兰德河以南，一直到南美洲极端的合恩角，全长1万余千米的广大地区，包括北美洲的西南端、中美洲、西印度群岛和南美洲，面积有2 100万平方千米。从15世纪末至19世纪中叶，大批西班牙的小骑士到拉丁美洲去发横财，陆续征服了北自墨西哥、南至南美最南端的广大地区（除巴西被葡萄牙侵占外）。西班牙侵占美洲殖民地，可分为3个阶段：15世纪末16世纪初是第一个阶段，西班牙在探寻通往美洲的新航路的同时，侵占了西印度群岛等地；16世纪20年代是第二阶段，以古巴为侵略基地，以侵占墨西哥为重点，占领了墨西哥和中美洲各地；16世纪30—40年代是第三阶段，以侵占秘鲁为重点，陆续征服了南美洲的广大地区。

征服菲律宾群岛　西班牙国王查理一世听到“维多利亚”号的报告后，立刻在西班牙的西北角拉科鲁尼阿港口，设立“香料贸易局”，决心大力争夺香料贸易。1525年以后，西班牙先后组织五次远征队前往菲律宾。由于当地回教徒和山地居民坚决斗争，经过130多年的侵略，西班牙只把殖民统治扩张到民都洛以北诸岛的沿海平原和山区。吕宋中部山地和南部各岛始终未被征服。最后，西班牙殖民者用血腥手段征服菲律宾各地，并以王子菲利普的名字命名，这就是今天的菲律宾。

掠夺海外财富　西班牙的探险船队在取得海外探险成就的同时，大量掠夺海外财富。西班牙大舰船同来自菲律宾群岛装有中国丝绸以换取秘鲁白银的船只联系。西班牙人在他们的西半球建立帝国政府,建筑教堂,经营牧场和采矿,明确表示,他们要在这里扎根。征服者开发这些地区的自然资源,利用当地大量劳动力,把糖、烟脂红、兽皮和其他物品运送回国。尤其重要的是,他们把玻利维亚的白银运回国内,这个矿山是一个多世纪世界唯一的银矿。跨越大西洋的贸易迅速增加,1510—1550 年期间贸易额增长了 7 倍。

掠夺金银财宝是西班牙海外探险和殖民的首要目的。他们首先是把殖民地人民的金银制品熔铸成金银锭块,运回国内。以后,西班牙人在墨西哥、秘鲁和玻利维亚发现了丰富的金银矿后,强迫印第安人开采,然后运回伊比利亚半岛。1521—1544 年间,西班牙从拉丁美洲运回的黄金,每年平均为 2 900 千克,白银 30 700 千克。1545—1560 年每年运回黄金 5 500 千克,白银 246 000 千克。在入侵拉丁美洲的 300 年中,共运走黄金 250 万千克,白银 1 亿千克。由于西班牙掠夺了巨额的金、银,从而长期控制了国际金融市场上的货币。

五、社会制度落后和强敌兴起使西班牙丧失海上霸权

社会制度落后于资本主义兴起的潮流 15—16 世纪的欧洲,是封建社会向资本主义过渡的历史时期。当时的西班牙仍然属于封建社会形态,政治上实行专制制度。这种政治制度已经开始影响资本主义经济的形成和发展,使西班牙面临落后于时代发展潮流的严重局面。这种落后的社会制度对西班牙的海上霸权有直接影响。朝廷严格控制航海、海外贸易、呢绒生产的一切环节,一般商人无法参加这些经济活动,阻碍了经济的发展;朝廷实行的高税收政策,也损害了工商业者的利益,扼杀了新生的工业发展。这就使西班牙落后于资本主义产生时期的发展潮流,逐步落后于时代,最终走向衰落。

野心过大、树敌过多 西班牙一直想要建立一个天主教世界帝国。这是一个狂妄的大目标。西班牙是一个小国,但是,当时这个小国占领的领土太多,形成小马拉大车的局面,占领的地区控制不了,作战的敌人太多,战线太长。腓力二世(1566—1598 年)时代,梦想当全体天主教徒的世俗国君,依靠武力和天主教会势力统治整个欧洲,进而统治全世界,把他父亲的“天主教世界帝国”的幻想变为现实,结果是必须连年不断地进行战争。当时,西班牙的敌人包括法国、土耳其、英国等,由于敌人过多,西班牙部队必须分散部署在本国的要塞、北非、西西里、意大利和尼德兰。与法国讲和之后,又与土耳其人开战;实现地中海停

火之后，在大西洋出现持久的冲突；为争夺欧洲的西北部也要进行战争。有时西班牙帝国同时在三条战线上作战，在战争的过程中逐渐精疲力竭。

战争费用过大是失败的直接原因　西班牙衰落的重要原因是长期战争。西班牙没有建立支持长期战争的经济基础，战争费用过大，借债应付战争，造成难于维持的后果。查理一世原想建立一个世界帝国，为此，同土耳其和法国人进行无休止的战争。战争使西班牙付出高额军费，消耗大量物资，死亡大量人员，因而造成农业荒芜，工业衰落。1571 年，西班牙与威尼斯组成联合舰队，在勒潘陀大海战中打败土耳其拥有的 264 艘战舰的大舰队。1580 年，攻陷里斯本，次年兼并葡萄牙及其全部殖民地。1568 年开始镇压尼德兰革命，战争延续了几十年，最终也未能镇压下去，这使西班牙耗尽了美洲殖民地历年的税收，经济上遭到严重的打击。

1588 年，西班牙发动对英国的进攻。7 月 21 日，它出动了庞大的舰队，包括 132 艘战舰，3 165 门大炮，3 万多名士兵。腓力二世还命令西班牙驻尼德兰总督帕尔玛率领一支陆军远征队协同行动。这支舰队在英吉利海峡与英国舰队遭遇。西班牙军舰体大笨重，行驶缓慢，运转不灵。英国舰队约有 140 艘舰船，其中大型战舰 20 余艘，装备了许多大炮，具有快速轻便的特点。整个舰队的作战人员约 9 000 人，全部是船员和水手。霍德华为舰队总司令，豪金斯等担任分舰队司令或舰长。当西班牙的“无敌舰队”驶进英吉利海峡时，英国舰队已经做好了迎战准备。西班牙“无敌舰队”总司令麦狄那·西顿尼亚，原是个陆军将领，对海战毫无经验。双方在格雪大附近海面展开激战。英舰队打得“无敌舰队”溃不成军，西班牙被打死或淹死的官兵达 4 000 人，受伤者不计其数，5 艘大型战舰失去战斗力，其余战舰也是弹痕累累，帆破桅折，狼狈不堪。西顿尼亚眼看大势已去，绕道苏格兰和爱尔兰返航西班牙，在苏格兰北部海岸遇上风暴，又损失了一些舰船。9 月下旬西顿尼亚率领残兵破船回到西班牙。西班牙“无敌舰队”几乎全军覆灭，而英国总共只战死 100 余人。西班牙从此丧失了海上霸权，急速衰落下去。

《大国的兴衰》一书认为，西班牙衰退的根源之一，是未能认识保持一个强大的军事机器的经济基础的重要性。[①] 西班牙一再采取错误的措施：先后驱逐

① ［美］肯尼迪·保罗：《大国的兴衰》，梁于华译，北京，世界知识出版社，1990 年，第 66－69 页。

犹太人和摩尔人,与国外的大学中断联系,政府指示比斯开的造船厂集中力量建造大型军舰,不让建造更有用的小商船;限制贸易发展,对出口羊毛制品征收重税,结果使西班牙在国外市场丧失竞争能力;在西班牙各王国之间的内部也有关税壁垒。这些政策使西班牙的经济发展受到严重影响,逐步被荷兰和英国等国赶上,结果,综合国力逐步落后,最后导致衰落。

第十二章　荷兰

荷兰位于波罗的海诸国、地中海沿岸各国以及德国各大河口之间的居中点，国土面积41 000平方千米。荷兰人在欧洲进入封建社会晚期，率先走上资本主义道路，并利用他们的地理区位优势，成为欧洲的中转生意中心；为适应这种形势，大力发展造船和航海业，成为“海上马车夫”，并利用这种优势在17世纪登上海上霸主的宝座。

一、通过战争争取和捍卫国家独立

建立独立国家是成为海洋强国的前提　要想成为海洋强国，必须成为独立国家。荷兰长期处于西班牙统治之下。反对西班牙统治的独立战争开始于1566年，经过20多年与西班牙殖民军浴血奋战，到1609年西班牙被迫与荷兰签订为期12年的休战协定，实际上承认荷兰共和国的独立。荷兰共和国的建立，是近代史上新生力量战胜腐朽力量、弱国打败强国、小国打败大国的事例，是历史上第一次成功的资产阶级革命，这使得荷兰成为世界上第一个资产阶级掌握政权的国家。

荷兰共和国的建立，为资本主义经济发展创造了条件。17世纪的荷兰，工商业和航运业突飞猛进，其特点是商业胜过工业，国际贸易胜过国内贸易。国家政策维护商业资产阶级利益，商业税和航海税很低。阿姆斯特丹是国内外贸易和工业生产的中心。荷兰的造船业最为发达，占当时世界首位。商船吨数占欧洲的3/4。荷兰商船遍布世界各地，被称为“海上马车夫”。波罗的海贸易，东方的香料贸易，大多控制在荷兰商人手里。经济实力的增强，使荷兰有能力建立强大的商船队和舰队，征服世界的许多地区，打败西班牙，成为当时的海上贸易霸主。

捍卫独立的战争　17世纪欧洲一些国家实行重商主义政策，并且积极发展对外贸易，利用进出口促进工商业发展，这就引发了争夺世界贸易市场的竞争，其中几个强国之间发生了一系列战争。荷兰为了扩大在世界商贸中的地位,进而夺取海上霸权,也参加了争霸战争。1618—1648年,发生了有名的“三十年战争”。这场战争首先是德国的内战,后来发展为席卷全欧洲的战争。战争的一方是哈布斯堡王朝联合天主教诸侯组成的,而另一方是反对哈布斯堡王朝的强国集团联合新教诸侯组成的。17世纪初,两个敌对阵营形成后,就进入决战阶段。战争断断续续地打了30年。这是新教和罗马天主教的决战,是被压迫民族及其国家反对西班牙统治的战争,也是荷兰、英国、西班牙和法国争夺海上霸权的战争。30年战争以法国和瑞典的胜利告终,签订了《威斯特发里亚和约》。这次战争导致了欧洲国际政治格局的重大变化,罗马教廷消灭新教计划彻底破产,西班牙世界帝国崩溃了,进入荷、法、英的争霸时代。此后,西班牙正式承认荷兰的独立,荷兰很快成为新兴的世界帝国。

二、通过海战夺取海上霸权

打击葡萄牙和西班牙舰队 荷兰为了保护庞大的商船队,取得商业霸权,首先采取了排挤日益衰落的葡萄牙、西班牙势力的策略。在太平洋,荷兰总督简·皮特斯佐恩·科恩开始攻击葡萄牙舰队,1618—1629年他任职期间,把葡萄牙人从印度尼西亚赶走,其后任于1636年又把葡萄牙人逐出斯里兰卡,夺得贩卖肉桂的独占权。1641年荷兰又攻占葡萄牙的重要据点马六甲。在大西洋上,1623年荷兰在非洲与葡萄牙展开斗争。1628年荷兰在古巴的马斯坦港将一支西班牙舰队俘获,1631年在斯拉克又将西班牙的另一支舰队击溃,1636年围困西班牙占领的敦刻尔克港,1639年荷兰海军上将特洛甫率领一支大舰队在当斯港击败西班牙舰队,从而使西班牙重整海上声威的希望彻底破灭了。荷兰有6 000艘船只在波罗的海航行,封锁了英国同波罗的海沿岸各地的贸易。荷兰还利用英国国内的动乱局面,夺取了北海和英吉利海峡的制海权,进一步加强了海上贸易。在地中海和西非沿岸,荷兰商人到处排挤英国人。到17世纪中期,荷兰在航海业和世界贸易方面达到极盛时期,取代了西班牙海上霸主的地位,成为世界商业霸主,称霸海上。

三次英荷海战 为了促进海上贸易的顺利发展,荷兰十分重视保护商人。荷兰共和国政府建立了一支强大的海军,用于保护自己的商船队。英国1650年和1651年,曾两次颁布《航海条例》,限制荷兰商人在国际贸易方面的中介地位。为了保护荷兰的航运业和海外商人的利益,荷兰宣布拒绝承认英国的《航海条例》,和英国发生了三次战争。第一次英荷战争期间,荷兰每次参战的战船在200艘以上，有6 000 ~ 8 000门大炮，有两三万水兵。第二次英荷战争期间，在英吉利海峡和北海所进行的几次大规模海战中，荷兰海军不止一次取得胜利。荷兰海军在德·路特的统率下，冲入泰晤士河，威胁到伦敦，英国人被迫退出印度尼西亚。第三次英荷战争期间，荷兰海军要对抗英、法、瑞典和德意志等国家的联合攻击，在战争中彼此都有胜负，但是，荷兰的海上实力受到了沉重打击。

三、"海上马车夫"

荷兰成为当时的海洋强国，主要优势是造船工业、航海事业，并由此促进了海上贸易和殖民事业，这些优势成就了"海上马车夫"的海洋强国地位。

船舶工业强国　荷兰造船业久负盛名，许多国家向荷兰订购各种类型的船只。俄国的彼得大帝曾两次到荷兰学习造船技术，并聘请一批造船师为俄国建立一支舰队。荷兰将廉价实用的船只卖给欧洲很多国家，直到17世纪末，英国船只中还有1/4是荷兰建造的。16世纪初，当世界贸易刚发展时，主要建造小型船只，因小型船只具有往返省时的优点，且因海盗猖獗，便于分装货物，减少损失风险。随着大规模世界贸易的展开、保险业的兴起，荷兰造船厂设计了一种船身宽、船底平、货舱空间大的船只，这样的船，装载量大、易于操纵，可以减少船员人数以降低运输费用。这种三桅商船，体长快捷，代表着海上运输的一项重大技术进步。与此同时，荷兰还制造了一种坚固、适合远航的船，这种船的船尾设炮座平台，可架设大炮，在必要时可为军舰用的重型船只。荷兰造船厂几乎一天就能生产一条船。由于荷兰拥有世界一流的造船技术，并且不断地进行技术革新，造船业十分发达。先进的造船业造就了一个庞大的海上商业民族，它为荷兰发展世界贸易提供了重要的物质保证。

航海业大国　荷兰在经过资产阶级革命后，国内经济发展很快，其中航海事业获得了极其迅速的发展。到17世纪中叶，荷兰拥有世界上最庞大的商船队，共有商船16 000余艘，总吨数相当于英国、法国、葡萄牙、西班牙四国的总和。

荷兰控制了世界海洋的航运业务。在波罗的海和北海，当时的荷兰独占了全部船运业。绕过尼德兰半岛进入波罗的海的船舶，70%属于荷兰人。从俄国运出的农产品、毛皮和鱼子，从波罗的海运出的铁、造船用的木料、蜡，都是由荷兰转运到法国和意大利的利沃尔、威尼斯以及其他更遥远的销售地。荷兰控制了波罗的海的贸易，使它拥有丰富的沥青、焦油、制绳用的大麻、制风帆用的亚麻等物品，成为西欧海军装备的主要供应者。17 世纪前半期，法国对外贸易的大部分掌握在荷兰人的手里。荷兰利用莱茵河口，控制了德意志西部的贸易。荷兰商船还控制了欧洲南北之间的贸易。荷兰东印度公司控制了欧洲与东方、欧洲与美洲的海上贸易，甚至英国与他的殖民地间的商品也由荷兰商船运输。17 世纪前半期世界各殖民地的产品，特别是东方的香料，多半都是通过荷兰转运到西方各国去的。18 世纪中叶以前，荷兰庞大商船队航行于大西洋、太平洋、印度洋及地中海和波罗的海，所以被人们称为“海上马车夫”“全世界的船运夫”。

四、凭借海上优势建立世界贸易帝国

自 1492 年哥伦布发现美洲新大陆之后，西班牙、葡萄牙以及英国，不断进行海外探险，到 18 世纪，除非洲内陆、南极地区之外，欧洲人已发现了全球的各个地区和全部海洋，知晓通往全球的各条航路和道路。这些新航路以后就发展为经常性的商路。新航路的发现对欧洲经济生活发生了巨大影响，引起“商业革命”。荷兰就是利用这些新航路发展海上贸易，成为商业大国的。

世界市场的形成 新航路的开辟，加强了欧洲与世界各地区的联系，贸易范围空前扩大，欧洲市场上流通的商品种类大大增加，亚洲的丝绸织品、香料，新兴手工业品、棉花、茶叶；美洲的金银、糖、烟草、染料、毛皮；非洲的黄金、象牙等。海外各地对欧洲商品的需要也急剧增加，如欧洲的奢侈品和武器贸易量都大大增加了。新航路开辟以前，威尼斯商人从地中海及亚洲沿岸一带收购胡椒，每年不过 2 100 吨，在直通印度航路发现以后，每年运往里斯本的香料就增加到 7 000 吨，输往欧洲的全部香料与新航路开辟前相比扩大 30 倍。随着贸易范围的扩大，世界市场开始形成，商业空前繁荣。

海上贸易的大发展 在世界市场开始形成的过程中，世界贸易基本上是海上贸易。海上贸易位居首位的是大西洋贸易，在地域上包括西欧和西北欧、南北美洲、非洲的西部以及大西洋的岛屿。东西方之间的海上贸易、波罗的海贸易、地中海贸易也逐步发展起来。在这种形势下，欧洲商路和贸易中心从地中海区域转移到大西洋沿岸。葡萄牙的里斯本、西班牙的塞维利亚、尼德兰的安特卫普、英国的伦敦成为商业发达地区。到 16 世纪中叶，安特卫普已成为东西贸易的中心，葡萄牙人从印度运回的商品都由里斯本集中到安特卫普，再转销到欧洲各地。

这种形势十分有利于荷兰(尼德兰)的商业发展。荷兰的阿姆斯特丹、安特卫普等城市日益繁荣。阿姆斯特丹是尼德兰北方的经济中心和最大的城市,航运业和渔业十分发达,与英国、俄国和波罗的海各国有密切的贸易往来。阿姆斯特丹每年有 1 000 多艘船出海捕捞青鱼。安特卫普是南方的经济中心,同西班牙及其殖民地有密切的经济联系,来自西班牙殖民地满载金银和其他商品的船队径直驶往这里。安特卫普港有时停泊 2 500 艘来自世界各地的商船,城内有各国的商行和办事处千所。意大利和英国的布匹,德国和法国的酒,波罗的海沿岸的粮食,东方的香料,都在这里销售。在这样的形势下,荷兰的商业和其他事业迅速发展起来,为其成为海洋强国奠定了良好的经济基础。

东方商业探险　荷兰人为了同东方国家进行贸易,直接到东印度群岛进行香料贸易,开始了艰苦卓绝的探险航行。1594—1597 年,荷兰人威廉·巴伦支为探寻一条由北方通向中国和印度的航路,曾在北冰洋地区做了三次航行,到达新地岛,在岛上过了一个冬天。1595 年,由霍特曼率领的第一支荷兰舰队经好望角到印度,第二年到达印度尼西亚爪哇岛的万丹,1597 年返回荷兰。1598 年,荷兰又派 8 艘船前往印度尼西亚,由范尼克率领的第二支远征队中的 4 艘船,采购胡椒回国,净得 400% 的利润,另外 4 艘船到摩鹿加群岛,并于班达岛、安汶岛设商馆,然后运回大批豆蔻、丁香,也获得高额利润。此后,荷兰人纷纷组织许多小公司,涌入东方海域,仅 1598 年,远航东方的船队不少于 5 队,有 22 艘商船。荷兰人到东方胜过葡萄牙人。在南半球,荷兰人勒美尔和斯考顿于 1616 年到达美洲南部的合恩角。1642—1643 年,荷兰人阿贝尔·塔斯曼探险澳大利亚沿岸,到达新西兰和塔斯马尼亚。荷兰商船也出现在中国东南沿海。1601 年,荷兰商船首次来到中国。两年后,荷兰人侵占澎湖,遭到中国政府的强硬反对,不久退去。此后 20 年间,荷兰人屡次欲与中国扩大通商,始终未获允准。1622 年,再次侵占澎湖,屠杀岛上居民。1624 年,荷兰进犯台湾,1642 年,其势力扩展到台北的基隆和淡水一带。

荷兰商人利用成千上万商船走遍世界的机会,利用世界各地区的价格差异,进行世界性的转口贸易,获得了巨额利润。荷兰每年转口贸易额达 7 500 万至 1 亿古尔登,成为经营海上中转贸易而发家的贸易强国。

五、利用垄断公司夺取海外殖民地

荷兰的崛起晚于葡萄牙、西班牙与英国，在荷兰成为海上霸主的时候，亚洲、非洲和美洲的殖民地，多被几个先行的海上强国所占领。因此，荷兰必须利用各种手段，从列强手中夺取殖民地。荷兰建立殖民地的办法与其他国家也不同，它主要是通过两个大贸易公司进行的。一个是东印度公司。1602 年经议会批准，在爪哇岛的万丹，荷兰各种私营贸易公司合并为荷兰东印度公司，集资 652 万荷兰盾。海上贸易往往是与海盗行为和战争联系在一起的，因此垄断公司需要国家授予的广泛权力。荷属东印度公司从议会得到许多特许权：有从好望角到麦哲伦海峡之间的贸易垄断权，使整个太平洋、印度洋成为公司贸易的独占范围；有建立军队权；有开战、讲和、夺取外国船只权；有建立殖民地、修城堡、任免殖民地官吏、设置法官和铸币等权力。东印度公司实质上已成为荷兰对外侵略和殖民统治的权力机构。东印度公司有武装舰船 41 艘、商船 3 000 艘，雇员达 10 万多人。东印度公司建立之后，荷兰多次发动战争，进行武力征服，在印度尼西亚建立殖民统治。1603 年，荷兰在爪哇建商站。1605 年征服盛产香料的摩鹿加群岛中的安汉岛、帝利岛，1606 年独占班达岛的香料贸易。1619 年，荷兰攻占爪哇岛上的雅加达，自此以后，荷兰就把它作为侵略印度尼西亚的中心据点，由此向周围渗透。到 17 世纪中期，荷兰控制了包括爪哇、苏门答腊、摩鹿加群岛、锡兰等在内的广大地区。它的势力还深入到印度和日本，一度霸占了中国的领土台湾。①

另一个侵略工具是西印度公司。1621 年，荷兰政府批准成立荷属西印度公司，公司的目标是夺占西班牙、葡萄牙在美洲的殖民地，展开同英、法等国争夺殖民地的斗争。经过 10 年战争，西印度公司控制了从巴伊亚 - 亚马孙河的西海岸大部分土地，17 世纪中叶又被葡萄牙赶出。1622 年在哈德逊河口夺取曼哈顿岛，建立新阿姆斯特丹城。此后，以哈德逊河流域为基地向东扩展到康涅狄格河的哈特福特，向南扩展到特拉华河畔。1623 年占领南美圭亚那。1630—1640 年间，从西班牙人手中夺得加勒比海的阿鲁巴岛、库腊索岛、博内尔岛、萨巴岛、圣尤斯特歇斯岛，和法国人共占圣马丁岛。

---

① 傅蓉珍，等：《海上霸主的今昔》，哈尔滨，黑龙江人民出版社，1998 年，第 279 - 283 页。

17 世纪中叶,荷属西印度公司在非洲黄金海岸和奴隶海岸拥有 40 多处堡垒和商站,并一度占领毛里求斯,作为向马达加斯加掠夺奴隶的根据地,英属弗吉尼亚的第一批奴隶和法属殖民地的奴隶全靠它供应。直到 18 世纪初,荷兰奴隶贸易量占世界奴隶贸易额的一半以上。荷兰所有殖民地中最持久的是海角殖民地,这是 1652 年从葡萄牙人手中抢来的一小块殖民地,位于南非好望角。这是一个为船只提供燃料、水和新鲜食物的殖民地。

六、失去霸主地位的主要原因

英国崛起对荷兰的挑战　英国和法国的崛起是荷兰的悲哀。17 世纪中期,英国资产阶级革命取得胜利,成为最有力量争霸海洋的国家。英国不容许荷兰独霸海洋。在荷兰的航海、殖民、贸易达到鼎盛的时代,英国向它发起了挑战。1650 年,英国国会通过了一项针对荷兰的法令,规定非经英国政府许可,外国商人不得与英国殖民地通商。1651 年,英国又颁布了《航海条例》,规定进口货物须由英国船只或产地国船只运达,这对专营海上转运贸易的荷兰是一个沉重的打击。英荷之间关于《航海条约》的争端导致了第一次英荷战争(1652—1654 年)的爆发。双方展开了一系列大规模的海战,结果荷兰失利,被迫在一定程度上承认了《航海条例》。

1660 年英国又颁布了新的更为苛刻的《航海条例》,同时由于双方在殖民地问题上的冲突,导致第二次英荷战争(1665—1667 年)。战争结果是英国在北美夺取了新阿姆斯特丹,荷兰在南美取得了苏里南。从此,荷兰的殖民势力退出了北美地区。后来,1672—1674 年又发生第三次英荷战争。这几次战争使荷兰的军事和商业实力遭到了严重的削弱。到 18 世纪初,荷兰丧失了它的贸易垄断地位和海上霸权。

法国的侵略影响了荷兰海上力量的发展　从 17 世纪 60 年代末起,荷兰遭到了法国的陆上威胁,法国侵入西属尼德兰地区。法国的侵略使荷兰的困境更加严重。这种危险比一个世纪前西班牙造成的威胁还要严重,荷兰人被迫扩充自己的军队(到 1693 年,荷兰军队有 9.3 万余人),并动用更多的兵力保卫南部边界的要塞。荷兰将大量资金用于军费支出,结果战争债务螺旋上升,削弱了商业的长期竞争能力。荷兰人在 1688—1748 年与法国进行了各种战争,战争费用大量增加,荷兰人要将国防支出的 3/4 用于陆军,因而忽视了海军的发展,海外贸易形势也越来越严峻。在这一时期,英国人不断扩大航海和争占殖民地的活动，因而得到越来越大的商业利益，荷兰商人遭受的损失越来越大。

卷入英法争霸战争的困局 进入18世纪，英国与法国进行了长期的争霸战争。英国人在战时经常阻止各国与法国进行的各种贸易，荷兰因此遭受越来越严重的损失。英国与荷兰在1780年以后发展成为公开的敌对状态。到爆发法国大革命和拿破仑的战争时，荷兰人夹在英国和法国之间，处境日益困难。在一场既无法避免又无法利用的国际争夺中，荷兰丧失了许多殖民地和海外贸易。这个时期，荷兰还出现了国内分裂，这就进一步促使荷兰走向衰落。

第十三章　英国

英国人是近代以来4个世纪的海上世界巨人,这是值得英国人庆幸的。在400多年的历程中,英国的海洋战略经历了海外贸易立国战略、称霸海洋战略、维持海上霸主地位战略、区域海洋战略几个阶段。英国最初走向海洋,是为了发展海外贸易,掠夺海外财富。克伦威尔认为,作为一个岛国,英国要继续发展,就必须回到海洋;不仅要防守海岸线,还要称霸海上。英国的海上霸主地位是经过长期战争获得的。英国战胜西班牙无敌舰队之前,海上霸主是葡萄牙和西班牙。15世纪末,英国都铎王朝期间开始大力发展海上贸易,并在16世纪中期开始参与海上争霸斗争,1588年英国战胜了西班牙的无敌舰队,取得海上争霸斗争的初步胜利。西班牙从霸主地位退下来,荷兰还很强盛,英国还没有取得海上霸主地位。17世纪中期,英国与荷兰发生了一系列海战,荷兰舰队被击败,1654年签订了《威斯特敏斯特和约》,荷兰宣布承认英国的《航海条例》,并赔款给英国,从此荷兰丧失了海上霸主地位,英国的海上霸权初步确立。这个过程从1485年都铎王朝建立算起,时间长达170年。此后,与英国争夺海上霸权的是法国。从1690年法国与英国海军在比奇赫德湾发生的海战算起,到1805年的特拉法加海战,共用115年,英国打败了法国海军,打破了拿破仑海上争霸之梦,最后确立了英国海上霸权。从1805年至1914年第一次世界大战开始,英国的海上霸主地位保持了109年。英国争夺海上霸主地位,建立日不落帝国,经历了300年的海上争霸战争。

一、海外贸易立国战略

(一)海洋国家的地理优势

英国位于欧洲,是由不列颠岛(包括英格兰、苏格兰、威尔士)以及爱尔兰岛东北部的北爱尔兰和周围5 500个小岛(海外领地)组成,面积24.41万平方千米。英格兰全境面积为13万平方千米,占大不列颠岛的大部分。威尔士面积有2万余平方千米,境内多山、地势崎岖。苏格兰和其周围的许多小岛,面积共为7.8万平方千米,全境均属山岳地带,只有中部较为低平。北爱尔兰面积1.4万平方千米,隔爱尔兰海与大不列颠岛遥遥相望。英国北海大陆架石油蕴藏量在10亿~40亿吨。天然气蕴藏量在8 600亿~25 850亿立方米。英国本土位于欧洲大陆西北面的不列颠群岛,被北海、英吉利海峡、凯尔特海、爱尔兰海和大西洋包围。英国隔北海、多佛尔海峡、英吉利海峡与欧洲大陆相望。它的陆界与爱尔兰共和国接壤。海岸线总长11 450千米。全境分为四部分:英格兰东南部平原、中西部山区、苏格兰山区、北爱尔兰高原和山区。海岛国家的地理条件,使英国具备了走向海洋的地理优势。

(二)海洋是聚敛财富的通道

典型论断 15世纪末,英国的资本主义迅速发展起来,要求在世界范围获得原料和市场,聚敛财富,完成资本积累。这就要通过海洋进行全球扩张。在这方面,英国人有许多经典言论。英国人充分认识到:“在一个商业的时代,赢得海洋要比赢得陆地更为有利。”①“海洋是国家繁荣,与外界通商贸易、扩大势力和发挥影响的一条途径——在航空事业未出现之前,大海是唯一的一条沟通与外界联系的自然通道。”②“谁控制了海洋,即控制了贸易;谁控制了世界贸易,即控制了世界财富,因而控制了世界。”③16世纪英国政治家、探险家兼诗人沃尔特·雷利爵士的论点,成为几个世纪以来各国在海上争夺的理论依据,更为历代英国政治家所颂诵。

通过海洋掠夺财富 这是早期英国掠夺世界财富的办法。英国通过控制海洋,利用海洋大通道,占领殖民地和掠夺殖民地的财富。英国经济学家杰文斯说:“北美和俄国的平原是我们的玉米地,芝加哥和敖德萨是我们的粮仓,加拿大和波罗的海是我们的林场,澳大利亚、西亚有我们的牧场,阿根廷和北美的西部草原有我们的牛群。秘鲁运来的白银,南非和澳大利亚的黄金则流到伦敦,印度人和中国人为我们种植茶叶,而我们的咖啡、甘蔗和香料种植园则遍及印度群岛,西班牙和法国是我们的葡萄园,地中海是我们的果园,长期以来早就站在美国南部的我们的棉花地,现在正向地球的所有的温暖区扩展。”④

---

① J.f.C. 富勒:《西洋世界军事史》,北京,军事科学出版社,1981年,第37页。
② J.R.希尔:《英国海军》,北京,海洋出版社,1987年,第1页。
③ D.豪沃思:《战舰》,北京,海洋出版社,1982年,第1页。
④ [苏]特鲁汉诺夫斯基:《丘吉尔的一生》,北京,北京出版社,1965年,第229页。

开发海洋获得海洋财富　这是英国人通过海洋致富思想的发展。随着科学技术的不断发展,英国人认识到,海洋不仅可以运来财富,它本身就是巨大的财富宝库,海洋中丰富的宝藏促使英国加快了向海洋进军的步伐,为英国萧条的经济注入了新鲜的血液。正是这种对财富的追求,使英国的海洋认识不断深化和升华。

(三)大力发展海外贸易公司

英国在欧洲从封建社会向资本主义过渡时期,逐步走上强国道路,这个过程始于都铎王朝。1485 年,参与"玫瑰战争"的兰开斯特家族的支裔、里士满伯爵亨利·都铎,在战争中获胜,夺取了王位,称为亨利七世(1485—1509 年),建立了都铎王朝(1485—1603 年)。都铎王朝的几代君王,把 16 世纪初的弱小岛屿国家,改变为一流的西欧强国,并为其后来成为世界海洋霸主奠定了基础。

英国最初走向海洋,是为了发展海上贸易,掠夺海外财富。重商主义是发展海上贸易的思想根源。重商主义时代,人们普遍认为世界财富的总量是既定的,国际市场是有限的,贸易就是常年的战争,谁在贸易中占据垄断地位,谁就可以充当战争与和平的裁判者。因此,各国政府都致力于如何从大致固定的国际贸易额中获得最大利益,如何利用本国的条件造成贸易顺差,从而保证金银多进少出。商业原因引起的国际冲突集中表现为对海上霸权和海外殖民地的争夺。

都铎王朝以前的英国,海上力量很弱,海外贸易也控制在外国商人手中。自亨利七世之后,英国就确立了发展海上贸易的国家战略,连续颁布促进海上贸易发展的航海法案。都铎王朝历代国王均采取重商主义经济政策,扶持工商业发展,鼓励出口,推动了海外贸易的发展。到 16 世纪中叶,随着经济政治的昌盛,英国海上贸易的发展进入新阶段。亨利七世在位时期,就向全国性海外贸易商人团体颁发经营特许状,使英国的海外贸易商人与其他国家的商人竞争,并且通过外交谈判,订立有利于英国海外贸易发展的商约。亨利七世还鼓励建造大船或向国外购买大船,发展远航事业。亨利八世和伊丽莎白沿用这种措施,继续推动海外贸易的发展。16 世纪以来,英国商人经国王的特许,组建了许多经营海外贸易的公司,包括:莫斯科公司(1554 年)、波罗的海公司(1579 年)、土耳其公司(1581 年)、非洲公司(1588 年)、东印度公司(1600 年)等。这些公司促进了英国海外贸易规模的迅速扩展。

(四)官盗勾结抢劫海外财富

英国的崛起晚于葡萄牙、西班牙与荷兰,当时在海外占领的殖民地比较少,海上贸易的垄断权控制在西班牙手中。在考虑英国采用什么战略时,雷金斯、雷利、德雷克等海军将领,建议女王采取在海上阻止西班牙的白银贸易,袭击敌人的沿海地区和殖民地的战略。具体办法之一是利用海盗袭击西班牙船队和殖民地,间接掠夺海外财富。

英国海盗十分嚣张,甚至官匪勾结,形成一股强大的力量。伊丽莎白政府表面上颁布了镇压海盗的法令,暗地里却与海盗相联系,向他们投资、提供船只等,教唆他们到大西洋去抢劫西班牙的船只和港口,海盗活动走向合法化。最著名的海盗是豪金斯和德雷克。伊丽莎白给予他们不同寻常的支持,他们都因掠夺财富和开辟殖民地有功,而跃升为海军大将。

豪金斯本是普利茅斯的一个船主,1562 年,他来到非洲西海岸,捕捉到一批黑人,将他们偷偷运到海地,卖给那里的西班牙人做奴隶。返程时又满载着甜酒回到英国,赚取了高额利润。1564 年,豪金斯又开始第二次远征贩奴,女王还入了股。1567 年,他们又开始第三次航行,女王借给他们两艘王室海军的战舰。他们在西非几内亚海岸大肆抢掠。返航时遭遇暴风,被迫停靠在一个港口。西班牙政府借此天赐良机,派出一支军队袭击了英国船只。豪金斯和德雷克措手不及,仓皇逃回英国,其余大部分船只被击沉。西班牙与英国的矛盾日渐激化。伊丽莎白咽不下这口气,便将西班牙运送白银(约值 15 万镑)的船只没收作为报复。由于豪金斯的"功勋",伊丽莎白授予他贵族封号,并任命他为海军大将,委以重建海军的大任。

另一个海盗人物是德雷克。1570—1573 年,德雷克曾多次远航美洲。他通过细心观察,发现西班牙在美洲生产的白银,是经过秘鲁由海船运至巴拿马海峡,然后由骡群驮着运送到大西洋的西班牙船上。掌握了这条路线之后,他决心要对西班牙的白银骡队进行一次劫掠。1572 年 3 月 24 日,德雷克率领 3 艘小船从普利茅斯港出发,横渡大西洋,在白银运输队必经的巴拿马海峡,抢劫了西班牙白银 30 吨。女王对此大加赞赏。但德雷克并不就此罢休,他计划要在麦哲伦之后,由他完成一次环球航行,以此打破西班牙在太平洋上的独占地位。1577 年 11 月 5 日,他率领由 5 艘船只组成的船队,从普利茅斯港出发,到达麦哲伦海峡时,船队只剩下他的坐舰"金雌鹿"号。驶入太平洋之后,他又劫掠了西班牙的美洲殖民地秘鲁和智利等,最后来到北美西海岸,开始抢占殖民地。他在登陆的地方树起了纪念碑,碑上刻着女王伊丽莎白的名字,并将该地命名为阿尔皮翁。此后,他横穿太平洋、印度洋,绕道好望角,于 1580 年 11 月回到英国。1585 年,德雷克率领 30 艘舰船,又一次直奔中美洲,抢劫了圣地亚哥等地。次年 7 月满载而归。

英国海盗的行为令西班牙人不满,菲利普国王决心与英国进行一场你死我活的战争。在双方积极备战的时候,德雷克继续对西班牙人进行骚扰。1587 年 4 月,德雷克率领他的海盗船队突袭了西班牙的加的斯港口,摧毁西班牙战船约 30 艘,获得 75 万英镑的财物,整个加的斯港变成了一片火海。在回国的路上,他又在西班牙沿海掠夺西班牙的供应船只。在 1588 年 7 月,英国与西班牙"无敌舰队"的海战中,德雷克与豪金斯都担任了英国舰队的要职,为英国的胜利立下了汗马功劳。

(五)逐步确立海外贸易的霸权地位

环球航路的发现和利用,使葡萄牙、西班牙与荷兰,陆续成为海外贸易和殖民强国。英国崛起之后,经过长期争夺,陆续战胜了早期的海洋强国,成为占领殖民地和发展海外贸易的强国。英国 18 世纪在殖民地贸易和航海方面确立了世界霸权地位。工业革命以后,1801—1850 年间,英国的出口额从 2 490 万英镑增加到17 540万英镑,增加了 600%。1850 年英国在世界贸易总额中的比重达到 22%,世界将近一半的商品额是英国同世界各国的双边贸易,对外贸易成为经济增长中的"发动机"。1850—1870 年,棉纺织品的出口价值从 2 826 万英镑增加到 7 142 万英镑,铁和钢的出口价值从 540 万英镑增加到 2 350 万英镑,煤和焦炭的出口价值从 130 万英镑增加到 560 万英镑,各种机器的出口价值从 100 万英镑增加到 530 万英镑。1870 年,英国在世界贸易总额中的比重上升为 25%,几乎相当于法、德、美三国的总和。

二、称霸海洋战略

(一)从城墙观念到海上霸权意识

英国是一个岛国,西临大西洋、东隔北海、南以多佛尔海峡和英吉利海峡同欧洲大陆相望,是一个典型的海洋国家,离开海洋是不能生存和发展的。早期的英国多次遭到欧洲大陆国家的入侵,入侵的通道就是海洋。1436 年英国的一份诗歌《英国国政之控诉》说:"坚守大海这堵英国的城墙,我们就能得佑于上帝之手。”[①]在英国工业革命取得重大进步,逐步成为富强国家之后,海洋作为“城墙”的屏障意识逐步淡化,海洋作为通道的意识逐步增强。要赢得海洋,利用海洋通道,就要有强大海军,确立海上霸权。因此,建设世界上最强大的海军成为英国的长期基本国策。英国的海军强大之后,不断进行海上争霸战。经过长期战争,英国打败了西班牙、荷兰的舰队,确立了海上霸权。海上霸权是英国的命根子。英国政府历来不允许他的海上霸权受到挑战。英国的一位外交大臣曾说:“真正决定我们外交政策的,是海上霸权的问题。”[②]丘吉尔也说过:“英国海军对我们来说是必需的,海军实力直接关系到英国本身的生死存亡,是我们生命的保证。”[③]

(二)社会制度基础

资产阶级革命创造了符合时代潮流的社会制度基础。1640 年爆发了资产阶级革命,1649 年建立了资产阶级和新贵族联合专政的英吉利共和国。后来又经过几十年的发展,1688 年英国建立了大资产阶级和土地贵族联合统治的君主立宪制政体。1689 年英国国会通过《权利法案》,规定:英国国王必须是新教徒,国王无权废止法律,凡征税、招募军队和对外政策等重大问题必须由国会决定;国会选举必须自由进行,国会必须定期召开,议员享有言论自由和人身保障权利。1701 年国会又通过《王位继承法》,进一步限制了王权,保障了国会的至高权力。从此,君主立宪政体在英国牢固地确立起来。17 世纪英国的资产阶级革命摧毁了封建专制制度,确立了资本主义生产关系的统治地位,为英国资本主义的发展开辟了道路,经济很快获得迅速发展,为其成为强国奠定了社会制度基础。

(三)经济技术基础

世界贸易促进了英国经济的迅速发展。英国原本是一个封建的农业国家,全国人口 550 万,其中 4/5 是农村人口,封建经济占统治地位。15 世纪世界新航路开辟后,英国成了国际贸易的中心,海外贸易不断扩大。16 世纪后半叶和 17 世纪初,英国建立了许多专利公司。1579 年成立的东陆公司,经营波罗的海沿岸的贸易;1588 年成立非洲公司专营奴隶贸易;1600 年成立的东印度公司,

---

① J. R. 希尔:《英国海军》,北京,海洋出版社,1987 年,第 2 页。

② 复旦大学编写组:《第一次世界大战史》,北京,人民出版社,1974 年,第 42 页。

③ [苏]特鲁汉诺夫斯基:《丘吉尔的一生》,北京,北京出版社,1965 年,第 421 页。

垄断了对东方各国的贸易。海外贸易和殖民掠夺攒取的巨额财富,加速了资本的原始积累,刺激了英国资本主义的发展,也为资产阶级革命奠定了基础。

18世纪中在英国爆发了技术革命,新技术的出现带动了新产业的建立,英国形成了纺织业、采矿冶金、机器制造和交通运输为核心的产业结构。工业革命带来了经济大发展,使英国经济在当时的世界上占据绝对优势。到1830年,英国的工业生产约占欧洲的2/3,在世界工业生产中的份额达到9.5%。1860年前后,英国的生铁产量占世界的53%,煤炭产量占世界的50%,铁产量占世界产量的30%。英国的商船队占世界商船队的1/3强。英国贸易量占世界贸易总量的1/5。英镑成为世界货币。英国已经成为世界经济强国。①

国防开支水平低也是英国经济迅速崛起的重要因素。进入19世纪,英国已经成为世界强国,没有对其实施严重挑战的国家,因此国防费用非常低。19世纪60年代约为2 700万英镑;当时英国的国民生产总值约为10亿英镑。实际上,在1815年以后的50多年时间里,武装部队费用只占国民生产总值的2%~3%,中央政府的开支总额在国民生产总值中所占比例也不足10%。这也为英国统治海洋和辽阔的疆域,奠定了坚实的经济实力基础。

(四)造船和海运优势

到19世纪,英国成为世界造船厂、世界搬运夫、世界商人,并拥有世界最强大的海军,这些优势确立了它的世界强国和海洋霸主地位。英国的造船业发展很快,18世纪就成为世纪造船强国。到19世纪末,英国的船舶不仅产量在主要资本主义国家中领先,生产技术也超过其他国家。19世纪末叶,英国开始大量建造铁质舰船,建立了世界上最大的蒸汽机船队。

英国的海运业发展较早,1629年已拥有排水量百吨以上的大船350艘。1780年,商船队吨位达到190万吨。19世纪40—50年代,英国掀起建设海运网的热潮。1850年接近360万吨,占世界商船总吨位的47%。1870年上升到569万吨,超过美、德、荷、法、俄等国商船吨位的总和。在造船业兴盛的同时,英国投入大量资金发展航运业配套设施,沿海岸修建灯塔、灯船,扩建港口、船坞、堤岸、堆栈等,置备起重机和其他装卸设备。英国因为有强大的海运业,自己可以从世界各地获得廉价的原料,也控制着其他国家的贸易往来,取得巨额

① [美]保罗·肯尼迪:《大国的兴衰》,陈景彪译,北京,国际文化出版公司,2006年,第188页。

的“无形收入”。英国的商船队穿梭于世界各大洋的航线上，运送着世界各国的商品，伦敦成了最繁忙的国际贸易港口。因此，英国不但是名副其实的世界工业中心，而且还是“世界的造船厂”“世界商人”和“世界的搬运夫”。

（五）抗击西班牙的海上贸易霸权

1588 年以前，西班牙是海上霸主。16 世纪中叶以后，英国与西班牙之间的矛盾日益尖锐。伊丽莎白统治初期，英国的海军力量还比较薄弱，不敢与西班牙的强大舰队公开较量。伊丽莎白在外交上巧妙利用西班牙与法国、尼德兰之间的矛盾，削弱西班牙的势力。同时鼓励英国的海盗和走私活动，扰乱西班牙的航线，劫掠西班牙的商船和西属殖民地。英国海盗头目德雷克，曾奉女王之命，多次出海袭击西班牙商船，掳获大量财富。尼德兰革命爆发后，英国公开支持尼德兰反对西班牙的统治。西班牙则扶持英国天主教势力，组织颠覆活动，企图刺杀伊丽莎白，拥立信奉天主教的前苏格兰女王玛丽·斯图亚特继承英国王位。伊丽莎白揭穿了西班牙策划的这一阴谋，并于 1587 年下令以谋反罪处决玛丽·斯图亚特。英西之间的矛盾更加激化。1588 年，西班牙国王菲利普二世派遣包括 130 余艘战船的“无敌舰队”进攻英国。

英国与西班牙斗争最初是由亨利八世的离婚案引起的。亨利八世继承王位时，英国的势力还不强大，因此，利用王室联姻来与强大的西班牙结盟。随着经济实力的增长，英国不可能甘愿久居人下，亨利八世与西班牙公主离婚。这对西班牙国王是一种蔑视。此后，两国的关系开始出现矛盾。到了伊丽莎白统治时期，与西班牙的矛盾终于演变成冲突和战争。

海盗问题是两国矛盾冲突的出发点。1585 年以后，英国与西班牙的冲突越来越尖锐。尼德兰爆发革命时，英国政府支持革命者，允许他们使用英国的港口，达到借此削弱西班牙的目的。英国的这一系列活动，使西班牙国王菲利普发誓要为西班牙报仇，夺回海上霸权。1588 年，英西海战终于发生了。西班牙派出一支庞大的“无敌舰队”，舰队包括 130 艘大小船只，总吨数将近 6 万吨，火炮 2 000 多门，水手和所载陆军共达 6 万人。舰队的指挥官是对海战毫无经验的陆军司令麦狄那·西顿尼亚。

1588 年 7 月，西班牙“无敌舰队”驶进了英吉利海峡，停泊在普利茅斯港附近。英国舰队船只数量与西班牙大致相等，其中有大型战船 20 余艘。当时英国海军实力已经比较强大。英国的大型战船与过去的战船不同，长度增加了，船楼拆掉了，装上了大炮，比过去的船要快速灵活得多。舰队总司令是女王的表叔霍华德勋爵,助手有德雷克、豪金斯等。整个舰队的作战人员共约9 000人,都是熟悉海洋特性的船员和水手。7月22日拂晓时分,两支舰队开始接触。英国舰队利用有利的风向主动发起了进攻。英国船只一面行驶,一面向敌舰发起猛烈的炮攻。西班牙的舰队高大笨重,速度赶不上英船,善于短兵相接的陆军优势也就无法施展。当一艘战船被击沉,一些船长便率船仓皇出逃。英舰在后面紧咬不放,展开了激烈的火力喷射。黄昏时分,"无敌舰队"一支分舰队的旗舰被撞伤。战斗一直持续到深夜,"无敌舰队"几乎无还手之机。经过两周左右的海战,英军重创"无敌舰队"。西班牙舰队在回港途中,遭风暴袭击,损失惨重,几乎全军覆没。此后,在英国与西班牙的较量中,英国愈斗愈强,西班牙步步退守,终于衰落下去。

与荷兰争夺贸易特权 早在1650年,英国就通过对葡萄牙的战争,取得了在葡属殖民地的贸易特权。之后,荷兰成为英国对外扩张的障碍。1650—1663年,英国接连颁发了几个航海条例,以打击荷兰对海上运输和殖民地市场的独占。1651年英国发布第一个航海法令,规定欧洲货物只能用英国船只运往英国领土,在非洲、亚洲、美洲出产的货物,只能由英国或英国殖民地的船只运达。1660年又颁布第二个航海法令,规定英国船只的船长和至少3/4的船员必须是英国人。1652—1674年英国和荷兰发生了三次战争,英国抢到了荷属北美新尼德兰殖民地,并成功地排挤了荷兰在印度的势力。

(六)与荷兰争夺海上霸权

英国称霸海洋是在战胜"海上马车夫"荷兰后基本实现的。英国走向海洋的时候,海洋强国是西班牙与荷兰。当时,英国还没有力量与西班牙、荷兰争霸。在英国战胜西班牙无敌舰队的时候,荷兰还比较强大,英国还不能战胜荷兰而在海上称霸。1640年资产阶级革命之后,英国爆发了一场内战,这场战争实现了英格兰的统一。内战的主要军事领导人是克伦威尔。内战结束之后,克伦威尔又开始征服爱尔兰,大批爱尔兰人被杀或被驱逐到北美荒原,全境原有150万居民,只剩下一半多。爱尔兰的土地2/3转移到了英国新贵族和军官手中。1652年12月,克伦威尔建立了一个督政府,克伦威尔成为英格兰、苏格兰、爱尔兰共和国护国主,从此开始实行军事统治。克伦威尔时代的英国,确立了称霸海洋的战略,为英国后来称霸海洋奠定了基础。

克伦威尔认为,作为一个岛国,英国要继续发展,就必须回到海洋;不仅要防守海岸线,还要称霸海上。这是早期的海权思想。这就需要一支强大的海军以及相应强盛的海军战略与战术。英国海上的武装力量,最初只是为了自保。即使在1588年打败了"无敌舰队",也仅是"自卫"行动。从那时以后,英国还没有左右海上局面的能力。取代西班牙海上霸权地位的是荷兰,它被称为"海上马车夫"。荷兰几乎垄断了当时全部海上贸易商路——波罗的海到比斯开湾,所有的船只通过这一海域都要向荷兰交费。这对经济已经商业化、正在发展资本主义经济的英国来说是不可容忍的。

这个时期英国已经拥有一支比较强大的海军。英国革命之前,皇家有一支不大的海军,临战时将商船改装为军舰应急,国王没有足够的金钱经营庞大的海军。查理一世时期,征收"造船基金",使皇家海军增加到207艘舰船,克伦威尔继承了这笔遗产。他设立了一个"海军委员会"以控制海军,下设3个海军将领,分管军政、军令及技术。其中一位著名人物是布拉克,他负责指挥作战,后升为海军上将。布拉克是商人出身,他不但有航海经验,还有丰富的海军知识。他最大的长处是不墨守成规,重视新科学技术的价值。他第一个使舰船与岸上炮台相格斗,在过去,人们认为炮台是无敌的,是舰船的克星。而他发现,那只是虚张声势。他要求海军不仅能在海面上舰对舰格斗,而且能利用舰船的机动性向岸上炮台发动袭击,将岸上目标摧毁。

荷兰拒绝了英国分享海上利益的要求。1652年5月19日,荷兰舰队拒绝布拉克登船检查,双方开了火,英荷海战爆发。在一系列的海战中,英国投入了新造的41艘战船。荷兰损失了1 600艘舰船,最终被击败,于1654年签订了《威斯特敏斯特和约》,荷兰宣布承认《航海条例》,并赔款给英国。从此荷兰丧失了海上霸主地位。为了营造海上帝国,克伦威尔又联合法国,用其海上力量向老殖民帝国西班牙及其海外殖民地开战,夺得了牙买加、敦刻尔克。在克伦威尔于1658年去世时,英国的海上霸权已经初步确立,后来又经过几代的奋斗,成为海上霸主,建立了"日不落帝国"。

(七)与法国最后争夺海上霸权

战胜荷兰之后,英国称霸海洋的最后一个对手就是法国。17世纪后半叶,法国是欧洲大陆的霸主,路易十四为了对外侵略以及摆脱本国日益严重的封建制度的危机,在欧洲大陆曾发动了一系列侵略战争,欺侮过不少周围的弱国,当时欧洲一些国家统治者都在法国面前战战兢兢,屈服于它的威力。英国不愿看到法国的强大,竭力利用和支持欧洲一些对法国不满的国家来削弱法国的霸权,并在17世纪末到19世纪初,与法国进行了长达百年的海上霸权争夺斗争。

奥格斯堡联盟战争(1688—1697 年)　奥格斯堡联盟战争是荷兰联合奥地利、西班牙等国,为了抵抗法国的扩张而进行的一场欧洲大战,后来实际上成了英国与法国长期进行的争霸战争的一部分。奥格斯堡联盟是荷兰执政王威廉为了对付法国的威胁,在 1686 年组建的,参加的国家有荷兰、奥地利、西班牙及德意志各邦等。1688 年,英国“光荣革命”后,威廉入主英国,成为英王威廉三世。这时,英国站在奥格斯堡联盟一边反对法国,目的是削弱法国的力量,打击这个潜在的海上争霸对手。

这场战争是一场从陆地到海上的欧洲大战。在陆上法国没有受到重大挫折,在海上,拥有 80 艘战列舰的法国舰队,面对拥有 150 艘战列舰的英荷联合舰队(英国 100 艘、荷兰 50 艘),结果是法国舰队受到了重创。其中规模较大的海战有两次:①1690 年 7 月 10 日,法国与英国海军在比奇赫德湾发生的海战。法国舰队(拥有战列舰 75 艘、人员 2.8 万名)战胜了英荷联合舰队(战列舰 57 艘、人员 2.3 万名),荷兰损失了 10 艘战列舰。②1692 年 5 月 29 日,在法国诺曼底东海岸发生巴夫勒尔角海战。法国有 44 艘列战舰、38 艘纵火船,3 240 门炮;英荷联合舰队(英荷联合舰队军舰总数 99 艘,炮 6 736 门)有 88 艘战列舰,结果是法国丧失了 15 艘最好的舰船。这场海战成了法国海军在奥格斯堡联盟战争中最后一次大海战。此后,法国海军主要用运动战的方式进行袭商战,给英、荷海上贸易造成一定的威胁,但并未中断英、荷的海上贸易,反而使法国海岸遭到严密封锁,海上贸易几乎中断,财政面临崩溃的边缘。1697 年,法国被迫放弃了它在欧洲大陆上除了斯特拉斯堡以外的一切新征服的地区,同时承认荷兰的威廉国王为英国的国王。

西班牙王位继承战争(1701—1714 年)　西班牙王位继承战争发生在 1701—1714 年。1700 年西班牙国王查理二世死后无嗣,根据亲属关系,有权继承王位的法国波旁王朝和奥地利哈布斯堡王朝之间发生了争夺西班牙王位的战争。英国深恐西班牙广大的海外殖民地被法国抢走,便与荷兰一起加入奥地利方面向法国宣战。因此,战争表面上是为了争夺王位,实际上也是英法争霸。

这场战争的陆上战争,主要在意大利、西班牙、德国和尼德兰 4 个战场展开。英国与法国之间的战争主要是海战。1704 年 8 月 4 日,英荷联合舰队在英国海军上将乔治·鲁克率领下,袭击了西班牙的直布罗陀,经过一阵激战,500 人的西班牙守军投降。英荷联合舰队占领了扼守地中海通往大西洋的战略要地直布罗陀。法国路易十四命令他的土伦舰队夺回直布罗陀要塞,于是引发了马拉加海战。1704 年 8 月 24 日,法国舰队在图卢兹伯爵的领导下,与乔治·鲁克率领的舰队在马拉加海面相遇。双方都有 51 艘战列舰。在海战中,双方损失都很惨重(各伤亡 2 000 ~ 3 000 人),但英国人取得了战略上的胜利。1708 年,英国占领了撒丁岛和梅诺卡岛,从而加强了对直布罗陀的防务。梅诺卡岛上的马翁港成为英国海军基地长达数十年之久。

西班牙王位继承战争使法国负债累累。英国在这次战争中获利最大,除了占领直布罗陀这一重要战略位置外,还从法国在北美的殖民地获得了新斯科舍、纽芬兰、哈得逊湾以及向美洲的西班牙殖民地供应黑奴的垄断权利。这次战争是英国在争夺海上霸权的斗争中取得优势的开始。

奥地利王位继承战争(1740—1748 年) 1740 年,奥地利国王查理六世去世,他死后无嗣,由公主玛丽亚·特利莎继位。这场战争最初是在奥地利和普鲁士之间进行的,起因是普鲁士王国占领了奥地利的重要工业区西里西亚,并且拒绝承认就任奥地利王位的哈布斯堡家族的继承人的合法性。法国渴望通过战争瓜分奥帝国庞大的领土,因此站在了普鲁士一边。英国为了对抗法国,又一次支持了奥地利人,于 1744 年向法国宣战。英国和法国之间的海战,主要是在地中海进行的。这场战争带有全欧性质,但实际上是英法两国的较量。英国主要是从海上打击法国,使法国海上力量损失惨重。法国大多数的三桅巡洋舰和战列舰被毁灭。战争结束后,法国战列舰只剩下 67 艘,英国则有 140 艘。这场战争并没有解决欧洲列强之间的矛盾,英法之间的海上较量也还未见分晓。

七年战争(1756—1763 年) 七年战争是英国与普鲁士缔结的反法同盟,与法国和奥地利结成的同盟之间进行的一场全欧战争。七年战争是 18 世纪最大的一次战争。交战一方是奥地利、法国、俄国、瑞典及萨克森等一些日耳曼小诸侯国;另一方是普鲁士和英国。欧洲的主要国家都被卷入,战场在欧洲和印度、北美等地,是一次世界性大战。战争的直接原因是由于奥地利想收复被普鲁士抢走的省份西里西亚,更深刻的原因则是英、法都对美洲阿巴拉契亚山脉以西的地区提出要求以及两国都想争夺海上霸权。

在七年战争中,英国人的计划包括两个方面:首先是资助一个或几个欧洲大陆的盟国反对法国,在欧洲大陆与法国作战;其次是发挥自己海上力量的优势,袭击法国海岸,分散法国兵力,封锁并消灭法国舰队,护送、支援本国军队去占领法国的海外领地。法国的目的是:在欧洲吞并英国在德国的世袭领地汉诺威,遏制普鲁士的势力;在美洲和印度则是保住并扩大殖民地。

英法之间的战争发生在地中海及欧洲沿海、印度和北美三个地区。主要海战包括:梅诺卡岛之战、拉古什湾(圣玛丽亚角)之战和基伯龙湾之战。战争期间,人口消耗100多万,欧洲大陆各国政府(除普鲁士之外)全都债台高筑,法国被挤出北美殖民地,在印度的殖民地也失去不少,奥地利也元气大伤,哈布斯堡王朝威望迭落。七年战争以法国失败而告结束,签订了《巴黎和约》,英国从法国人手中夺取了加拿大及其附近的全部土地、全部俄亥俄河流域以及密西西比河左岸的路易斯安那,法国保留大西洋东岸的两个岛屿,即圣皮埃尔和密克隆岛,只准作捕鱼站,不得设防。英国依靠其正确的战略和强大的海军夺取了大片殖民地,打败了争霸中最后一个对手,登上了"海上霸主"的地位。此后,英国建立起了一个从北极到南极,从日出到日落的日不落帝国。

北美独立战争期间的海战　七年战争并不是英法争霸的终结,在随后的北美独立战争以及法国大革命期间,法国仍然向英国的海上霸权提出严峻的挑战。七年战争期间,法国的海军几乎全军覆没。战后,北美独立战争爆发,法国卷入了这场战争,再度与英国海军开战。路易十五为了继续与英国在海上争霸,开展重振海军的运动,号召民众捐资造舰,并以捐资的团体和城市命名。法国还创办了"船舶工程学院",负责设计舰型更好、航速更快的军舰。北美独立战争爆发时(1778年),法国已经有80艘战列舰。但是,法国海军腐化堕落,训练不足,素质较差。法国海军在特拉法加海战中失败,结束了英法海军百年大战,法国退出了海上争霸斗争,只能成为区域性强国了。

乌桑特战役　1778年3月,法国暗中支持叛英的北美移民,在海上与英国作对。对此,英国决定在英吉利海峡建立起封锁线,对法国海军实施先发制人的打击。7月23日下午,由凯佩尔海军中将为司令官的英国舰队,在法国海岸外160多千米的乌桑特遇上了由奥维利埃统帅的法国舰队,双方互相射击,约1个小时结束战斗,英国舰队伤亡506人,法国舰队伤亡674人。

诸圣岛海战　乔治·布里奇斯·罗德尼,在北美独立战争以前曾任英国驻西印度群岛的海军总司令,1779年重返原职。1780年1月16日,罗德尼率领22艘军舰驶向西印度群岛途中,在圣文森特角(葡萄牙海岸外)与一支封锁英国直布罗陀海军基地的西班牙分舰队遭遇。夜里,罗德尼不等双方排好队形就展开了"月夜海战",击溃了西班牙舰队,击沉7艘、俘获11艘。

切萨皮克湾战役　1781年夏,法国格拉塞海军少将率领一支舰队在切萨皮克湾抛锚,准备对在约克敦的一支英军发动海陆联合攻击。英国舰队在格雷夫海军少将指挥下前来迎敌。9月5日清晨,法国舰队发现了英国舰队。法国舰队起锚逃出海湾,在开阔的大西洋上排列战斗队形。下午三四点钟,格雷夫所在的前锋,以劣势兵力向法国舰队进攻。结果,英国舰队数艘战舰受重创,死伤336人,法国舰队以轻微的损伤及230人伤亡的代价,脱离战斗,驶入大西洋。由于英国舰队未能阻止法国从海上援助美国与法国军队,10月19日,英国在约克敦的康华利守军向华盛顿及其部队投降。

1782年2月,在皇家海军"切萨皮克湾海战"失败后,罗德尼又回到了西印度群岛。4月,他又与格拉塞统领的法国舰队在多米尼加岛附近相遇。当时罗德尼有36艘战列舰,格拉塞有33艘,可是法军仍是避战策略,双方展开追逐战。当罗德尼得知格拉塞要护送一支进攻英国领地牙买加的部队时,全力追击格拉塞。法国舰队被一群小群岛挡住了去路,只有回头迎战英国追兵。经过战斗,共有5艘法国军舰投降,法国的旗舰也成为英军的战利品,格拉塞被俘。

尼罗河口之战 这是法国海军衰落的转折点。1798年5月19日,已经成为督政府中权威人物的拿破仑,在土伦港外组编他的远征舰队,准备去埃及割断大英帝国的喉咙,并在这天的中午出发。英国海军派出了一支分舰队到地中海监视法国舰队的动态,其统帅是霍雷肖·纳尔逊。他在科西嘉岛作战时失去右眼,又在圣文森特海战后的一次战斗中失去了右臂。这时他已升任海军少将,是海军杰出的战术家和勇猛顽强的斗士。他成了毁灭拿破仑梦想的"拿破仑克星"。5月20日,地中海上突起风暴,纳尔逊发现法军舰队无影无踪了。于是英国海军又增派11艘战舰加强纳尔逊的舰队。在地中海上追逐了两个多月,8月1日发现,法国舰队泊在尼罗河口的亚历山大港及附近的阿布基尔湾。法国舰队有13艘战列舰、4艘巡洋舰,共有炮1 196门,官兵2.1万多人。英国舰队也有13艘战列舰,共有炮1 012门,官兵8 068人。法国舰队占有优势。法军的战斗舰只都在阿布基尔湾。战斗在下午6时30分打响,至次日凌晨3点,结束战斗,英国获得重大胜利。法国舰队司令布律埃战死,军舰被俘9艘,焚毁2艘,逃走4艘。法国官兵死亡5 225人,伤俘3 105人。英国舰队统帅纳尔逊负伤,官兵死伤895人。这是法国海军走向衰落的转折点。

哥本哈根之战 法国在海上一再败给英国,但是,拿破仑还想再次向英国的海上实力发出挑战。他策动俄国、丹麦、瑞典和普鲁士组成一个"中立集团",实行"武装中立"。这个集团中断了同英国的贸易,使英国难以从波罗的海各国输入橡木、绳索和帆布等。英国组成远征舰队,由海军上将帕克爵士为司令,由纳尔逊为副总司令,要用外交和武力迫使处于波罗的海入口的丹麦放弃中立。1801 年4 月2 日上午9 点半,纳尔逊率领12 艘战舰向哥本哈根驶来,上午10 点战斗打响。经过激烈战斗,丹麦军死伤近7 000 人,英军死伤953 人,丹麦放弃武装中立,并允许英国船只自由出入丹麦港口。此时,新继位的沙皇亚历山大一世,也与英建立了友好关系,波罗的海的"武装中立"解体了。

特拉法加海战　拿破仑得知英国海军在哥本哈根瓦解了他的"中立同盟",认为要最后解决问题,就必须制服英国。当时,法国只剩下39 艘战列舰和35 艘巡航舰了,其中一部分还是不能参战的;英国有战列舰 180 艘,巡航舰 213 艘,还有 13 万精锐水兵,占有绝对优势。拿破仑决定用陆军去征服英国,要求法国海军掌握英吉利海峡的制海权,保证把陆军安全送过海峡,在伦敦登陆。

拿破仑一面加紧在法国北部海岸集结军队,一面加紧造船。1804 年 12 月,西班牙参加法国一方,拿破仑的海军力量增强了,于是制订出了进攻英伦的计划:先令地中海舰队出直布罗陀海峡,向西印度群岛航行,途中与西班牙舰队会合,从布勒斯特出发的大西洋舰队,通过英舰的封锁也向西印度群岛行驶。这样,所有法军舰队在西印度群岛的马提尼克岛会合成40 多艘军舰的舰队,再突然返航欧洲,趁英国舰队被骗去保护其在西印度群岛之机,展开对英国本土的攻势。这是一个宏大的、不容出一丝差错的军事赌博。

1805 年10 月20 日中午,法国地中海舰队在维尔纳夫将军的指挥下,驶向直布罗陀海峡,纳尔逊率英国舰队紧紧跟随。21 日拂晓,双方在特拉法加角附近列开战斗队形。法西联合舰队有战列舰 33 艘,巡洋舰 7 艘,舰载步枪手4 000 人。英国舰队有27 艘战列舰,7 艘巡航舰。约在中午12 时,科林伍德率先开战,下午4 点30 分结束战斗。法西联合舰队有11 艘战舰受重伤逃回,18 艘投降,还有4 艘在其他地点被另一支英国舰队俘获。英国共死伤1 609人,西班牙死1 022 人、伤1 383 人,法国死3 000 多人、伤1 000多人,法国与西班牙大约共有8 000 人被俘。特拉法加海战彻底消灭了法国海军,打破了拿破仑海上争霸之梦,最终确立了英国海上的无敌霸权。

三、海上霸权地位的维持与衰落

(一)地跨五洲的殖民大帝国

19 世纪后期到1914 年,英国的殖民地总面积扩大到3 350 万平方千米,占地球面积的1/4,相当于英国本土面积的110倍,殖民地人口达4亿多,为英国本土人口的9倍,从而成为地跨五洲的"日不落"殖民大帝国,是世界上最强大的资本主义国家。它拥有一支吨位数占世界第一位的商船队,海上运输量占世界总运输量的一半,居世界首位。英国拥有一支强大的海军,占据了从英国通向东方航道的一系列战略据点。英国在国外的巨额投资,使它的金融业保持垄断地位。伦敦是世界金融中心,金本位的英镑是国际上最稳定的货币和结算单位。在财政方面,英国也无可争辩地居世界之首。正因为英国垄断组织大都是从掠夺殖民地发迹的,殖民地对英国资本主义的发展、对英帝国主义的形成和发展具有决定意义,是名副其实的殖民帝国主义。

(二)世界第一强大海军

在世界进入帝国主义阶段的时候,英国继续保持第一世界强国的地位,仍然是海洋上的霸主。英国一直坚持向海外扩张和占领殖民地是基本国策。海军是执行这种扩张国策的基本工具。因此,英国始终把海军放在最为重要的位置,其目标是英国海军要比第二、第三位的两个国家的海军加起来还要强大。英国国会每年都要就下一年度的海军经费预算案进行辩论,都能顺利通过。据有关资料记载:1857—1858年度海军经费为8 440 100英镑;1870—1871年度为9 013 000英镑,1880—1881年度为10 321 435英镑;1881—1882年度为10 497 000英镑;1884—1885年度为11 599 711英镑;1890—1891年度约12 700 000英镑;1900—1901年度为38 791 900英镑。[①] 从这些统计数字我们可以看出,19世纪后30年,英国的海军经费一直大幅度稳步上升。其中:1880—1881年度比1870—1871年度增加了1 308 435英镑,10年的增长率达14.5%。1890—1891年度又比1880—1881年增加了2 378 565英镑,第2个10年的增长率达23%。1900—1901年度更比1890—1891年度增加了26 091 900英镑,第3个10年的增长率达到205.5%。[②]

英国海军所拥有的舰船数量和吨位迅速增加,海军规模愈来愈大。1870年英国海军舰船总吨位为633 000吨;1882年有装甲舰74艘,523 080吨,非装甲舰85艘,189 046吨,合计159艘,712 126吨。1890年装甲舰和非装甲舰共254艘,892 361吨;1899年为472艘,1 265 969吨。30年间,其舰船的总吨位

①② 皮明勇,宫玉振:《世界现代前期军事史》,北京,中国国际广播出版社,1996年,第17-20页。

翻了一番，平均每年增长约3.3%。在这30年中，英国海军舰船吨位数始终大于或相当于同时期西欧任何两国乃至三国海军吨位之和。1870年，英国海军舰船相当于法、德、意、奥、俄五国海军总和的63%，1890年时这个比例更上升到67.5%。

英国也非常注意海军舰船的技术更新。英国海军舰船不仅吨位居世界第一，而且航速、续航力、装甲防护、舰载武器的攻击力等都首屈一指。以航速为例，到1891年，英国海军的装甲舰大半航速达16节以上，有7艘达18节以上。这个航速水平比同时期的法、德、俄、意、奥、美等都要先进。英国装甲舰上已装备了824门速射炮，比其他所有各国海军舰船上装备的总和还要多出几倍。

英国海军的领导机关为海军部，它负责制造舰船、指挥人员和规划战事等。海军大臣为国会议员，对君王和国会负责。海军大臣之下设立海军委员，分管海军各种专门事宜。海军实行志愿兵役制度，16岁以上男性可应召入伍。其军官则必须经过专门院校的学习才具备任职资格。英国海军舰船绝大部分编入常备舰队，少数列为预备舰只。常备舰队又分为海峡舰队（驻英吉利海峡）、地中海舰队、支那海舰队（驻中国）、太平洋舰队（驻澳大利亚和美洲西海岸）、大西洋舰队（驻南非和美洲东海岸）。在爱尔兰设有三大军港和三大造船所。①

（三）英德海军竞赛与博弈

19世纪后半期，英国的海上霸主地位开始受到挑战。19世纪后期发生的以电的应用为主的第二次技术革命，使美国、德国等国家发展迅速，英国的工业垄断地位逐渐丧失。它的工业总产值在世界工业总产值中的比重，到1913年下降为14%，居世界第三；钢产量只及美国的1/4，不到德国的一半；机器产量只占世界机器总产量的12.2%，而德国占21.3%，美国占51.8%。棉织品产量也落后于美国。英国的贸易在世界贸易总额中的比重，到1913年降至15%。英国农业长期处于危机之中，粮食自给率从79%下降到35.6%。英国的世界第一强国地位已经开始动摇。

发展迅速的德国制定了“世界政策”，决心走向海洋，重新瓜分世界。1898年和1900年，德国议会两次通过庞大的建设海军法案，军费开支年年增加。到19世纪末，德国舰队已从世界第六位上升到第二位。1900年德国第二个海军

---

① 皮明勇，宫玉振：《世界现代前期军事史》，北京，中国国际广播出版社，1996年，第21页。

法案通过后，英国做出强烈的反应，提出要比德国军舰实力领先60%优势的目标。温斯顿·丘吉尔一针见血地指出："大陆上最大的军事强国决心同时成为至少占第二位的海军强国，这是世界事务中一个具有头等重大意义的事件。"①英国一向视海上霸权为帝国的生命。面对德国的逼人之势，英国首先在外交政策上做了调整。1901年11月，英国与美国签订了《海庞斯福特条约》，放弃了在北美的海军优势，改善了英美关系。1902年，英国同日本签订同盟条约，免除了英国在远东的后顾之忧，使其可能加强周围海域的舰队力量。接着英国又与法、俄接近，1904年英法协约签订，1907年英俄又达成协议。在这种形势下，英国加快了海军建设步伐。英国于1903年宣布在北海的罗赛斯建立一个新的海军基地，并开始考虑所谓的"三强标准"，即英国海军实力（主要按战列舰计算）超过其他三个最强海军国家的联合力量。

从1904年开始到1910年，海军上将约翰·费希尔勋爵统率英国海军。他对海军进行了改革和建设，力图使皇家海军尽快实现现代化。改革工作包括海军教育、行政、部署、舰船设计等各方面，其中最重要的改革是针对德国的威胁重新部署了舰队力量。1904年前英国有九个舰队驻守在世界各地。改革期间，将澳大利亚、中国和东印度海军合并为东方舰队，将南大西洋、北美、西非一带的力量撤至好望角，裁减原太平洋诸岛的海军力量；削减了地中海舰队，1906年将地中海的战列舰由原来的12艘减至6艘；三支预备舰队统一合并为"本土舰队"，共13艘战列舰，并规定今后最新战列舰一律用于本土舰队和海峡舰队（基地在多佛尔）；新建的大西洋舰队可根据需要来加强地中海舰队或海峡舰队。

费希尔最重要的工作是建造大型战列舰。在他主持下，1905年一艘威力无比的"无畏"级战列舰在朴次茅斯造船厂建成，1906年2月下水试航。这是世界上第一种采用涡轮机驱动的蒸汽舰，长达160米，乘员800名，排水量达1.79万吨，航速21.6节。"无畏"级战列舰按照全部用大口径火炮原则配置舰上的火炮，安装了5座12英寸双联装火炮，再加上少量12磅速射炮和4个鱼雷发射管，用来对付鱼雷艇和驱逐舰。这是当时最先进的战舰。到1914年，英国建造了约22艘"无畏"级战列舰，每舰排水量达到2.5万吨，装有10门13.5英寸口径的大炮。英国还建造了一种新型的装甲巡洋舰，其火力几乎与

① 丁一平，等：《世界海军史》，北京，海潮出版社，2000年，第445页。

“无畏”级战舰相等，有8门12英寸口径的火炮，排水量近1.7万吨，航速25.5节。1912年该舰改称为战列巡洋舰。在费希尔主持下，英国海军开始把石油用于大型军舰。第一批以石油为燃料的军舰是2.75万吨的“伊丽莎白女王”级军舰，最早的一艘出现于1912年。

德国针对英国的情况，于1906年修改了海军法案，对原计划建造的大型军舰一律改为“无畏”级。1908年前，英国建成8艘“无畏”级，德国也建成了7艘，并决定自1908年到1911年每年新建4艘。英国鉴于海军力量受到德国威胁，决定每年建造8艘军舰，对应德国的每年4艘，保持以2∶1的优势，压倒德国。1912年，英德关于海军的谈判破裂，德国又一次增加造舰的数量。德国步步进逼，英国节节应战。1908年，英议会通过“两舰对一舰”方案，即德国每造1艘新“无畏”级舰，英国建2艘。1912年，英国海军收缩战线，把海军力量进一步集中于北海。1912年3月，新上任的海军大臣丘吉尔宣布重新组织舰队，决定把大西洋舰队（直布罗陀）撤回本土，地中海舰队撤到直布罗陀。1913年，英又与法达成了地中海联合行动的备忘录，决定英国在战时主要打击德国，北海是主要战场，地中海由英法联合行动。如果北海方面需使英国调回地中海的海军，地中海区域由法国单独作战。这一备忘录表明英国已做好了全力进击德国舰队的准备。1914年6月，德国又完成了一项重要设施：基尔运河改造后重新开放，使最大的战舰可以通行无阻，大大增强了德海军的战斗力。英德矛盾的激化以及海军军备竞赛的愈演愈烈，最终导致了以英德为首的两大帝国主义军事集团之间的第一次世界大战以及后来的第二次世界大战。到1914年世界大战爆发时，英国共有大小军舰668艘，海军人员201 000人；德国共391艘，79 000人；俄国306艘，50 900人；法国315艘，50 900人；奥匈202艘，18 000人。德国海军虽然尚未赶上英国，但已经成为仅次于英国的第二强大海军。

（四）两次世界大战冲垮了英国海上霸主地位

第一次世界大战开始时，英国还是第一海洋强国。战争期间，英国海军主要任务是从海上对敌方进行封锁。最大的海战是日德兰海战。1916年5月31日至6月1日，英德双方在丹麦日德兰半岛附近北海海域爆发一场海战。这是第一次世界大战中最大规模的海战，也是这场战争中交战双方唯一一次全面出动舰队主力的决战。最终，舍尔海军上将率领的德国公海舰队以相对较少吨位的舰只击沉了更多的英国舰只，取得了战术上的胜利；杰利科海军上将指挥的皇家海军本土舰队成功地将德国海军封锁在了德国港口，使得后者在战争后期几乎毫无作为,从而取得了战略上的胜利。第一次世界大战后期的海战主要是潜艇战和反潜战,总计约有 200 艘德国潜艇被击沉,以英国为首的协约国海军占据优势。第一次世界大战英国是胜利者,它在战争中夺得 1 000 万人口的殖民地,还得到赔款总额的 22% 。但是,战争期间英国的综合国力和海军实力都受到严重冲击,并在战后几个大国的博弈中地位逐步下降。

在巴黎和会上,英国和美国就开始争夺海上霸权。美国要求英国缩小海军实力,英国宣称将耗尽最后一分钱保持其海军强国地位,要求美国放弃它的海军扩建计划,被称为"巴黎的海战"(1919 年 1 月 18 日至 6 月 28 日)。最后英美缔结了协定,美国放弃了海军扩建计划,并承认英国的特殊地位。巴黎和会后不久,美国恢复海军建设计划,英国也决心扩大海军建设,展开了激烈的海军竞赛。日本也参加了这场海军竞赛,1920 年 7 月日本政府通过了"八八"舰队计划。这场海军竞赛耗费了巨大财力、物力,于是几个列强在华盛顿召开会议讨论"海军军备限制"和"太平洋与远东"问题。1922 年 2 月 6 日,美、英、法、日、意五国签订了《关于限制海军军备条约》,即华盛顿五国《 海军条约》。条约规定:美、英、日、法、意五国战列舰替换总吨位的限额为美、英各 52. 5 万吨,日本为 31. 5 万吨,法、意各为 17. 5 万吨;五国航母总吨位的限额是美、英各为 13. 5 万吨,日本为 8. 1 万吨,法、意各为 6 万吨。从此开始,英国的特殊强国地位被美英双强所取代,失去了第一海洋强国地位。1927 年美、英、日三国在日内瓦举行了海军会议,未达成协议。1930 年又在伦敦召开海军会议,签署了《伦敦海军条约》。条约重申了三国的战列舰比例仍为 5∶5∶3。按照条约,英国巡洋舰的最高吨位仅比美国多 1. 6 万吨,英美两国驱逐舰和潜艇相等,日本在重巡洋舰方面取得了与战列舰相等的比例,驱逐舰方面则争得了有利的比例 3∶5∶5,潜艇也与英美完全平等。伦敦会议表明,英国对美国的海上优势丧失了,美国已经成为世界海上霸主。①

第二次世界大战时期,英国海军仍是当时最强大的海军之一,拥有丰富的海上作战经验、先进的技术装备、完备的现代海军作战系统以及强大的海空军力量,大西洋、地中海、印度洋和本土四支舰队部署在世界各地。在大西洋战场、地中海战场与德意法西斯进行过激烈的角逐,重创并消灭了其海军作战主力,为维护大英帝国自身利益和世界反法西斯战争的胜利做出了贡献。但是,

① 丁一平,等:《世界海军史》,北京,海潮出版社,2000 年,第 496 页。

英国的整体实力进一步下降了,1938 年英国的净债权是 216 亿美元,战后英国则不得不出售 65 亿美元的长期投资债权,同时还向美国、加拿大等国借债 71 亿美元,在美元成为国际硬通货的情况下,英国经济已完全受制于美国。[①] 英国海军实力下降更严重,已经完全无法与美国相比,美国已经取代了英国的海上霸主地位。

两次世界大战大英帝国都是胜利者。但是它的确走下坡路了。这在很大程度上是帝国主义发展不平衡规律的结果。两次世界大战是大英帝国走下坡路的外部因素。到第二次世界大战时,大英帝国的地位已经显著下降。丘吉尔在出席雅尔塔会议时说:"我的一边坐着巨大的俄国熊,另一边坐着巨大的北美野牛,中间坐着的是一头可怜的英国小毛驴。"[②]

缺乏变革精神是英国衰落的内部原因。英国是工业革命的先锋,大英帝国崛起的支柱是先进的科学技术。西欧和美国在纺织、采矿、冶金、机械制造、运输等部门的工业化,要晚于英国 30 ~ 50 年。崛起时的英国,产业工人都掌握着娴熟的技艺和工业技术。但是,当传统的技艺和技术无法满足新的要求时,英国资产阶级不思改革进取。维持现状、抵制变革几乎成了一种主流民意。在这种形势下,英国的发展速度逐渐慢下来,这是它走向衰落的根本内部原因。有一种观点认为,发展速度慢 1%,100 年后一个大国就要衰落。这是有道理的。

四、维持二流海洋强国地位的努力

(一)综合国力基础

综合国力概况。第二次世界大战之后,英国的综合国力不断下降。中国军事科学研究院黄硕风研究员根据政治力、经济力、科技力、国防力、文教力、外交力和资源力等指标计算,英国 1949 年的综合国力指数为 149.50,位居第三位。1989 年英国综合国力指数为 114.08,位居第七位。1999 年李成勋等主编的《2020 年的中国》,也对综合国力做了研究,其中英国的综合国力总分 1970 年为 2 343.3,位居世界第六位;1980 年为 2 516.4,位居世界第八位;1990 年为 2 471.6,位居世界第八位;2000 年英国为 2 506.8,位居世界第八位;2010 年为 2 168.6,位居世界第九位;2020 年为 2 457.7,位居世界第九位。由于综合国力

---

①② 张世平:《史鉴大略》,北京,军事科学出版社,2005 年,第 255 页。

已经逐步下降,英国难以再度成为世界海洋霸主。但是,由于英国有海洋传统,支持发展海洋事业的能力还是比较强的,具有保持海洋强国地位的综合国力基础。

英帝国是唯一自始至终参加第二次世界大战作战的大国,是世界三强之一。英国的海、空军战绩,甚至陆军战绩比第一次世界大战时辉煌很多。到1945 年 8 月,英王的所有属地,包括香港,都回到了英国手中。英国军队和空军基地遍布北非、意大利、德国和东南亚。皇家海军虽然损失惨重,但仍拥有1 000 多艘军舰、近 3 000 艘小型战艇以及大约 5 500 艘登陆艇。皇家空军轰炸机是世界上第二大战略空中力量。

然而,英国的实力也在战争中耗尽了。6 年的战争几乎耗尽了英国的老底,迫使它变卖可以创收的资产。战争夺走了 40 多万英国人的生命,1/4 的国民财富毁于战火,战时的军费开支多达 250 亿英镑,美元储备和黄金储备消耗殆尽,国内机器设备破烂不堪,为了支付必要的进口和购买武器,出卖了 42 亿英镑的海外资产。英国的国债大幅度上升,由 1939 年的 72.5 亿英镑增加到1945 年的 214.7 亿英镑。海外投资收入较战前减少了一半,而外债在 1945 年6 月达到了 33.35 亿英镑。战争结束时,英国经济已经走到了全面崩溃的边缘,陷入了极端困难的境地。

但是,到 1945 年,英国仍然是当时世界上的第三大国。作为殖民大国,英帝国控制着一个庞大的英联邦,保持着强大的军事力量,以及在国际经济关系中的重要地位。英国在英联邦成员内的军事基地,为维护它在世界的权益提供了保障,使之在地缘政治的争夺中具有某种优势。尽管遭到战争的严重破坏,英国依然是欧洲的经济强国,英镑区在国际经济中仍然占有一定的地位。因此,英国在处理战争问题时能够发出自己的声音,影响和制约美国和苏联的行动。为了维护在国际政治中的影响,英国积极谋求同美国建立特殊关系。英国指望在安全上得到美国的保护,经济上得到美国的援助,政治和外交上得到美国的支持。美国为了扩大自己的势力和影响,也希望有英国的支持、配合和参与。

到 20 世纪 50 年代末英国经济萧条已经过去,经济开始增长。20 世纪 60年代,英国订立了五个目标:第一,尽可能加强英美联盟;第二,发展核武器,通过参加核大国俱乐部而发挥世界大国作用,并保持独立的军事能力;第三,保卫英国在亚洲和中东的战略利益和世界经济利益;第四,促进英联邦的团结,使之调整为一种新型关系;第五,帮助建设西欧防务联盟。上述政策使英国在世界事务中能继续有较大的发言权,并且使英国能继续获得国内急需的海外原料。在殖民地问题上,由于战后民族解放运动的高涨以及英国国力的下降,英国被迫进行调整,结果是大英帝国的瓦解。但是英国并不甘心放弃殖民地,在殖民地独立时,英国尽量想保存经济利益、政治影响和军事基地,因此给殖民地国家留下无穷后患。

(二)海洋意识与海洋强国战略

海洋意识的多元化。目前的英国海岸线总长约 11 450 千米,仍然是一个典型海洋国家。第二次世界大战之后,英国已经无力保持全球海军和海上称霸的能力,国家的海洋利益和英国人的海洋意识也发生了变化,因而形成了海洋是贸易通道、资源开发基地和防御前沿的多元化海洋意识。英国是一个严重依赖国际贸易的国家,因此海洋运输对英国国民经济有极其重要的影响;北海油气资源的勘探开发,对英国经济发挥了起死回生的作用。前英国海军元帅 J. R. 希尔,对海洋的作用做出概括:"联合王国最突出的特点,就是它在经济上对海洋的依赖。英国每年的国民生产总值,有 30% 来自海上贸易。这一比例数字,比荷兰以外的任何北约盟友的海上贸易额高出 3 倍。同样,悬挂着英国国旗的庞大商船队,在北约组织各成员国中也仅次于希腊,居于第二位。此外,英国的燃料基地尽管比以往更加靠近英国本土,但仍然是建立在海洋上的。所有这一切,都说明了海洋对英国的经济利益至关重要。一旦这一利益受到威胁,英国的力量就势必受到削弱,从而不堪一击。"①

(三)向区域海军收缩

海军发展战略的调整。第二次世界大战结束时,英国海军总兵力达 78.3 万人,拥有航空母舰 51 艘,作战舰艇 2 000 余艘,登陆艇5 500艘。第二次世界大战之后,英国还力图保持"第一流大国"地位,并保持全球性海军力量,其海军既能参与世界大战,又能独立进行局部战争。但是,由于元气大伤,欠了美国大量的债,在经济、政治和军事上都沦落成了美国的一个"小伙伴"。1949 年,北大西洋公约组织成立,美国成为这个组织的首领,控制了该组织的主要兵力,包括这个集团的海军兵力。英国人不断反抗,但美国人毫不退让。在没有办法

---

① J . R. 希尔:《英国海军》,北京,海洋出版社,1987 年,第 15 页。

的情况下,英国选择了战略空军作为本国武装力量的基础,海军屈居第二位。1952年,英国成功地爆炸了第一颗原子弹,开始组建战略空军。20世纪60年代初,重新确立了海军第一的思想,把海军作为核打击力量的支柱。1963年,英国政府发表的白皮书指出:“大不列颠海军将接受一项极为重要的附加任务,它将负责建立一些用‘北极星’导弹装备的核潜艇区舰队,以取代‘火神’式战略轰炸机,这些潜艇将是大不列颠对西方联盟远程战略遏制力量所作的贡献。”①

保持世界一流海军的努力。到20世纪60年代,英国还坚持建立全球性海军,使英国海军具备两种作战能力:一是协同美国海军参与全面核战争的能力,二是在有限战争和局部战争中独立实施作战的能力。为了具备第一种作战能力,英国把攻击型航空母舰作为海军兵力的核心。1955年初,英国第一海务大臣托马斯曾说:“航空母舰组成的战斗群……取代以往历次战争中集结起来作战的舰队,最为切实可行……这种战斗群既能集中,又能迅速分散。它将是一支捉不住的威力强大的打击力量。”“……重型航空母舰是海军的一只拳头,使海军具有一种非凡的力量。”②但由于财力有限,一艘攻击航空母舰也未建造,仅将战争年代已动工的2艘重型航空母舰和7艘轻型航空母舰建造完工,改装了1艘战时建造的航空母舰。60年代,英海军编成中仅有7艘航母,其中4艘为攻击型航空母舰,另外3艘是轻型航空母舰。为了保护航空母舰,英国舰队的导弹驱逐舰得到了发展。

为了具备第二种作战能力,必须建造两栖作战舰艇。于是,英海军在1960年、1962年改装了两艘轻型航空母舰为登陆直升机母舰。这两艘航空母舰连同海军编成中原有的65艘登陆舰,成为英国海军两栖兵力的基础。护航舰成为英海军重点发展舰种。20世纪50年代末,英海军编成中有94艘护航舰。在建造载有核武器的战略空军计划流产后,英国重点发展导弹核潜艇。到1969年底,共花费3.5亿英镑建造4艘导弹核潜艇,这是英国核打击力量的基础。

保卫本土和欧洲的区域海军。20世纪60年代末到80年代末,英国国力继续衰退。到了1965年,英国的国民生产总值先后被西德、法国和日本超过。60年代末,30多个国家相继摆脱了英国的殖民统治。昔日的“日不落帝国”崩

①② 丁一平,等:《世界海军史》,北京,海潮出版社,2000年,第680-681页。

溃了。英国失去了殖民地的经济支持，也丧失了海外海军基地体系，已不可能继续维持一支庞大的全球性海军了。于是，英国决定实行战略收缩，把重点放在欧洲。1967年，英国政府一份白皮书中指出："英国的安全仍然首先取决于防止欧洲发生战争。"首相威尔逊指出："武装力量的前途主要在欧洲。"①为此，英国调整了海军建设方针，收缩了海外兵力，改革了海军的编制体制，将海军部、陆军部、空军部全都合并到国防部，成立一个新的国防部。这项改革方案到1984年底已全部完成。在体制改革的同时，海军的部队编制也进行了调整。1967年4月，原南美南大西洋海军司令部撤销；同年9月中东海军司令部撤销，不久，西印度群岛海军司令部撤销；1971年10月远东舰队撤销。收缩后，英国海军舰队编为皇家海军舰队，主要兵力集中于本土和西欧。

核威慑与保交战略。自20世纪60年代末开始，英国海军奉行"核威慑与保交战略"。英国海军以北约组织的利益为基础，强调加强同西欧和美国的军事合作。这一战略虽然是区域性的，但与美国海军战略的原则是相同的，即实力威慑、前沿部署和盟国团结。制定这一战略的主要依据是，英国经济上对海洋的严重依赖。英国是通往欧洲大陆的门户，英国的主要威胁来自苏联及其盟国华约成员国，次要威胁来自第三世界那些拥有苏制舰艇及武器系统的国家，尤其是靠近英国海外殖民地国家的海上力量。英国海军战略的基本设想是：以苏联和华约为主要作战对象，以欧洲和北大西洋为主要战场，兼顾北大西洋以外区域；依靠美国的核威慑力量和自己有限的核武器，与北约成员国一起推行前沿部署和灵活反应战略，以确保北约海上交通线的安全，维护英国的利益。

1982年英阿马尔维纳斯群岛（福克兰群岛）战争后，英国海军战略作了局部调整，加强海军单独进行远洋作战的能力，维护其海外利益。英国海军战略的要点一是战略核心为确保北大西洋、北海的海上交通线。二是主要作战手段包括：平时保持核威慑，战时对敌方战略目标实施核突击；夺取和保持海战区域制海权；战争时期为在北大西洋航行的盟国船只护航，协同美国、加拿大和荷兰部队在欧洲北翼挪威登陆。根据以上战略设想，英国海军多次举行保护海上交通线的战役战术演习，还多次参加了北约海军在东大西洋、大西洋伊比利亚水域和地中海举行的演习。

苏联海军自20世纪60年代兴起，对西方世界独霸海洋的局面提出了重大

① 丁一平，等：《世界海军史》，北京，海潮出版社，2000年，第683页。

的挑战,对英国已构成了严重的威胁。当时英学者认为,在欧洲爆发核大战是不可能的,因为美苏双方已在很高水平上建立"核均势"。而对苏联海军常规力量的增长忧心忡忡,特别集中在对西方海上交通线的担心上。英国国防副参谋长布莱克海军中将认为:"海洋将北约各国联系起来,它们依靠海洋达到其作战、战略和经济目的。因此,海洋环境对联盟至关重要。对于一个不依靠海洋的敌人来说,阻止北约使用海洋是非常有利的选择。"①布莱克所指的,主要是对海上交通线的利用。因此,英国海军把保卫欧洲北部和大西洋东侧海上交通线畅通,作为基本战略任务。

冷战时期,英国海军以苏联海军为主要作战对象,以欧洲西北部和大西洋东北部为主要作战海区及兵力部署的重点。基本任务是联合美国海军共同抗击苏联海军,保护大西洋和英吉利海峡的海上交通线、反封锁、进行海上战略威慑等。冷战结束后,英国海军的战略目标调整为,为扩大本国的国际影响,提高自身国际地位,扩大海上战略纵深,维护海洋权益,有选择地应付"多元威胁",保卫本国和盟友的安全利益。主要作战方向转为第三世界可能爆发局部海上冲突的地区,如地中海、波斯湾和南大西洋等海区。在战略力量上,英海军重点调整指挥机构,裁员减额,精简陆勤单位,加强远洋作战力量,重点发展远程探测、精确制导、特种作战及电子作战等高技术兵力兵器,加强战略核潜艇、航空母舰、巡洋舰、两栖攻击舰等远洋作战力量,并重视近海浅水作战力量和预备兵力的建设。英海军还有选择地在海外保留军事基地,以保障其战略部署的重点由大西洋逐步推向东北亚、东南亚、西南亚、南欧以及加勒比地区。

冷战后,英海军实施了一系列改革,压缩规模,加强质量建设。目前英国皇家海军是西欧最强大的海军,也是世界上仅次于美、俄的第三海军大国,拥有很强的舰艇生产和科研能力。2002 年,英国拥有航空母舰 3 艘,直升机母舰 1 艘,弹道导弹核潜艇 4 艘,攻击型核潜艇 12 艘,驱逐舰 13 艘,护卫舰 21 艘,水雷战舰艇 22 艘,巡逻艇 16 艘,舰艇总量在 10 万吨以上。根据计划,英国海军装备正在更新换代,实力还在增强。2 艘伊丽莎白女王级航空母舰将在 2014 年及 2016 年完成,在 25 年后形成战斗力。护航舰队的 8 艘 42 型驱逐舰正逐步被新型的 45 型驱逐舰取代,皇家海军已订造了 6 艘 45 型驱逐舰。英国海军还拥有 4 艘 22 型护卫舰和 13 艘 23 型护卫舰,并正在研制 6 000 吨级新型护卫

① 《反潜战》,北京,海军学术研究所,1989 年,第 8 页。

舰。核潜艇部队也在更新,有4艘全新设计的机敏级攻击核潜艇正在建造中,新型潜艇将取代现役的前卫级战略导弹核潜艇,并将于2024年完成更新,继续维持一支具有发射潜射核导弹能力的核潜艇部队。

(四)海洋开发利用

英国的管辖海域面积约300多万平方千米,近岸海域油气、渔业等海洋资源非常丰富。英国十分重视海洋的开发和利用,近些年海洋经济总产值在300亿英镑左右,约占国内生产总值4%。英国的主要海洋产业包括:①海洋油气产业。20世纪60年代北海油田被发现,1964年英国获得46%的海域开发权。目前英国98%以上的石油和天然气产量来自海上油田。目前有160多口海上油井,石油年产量约7 000万吨,天然气产量约7 000多万吨油当量。海洋油气开发还带动了造船、机械和电子等行业的快速发展,滨海旅游业及海洋设备材料工业也迅速崛起,从而推动了整个英国经济的发展。②海洋渔业。英国是重要的海洋捕捞和水产品消费国家。2008年有6 573艘海洋捕捞渔船,直接雇用渔民为12 761人,海洋捕捞产量约58.8万吨,价值约6.29亿英镑。③英国在波浪和潮汐能开发方面处于世界前列。2004年8月,英国政府设立了5 000万英镑的专项资金,重点开发海洋能源。同月,世界上首座海洋能量试验场——欧洲海洋能量中心在奥克尼群岛正式启动。2009年英国政府公布了5个潮汐能发电计划,预计可为英国提供5%的电力需求。④英国拥有丰富的海上风能资源,2000年12月在布莱斯海港建设了第一个海上风力发电站,目前英国海上风能发电设计、安装和运作技术已经成熟,海上风电场总装机容量已达到59.84万千瓦,位居世界海上风能装机第一,海上风力发电产业每年将创造80亿英镑的产值。

(五)先进的船舶工业

英国是老牌造船强国。早在16世纪初,英国就开始了舰船研究与建造工作。19世纪后期舰船产量几乎占世界产量的一半。第一次世界大战后,英国船舶工业生产能力过剩,开始萧条。第二次世界大战爆发后,舰船建造任务增加,英国船舶工业又复苏了,舰船产量恢复到世界总产量的40%~50%。到20世纪50年代中后期,英国船舶工业发展速度开始减慢,第一造船大国被日本取代。

此后,英国的造船业经过私有化改革,形成军民一体化的私有企业体系。

目前,英国有造修船企业40多家,船用配套设备制造企业上百家,直接从业人员不超过26 000人,外包工等间接从业人员10 000人。在40多家造船企业中,沃斯珀·桑尼克罗夫特有限公司、坎默·莱尔德造船有限公司和BAE系统海事公司下属的维克斯造船工程有限公司、亚罗造船有限公司等主要舰艇生产企业的生产能力,占英国舰艇建造总能力的99%,共有各种船台约50座、船坞10余座。

英国的船舶工业拥有很强的实力,可建造潜艇、水面舰艇、军辅船等各种舰船,建造潜艇、水面舰艇等主要舰艇的企业是BAE系统海事公司和沃斯珀·桑尼克罗夫特有限公司、坎默·莱尔德造船有限公司,而原先建造民船的斯旺·亨特有限公司、哈兰与沃尔夫有限公司和阿普尔陀造船有限公司,近几年也开始建造军辅船和主要舰艇。潜艇生产厂家主要是维克斯造船工程有限公司和坎默·莱尔德造船有限公司。英国海军现役核潜艇全部由维克斯造船工程有限公司建造。坎默·莱尔德造船有限公司主要建造常规潜艇。航空母舰建造厂家主要是维克斯造船工程有限公司。英国的主要舰艇建造厂都可建造驱逐舰、护卫舰、猎/扫雷艇等。

英国有门类齐全、实力很强的舰船生产配套工业。动力装置、电子设备、舰载武器等大部分由本国生产。英国舰船的设计与科研工作,主要由政府部门和工业研究协会领导的舰船科研机构、高等院校以及企业所属的研究部门承担。舰艇的设计主要由国防鉴定与研究局承担。海军部研究院、近海工程研究所、皇家海军工程学院、英国海事技术公司、桑德兰工业大学造船系和斯特拉巴克莱德大学船舶和海事技术系等机构,都从事船舶科研工作。英国舰船制造企业能够生产各种战舰,包括航空母舰、核潜艇、常规潜艇、驱逐舰、护卫舰、扫雷舰与海岸巡逻艇等。

英国船舶工业面临的主要问题是经费不足。为此,英国制定了系列的与本国经济相适应的具体政策:①船舶工业是军事工业发展的重点。为了确保海上安全,英国一直保持有相当数量和相当能力的潜艇和水面舰艇,也在一直设法扶持、发展和保存舰船科研力量和生产力量。②由于国防经费有限,英国在削减兵力和舰艇时,也在加大资金的集中度,发展重点装备,特别是具备先进技术的舰船。③重视民船的平战结合,要求民船能改装成军船,以便战时能迅速将其改装成所需舰船,满足战争的需要。④研制适宜产品,扩大销售市场。英国一贯积极发展军品贸易,重视军工产品的出口,以提高经济效益。把军品出口与国内装备的发展计划紧密结合，研制价格便宜，并能满足不同用户需要的产品。⑤取消对造船业补贴的政策，基本退出了国际造船市场。

20 世纪 80 年代以后，英国船舶工业全部实现了私有化，因此贸工部对船舶行业的管理方式也变了。对船厂自身的经营及发展采取的措施是：只关注但不干预，提供环境但不承担管理责任，支持发展但不维持船厂的生存。但是，英国的船舶工业仍然能够独立建造弹道导弹核潜艇、攻击型核潜艇、常规潜艇、航空母舰、驱逐舰、护卫舰、水面舰艇、两栖作战舰艇、巡逻艇等种类齐全、性能先进的现代化舰艇；并且是世界上仅有的少数几个拥有建造航空母舰、弹道导弹核潜艇、攻击型核潜艇能力的国家。

（六）海洋管理的法律制度和体制机制

英国的专项海洋法规很多，例如，1949 年的《海岸保护法》、1961 年的《皇室地产法》、1964 年的《大陆架法》、1975 年的《海上石油开发法》（苏格兰）、1998 年的《石油法》、1971 年颁布的《城乡规划法》、1971 年的《防止石油污染法》、1976 年的《渔区法》、1981 年的《渔业法》、1987 年的《领海法》、1992 年的《海洋渔业（野生生物养护）法》、1992 年的《海上安全法》、1992 年《海上管道安全法令》（北爱尔兰）、2001 年《渔业法修正案》（北爱尔兰）、2009 年的《英国海洋和海岸准入法》等。这些法规有些不符合现代国际海洋法律精神，有些不符合国内海洋管理的新要求，为此，2009 年 11 月 12 日英国王室批准《英国海洋法》。这项法律是根据联合国有关海洋法律和欧盟的一系列法规和文献精神，以及英国海洋事业的发展需要制定的，符合现代海洋综合管理的客观要求，为英国建立新的海洋工作体系和进一步发展海洋事业奠定了坚实的法律基础。其主要内容包括：①海洋管理组织；②专属经济区、其他海洋区域与威尔士渔业区域；③海洋规划；④海洋许可证；⑤海洋自然保护；⑥近海渔业管理；⑦其他海洋渔业事务与管理；⑧海洋执法；⑨海岸休闲与娱乐；⑩其他；⑪补充条款。

《英国海洋法》首先把过去按照用途划分的渔业区、海洋污染区、可再生能源区、二氧化碳储存区等，调整为领海、毗连区、专属经济区和大陆架等，改变了与国际不接轨的海洋区域划分方法。《英国海洋法》适应现代海洋综合管理的需要，规定要制订一系列海洋规划与计划：英国政府负责制定 200 海里专属经济区和 200 海里以外大陆架区域的海洋规划；近海区域由苏格兰、威尔士和北爱尔兰地方行政机构负责制定。《英国海洋法》还规范了海洋许可证审批与发放制度，加强了海洋自然保护区建设和野生动植物保护方面的规定，有利于促进经济、社会与环境的协调发展,实现海洋可持续发展目标。为了提高近海渔业管理的现代化水平,《英国海洋法》统一了渔业资源管理体制,提出了更为有效的管理与保护措施,以实现海洋环境与生态系统的有效管理,促进近海渔业的可持续发展。①

《英国海洋法》最重要的规定是建立统一协调海洋管理事务的海洋管理组织,解决了综合管理的体制机制问题。英国海洋事务起步较早,每一项海洋事务都建立一个相应的机构管理,形成了分散的海洋管理体制。例如:①英国皇家资产管理机构负责潮间带和12海里领海皇家资产的相关管理事务,修建港口、码头、栈桥、管道,围海、填海,进行水产养殖以及海底矿砂开采等,必须获得皇室地产委员会的许可。②皇家资产所辖海域之外的英国海域的相关事务,主要由环境、食品和农村事务部与商业、企业和管理部负责。海洋渔业管理机构是环境、食品和农村事务部的执行机构之一,负责海上矿产开采许可证的审批工作和渔业捕捞许可证的发放,并为各港口、石油公司、海事和海岸警备队提供渔业和海洋环境方面的咨询服务工作,还包括监督、控制和执行相关的法律法规。商业、企业和管理部负责油气开发方面的相关管理。③英国海事和海岸警备队是运输部下属的行政执法部门,负责英国所辖水域内船舶的安全检查,船舶登记,船员考试发证管理,海上搜寻以及防止海域污染等职责。这些机构之间缺乏协调机制。为了改变分散的管理体制,《英国海洋法》规定,建立全面负责海洋管理工作的"英国海洋管理组织"。该机构是一个肩负管理职能的公共机构,受主管海洋事务的大臣领导,主要职能是:组织编制海洋规划与海洋计划;审批海洋使用许可证;海洋自然保护;海洋执法;海洋渔业管理;海洋应急事件处理;海洋可持续发展问题咨询与建议等。这些事务统一规划,统一组织协调,可以避免部门之间的矛盾,提高管理效益和效率。同时,还可以把许多事务性管理工作,分离给一些中介组织,减轻政府的负担,是值得借鉴的。

在新的管理体制下,英国有一些半官方机构参与海洋事务管理。在渔业管理方面参与管理的半官方机构主要是生产者组织和海洋渔业企业协会。生产者组织是应欧盟共同渔业政策的要求而由渔民自愿组建的,但需要得到政府渔业部门的认定,才可申请到欧盟和英国渔业部门的财政支持,其最初目的就是

---

① 参考李景光,阎季惠:《英国海洋事业的新篇章》,载《海洋开发与管理》,2010年第2期。

协调生产,保证市场供给和价格稳定,促进市场营销标准化等。英国最早的渔业生产者组织成立于 1973 年,2004 年共有 19 个生产者组织。生产者组织自 1985 年获得了分配管理捕捞配额的许多项权利,目前大约 95% 的渔业配额都是通过生产者组织分配的。海洋渔业企业协会是根据 1981 年渔业法而组建的,其宗旨是与海洋食品行业一道工作,提高产品质量和行业标准,满足消费者需求,提高行业经济效益,保证可持续发展等。它是覆盖全英的海洋食品行业机构,涉及捕捞、水产养殖、加工、批发零售、餐饮、进出口贸易等与水产品有关的各个行业。协会的领导成员由英国 4 个政府渔业部门协商任命,其中 8 人来自主要的海洋食品行业,4 人为独立人士,负责制定协会的战略政策和方针。它的主要活动包括科学研究与技术开发、提供咨询建议、培训人才、促进水产品营销和出口贸易、提供贷款和财政支持等。

英国政府 2010 年发布《英国海洋科学战略》报告,提出了未来 15 年英国海洋科学的优先研究方向,目的是为决策者提供科学证据,以推动对海洋的科学管理。重点包括:①海洋生态系统研究,包括生物多样性在维护特殊生态系统功能中的作用,海床要花多长时间从人类活动干扰(如海上石油和天然气的开发)中恢复过来,如何利用自然、社会和经济建立一个科学、可依赖的友好环境,人类活动对深海大洋产生了哪些影响;②气候变化与海洋环境互动关系,气候变化导致的海洋环境变化如何影响海洋生态系统和从整体上影响社会,海洋酸化现象如何影响浮游生物的生长和其他海洋有机体,海平面的上升速度和影响,海洋自然灾害的影响,如何区分自然灾害与人为灾害;③增加海洋生态效益并推动其可持续发展,包括海洋环境可以提供哪些生态服务,生态服务如何影响人类活动和人类选择,新兴可再生海洋能源对环境的相对影响,在什么情况下选择建立海洋保护区或采取其他保护性措施,各种人类活动的叠加影响及其对生态系统造成的损害,预测政策产生的生态影响和管理行为产生的生态效果。[①] 通过这些研究,提高人类对海洋的认知水平,提高科学管理能力。

① 参考王秋蓉的中国海洋报文章,引自 2010 - 03 - 05 新浪微博。

第十四章　法国

法国的国土三面临海，三面向陆。封建社会期间法国人追求欧洲霸权，不重视海洋。从路易十四时代法国开始走向海洋，陆续实行谋利海军战略、海外扩张战略、独立的区域海洋战略。法国从路易十三时代开始建设海军，路易十四时代的柯尔培尔（1616—1683 年）在 1665 年担任了法国海军大臣，提出了谋利海军思想，此后法国成为海洋强国之一。法国也想成为海上霸权国家，与英国进行了 100 多年的争霸战争。但是，由于海上有海上霸权国家英国的压制，陆上有欧洲一些强国的威胁，无法集中力量建设能够战胜英国海军的海上力量，因而始终未能成为世界海上霸主，19 世纪初放弃了与英国争夺海上霸权的战略。但是，在 1789—1794 年，法国发生了世界历史上规模最大、革命最彻底的资产阶级革命。它摧毁了法国的封建专制制度，建立了资产阶级共和国，开辟了资本主义更加广泛发展的新时期，并在 19 世纪后期进入帝国主义阶段，成为高利贷帝国主义。法国仍然是世界大国，也是海洋强国之一。冷战结束后，法国形成了独具特色的区域海洋战略，他们要控制欧洲海域、印度洋海域（法国的石油交通线）、法国海外利益相关的加勒比海地区附近海域、南美洲北部的法属圭亚那附近海域、西非和北非地区近海区域。

一、陆海兼备大国走向海洋

（一）封建社会晚期的欧洲强国

法国在封建社会末期崛起，成为欧洲大陆的强国。这与法国出现了国王路易十四有重要关系。路易十四喜欢以太阳作为自己的标识，素有“太阳王”之称。1643 年，5 岁的路易十四登基，摄政大臣为马扎然。1661 年，辅臣马扎然（1602—1661 年）去世，23 岁的路易十四主政。路易十四是一位很能干的国王，他提出了“天然疆界”的口号，认为法国南部与西班牙的边界是比利牛斯山脉，西部以英吉利海峡与英国分界，这都是天然疆界。唯有法国北部及东北部不符合“天然疆界”原则，这里的边界应是莱茵河，法国有权改正。以此为由，他确定以东、北两个方向为其扩张边界的目标。

为了实现其领土扩张的野心，路易十四先后发动了一系列侵略战争，1667—1668年同西班牙进行争夺西属荷兰的战争，1672—1679年同荷兰进行商业战争，1688—1697年与奥格斯堡同盟发生战争，1701—1713年参加西班牙王位继承战争。1715年路易十四去世，他的曾孙、年仅5岁的路易十五继承王位，由奥尔良公爵菲利普摄政，1723年亲政。路易十五继承路易十四的对外政策，继续进行对外扩张，参与争霸战争。在波兰王位继承战争（1733—1735年）、奥地利王位继承战争（1740—1748年）和七年战争（1756—1763年）中，法国都是战争的主要参与者。但是，法国没有取得胜利，丧失了欧洲强国的地位，法国的封建制度也面临严重的危机。

（二）建设谋求国家利益的海军

黎塞留创建海军　法国的国土是六边形的，三面临海，三面向陆。长期以来，法国人追求的是欧洲霸权，关注的是欧洲大陆，对海洋重要性的认识远不及它的邻国西班牙、荷兰和英国。当这些国家拥有强有力的舰队将近百年之后，法国还没有认识到海洋的巨大作用，更谈不上拥有自己的海军。17世纪20年代，法国对海洋的认识发生了重大变化。一个历史上的杰出人物——黎塞留（路易十三时期的红衣主教，1624—1642年任首相）登上法国的历史舞台。在他当政的18年中，对法国的政治、军事进行了一系列改革。他亲任海军大臣，主管一切海上事务，同时，建立了四个海军基地（土伦、布勒斯特、勒阿弗尔和布鲁阿日）和海军舰队。这标志着法国正规海军的成立，从此法国逐步成为海洋强国。后人称黎塞留为"法国海军之父"。

黎塞留创建海军在很大程度上是出于"人家有的法国就该有"的目的。由于这种认识，初创时的法国海军舰只一部分是从英国、荷兰购买的，大部分是要的，舰队副总指挥和部分舰员也由荷兰人担任。这就不可能使法国海军像英国、荷兰那样走向世界，直接获得利益。海军是一种区别于传统陆军的技术军种，它需要的装备技术条件比陆军高得多，建立和维持这样一支技术部队需要很强的经济实力做后盾。黎塞留创建海军时的经费来源主要是国内的赋税，经济负担十分沉重。黎塞留的后任红衣主教马萨林（1642—1661年在位）断然停止财政供应，法国海军被断送了。1661年路易十四执政时，法国的海军仅有30艘战舰，其中仅有3艘装有60门以上的火炮。

柯尔培尔建设谋利海军　到路易十四时代，出现了一位重视海军建设的大臣柯尔培尔(1616—1683 年)。柯尔培尔是一位经济家、政治家,同时也是一位军事家、战略家。1665 年他担任了法国海军大臣。他提出了谋利海军思想。柯尔培尔不同于他的前人,他是从经济的、世界的角度来理解法国建设海军的意义的,他想建立的是一支谋求经济和政治利益的世界性海军。他认为商船是国家赚取财富的手,而海军则是手中的枪,国家需要这支枪保护殖民地和商业利益。在他任职期间,一方面从英国、荷兰引进技术,自造舰船,使法国的舰船设计工作变得科学化,远远超过了英国按照实际经验进行设计的情况;另一方面他组建了法国人自己的海军。为了确保船员的来源,他改革了传统的兵制,颁布了《海上大法》,规定了进行普遍的船员登记制,一旦需要可以随时从商船征召有海上经验的人员补充海军。在柯尔培尔的努力下,法国很快成为海上强国。在 1661 年,法兰西只有 30 艘战舰,其中只有 3 艘有 60 门以上的大炮。1666 年时,法兰西已有 70 艘战舰,其中 50 艘是战列舰,20 艘是火攻船;1671 年舰船数量增加到 196 艘;1683 年法兰西拥有 107 艘战舰,其中 24 艘装有 120 门大炮,12 艘装载有 76 门大炮,除此之外还有许多较小的舰船。法国海军已是世界上最强大的海军力量之一,可与在公海上航行的任何海军相抗衡。

(三)争夺海上霸权的战争

法国从来没有成为海上霸权国家,但是,在 17 世纪以后,参与过长达百年的争夺海上霸权战争。随着海上实力的增长和国内资本主义的兴起,法国加紧实行海外扩张战略。法国的舰队开进了大西洋、印度洋,先后在亚洲、美洲获得了许多殖民地。法国海外势力的发展与英国的利益发生了尖锐的冲突。在北美、西印度群岛和非洲的一些地区,英国与法国的争夺也很激烈。两国争夺的实质是谁来霸占海洋,谁在殖民地和贸易方面取得优势地位。马克思曾一针见血地指出:“反对路易十四的战争是为了消灭法国商业和法国海上力量的纯粹的商业战争。”①

17 世纪末,英国已经确立了资本主义制度,成为唯一称霸海洋的强国,从而开始了更大规模的海外扩张和殖民侵略。当时,法国是欧洲大陆最强的封建国家,不但称雄欧洲大陆,而且由于资本主义的发展,也开始对外进行殖民侵略。英国战胜荷兰之后,又与法国展开了夺取欧洲霸权的角逐,英国在欧洲大陆上拉拢和利用反法力量对法作战,削弱法国的实力;自己则集中海军力量,夺

---

① 《马克思恩格斯全集》,第 7 卷,248 页。

取法国海外殖民地。17世纪末和整个18世纪,英国和法国之间发生了长期的争霸斗争。这些斗争都与争夺海洋霸权密切相关。

1665年9月17日,西班牙国王腓力四世逝世,一个庞大帝国及其财产的继承出现问题。西班牙有一块属地——西属尼德兰(今比利时)在法国的北部。路易十四因其妻玛利亚·德利沙是腓力四世的长女,就以其妻的名义,要求继承对西属尼德兰的统治权。在遭到西班牙的拒绝后,路易十四立即出兵西属尼德兰,与西班牙开战,史称"遗产继承战争"。1667年5月24日,法军征服了西属尼德兰的部分领土。由于法国破坏了欧洲的均势,引起其他欧洲强国的震惊。1668年1月,英国、荷兰及瑞典结成反法同盟,阻止法国的扩张。法军继续战斗,用14天就又占领了兰斯·孔德(今法国东剑地区)。三国同盟以战争威胁法国。迫于压力,法国归还了部分领土,但仍占有夺来的12个城市。

荷兰是距法国最近的一个有军事实力的国家。法国要扩张,首先要与荷兰发生矛盾。路易十四认为,法国对外扩张的首要障碍是荷兰。荷兰人善于经商,在英荷战争中荷兰让出了海上霸权,可是作为与法国一样的陆上国家,其商业规模竟超出法国许多。1660年,荷兰就有1万余艘商船,海员16.8万人,每年海运价值10亿法郎,还有渔业可维持26万人的生活,年收入也有10亿法郎。荷兰的东印度公司也有很强的经济与军事实力。1669年它有150艘商船,40艘军舰,1万名陆军。荷兰还是一个新教共和国,这也是信奉天主教的路易十四所不能容忍的。路易十四决定先拆散荷兰与英国、瑞典的三国同盟,孤立荷兰,再消灭它。1670年法国与英王查理二世订立了《多佛条约》,1672年又与瑞典订立了同样的条约,还与遥远的莱茵河畔的一些小国家科伦、明斯特等国分别订约,孤立了荷兰。1672年3月,法国对荷兰宣战。这时正是第三次英荷战争期间。法国主要在陆上对荷兰作战。路易十四亲率13万大军,分3路发起进攻。开始时,法军避开了防守坚固的西属尼德兰,通过科伦与明斯特,沿莱茵河迂回进军,直捣荷兰的心脏地带。这时的荷兰刚刚实行议会制,军事政策需要经过商人寡头们长时间的辩论方能确立,所以常常贻误战机。同时,战术又拙劣,把可以使用的2万陆军,分散去防守各地要塞,这使他们个个单独挨打,纷纷投降,只剩下首都阿姆斯特丹。荷政府被迫准备割让马斯垂克及其他边防要地给法国,通往西属尼德兰的大门也打开了。然而路易十四不满足,拒绝了荷政府的请求,于是节外生枝地激起了荷兰的民族主义义愤,法国不得不强攻。路易十四的野心,又引起许多国家的恐惧,罗马、勃兰登堡、勃良弟及西班牙在1672年8—9月间组织了一个反法同盟,支援荷兰。面对众敌,路易十四却不听部将的集中优势兵力的建议,分兵数处迎敌,想一举歼灭所有敌人。然而,尽管他的将士能征善战,终因战术差错,各路皆无突出进展。

1673年6月29日,路易十四亲率4万法军攻克荷兰南部边境要塞马斯垂克。实际指挥攻城的是法军工兵将领范邦元帅。他指挥法军在要塞四周挖成一个迷宫式的露天堑壕,致使守军毫无办法。范邦指挥法军,凭此战术只用了13天,以微小的代价就夺得了欧洲最坚固的要塞之一,不仅创造了攻坚战的典范,也使他威名远扬。此役的攻城体系,也支配了以后150年的攻城战术。作为一个军事工程大师,在防御工程方面,范邦也有不凡的贡献。他设计了配备纵射炮火和支持步兵反攻的堡垒。这些堡垒到法国大革命时仍在保卫法国。他还组织了近代第一批穿军装的工兵部队,在执行攻坚行动和堡垒防御时发挥了显著作用,显示了它与其他基本兵种结合使用的重要性。

1674年1月,反法同盟扩大,首先是丹麦加入,而后日耳曼各诸侯国也纷纷加入,一度退出的勃兰登堡选帝侯腓特烈·威廉又重新参战。而这时法国的盟友退出战争。在这种形势下,路易十四退出了荷兰,集中兵力,以对付西属尼德兰以及法国边境地带的日耳曼诸国。就在同盟声势大振时,荷兰的领袖威廉(后来成为英国的国王)试图通过西属尼德兰进袭法国本土,于是双方在今比利时布鲁塞尔以南展开一场空前惨烈的大战。法国路易十四的敌人太多、太庞大了,他不可能将其一一击溃,加上柯尔培尔报告说,战争已使法国财政濒于崩溃。于是1678年路易十四与敌国分别议和。法军退出荷兰,换取其在以后保持中立的承诺。

1672—1678年法荷战争之后,法国又与英国进行了长达百年的争霸战(内容见第十三章)。法国大革命之后,英国等国家组织了反法同盟,与法国进行多年战争。1798年底,英国、俄国、奥地利、西班牙、那不勒斯和土耳其等国组成反法同盟,在荷兰、莱茵河和意大利各个战场上向法军发起进攻。法军连连败北。1799年,法国本土已面临反法联军入侵的危险。此时,铁腕人物拿破仑(拿破仑·波拿巴,1769—1821年)上台,掌握了法国政权,从此法国开始了拿破仑的军事独裁统治。

拿破仑采取各种措施,巩固了资产阶级的统治秩序,完善了资产阶级的政治制度,促进了资本主义经济的发展。1811年,法国工业生产比1789年提高了50%,毛织品产量增加了4倍,生铁产量增加了9倍。商业贸易额从1799年的55 300万法郎,增加到1810年的75 000万法郎。这就为拿破仑发动扩张战争打下了经济基础。①

拿破仑一上台就开始发动侵略战争。到1810年,拿破仑通过战争使欧洲大陆各国君主先后俯首求和。除俄国外,几乎整个欧洲大陆都处在他的直接或间接统治之下,拿破仑帝国达到极盛时期。拿破仑战争起到了保卫法国资产阶级革命成果、捍卫法兰西民族独立、防止封建复辟的作用,并在欧洲产生了深刻的影响。在拿破仑的打击下,欧洲封建君主的王冠纷纷落地。拿破仑在其占领的地区,不同程度地推行《民法典》,进行资产阶级性质的改革,客观上在欧洲传播了资产阶级革命原则,扩大了法国革命的影响,促进了欧洲封建基础的瓦解。正是在这个意义上,拿破仑是革命原理的传播者,是旧的封建社会的摧毁者。但是,拿破仑的对外战争始终具有侵略、争霸的性质。

1812年,法国在对俄战争中失败,势力大衰。1814年,欧洲反法联军攻陷巴黎,拿破仑被放逐到地中海的一个小岛。1815年3月,他又从流放地出逃,重返巴黎,再登王位。这时,英、普、奥、俄等国十分恐慌,又结成反法联盟,以22万军队分兵6路进攻法国。6月18日,反法联盟在比利时的滑铁卢大败拿破仑军队(约11万人)。6月22日,拿破仑第二次退位,被流放于圣赫勒拿岛,永久地退出了历史舞台,1821年5月5日病死于圣赫勒拿岛,终年52岁。

1814年5月30日,俄、英、奥、普等国家与法国签订《巴黎和约》。后来,瑞典、西班牙和葡萄牙也参加了条约的签订。该条约对法国相当宽容,既没有让法国割让土地,也没有要求交付赔款和撤走驻扎的占领军,只要求法国退回到1792年的边界,甚至法国还扩大了150平方千米的地盘。根据巴黎和约,虽然法国被置于反法国家的包围之中,但由于它保有相当广阔的领土,作为欧洲大国的地位并未真正丧失。

二、帝国主义阶段的海外扩张

(一)高利贷帝国主义

19世纪中叶的法国,工业产量仅次于英国,居世界第二位。19世纪70年代,法国的原煤、生铁、钢产量及蒸汽动力等都有了较大的增加。20世纪初,铁

① 潘润涵,林永节:《世界近代史》,北京,北京大学出版社,2000年,第76页。

矿的开采量增加了2倍,钢产量增加了3倍,汽车产量居世界第二位,飞机生产也发展起来。法国在国外投资攫取高额利润,而且成为拉拢别国(主要是俄国)的一种外交斗争手段,以对抗德国,争霸欧洲大陆。法国资本输出仅次于英国,居世界第二位:1869年资本输出总额为100亿法郎,1880年为150亿法郎,1900年增加到300亿法郎,1914年增加到600亿法郎,40年间资本输出增加了5倍。法国对外投资与英国不同,不是采取生产资本形式,而是采取借贷资本形式,把大量资本借给经济落后的国家和殖民地,然后索取高利贷。它的国外投资主要集中在欧洲国家,特别是沙俄,1913年输往沙俄的资本达到120亿~130亿法郎;其次是拉丁美洲、巴尔干、土耳其和北美各殖民地。法国依靠剪息票为生的人数,占总人口的1/8,成为高利贷帝国主义。

(二)海外殖民扩张

进入帝国主义阶段的法国,继续奉行殖民扩张政策。19世纪90年代,法国又相继占领塞内加尔、刚果、马达加斯加等地,抢占了670万平方千米的非洲土地;1884—1885年发动中法战争,把越南变成法国的保护国;后来参加八国联军,血腥镇压中国义和团运动。1912年法国取得对摩洛哥的保护权,其后又占领西非和南非的一些地区。到1914年,法国已有殖民地领土1 060万平方千米,相当于法国本土的20倍,成为仅次于英国的庞大殖民帝国。

(三)海军的发展和覆灭

法国地处西欧,西临大西洋,与英国隔海相望;南滨地中海,与意大利、西班牙为邻,东与德国接壤。在国防上,它既要防御陆上的强敌德国,又要应付海上对手英国,客观形势迫使它同时具有强大的陆军和海军。法国政府很早便奉行陆海两军并重的政策。到了19世纪末,它的这种政策更加明确。法国在普法战争时遭受毁灭性打击,其中陆军遭受的打击最大。战后法国政府一面筹募公债以清偿对德赔款,使德军提前撤出法国,一面又加紧进行陆军的重建。到19世纪末,法国陆军共编有20个军。1870年全国陆军官兵38万人,1890年50.2万人,19世纪90年代末达62.5人。

法国海军在普法战争中受影响较小,但其海军原有舰船,因船龄太长或式样过旧而纷纷退役。为此,法国政府在财政极为困难的条件下仍筹拨大量经费从事海军建设。1872年海军部提出建造217艘舰船的海军发展计划。1876年,又根据海军技术发展的要求,对此计划提出修正案,以期建造吨位更大、舰炮更为先进的铁甲舰。该计划获法国议会的批准。1879 年法国海军大臣表示:“法之战船,较欧洲各国战船,定列二等。乃各国尚且造头等大船,尽心船政,法若不加整顿,恐更居人后。凡国家能备战船多而且佳者,后必能掌大权,威行海外。”[①]但是,在法国国内还有一种主张,认为法国海军的主要任务是沿海防御,适宜多造中小舰船。两种意见在相当长的时间内都有一定的影响。法国海军在 19 世纪末,始终占居第二位的位置。1870 年法国海军有舰船 45.7 万吨;1887 年为 48.06 万吨,其中装甲舰 58 艘,33.68 万吨,非装甲舰 95 艘,14.38 万吨;1890 年为 53.5 万吨,其中装甲舰 61 艘,35.53 万吨,非装甲舰 102 艘,16.9 万吨,另有鱼雷艇 194 艘,1.07 万吨。1890—1899 年法国海军出现一个新的造舰高潮,10 年间累计造战斗舰 16 艘,装甲巡洋舰 7 艘,海防舰 2 艘,巡洋舰 23 艘,炮舰(艇)14 艘、驱逐舰 2 艘、鱼雷艇 111 艘,另有 3 艘潜艇。1899 年时,法国海军共有各类舰船 480 艘,总排水量达 65.25 万吨。法国海军的常备舰队在 19 世纪末分为地中海舰队,以土伦港为其根据地;北海舰队,以布勒斯特等为其根据地,此外还有太平洋舰队、印度洋舰队和远东舰队等,或派遣数舰,或仅有一舰,遇有战事时临时增派。1899 年,法国海军约为英国海军总吨位的一半,是德、俄、美等国海军的两倍。

进入帝国主义时代之后,列强之间海军竞争十分激烈。第一次世界大战开始前,法国海军共有战列巡洋舰 4 艘,主力舰 17 艘,巡洋舰 24 艘,驱逐舰 81 艘,潜艇 76 艘,实力仅次于英国。战争期间,法国舰队和英国组成联合舰队,参加了君士坦丁堡战役等,为战争胜利做出了贡献。

从第一次世界大战结束到第二次世界大战爆发,列强之间签订 6 次限制海军条约。尽管受到限制,法国海军还是发展了。在 1937 年达尔朗海军上将晋升海军总司令之时,法国海军已经成为世界上最现代化的海军之一,拥有航空母舰 1 艘、战列舰 3 艘、重巡洋舰 7 艘、轻巡洋舰 12 艘、各型驱逐舰 50 余艘,各型潜艇共 101 艘,综合实力排名世界第四,是一支令人生畏的海上力量。但是,第二次世界大战期间,法国海军覆灭了。法国投降前,法国海军在大西洋围捕德国海军的行动中,俘获了“德舰圣·达菲”号。1940 年,德国开始对丹麦、挪威的入侵,法国海军参加了盟军反登陆作战,击沉德舰一艘,击伤三艘,出色地

① 转引自皮明勇,宫玉振:《新编世界军事史——世界现代前期军事史》,北京,中国国际广播出版社,1996 年,第 23 页。

完成了任务。1940 年 5 月 10 日,德军入侵比利时、荷兰,西欧战役打响。法国仅支撑了 50 多天就放弃了抵抗,于 1940 年 6 月 22 日晨,与德国签订了《停战协定》。根据停战协定,法国将大半的法国领土,所有大西洋沿岸的口岸基地,重要的工业和富饶的农业区交给德国,而法国维希政府只保留南部法国与法属北非的殖民地。《停战协定》第八条规定:法国舰队除为了保卫法国殖民地利益及维希控制的领土而留一部分外,应一律在指定的港口集中,并在德国或意大利监督下复员或解除武装。

当时,法国海军主要集中在土伦、阿尔及尔、奥兰港和卡萨布兰卡等几个港口。英国制定了夺取和控制法国海军的"弩炮计划"。行动在三个区域先后展开:1940 年 6 月 24 日,英国海军突袭停泊在英国朴次茅斯和普利茅斯军港的法国军舰,解除其武装,并接管舰队;1940 年 7 月 3 日,在法属西印度群岛,法国舰队与美国达成协议,解除了武装;英国海军与法军还发生了米尔斯克比尔大海战,法海军损失 3 艘战列舰和一大批其他舰艇,1 297 名法国水兵被打死,341 人受伤。1940 年 9 月,英国对在北非达喀尔的法国海军舰队又发动了进攻,法军击伤了英国驱逐舰三艘,重创了"坚决"号战列舰。法国也有两艘驱逐舰被烧毁和搁浅,"黎赛留"号战列舰被创。美英两国特混舰队在 1942 年 11 月 8 日,分别于法属北非的阿尔及尔、奥兰、卡萨布兰卡登陆。在登陆过程中遭到了法国海军的猛烈还击。在阻止盟军登陆的战斗中,法军损失了 1 艘巡洋舰,3 艘驱逐舰,7 艘鱼雷艇,10 艘潜水艇,伤亡 3 000 人。这时,法国三军总司令达尔朗,出于对德国人的极度憎恨,命令法属北非各地立即停火,并下令在土伦和达喀尔的法军剩余舰队迅速开往北非。但是,在土伦的法国舰队不愿与英国舰队一同作战,土伦舰队司令拉博德海军上将坚决拒绝了达尔朗要求。与此同时,法属北非各地立即停火的消息传到德国,法国人的投降激怒了希特勒,他立即下令占领全部法国,并计划夺取在土伦的法国舰队。面对德国人的包围,法国海军自沉了全部舰艇,包括 3 艘战列舰,8 艘巡洋舰,17 艘驱逐舰,16 艘鱼雷艇,16 艘潜水艇,7 艘通讯舰,3 艘侦察舰,60 多艘运输舰、油船、挖泥船和拖船。

三、战后的恢复和发展

(一)综合国力基础

第二次世界大战中法国被德国占领,63 万多人死亡,600 万人无家可归,200 多万座建筑物全部或部分毁于战火,大量土地荒芜,战争中共损失 2 万亿法郎(1938年法郎)的财富。法国的殖民统治遭到致命打击,国际地位也受到影响。

第二次世界大战之后,戴高乐一上台就决定对外结束殖民战争,大力发展经济,重振大国地位和确保防务的独立性。20世纪60年代以来,法国经济增长迅速,国民生产总值跃居世界第四位,远远超过英国,国内政局稳定,科技发达,综合国力比较强。中国军事科学研究院黄硕风研究员根据政治力、经济力、科技力、国防力、文教力、外交力和资源力等指标计算,1949年法国的综合国力指数为128.33,位居第四。1989年法国综合国力指数为198.90,位居第五。在1999年李成勋等主编的《2020年的中国》中,法国的综合国力总分1970年为2 285.2,位居世界第四;1980年为2 743.6,位居世界第六;1990年为2 701.4,位居世界第六;2000年为2 754.9,位居世界第五;预计2010年为2 640.3,位居世界第六;2020年为2 633.2,位居世界第五。这说明,自第二次世界大战以后到2020年,法国的综合国力仍然在大国行列中,支持发展海洋事业的能力还是比较强的,仍然能够保持海洋强国地位。

(二)控制区域海洋的战略思想

20世纪60年代,法国确立了现代海洋观,戴高乐总统提出了向海洋进军的口号。皮埃尔·拉格斯特的《海军战略》、伊夫·利哈德的《未来海军战略》、安德烈·博弗尔的《明天的战略》等著作中都认为,法国拥有广阔的专属经济区海域,海洋本身已经具有重要的战略意义。法国人类学家维加里埃教授说:"展望未来,地球上所有的人都将以不同的速度走向海洋。"[①]法国的现代海洋观包括四方面内容:①认为海洋已经是财富的直接来源。古老的海洋渔业已焕发了新的生机,远洋捕捞、近海养殖提供给人类更多的海产品;海底油气田,丰富的海底金属结核和沉积物取之不尽、用之不绝,海水也是新的资源。②法国的发展要依靠海上运输,与世界各国建立密切的经济联系。③推行新殖民主义政策需要海洋,法国至今仍保留着5个海外省和3个海外领地,在非洲与7个国家签有共同防务协定,并与18个国家订有军事和技术协定。④海洋是大国显示力量的场所。在核时代,辽阔的海洋已成为捍卫国家独立和实施核威慑的重要场所。要维护法国的海洋利益和提高法国的国际地位,必须"在海上每天都有法国的军舰和商船,显示着法国的存在",法国的海军政策"必须是坚决地

① 《外国海军展望》,海军学院军事学术研究部,1986年,第62页。

控制海洋”。[①] 一位法国将军说:“今天,情况从来没有这样明显,我们比任何时候都更需要依赖海洋,对付不怎么依赖海洋的主要对手,对付经济不如我们发达的潜在捣乱分子,我们的海军政策必须是坚决地控制海洋。”[②]

但是,法国的海洋战略不是全球战略,他们要控制的是部分海洋区域。1984 年法国海军参谋长宣称,法国海军的作战海域有 3 个:①欧洲海域是法国海军最主要的作战海域。②印度洋海域是法国的石油交通线,法国所需石油的 60% 都是从这一地区进口的,每天至少要有 4 艘法国油轮在这里通过。③法国海外利益相关的区域,包括:北回归线以南大西洋海域的加勒比海地区(法属安的列斯群岛附近海域,南美洲北部的法属圭亚那附近海域);西非和北非地区一些前法属殖民地国家近海区域。此外,法国海军在南太平洋也设有海外驻军司令部。在这一海域,最为敏感的是法国的核试验基地以及南太平洋 3 个海外省的一些不稳定的因素。[③]

(三)重建独具特色的海军

恢复海军 第二次世界大战之前的 1937 年,法国海军拥有航空母舰 1 艘、战列舰 3 艘、重巡洋舰 7 艘、轻巡洋舰 12 艘、各型驱逐舰 50 余艘,各型潜艇共 101 艘,综合实力排名世界第四,是一支令人生畏的海上力量,在欧洲仅次于英国。大战期间,法国海军共失去舰艇 249 艘(45.7 万吨),造船工业几乎全部被破坏,战争结束时海军兵力所剩无几。战后法国为了维护本国的安全和海外利益,先后发动印度支那和阿尔及利亚等殖民战争,造成财政极度困难,无力建设海军。这个时期法国海军从美、英、加拿大等国得到各种战舰约 200 艘。这些舰艇多半是陈旧的,不适应现代战争的需要。为此,1952 年法国政府批准了海军的造舰计划,并依赖其良好的造船基础,开始重建海军。20 世纪 60 年代,其海军发展进入鼎盛时期。70 年代后期和整个 80 年代,法国海军提升了远洋进攻能力,一跃成为世界第四大海军强国。

法国海军确定以轻型航空母舰为主要战舰,20 世纪 50 年代着手建造护卫航空母舰的驱逐舰。1951 年 2 月,动工建造第一批 12 艘“絮尔库夫”级驱逐

---

① 丁一平,等:《世界海军史》,北京,海潮出版社,2000 年,第 693 页。

② 《外国海军展望》,北京,海军学院军事学术研究部,1986 年,第 67 页。

③ 《外国海军军事思想研究》,北京,海军学院军事学术研究部,1986 年,第 91 - 97 页。

舰,1957 年全部编入现役。1954 年 8 月,开始新建“迪普雷”级驱逐舰,到 1958 年有 5 艘编入现役。1958 年 11 月,开始建造反潜舰“拉加利索尼埃”号。法国还建造防空巡洋舰 2 艘。20 世纪 50 年代中期,法国动工建造航空母舰“克雷孟梭”号(1955 年)和“福煦”号(1957 年),排水量各为 2.2 万吨,可携载飞机 50 架,60 年代编入现役。法国还建造了各种护卫舰、一批“猛烈”级小型反潜舰和各种级别的潜艇。到 20 世纪 50 年代末,法国海军共有各种舰艇近 400 艘,其中轻型航空母舰 3 艘、护航航空母舰 1 艘、战列舰 2 艘、轻巡洋舰 5 艘、舰队驱逐舰 20 艘。①

1958 年 5 月,戴高乐当选法国总统。戴高乐十分重视海军建设,他说:“海军第一次能在法国国防中起至关重要的作用,它肩负国家防务的重要使命。”②海基核力量的出现,也使法国越来越重视海军。20 世纪 60 年代初,法国开始建设海基核力量。1965 年戴高乐在布勒斯特海军学校说:“法国海军要特别能适应核武器,既然海军是在海洋上活动的,也就是说地球上每一个区域都要去;地球上任何一个区域都能反击,因为海军就像耶稣一样,无所不在。……海军拥有从水下发射的武器,这是一种显著的特权。这就是说,在战争艺术的发展上,海军对大家,尤其是对我们来说,无论如何要占首要的地位……现在,法国海军已史无前例地位于武装力量之首,将来如此,永远如此,一点不假。”③

核威慑与常规打击战略 法国海军执行的是“核威慑与常规打击”战略,把研制新一代弹道导弹核潜艇和核动力航空母舰,发展攻击型核潜艇和其他常规舰艇,放在十分重要的战略地位。1960 年,法国进行首次核爆炸。1966 年,法国退出北约军事一体化机构,赶走驻法美军和驻巴黎的北约总部,并先后将两艘轻型航空母舰及其他舰艇归还给美、英等国,开始走上独立发展海军的道路。法国政府根据“国防自主”的政策,舰艇及其配套产品已形成较完整的系列。20 世纪 60 年代后期,法国建成以弹道导弹核潜艇为主的战略核力量。70 年代,法国海军开始以导弹武器全面装备作战舰艇、潜艇和战斗机,建造一批新型作战飞机、直升机、水面舰艇和攻击型核潜艇,50 年代建造的舰艇全部进行现代化改装。进入 80 年代后,法国开始建造“红宝石”级攻击核潜艇,1988 年开始建造第三代战略导弹核潜艇“胜利”级,订购核动力航空母舰 1 艘。依据 1994 年颁布的《国防白皮书》、1996 年颁发的《1997—2003 军事力量发展规划》

①②③ 丁一平,等:《世界海军史》,北京,海潮出版社,2000 年,第 690、692、694 页。

等一系列改革法规,法国于2003年8月决定取消陆基核力量,冻结空军核兵力,坚持发展弹道导弹核潜艇。2004年法国国防部曾宣布,到2010年,法国将只保留4艘新一代“凯旋”级战略弹道导弹核潜艇,每艘核潜艇携带16枚新推出的M-51型潜射弹道导弹逐步取代现役的M-45型潜射核导弹,整个换装工作完成后,法国海军战略核潜艇部队的海基核打击能力将占到法国整个核力量的85%以上。法国核战略的威慑对象由单一对付苏联(俄罗斯)调整为对中东、北非、地中海及其他对法国安全利益构成挑战的第三世界地区性大国。

前沿存在战略 冷战结束后,法国海军的主要任务是实施对外干预,应付局部战争和各种突发性事件。为此,法国总统希拉克于1996年最终决定对国防进行重大改革,法国海军将建成一支精干的现代化海军力量。海军战略调整为“前沿存在”,由过去的控制海洋转变为向岸力量投送。为此,海军要加强装备建设和作战训练,提高核打击能力、改变特混舰队结构,重视与盟军联合作战等,建立一支有足够灵活性和战斗力的跨世纪海军。目前,法国海军有兵力近5万人,编有一个战略海军司令部、一个水面作战司令部、一个反潜作战司令部、一个扫雷作战司令部、一个潜艇作战司令部、一个海军航空兵司令部和一个海军陆战队司令部。海军舰艇部队共有各型舰艇200余艘,其中核动力弹道导弹潜艇6艘、核动力攻击潜艇6艘、核动力航母1艘、中型航母1艘、直升机母舰1艘、驱逐舰14艘、护卫舰26艘。在世界海军中,法国海军已经成为一支独具特色的海上作战力量。[①] 海军陆战队是法国海军的精锐部队,现有2个团,近3 000名官兵,主要执行两栖作战任务。海军航空兵部队现有兵力约7 000人,下设舰载航空兵司令部和海上及空中司令部。海上宪兵队是一支准海军部队,编制上有数艘海岸巡逻艇和多艘港口巡逻艇,其职责是保卫海军基地和岸上设施。

(四)先进的船舶工业

法国也是船舶工业比较先进的国家。20世纪中后期,法国有造船和修船厂60余家,雇员4万~5万人,主要船厂分布在大西洋和地中海沿岸。经过近年来的调整和有计划地压缩生产能力,目前从事造船业的雇员减少到约17 000人。主要造船厂有诺曼底造船公司、阿尔斯通造船集团的大西洋造船厂以及舰艇建造局下属的四大船厂(土伦海军船厂、瑟堡海军船厂、布雷斯特海军船厂

---

① 丁一平,等:《世界海军史》,北京,海潮出版社,2000年,第829页。

和洛里昂海军船厂)，其中大西洋船厂是西欧最大的船厂。法国造船科研单位分为军船设计与研究、民用船舶设计与研究两大部分。军船研究与设计部门以国防部舰艇建造局为主，主要从事海军舰艇的科研、设计、制造以及维修等多项工作；民用船舶科研机构有法国造船研究所、焊接研究所、巴黎科学院电子研究所等。法国有完备的舰艇配套工业，如主机、电子设备、机电设备和武器装备的生产厂，它们与军船建造厂一起组成完整的舰船生产体系。

近几年，法国造船工业中军船业务超过商船业务。国防部舰艇建造局是法国舰艇建造的主要承担者。法国舰船制造企业具有很强的科研生产能力，能够生产航空母舰、核潜艇、常规潜艇、驱逐舰、护卫舰、扫雷舰和海岸巡逻艇等。

2002 年，法国拥有核动力航空母舰 1 艘，直升机母舰 1 艘，弹道导弹核潜艇 4 艘，攻击型核潜艇 6 艘，驱逐舰 13 艘，护卫舰 20 艘，水雷战舰艇 13 艘，巡逻艇 10 艘，主要两栖战舰艇 13 艘，军辅船 100 余艘，舰艇总量在 200 艘以上。

法国政府根据独立自主的国防政策，在发展船舶工业方面主要采取了如下方针政策：①采取多种保护措施，促进船舶工业的发展。法国政府一直为船舶工业提供船价补贴，一般为合同价格的 15% ~25%，还为出口舰船提供出口信贷。因通货膨胀造成的造船成本上升的船价担保，对造船所用的进口材料和设备均免交关税，对船厂和买主则免交增值税，鼓励选用本国产品。②重视舰艇的多用性。在舰船设计方面重视军民两用性，如猎潜艇还可以作为巡逻艇和潜水工作艇。这样既提高了船只的使用率和经济性，又解决了战时对军船的需求。③重视预先研究工作，如进行战略战术形势分析研究、武器系统整体化发展趋势研究、模拟技术的开发应用、人机工程学研究成果的应用、提高武器系统的精度、重要武器的备用手段的研究等。法国船舶工业还十分重视与北约盟国的国际合作。

法国舰船的研发能力和建造水平居世界前列，能独立生产法国海军所需的各种装备和舰艇，基本可以满足海军的要求，并有较强的出口能力。法国有多种类型的舰艇在世界舰艇市场上受欢迎。法国常规潜艇在国际潜艇市场上具有很强的竞争能力。自 20 世纪 60 年代以来生产了三种型号的出口潜艇，售往 8 个国家和地区 23 艘。在民船领域，高附加值船的建造(如豪华游轮)是法国船厂的强项。法国的船舶工业在近 10 年来受到各个方面因素的影响，逐渐衰落，但在世界上依然属于造船强国。2000 年法国造船企业手持订单为 92 万总吨，2001 年底的手持订单是 67 万总吨。

(五)21世纪的海洋政策[①]

国家海洋政策目标 20世纪70年代以来,法国陆续形成了一批国家海洋政策,其总目标是恢复海上航行光辉时代的目标,加强海洋调查研究,充分利用海洋的巨量资源,把法国建设成海洋强国。具体内容包括:①更好地保护海洋环境,防止石油污染和其他海洋污染;保护城市海滨,为更多的家庭提供娱乐和休闲场所。②发展现代化的捕捞船只,保护法国海洋生物资源,探测大洋新渔区,促进海洋渔业的发展。③改善沿海地区的居民生活条件,发展沿海地区的市场,促进沿海地区社会经济的发展。④合理勘探开发海底矿产资源。⑤调整海洋科学研究机构,加强海洋科学研究。⑥扩大法国商船队,提高海洋运输能力,创造海洋运输业的新成就。

海岸带综合管理政策 法国是比较早就形成海岸带综合管理政策的国家。1973年法国政府发布了《法国海岸带整治展望》,1979年制定了《关于海岸带保护整治的方针》,1986年制定了《关于海岸带整治、保护和开发法》。这些政策和法规明确了海岸带是稀有空间,要进行专门研究,保护生物和生态平衡,要实施沿海城市海岸带规划、土地利用规划,保护近海水域的经济活动,发展海岸带地区的农业、林业、工业、观光旅游业,明确了各级政府的管理责任。

海洋地产管理政策 法国还制定了海洋国有土地专门法规。1979年颁布的关于使用海洋国有地产的法令,规定使用法国的海洋国有地产必须向海洋部门申请,海洋部门负责预审后进行公众调查,之后再由税务部门制定有关税则,最后由海滨委员会审查通过,报省长批准。

海洋开发计划 海洋国务秘书处是法国统一管理协调海洋工作的职能部门,可直接向总理报告工作。它负责制定海洋政策,管理本国管辖海域和海外领地的海域,管理海港、渔港、海洋运输船队、渔业和水产养殖、海洋环境保护、海洋安全保障、海洋领域的国际合作等。法国海洋国务秘书处负责制定海洋开发计划,然后征求有关政府部门和公众意见,最后以政府令的形式发布实施。主要内容包括:海区和海岸带空间开发利用的用户协调;相关设施建设计划;海洋保护措施;维持海洋生态平衡的条件;沿海区域发展和保护措施等。

---

① 关于法国的海洋政策,未查到21世纪的新文件,本部分内容参照海洋出版社2001年出版鹿守本、艾万铸的《海岸带综合管理机制》的相关部分编写。

第十五章　俄国/苏联/俄罗斯

为了本书叙述的需要，我把俄罗斯分为俄国、苏联和俄罗斯三个名称，俄国是1917年十月革命之前的旧俄罗斯，苏联是十月革命以后到苏联解体的俄罗斯，俄罗斯则是1991年以后的新俄罗斯。这三个时期俄罗斯的海洋战略可以分为三个阶段：①自彼得大帝执政到十月革命时期，俄国的国家战略从在陆地上实行地域蚕食，扩大陆地疆土，转变为走向海洋，称霸世界战略，战略措施主要是在“两只手”思想的指导下，建立强大的陆军和海军，夺取出海口，争夺世界霸权。俄罗斯成为世界大国是从彼得一世开始的。彼得大帝在1721年建立俄罗斯帝国，到1725年去世，他缔造了一个强盛的俄国。彼得大帝之后，经过长期扩张，蚕食周边区域，俄国成为横亘欧亚大陆、国土面积2 280万平方千米的世界最大的国家。1905年日俄战争后，俄国开始衰落，1917年俄国灭亡了。②1917年十月革命胜利之后，建立了苏维埃社会主义共和国，海洋战略也发生根本变化，在海上威力论的指导下，苏联确立了争夺世界海洋霸权的战略，并在世界上形成了美国与苏联两个海洋霸权国家，形成了现代史上的冷战时期。③苏联解体之后，冷战结束，苏联的国家名称又改回俄罗斯，海洋战略也做出重要调整，目前，新俄罗斯的海洋战略可以说是区域海洋战略，但是，俄罗斯并没有完全放弃重返世界大洋的雄心，成为一流海洋强国仍然是俄罗斯的战略目标，俄罗斯的海洋战略还在调整之中。

一、走向海洋的帝国

（一）学习西方与改革

改变俄国落后面貌的压力　俄国在15世纪以前是一个弱国，日耳曼人、蒙古人、波兰人、瑞典人都侵略过它。俄罗斯成为世界大国是从彼得一世开始的。彼得称帝的时代，俄国统一市场已经形成，经济有所发展。但是，与西欧发达地区相比，俄国尚处于封建农奴制的生产状态，十分贫穷、落后和野蛮。彼得大帝是沙俄罗曼诺夫王朝的第四代沙皇，与异母兄弟伊凡并立为沙皇，由其姐索菲亚公主摄政。彼得在1696年亲政。彼得面临的一个重要问题是必须向西方学习,改革俄国落后的行政制度、军事体制、航海和船舶技术等,改变俄国的落后面貌。

依据瑞典模式改革行政体制 彼得大帝在1697—1698年,向欧洲先进国家派出庞大的使团,与欧洲核心国家进行政治、军事及文化的交流。经过学习,彼得决心改革俄国的行政制度,加强中央集权的国家机器,建立和巩固军事封建专制制度。他撇开传统的权力重心"领主杜马"(代表大领主利益与沙皇分权的政治组织与机构),按瑞典模式,设立了由他自己挑选的人组成了"枢密院",以此作为最高国务机构,下设分管各项工作的"院"。在地方改革中,将全国划分为8个州(后改为50个省),州(省)长直属于沙皇。同时还建立了"团防区"制度,加强了军队对地方的控制,这是借鉴克伦威尔时期英国的经验。他还将教会置于沙皇的控制之下,使沙皇成为俄国唯一的权力中心。他毫不留情地镇压来自保守的贵族势力及民间的反抗,甚至不惜处死皇太子,以威慑各种反抗力量。同时他又大力加强中小贵族的地位。1714年规定,中小贵族的领地继承权只能由一个儿子继承,没有土地的贵族子弟,必须到陆海军或政府机构中终身任职。这既保证了沙皇的社会和经济基础的巩固,又为他的行政、军事改革提供了人力资源。彼得大帝还创建了比较强大的正规陆军和海军,使俄罗斯升级为欧洲最强大的国家。

学习西方航海造船技术 为了建立正规的陆军和海军,彼得决定向西方国家学习。彼得本人也化名,装扮成水手随团游历欧洲,在普鲁士学习军事训练并学习造炮技术;在荷兰学习了造船技术;在威尼斯学习了航海技术。他还从欧洲聘得专家学者千人之众,赴俄国服务,按着西方模式改造俄国军队。彼得大帝在其统治期间改变了生铁进口的局面,并形成了规模较大的军火工业。莫斯科、彼得堡、沃罗日涅、奥洛涅茨、谢斯特罗涅茨克、卡希拉和图拉等地成为军火工业中心。此外,彼得还以法国阿尔培尔为样板,实行"重商主义"政策,限制进口,鼓励出口,发展外贸,既为促进国内生产,又为赚取外汇,以购买西欧的军事技术和设备。

确立称霸世界的战略 彼得大帝改革的目的,是为改变俄国贫穷落后面貌,加强军事实力,实行对外扩张政策,最后夺取世界霸权。这是俄罗斯成为强国的政治动力。彼得转变了历代沙皇的"地域性蚕食"政策,而实行"面向世界"的侵略政策。从蚕食周边土地转为与传统的海上大国争夺海洋;从争夺东欧区域性霸权,转变为以欧洲为重点的争夺世界霸权。对此,彼得有自己的一整套长远战略计划。马克思在《十八世纪外交史内幕》一书中指出：彼得大帝是现代俄国政策的创立者，但他之所以如此，只是因为他使莫斯科公国的蚕食方法丢掉了纯粹的地方性质和偶然性杂质，把它提炼成一个抽象的公式，把它的目的加以普遍化，把它的目标从推翻某个既定范围的权力提高到追求无限的权力。他正是靠推行他的这套体系而不是仅仅增加几个省份，才使莫斯科公国变成俄国的基础。[①]

(二)陆海军“两手”俱全思想

彼得一世有一句名言：“任何一个统治者，如果只有陆军，他就只有一只手，如果他也有海军舰队，他就有两只手了。”[②] 1698 年，彼得大帝开始建立新的正规军。在军队改组中实行征兵制，规定每二十五户农民和劳动者中抽一名壮丁，每年征募新兵定额 2 万。到 1725 年，建立了一支拥有 20 万人的陆军。

俄国正规海军是 1695 年彼得在沃罗涅日建立的一支顿河小舰队。当时，彼得远征亚速失利后认识到，要扩张不能没有舰队。1702 年第二次北方大战期间，彼得在拉多加湖和楚德湖上建立内湖舰队，成为波罗的海舰队的前身。1703 年 8 月，波罗的海舰队的第一艘巡洋舰下水。在 1703 年以后，俄国在波罗的海沿岸夺得了若干立足点，立即在那里建立造船厂和海军基地。俄国海军的发展很快。1703 年开始建设造船厂，1705 年，在圣彼得堡地区兴建了直属于海军衙门的造船厂，1712 年制造了俄国第一艘战舰“波尔塔瓦”号。此外，彼得大帝还在阿尔汉格尔斯克、维堡、阿波(土尔库)、喀山等地修建船坞。这些船坞能造出吨位达 2 000 吨，装有能发射 6 ~ 20 磅炮弹的 50 ~ 100 门大炮的战船。波罗的海地区的第一所造船坞在 1703 年至 1710 年就已造出 66 艘武装大桡木船和 50 艘军舰。由于有了造船能力，波罗的海舰队发展很快。经过彼得不断努力，加上北方战争的锤炼，到北方战争结束时，俄国拥有了一支波罗的海上的强大舰队。1722 年，俄国波罗的海舰队拥有帆船 130 艘，其中巨型战列舰 36 艘，还有一支由 396 艘船只组成的桨船舰队，其中 253 艘为大桡战船和轻型大桡战船。而瑞典的战列舰则由 1710 年前的 43 艘下降到 24 艘，丹麦由 1710 年前的 41 艘下降到 25 艘。俄国海军舰队成为波罗的海上最强大的舰队。1725

---

① 马克思：《十八世纪外交史内幕》，北京，人民出版社，1979 年，第 80 页。

② [苏]尼·伊·帕夫连科：《彼得大帝传》，北京，生活·读书·新知三联书店，1986 年，第 116 页。

年俄国已有战列舰40艘,三桅巡洋舰10艘,其他小型舰艇约100艘,并在彼得堡、维堡、雷维尔等地建立了海军基地。在里海的舰队也有约100艘小型舰艇,为以后俄国海外扩张奠定基础。①

在建立正规海军的初期,俄国的战略目标主要在内湖及芬兰湾,所以,优先建造帆桨两用的小船。每艘战舰装有几门轻便火炮,乘员从几十人到一二百人。俄国海军第一艘大型战列舰是1712年下水的"波尔塔瓦"号,排水量为2 000吨,装有50~100门火炮,发射3~9千克重的炮弹。由于彼得时代的俄国造船工业尚处初期阶段,能力有限,还要向英、荷等西欧国家购买舰船。彼得大帝还建立了一支小型的海军陆战队。

在叶卡特琳娜二世执政期间(1762年,废彼得三世自立,至1796年逝世),继续大力加强波罗的海舰队;这个舰队新造战列舰90艘,三桅巡航舰40艘。还建设了黑海舰队,战列舰10余艘,三桅巡航舰50艘,恢复了彼得大帝时期的海军陆战队。在组建黑海舰队的过程中,叶氏采取了边打边建的方针。1768年,她首先建立了顿河小舰队,夺取了亚速海后,这支小舰队更名为亚速海舰队,以亚速海、刻赤、塔甘罗格等处为基地。到18世纪80年代,新的黑海舰队逐渐形成,这支舰队以塞瓦斯托波尔、赫尔松为其主要基地。此外,叶卡特琳娜还组建了多瑙河小舰队和里海舰队,从而为两次对土耳其战争的胜利奠定了基础。

从俄土战争结束到1895年,俄国奉行防御性海军政策,海军的基本任务是当强敌封锁俄国海岸时,俄国海军能够突破封锁、击沉敌舰。波罗的海和黑海是最主要的防御海区。1881年海军大臣所拟制的海军造舰计划也体现了这种精神。在19世纪80年代,俄国所拥有的鱼雷快艇数量,在所有的海军国家中居于前列。

19世纪末,俄国为适应走向世界的扩张政策需要,更加重视海军建设,从防御型海军政策转变为远洋进攻型政策,逐步建立了一支走出欧洲的世界海军。俄国国内的造船厂开始建造远洋战列舰。这个时期下水的11 000吨级的"彼得罗巴甫洛夫斯克"号、"波尔塔瓦"号和"塞瓦斯托波尔"号,可以和当时大部分的外国战列舰相媲美。俄国人还在英国定制了世界上第一艘8 000吨级的破冰船"叶尔马克"号。与此同时,俄国海军开始更多地出现在远离俄国

① 李明:《世界近代中期军事史》,北京,中国国际广播出版社,1996年,第49页。

海岸的世界其他海域。他们在地中海建立一支分舰队;向远东陆续派遣一些一级战列舰,要把太平洋舰队建设得像波罗的海舰队一样。19 世纪最后的三个十年是俄国海军快速发展的时期。1870 年以后,俄国政府对海军的拨款逐年增加,1870 年为 1 200 万美元,1880 年为 1 755 万美元,1890 年为 2 200 万美元,1900 年达 4 660 万美元,平均每年递增 111.6 万美元。在这一时期,俄国海军的舰船数量和总排水量也在不断增加,1880 年为 22.3 万吨,到 1900 年达 191 艘,39.7 万吨。俄国海军已经成为带有进攻性的扩张工具。

俄国的海军在日俄战争中受到很大损失。1905—1914 年俄国曾多次制定造舰计划,规定除把原来的 4 艘装甲舰、4 艘装甲巡洋舰、4 艘炮舰、2 艘潜艇、2 艘布雷舰建成外,另建 8 艘战列舰、4 艘战列巡洋舰、10 艘轻巡洋舰、67 艘驱逐舰和 36 艘潜艇。[①]

俄国海军也存在着诸多弊端。从沙皇到海军高级将官都缺乏近代海军知识。他们在从事海军建设时没有看到认真训练兵员的重要性,结果是花大钱买船造船,但是船员待遇低,训练得不到保障。舰船在港湾内停泊时间越来越多,有些水兵,甚至包括一部分军官,都接受了革命思想,参加布尔什维克组织。俄国海军逐渐变成了列强中效能最差的一支海军。

(三)长期扩张使俄罗斯成为四面临海大国

称霸世界必须走向海洋 马克思说:“对于一种地域性蚕食体制来说,陆地是足够的;对于一种世界性侵略体制来说,水域就成为不可缺少的了。”[②]实现统一和社会发展有所进步之后,俄国很快走上对外扩张的道路。17 世纪末俄国还是一个内陆国家。为了实行对外扩张政策,俄国必须寻找出海口,征服沿海国家和地区。彼得需要波罗的海,以便从北翼威胁西欧,冲向大洋;需要黑海及黑海海峡,以便控制巴尔干,进入地中海,从南翼控制西欧;需要里海,以便东侵中亚、南下印度洋和波斯湾;需要黑龙江,以便进入太平洋。

在俄国的近代历史上,一直不断发动争夺出海口的战争。据有关资料统计,自第一代沙皇伊凡四世到末代沙皇尼古拉二世,370 多年间,俄罗斯同欧亚

---

① 转引自皮明勇,宫玉振:《世界现代前期军事史》,北京,中国国际广播出版社,1996 年,第 126 页。

② 马克思:《十八世纪外交史内幕》,北京,人民出版社,1979 年,第 80 页。

两洲20多个国家发生的36次主要战争,有一半是直接为了夺取水域而进行的。[①] 俄罗斯从15世纪开始对外扩张,16世纪版图扩展到280万平方千米,并开始争夺出海口的战争,先打通了波罗的海、黑海、里海和黑龙江等出海口,逐步形成北临北冰洋、东临太平洋、西濒波罗的海、南至黑海的大帝国。

彼得大帝争夺出海口的努力 为了夺取黑海出海口,彼得一世先后两次对土耳其作战,并攻占亚速要塞,揭开了南下扩张的序幕。1699年,彼得大帝亲自率领新组建的黑海舰队到亚速海,并将舰队开到君士坦丁堡。亚速海沿岸的克里木汗国守军则从海上自由地得到增援,瓦解了彼得的进攻。彼得深切地感到,必须废弃腐败落后的旧军队,建立正规军,特别是要建立海军。他用了一个冬天建立了一支"黑海舰队",在第二年7月水陆并举向土耳其进攻。在俄国的军事压力下,1700年土耳其与俄国签定了《君士坦丁堡条约》,将亚速海和塔甘罗格港口割让给俄国,俄国获得了第一批黑海出海口。

瑞典在17世纪曾多次打败俄国,并利用欧洲30年战争之机,占领了波罗的海沿岸地区,波罗的海成了瑞典的内湖。瑞典的海上霸权是俄国称霸世界的严重障碍。1700年,彼得发动了对瑞典的北方战争,历时21年,其中经过一系列海战,打败了瑞典舰队,夺取了芬兰湾、里加湾、卡累利、爱沙尼亚以及拉脱维亚等波罗的海沿岸地区。1721年,俄国与瑞典签署了《尼斯塔特和约》,俄国获得了波罗的海出海口以及波罗的海的霸权。1721年10月,参政院为表彰彼得一世在对外扩张中的战功,尊奉彼得一世为"皇帝""祖国之父",俄国也正式称为俄罗斯帝国。

1722年俄国发动对波斯的战争,为此,彼得大帝又建立了拥有数百只战舰的里海舰队,使俄国获得了里海沿岸的波斯属地及在波斯的军事特权,南下门户也打开了。

在东方,彼得一世继续向西伯列亚和中国的黑龙江流域扩张。17世纪下半叶,沙俄就开始侵略中国。1689年签订的《中俄尼布楚条约》,从法律上肯定了黑龙江流域和乌苏里江流域的广大地区是中国的领土。此后,彼得大帝不顾《尼布楚条约》的规定,继续侵扰中国。

叶卡特琳娜二世争夺出海口的征战 向西夺取波罗的海出海口,只是完成了沙皇海上扩张的第一步。马克思说:"沙皇这样大的一个帝国只有一个港口

---

① 张世平:《史鉴大略》,北京,军事科学出版社,2005年,第225页。

作为出海口,而且这个港口又是位于半年不能通航,半年容易遭到英国人进攻的海上,这种情况使沙皇感到不满和恼火,因此,他极力想实现他的先人的计划——开辟一条通向地中海的出路。”①夺取地中海的控制权可以从南面包抄西欧,确立对欧洲的霸权;可以进一步向亚、非大陆和印度洋地区扩张,同英、法等国争夺殖民地势力范围。为了进入地中海,俄国决定占领君士坦丁堡,控制博斯普鲁斯海峡和达达尼尔海峡。因此,向黑海进军,夺取君士坦丁堡和两个海峡,是俄国历代君主之梦和俄国长期不变的战略。

1762 年,俄国女皇叶卡特琳娜二世(1729—1796 年)即位。这位女王多次发动战争,赢得了克里米亚和波兰,打通了南方出海口,使俄国的版图从 1 642 万平方千米,扩大到 1 705 万平方千米,增加了 63 万平方千米。到叶卡特琳娜逝世的时候,俄国的领土已经很大,而且夺得了出海口,在波罗的海和黑海都占领了广阔的滨海地区和许多港湾。

叶卡特琳娜二世在位期间,俄土战争一共进行了两次。第一次俄土战争爆发于 1768 年,1774 年结束。这次俄土战争主要是一场陆地战争,但双方的海军也参加了战斗。俄国远征地中海的目的,是为了破坏土耳其在爱琴海和地中海的交通线,打击土耳其重要的沿海据点,鼓动和支持巴尔干半岛各国人民反对土耳其,并从战略上配合巴尔干和克里米亚战场的俄国陆军行动。俄国海军从波罗的海出发,环绕欧洲大陆进入地中海作战。从 1769 年到 1774 年,俄国共有五支分舰队从波罗的海驶入爱琴海,总计 20 艘战列舰、6 艘巡洋舰、1 艘攻坚舰、26 艘辅助船只,并载有登陆兵 8 000 多人。俄国海军获得的最大胜利是切什梅海战(1770 年 7 月 5—7 日)。1770 年 7 月初,俄国两支分舰队(战列舰 9 艘、巡洋舰 3 艘、攻坚舰 1 艘、辅助船和运输船 7 艘,共有火炮 820 门)在爱琴海发现了土军舰队。土耳其舰队有战列舰 16 艘、巡洋舰 6 艘和小船 50 艘,共有火炮 1 430 门。经过战斗,土耳其舰队全军覆没,15 艘战列舰、6 艘巡航舰和 40 余艘小船被毁,1 艘战列舰和 5 艘大桡战船被俘,约有 1 万人阵亡。这是俄国海军一次空前的胜利。通过这次海战,俄海军掌握了爱琴海的制海权,并从南方完成了对土耳其达达尼尔海峡的封锁。1774 年 7 月,俄土双方签订了《库楚克－凯纳吉和约》。根据和约,沙俄占领了第聂伯河和布格河之间的大片土地以及克里米亚的叶尼卡列、刻赤要塞,并取得了舰队自由进出黑海和商船在

① 转引自丁一平,等:《世界海军史》,北京,海潮出版社,2000 年,第 271 页。

黑海航行,通过达达尼尔海峡的权利。

叶卡特琳娜二世不满足于第一次俄土战争的结果。1781 年,俄国重建了以阿斯特拉罕和萨腊岛为基地的黑海区舰队。1782 年,俄国正式吞并克里米亚和整个库班地区,并进军土耳其的属国格鲁吉亚,对其实行保护。同时,俄国加强南方的军事力量。1784 年,俄国在原顿河区舰队的基础上建立了黑海舰队,到 1787 年该舰队已拥有 46 艘舰船。1787—1792 年,俄国发动了第二次俄土战争。当时,俄国海军的主要领导是乌沙科夫。他发明了"火力与机动相结合的战术",在海战中首先集中火力摧毁敌旗舰,以打乱敌舰队的指挥枢纽;把舰队的航行队形和战斗队形统一起来,以便在接近敌舰时无须更换队形即能迅速投入战斗,尽量达成战术的突然性;火炮瞄准射击与舰艇机动相结合,并在炮弹射程内进行战斗,力求获得最佳的打击效果;建立战术预备队,用以发展主要方向上的胜利,敌退猛追,力争彻底歼灭敌舰等。[①] 乌沙科夫率领俄国舰队,多次打败了占优势的土耳其舰队。土耳其无力阻止俄国人西进,俄国舰队牢牢地掌握了黑海的制海权。1792 年 1 月,俄土又签订了《雅西和约》。土耳其被迫承认俄国吞并克里米亚,并放弃格鲁吉亚。至此,俄国占领了整个黑海北岸的广大地区,彼得大帝想在南方获取出海口的愿望由叶卡特琳娜二世实现了。

保罗一世时期争夺出海口的战争 夺取黑海出海口并不是沙皇俄国的最终目的,它的真实意图是冲向地中海,争夺欧洲霸权。叶卡特琳娜二世的继承人保罗一世时期,俄国黑海舰队开进了地中海,力图在地中海得到一个立足点。1798 年,拿破仑夺取了爱奥尼亚群岛及地中海沿岸的广大区域,进而威胁英国、土耳其和俄国的利益,英、奥、俄、土等国组成第二次反法同盟。1798 年 8 月 24 日,应盟国的要求,海军中将乌沙科夫率领俄黑海舰队的分舰队,从塞瓦斯托波尔进入地中海,这是俄黑海舰队首次开进地中海。俄国舰队拥有战列舰 6 艘、巡航舰 7 艘,其他船只数艘,有各类人员 7 400 名。9 月 4 日,俄国分舰队驶抵君士坦丁堡,与土耳其分舰队会合,组成联合舰队,由乌沙科夫统一指挥。联合舰队的主要任务,是夺取法军占领下的爱奥尼亚群岛。乌沙科夫决定充分发挥海军陆战队的作用,从海上直接进攻科孚岛要塞。科孚岛(今为克基拉岛)是亚得里亚海的"锁钥",拿破仑把它作为向东进军的支撑点,因此岛上的防御比较坚固,守军 3 700 余人,大炮 600 余门,储备了半年的粮食。俄土联军

① 丁一平,等:《世界海军史》,北京,海潮出版社,2000 年,第 279 页。

对科孚岛进行了4个月的严密封锁,1799年3月1日突然发起总攻,3月2日要塞守军投降,俄土联军占领了整个爱奥尼亚群岛。在这次收复爱奥尼亚群岛的战役中,收复科孚岛是乌沙科夫使用海军陆战队最出色的战例,因而他赢得了“海军陆战队之父”的称号。

1799年,俄国迫使土耳其签订所谓《俄土同盟条约》。条约的秘密条款规定:俄国的军舰可由黑海自由进出地中海,并禁止其他外国军舰通过海峡进入黑海。这样,俄军首次获得了通过两个海峡的权利,并且独占了军舰通过海峡的特权。俄国向地中海的扩张,引起了英国的警觉。英国害怕俄国在地中海扩张势力,尤其担心俄国抢占马耳他,因此英俄关系十分紧张。1800年1月,保罗一世下令乌沙科夫撤出地中海。

1805年,拿破仑称帝不久,便对巴尔干半岛发起了新的攻势,并企图攻占俄军舰的“海外泊地”爱奥尼亚群岛。为此,沙皇政府急令海军上将德米特尼·尼古拉耶维奇·谢尼亚文,率波罗的海舰队的一支分舰队驶往地中海。这是俄国舰队第一次远征地中海。1806年2月,谢尼亚文的舰队到达地中海,很快占领了科托尔、科尔丘拉岛、维斯岛等法军占领区,并以科托尔和科孚岛为基地,封锁了法军占领的亚得里亚海的东西两岸。这时,土耳其受拿破仑的怂恿,再次向俄国宣战。谢尼亚文率领俄国舰队与土耳其舰队进行反复战斗,其中利姆诺斯一战,土耳其共损失战列舰3艘、巡航舰4艘、轻巡航舰1艘,伤亡500余人;俄军舰无一损失,伤亡仅260人。海上战斗结束后,谢尼亚文又直趋特内多斯岛,刚刚登陆的守岛土军慑于俄军的威胁,一枪未发就投降了。但是,俄国未能攻占伊斯坦布尔,俄国武装力量最终撤出地中海;地中海仍然在英国的控制之下。

克里米亚战争期间对出海口的争夺　在19世纪,农奴制改革之前,为了摆脱农奴制危机和转移国内人民的视线,沙皇政府积极准备发动对外战争,向巴尔干半岛扩张势力。在1828—1829年对土耳其的战争中,沙俄占领了克里米亚、多瑙河口和高加索的大片土地。沙皇的扩张行为与英法在巴尔干的利益发生了尖锐的矛盾,导致了一场以俄国为一方,以英国、法国、土耳其和撒丁为另一方的克里米亚战争。1853年10月4日,土耳其首先向俄国宣战。11月30日,俄国海军在黑海南部的锡诺普附近,全歼土耳其舰队。锡诺普海战后,俄国控制了黑海的制海权,并向君士坦丁堡进军。英法两国为了挽救土耳其的败局,以保持和扩大自己在土耳其的势力,遏制俄国势力在巴尔干的扩张,于

1854年3月28日对俄国发动进攻。9月14日,英法联军在黑海北岸的耶夫帕托里亚登陆。经过一年的激烈争夺,1855年9月11日,英法联军占领了塞瓦斯托波尔,俄国在克里米亚战争中失败了。1856年3月30日在巴黎签订和约。俄国被迫放弃了在黑海保有舰队和要塞的权利;宣布黑海和达达尼尔海峡中立,对各国商船开放。俄国在欧洲的霸权地位也发生了动摇,英法两国在巴尔干和西亚的优势地位更加巩固。

进入帝国主义阶段争夺出海口的继续 1861年,俄国废除了农奴制,这是近代俄国历史的一个重要转折点。改革后,俄国开始了地主阶级和资产阶级的联合专政,使俄国由封建君主制向资产阶级君主制前进了一步。这次改革冲破了封建主义的束缚,以资本主义代替封建主义,开辟了整个俄国"欧化"的新时期。农民摆脱了对地主的人身依附关系,资本主义生产所需要的自由雇佣劳动力有了来源,以赎金方式从农民身上掠夺的近20亿卢布,为资本主义生产提供了资金,资本主义经济迅速发展起来。俄国用30年时间,完成了欧洲某些国家几个世纪才完成的社会转变。到19世纪末、20世纪初,俄国已接近工业发达国家。这就为俄国成为世界强国奠定了经济基础。

农奴制改革之后,俄国走上帝国主义道路。沙皇政府的专制统治主要靠军事力量来维持。垄断资产阶级也主要借助于军事力量同列强竞争和对外扩张。因此,俄国军事力量不断加强,军事机器无限膨胀。到第一次世界大战前夕,俄国的常备军达到130万人,超过英法两国军队的总和。随着资本主义的发展和向帝国主义的过渡,沙俄更加疯狂地进行对外侵略扩张。

克里米亚战争以后,沙皇俄国侵略扩张的矛头指向中亚和中国。19世纪前半期,中亚细亚有三个汗国:布哈拉汗国、浩罕汗国、希瓦汗国;还有半独立的白克领地和许多独立的部落。1864年俄军入侵中亚,翌年占领了塔什干,1867年布哈拉汗国和浩罕汗国被迫并入俄国版图,成立了土尔克斯坦总督领地,以塔什干为首府。1873年沙俄又入侵希瓦汗国,签订了希瓦为俄藩属的条约。到19世纪80年代,中亚全部土地约390万平方千米变成了俄罗斯的殖民地和领土。

与此同时,沙俄加紧了对中国的侵略。1854—1857年,沙俄以防卫英、法为借口,悍然违反《尼布楚条约》,4次闯入中国黑龙江一带,屯兵筑垒。中国清政府被迫于1858年同意签订《中俄瑷珲条约》,割去了黑龙江以北、外兴安岭以南60多万平方千米的中国领土,并把乌苏里江以东的中国领土划为中俄共管区。1860 年又迫使清政府签订《中俄北京条约》，沙俄又侵吞了乌苏里江以东 40 多万平方千米的中国领土。1864 年又签订了不平等的《中俄勘分西北界约记》，把中国西部的面积达 44 万多平方千米的领土划归俄国。1881 年沙俄还通过强迫清政府签订的《中俄伊犁条约》以及后几个勘界议定书，割占 7 万多平方千米的中国领土。1896 年通过与清政府签订《中俄密约》，窃取了修筑中国东北的东清铁路的权利。1897 年年底，沙俄出兵占领旅顺湾、大连及其附近海域，并窃取了修筑东清路支线的特权，进而使整个东北成了它的势力范围。1900 年，沙俄除参加八国联军血腥镇压义和团运动外，还单独派十几万大军以"护路"之名，大举侵入东北。从 19 世纪 50 年代到 19 世纪末，沙俄总共强占中国领土近 150 万平方千米，相当于 3 个法国。

沙俄独霸中国的野心遭到日本的强烈反对，也引起英美的不满。1902 年英日结成反俄同盟。1904 年 9 月，日俄因争夺朝鲜和中国东北而爆发了日俄战争，俄国惨败。1905 年 9 月，俄日双方签订了《朴次茅斯和约》，俄国承认朝鲜为日本的势力范围，把中国旅顺口、大连湾附近领土、东清路南线所有权及库页岛南部、千岛群岛等让给日本。

日俄战争对俄国是一个沉重打击。沙皇政府耗费巨资进行这场战争，官兵伤亡达 27 万人，对它的经济、军事力量都有一定的削弱。俄国在日本海大海战中失败，一夜之间从世界海军强国的第三位，跌落到第六位，被美、德、日三国超过。战争的失败还迫使它在远东的扩张中退缩，从而使列强在东北亚的争夺出现了一个新的均势。此外，沙皇在远东军事冒险的惨败，还引起了俄国各族人民的愤怒，加速了俄国第一次资产阶级民主革命的爆发以及 1917 年的十月革命。

谋求黑海的安全出海口是从沙俄到苏联的宿愿。沙皇为争夺对土耳其的控制、保障博斯普鲁斯海峡和达达尼尔海峡的自由通航，同西方列强展开过激烈的角逐。苏联也为此做出了巨大的努力。1936 年，由土、英、法、苏、日等国签署了《蒙特勒公约》，规定了黑海的通航制度。其中规定，战争时期黑海的通航问题由土耳其决定。苏联认为此公约不符合自己的国家安全利益。1945 年 2 月，斯大林在雅尔塔会议上提出修改《蒙特勒公约》。苏联强调修改必须考虑到苏联的利益，不允许土耳其扼住苏联咽喉的局面继续存在。在波斯坦会议上，杜鲁门提出让黑海海峡成为开放的自由的航道。斯大林要求："一旦发生复杂事件,由于土耳其无力保证自由通航的可能性,苏联希望用武力保卫海峡。”①斯大林的要求遭到杜鲁门和丘吉尔的断然拒绝。

(四)扩张型海洋强国的衰落

叶卡特琳娜二世之后的沙皇俄国,逐步停止了海洋扩张,1840年《伦敦条约》签署后,俄国关闭了黑海与地中海海上通道博斯普鲁斯海峡和达达尼尔海峡。19世纪下半叶,俄国的海洋安全战略转变为防止敌人在俄国首都附近登陆,防止海岸被封锁。十月革命以后的很长时间,苏联也延续了战争消极防御战略,已经从海洋强国地位衰落下来。衰落的因素很多,包括以下几个方面。

社会制度落后 到19世纪中期,俄国还是一个封建农奴制度国家,社会制度落后于西方资本主义制度。农奴制成为资本主义发展的桎梏,生产力和生产关系发生严重冲突,阶级矛盾也日益尖锐。沙皇政府在1853—1856年克里米亚战争中的失败,更暴露了俄国农奴制度的腐朽,并加剧了国内各种社会矛盾。为了满足军事开支,不断加重对农民的奴役和税收;商业和工业的混乱打击了城市居民,南方诸省饱尝战乱之苦。于是农民揭竿起义反抗农奴制,从1815年至1825年,平均每年发生较大规模的农民骚动20余次,军队中发生的骚动也不少于20次。1858—1860年间发生的农民起义竟达280多次,俄国面临着进一步进行社会制度变革的形势。恩格斯写道:“为了在国内实行专制统治,沙皇政府在国外应该是绝对不可战胜的,它必须不断地赢得胜利,它应该善于用沙文主义的胜利狂热,用征服越来越多的地方来奖赏自己臣民的无条件的忠顺。而现在沙皇政府遭到了惨败。沙皇政府在全世界面前给俄国丢了丑,同时也在俄国面前给自己丢了丑,前所未有过的觉醒时期开始了。”②

统治集团腐败 1730—1740年时期执政的安娜女皇,生活上穷奢极侈,奇珍异兽、侏儒巨人充斥宫廷,宫廷开支5倍于彼得大帝时期。在政治上实行恐怖统治,秘密警察遍布全国。其后,通过政变登上皇位的叶丽萨维塔女皇,自己寻欢纵欲、荒淫无度,对下则残酷统治,民不聊生,导致大规模内乱不已。

军队腐败落后 军官队伍只强调盲目服从,各级军官只关心自己的官职和升迁,平时唯上是从,战时畏首畏尾,缺乏积极主动精神。贵族军官从军的目的是升官发财,对军事不感兴趣,甚至一窍不通。一些将军及其副官还带着女人

---

① 刘金质:《冷战史》,北京,世界知识出版社,2003年,第22页。

② 《马克思恩格斯全集》,第22卷,第44页。

和香槟酒上前线。军队内部阶级矛盾尖锐。农奴制的社会基础本身对军队就有深刻影响,军队内部贪污和虐待士兵事件骇人听闻,广大士兵和一些下级军官对沙皇和上级军官严重不满,还有许多人同情农民革命。在不到25年的时间里,俄军有将近23万士兵被交付军事法庭审判,有100万人病死。武器装备也严重落后。俄军军舰是帆船,而英、法两国的军舰是汽船;火药不足,弹药补充不及时。另外,整个俄军基本上没有真正的医疗服务和军粮供应服务;由于没有铁路等先进的运输工具,俄军的战略军需品供给和战略机动都需要依靠步行来完成。因此,尽管士兵们在克里米亚战争中勇敢地作战,但是,俄国还是在战争中失败了。

综合国力不支　俄国自诞生之日起就在不断扩张,随着版图的不断扩大,其扩张的欲望也日益增强。然而,俄国的综合国力难以支持长期的扩张战争。1890年俄国政府给陆军的拨款高达12 300万美元,加上海军拨款,俄国政府的防务总开支达14 500万美元。这个数额与德国相当,与英国接近,大大超过意、奥、美等国。当时俄国的资本主义经济发展水平落后于英、法、德等国。1890年俄国的国民生产总值为211亿美元,英国却有294亿美元,德国也有264亿美元。俄国的工业水平低于其他发达国家,俄国的工业相当于英国的15%、美国的22%、德国的29%、法国的38%。过度的军费开支严重影响俄国的整个国民经济,影响俄国人民的生活水平,激化了国内的各种矛盾。19世纪末到第一次世界大战时,俄国参战人员达到1 900万人,占总人口的11.2%,占男性人口的22.6%,农村的壮劳力基本上都抽赴战场;工业劳动力的75%直接为战争生产。经济力量不足是俄国军事上失败的重要原因之一。

二、争夺海上霸权的苏联

(一)"一战"后发展壮大和战争灾难

第一次世界大战期间,俄国已经成为帝国主义阵营中的薄弱环节。列宁认为,社会主义革命可能首先在一国单独取得胜利。1917年俄国二月革命后,列宁立即提出从资产阶级民主革命转变为社会主义革命的方针,1917年10月,列宁率领人民推翻了资产阶级临时政府,建立了苏维埃社会主义共和国。三年国内战争期间,又领导工农大众打败了国内外敌人的联合进攻,捍卫了新生的苏维埃政权。十月革命是历史上一次最深刻的社会革命,以无产阶级专政代替了剥削阶级的统治,开创了世界历史的新纪元,点燃了世界无产阶级革命的火炬,并为世界被压迫民族的解放运动开辟了广阔的道路。

十月革命之后,苏联开始进行社会主义建设。经过三个五年计划的建设,基本实现了社会主义工业化和农业集体化,完成了资本主义向社会主义的过渡,由一个落后的农业国一跃而为先进的社会主义工业强国。与1913年相比,1940年社会生产总值增长4.1倍,工业总产值增长6.7倍。这一年,苏联共生产电力486亿度,石油3 110万吨,煤1.66亿吨,生铁1 490万吨,钢1 830万吨。①

在第三个五年计划未完成的情况下,苏联遭到德国法西斯的侵略威胁。1940年8月,在德国入侵前夕,苏联政府开始进行战争准备,大力发展国防工业。"三五"计划期间,整个工业产值年平均增长13%,而国防工业产值每年增长39%。新式飞机、坦克、各种型号的武器和舰艇的产量迅速增加。有国防意义的企业优先得到了原料、设备、燃料和电力。用于国防的财政拨款不断增加。1937年拨款数为175亿卢布,1940年为570亿卢布。从1939年到1941年6月,苏联新建立115个师。1940年苏联武装力量的人数为420万,而到1941年年中,苏联武装力量的人数已超过500万。②

但是,在德国入侵之时,苏联尚未完成战争准备,战争期间苏联遭受了极其严重的战争灾难。德国法西斯洗劫了苏联1 710多座城市和村镇,给苏联造成了总值26 000亿卢布的物质损失,其中被掠夺和毁坏的贵重物品多达6 790亿卢布。苏联在战争期间约有3 000万人失去了生命。经过战争的洗劫,在苏联很难找到一个没有失去亲人的家庭。德国的入侵中断了苏联的社会主义建设进程,大战破坏了苏联的生产力,给苏联国民经济造成了严重的灾难。③

(二)"二战"后综合国力的快速发展

第二次世界大战之后,苏联国民经济得到了迅速恢复与发展,并很快取得举世瞩目的成就。第二次世界大战之后的很长时间,苏联的综合国力一直排在世界第二位。根据黄硕风研究员的计算,1949年苏联的综合国力指数为219,位居第二位。1989年苏联综合国力指数为224,仍然位居第二位。④在1999年李成勋等主编的《2020年的中国》一书中,苏联的综合国力总分1970年为

①② 聂奇金娜:《苏联史》,关其侗译,北京,生活·读书·新知三联书店,1959年,第157、166页。

③ 刘金质:《冷战史》,北京,世界知识出版社,2003年,第21页。

④ 李成勋:《2020年的中国》,北京,人民出版社,1999年,第35页。

4 061.3,位居世界第二位;1980 年为 4 212.5,位居世界第二位;1990 年为 3 930.4,位居世界第二位。[①] 俄罗斯的综合国力指数 2010 年为 2 730.1,2020 年为 2 514.7。俄罗斯的综合国力不能与美国相比,但是,支持发展海洋事业的综合国力基础还是比较强的,仍然能够保持海洋强国的地位。

第二次世界大战中苏联扩大了自己的版图,1941 年兼并波罗的海三国爱沙尼亚、拉脱维亚、立陶宛。苏联从芬兰、波兰、罗马尼亚、捷克斯洛伐克、日本等国取得了部分领土。苏联帮助东欧一些国家获得解放,使社会主义形成了一个阵营,变成了一种世界体系。苏联建立和扩大了防御区,国家安全得到加强。苏联参与了联合国的建立,成为常任理事国,并获得否决权。苏联在第二次世界大战中遭到了空前的破坏,付出了巨大牺牲,但也提高了在国际政治舞台上的地位与作用。

在第二次世界大战中,苏联建成了一支强大的武装力量,并以强大的重工业来装备这支部队。1945 年战争结束时,苏军共有 1 136 万人,是世界上人数最多的武装部队。在第二次世界大战中,苏联的军工生产能力大为增强,战争的最后 3 年,苏联每年平均生产 4 万架飞机、3 万多辆坦克、12 万门各种大炮、45 万挺机枪、300 多万支步枪和 200 多万支冲锋枪和几亿发炮弹。战争结束后,苏联军队人数减少了 2/3,但依然保留了 175 个师、2.5 万辆坦克、1.9 万架飞机。[②]

战争结束之后,斯大林决心要保持苏联的高度军事安全。红军仍然是世界上最大的国防力量。苏联红军需要进行重大改组和现代化,因而要调动国家的经济、科技资源,发展新的武器体系。1947—1948 年,米格 - 15 喷气战斗机开始服役,同时模仿美国和英国建立了一支远程战略空军。苏联利用俘虏的德国科学家和技术人员发展各种类型的导弹。战争时期苏联就已开始进行原子弹的研制。1945 年,苏联成立了研制原子弹和火箭的专门委员会。1946 年夏,苏联为发展核武器成立了专门机构。1949 年 8 月,苏联成功爆炸第一颗原子弹,1957 年有了氢弹。1957 年 10 月,苏联成功地发射了世界第一颗人造地球卫星,这表明苏联科技的某些方面已经走在美国前面。苏联海军也得到了改造,增添了新式重型巡洋舰和许多远洋潜艇。之后,为了争夺世界霸权,与美国展

① 李成勋:《2020 年的中国》,北京,人民出版社,1999 年,第 766 页。

② 刘金质:《冷战史》,北京,世界知识出版社,2003 年,第 20 页。

开了一场大规模的军备竞赛，这是苏联的悲剧。苏联的经济实力与美国相比，1950年是美国的30%，1970年上升到60%左右。这是苏联成为次于美国的世界强国的基础。但是，苏联的经济实力同美国还有很大差距，与美国进行大规模军备竞赛，是必然要出问题的。据苏联外长谢瓦尔德纳泽1990年7月2—3日，在苏共第28届大会上透露，苏联每年把预算的1/4用于军费开支。20年里，苏联同西方对抗的军费开支达7 000亿卢布，在远东同中国对抗的军费开支达2 000亿卢布，用于阿富汗战争600亿卢布，此三项开支，合计折合1万多亿美元。据国际战略研究所提供的数字，到1992年，美国和苏联已分别拥有9 862枚和10 909枚核弹头。苏联把主要人力和财力用于军事领域，拖垮了经济。

（三）国家海上威力理论

新时代的海权问题 苏联在20世纪60年代前后形成了海上威力理论，这可以说是新时代的海权论。这个理论是冷战时代苏联海洋战略的理论基础。海上威力论是在新的时代条件下提出的。在20世纪60年代，人类在海洋中的活动空间范围从海面发展到水下、上空以及大洋海底；海上兵力几乎能对地球表面上的任何一点实施攻击，超级大国据此称霸海洋、称霸世界。在和平时期，他们也把海军当作“炮舰外交”或“航空母舰外交”使用。在局部战争中，他们多次让海军充当重要角色。时代变了，“海权”的概念也比马汉的时代发展了。“海权”的行使不单纯是运用军事力量，还需要运用国家的整体力量，包括政治的、经济的、外交的与军事的一切现有的和潜在的能力和力量，才能达到控制和利用海洋的目的。“制海”的目的也不仅在于取得海洋交通的自由，还包括海洋资源开发与海外基地的利用。“制海”方式也不一定是“海战”，不同的任务需采取不同的方式，也可通过政治、外交斗争，通过国际会议，争取建立新的海洋法律秩序去取得。国家海上威力包括一个国家在多大程度上能够开发和利用海洋资源的能力，对海洋进行科学研究的能力，运输和渔业船队及其保障国家需要的能力，海上导航测量、打捞救生、环境监测监视和污染防治、情报资料、通信系统等设施和力量，以及造船工业能力等。

国家海上威力体系 在这种新形势下，苏联海军总司令戈尔什科夫在其《国家的海上威力》一书中，提出了海上威力理论。他认为，国家的海上威力就是合理地结合起来的、保障对世界大洋进行科学、经济开发和保卫国家利益的各种物质手段的总和。它决定各国为本国利用海洋的军事和经济潜力的能力。

对于苏联来说,海上威力是加强经济,加速科学技术发展,巩固苏联人民同友好国家和人民之间的经济、政治、文化和科学联系的一个重要因素。国家海上威力是一个包括各种物质力量和海洋环境在内的体系,这个体系的各个组成部分包括海军、运输船队、捕鱼船队、科学考察船队;这些物质力量与周围环境(海洋)是一个不可分割的整体,与海洋相互依存,才能发挥作用和表现其整体性。这位苏联元帅提出的国家海上威力"体系"理论,今天仍然有深入研究的价值,它在国家海洋力量宏观理论研究方面既有重要的理论意义,又有重要的实际意义。

海洋富国思想　戈尔什科夫总结海洋在世界历史上的作用时说:"各国在发展生产力和积累财富时,大洋所起的作用之大,是无法估量的。文明通常发源和发展于海洋之滨。居民以航海为业的国家,均先于其他国家成为经济强国。仅以荷兰、西班牙、葡萄牙、英国、日本和北美为例,就足以说明这一点。在人类历史的一定阶段上,极须利用无边无际的水域和资源。利用这些资源的能力越大,产生的国家海上威力的这一范畴的条件就越明显。"①

维护国家经济利益的原则。海洋政策的原则之一,是从海洋中获得国家的经济利益。"苏联政策的主要目的是经济共产主义和不断提高其建设者的生活水平。所以,对于苏联来说,海上威力是加强经济,加速科学技术发展,巩固苏联人民同友好国家和人民之间的经济、政治、文化和科学技术联系的一个重要要素。"②"因此,可以把海上威力看作国家经济威力的一个组成部分。""国家海上威力的实质,就是整个国家的利益最有效地利用世界大洋的能力。"③这个思想至今仍然有现实意义。21世纪初俄罗斯制定的海洋政策文件,都是从这个根本目的出发,解决加强海军建设、发展商船队和科学考察船队等"国家海上综合力量"建设问题,以及发展海洋事业的方针政策问题,都是为维护俄国的国家经济利益。

维护大国地位原则　戈尔什科夫说:"国家海上威力在一定程度上标志着一个国家的经济和军事实力。因而,也标志一个国家在世界舞台上的作用。"④今天,俄罗斯仍然认为海洋在维护大国地位方面的战略作用。要维护俄罗斯的国际强国地位,维护有利的世界政治军事环境,促进俄罗斯联邦和特殊区域的

---

①②③④　谢·格·戈尔什科夫:《国家的海上威力》,北京,海洋出版社,1985年,第9－10页。

社会经济发展,必须大力发展海上力量,维护其在海洋运输、海洋水产品、碳氢化合物和其他资源开采在世界经济市场上的地位,海洋科学研究在世界的地位等。

海上军事力量是强国的基础 戈尔什科夫在1956—1985年期间担任苏联海军总司令。戈尔什科夫倡导大海军主义,他认为:“海军的强大是促进某些国家进入强国行列的诸因素之一。历史证明,如果没有海上军事力量,任何国家都不能长期成为强国。一个沿海国家,它如果没有与它在世界上的作用相适应的一支舰队,就表明这个国家在经济上是相对地薄弱的。”海军的重要性不仅在于它是战时达到武装斗争的政治目的的强大手段,而且在于在和平时期它“可以用来显示一个国家的经济实力和军事实力”。在现代条件下,海军由于其打击力量的增长,“已成为最重要的战略因素之一,它能直接作用于敌集团军和敌国领土上极为重要的目标,从而给予战争进程以非常大的,有时甚至是决定性的影响”。苏联是一个大陆国家,但也是一个濒海国家,苏联必须拥有强大海军。①

(四)近海防御/争霸大洋战略

最初十年的海洋防卫战略 1904—1905年,日本和俄国在中国东北和东北亚海域进行了一场激烈的大海战,俄罗斯失败了。日俄战争之后,俄国海军衰落了。1918年,列宁签署了建立红海军的命令。在随后近20年当中,苏联相继建立了太平洋舰队和北海舰队。第二次世界大战期间海军遭受重大损失。1955年之前,苏联海军还是一个国土海军,只能进行近岸防御。但是,俄罗斯人的海洋意识并没有淡化,而是受当时的条件限制,无力恢复远洋海军,称霸世界大洋。当时,苏联实行积极防御战略,苏联海军实行近海防御战略,强调把海军兵力用于抗登陆作战。“二战”后最初十年,苏联大量建设适合近海作战的水面舰艇、水雷部队、沿岸活动的潜艇和大量的岸基航空兵。到1954年,海军总兵力为50万人,舰艇1 900艘,飞机4 000架,常规潜艇300余艘。②当时,苏联在沿海设置了两道防线:第一道防线距岸430海里,由潜艇和巡洋舰担任;第二道防线距岸130海里,由驱逐舰、鱼雷艇和航空兵担任。

积极进攻和争夺海洋霸权战略 1955年9月,苏共中央做出了加快海军

---

①② 丁一平,等:《世界海军史》,北京,海潮出版社,2000年,第665、667页。

建设的决议,明确提出海军建设的目标是“建设强大的远洋导弹核舰队”。苏联海军建设进入一个新时期。但是,苏共总书记赫鲁晓夫认为,战略火箭军是“国防威力的基础,整个军队中起决定作用的手段”“战争的结局将取决于核武器的拥有量”“空军和海军已经失去了它们过去的作用…… 不是要被削弱,而是要被代替”。因为,大型水面战舰已经过时,巡洋舰只适合于国事访问,而航空母舰只不过是核武器的“活动靶子”。在这种思想的支配下,赫鲁晓夫下令大量裁减常规部队,停止建造大型水面舰艇,集中力量发展核潜艇和远程航空兵。1955—1960 年,赫鲁晓夫四次决定裁减常规部队 334 万人;海军退役各型军舰 375 艘;海军近 2 000 架岸基飞机移交国土防空军,海军航空兵改为海岸火箭炮兵,并配备岸舰导弹,导弹潜艇的位置过于突出,大中型水面舰艇的发展跟不上,没有舰载航空兵。

1962 年 10 月发生的古巴“导弹危机”,苏联海军除了潜艇外,几乎没有能够派往加勒比海活动的水面舰只,运载导弹的舰只不得不接受美海军的检查。总结这些经验之后,戈尔什科夫提出了海军建设应“均衡发展”的理论。从那时起,海军又重新开始研制、建造大中型战舰。20 世纪 60 年代前半期,“莫斯科”级直升机母舰、“肯达”级导弹巡洋舰、“基尔丁”级导弹驱逐舰、“卡辛”级导弹驱逐舰陆续加入现役。70 年代,海军舰艇研制出“基辅”级航空母舰,“克列斯塔”级、“喀拉”级、“光荣”级导弹巡洋舰,“基洛夫”级核动力导弹巡洋舰,“卡宁”级、“改装卡辛”级、“现代”级、“无畏”级导弹驱逐舰和“克里瓦克”级导弹护卫舰。这些舰艇实现了大型化、导弹化、核动力化。[①]

1964 年,勃列日涅夫接替赫鲁晓夫出任苏共总书记。勃列日涅夫提出了既准备打核战争,又准备打常规战争的“积极进攻战略”,决定在优先发展核武器的同时,把扩充海军放在非常突出的地位,增强海军在国防体系中的作用。在这一战略和“均衡发展”理论指导下,苏联海军迅速发展。1963 年,海军军费占国防预算 15%,1979 年增加到 20% 左右。1963 年海军舰艇的总吨位是 170 万吨,1979 年已达 350 万吨。1966 年,苏联研制出可与美国海军的“北极星”级核动力弹道导弹潜艇相媲美的 Y 级核动力弹道导弹潜艇;接着,又先后推出了更为精良的 D 级和“台风”级核动力弹道导弹潜艇,成为第二支能从海上发射战略核武器的海军。到 20 世纪 80 年代前后,苏联海军发

① 丁一平,等:《世界海军史》,北京,海潮出版社,2000 年,第 668 页。

展到鼎盛时期。苏联海军除拥有北方、波罗的海、黑海和太平洋四大舰队，还建立了印度洋分舰队、地中海分舰队，在亚非拉拥有31个国家海军基地的使用权，苏联海军在世界各大洋都有了落脚点，成为一支能够在全球海洋执行任务的战略性军种，其海军实力除航母外已发展到与美海军大体相当的水平，从而对美国形成了全面的威胁，海军战略也已基本完成由"近海防御"向"远洋作战"的过渡。[①]

再次退回近海防御战略 1985年戈尔巴乔夫担任苏联共产党总书记。他提出了一整套"新思维"，导致苏联政治、经济、外交、军事等各个领域的深刻变化。首先，在军事领域，苏联的战争观发生了根本性变化。苏联认为，"赢得核战争本身的胜利已经是不可能的了""核战争中，既无胜者，也无败者"，常规战争也同样会造成人类的毁灭。因此，防止战争（无论是核战争还是常规战争）发生是苏联武装力量的主要任务。其次，在军队建设问题上，苏联开始认为，苏、美谁也不可能取得绝对优势，主张彼此间应保持低水平的均势。在国防力量建设上，苏联提出"合理足够"原则，"把武装力量和军事潜力保持在适度范围"。最后，在作战指导思想上，苏联放弃了"先发制人，主动进攻"的战略，提出了"纯防御军事理论"，宣称"在任何时候任何条件下，都不对任何国家或国家联盟采取军事行动"，"在任何时候都不首先使用核武器"。由于军事战略的转变，自1986年开始，苏军组织的集团军以上规模的演习全都是防御演习。1988年1月，苏联国防部指示全军要按"纯防御军事理论"组织训练。[②]

苏联海军的作战指导思想由"远洋进攻""先发制人"战略，变为"濒海方向的防御"和"对敌人的首次打击实施反击"，即"攻势防御战略"。海军的主要作战任务改为：一是对敌海军作战，二是对敌实施战略核威慑。其变化的实质是：由强调海军对陆上的支援作战转变为强调海军对海军作战；由对敌实施战略核打击转变为对敌实施战略核威慑。[③] 1986年以后，苏联海军部署在前沿的作战兵力开始收缩，远洋活动大幅度减少。部署在远洋的弹道导弹潜艇已撤回到近海；减少了驻地中海舰队的实力，舰艇数量由过去的50余艘减至30艘左右；解散了印度洋分舰队，至1991年底印度洋分舰队舰船基本撤回国内；撤回大部分驻越南金兰湾舰队；从1987年开始不再向加勒比海派驻舰艇。苏联海军出现

①②③ 丁一平，等：《世界海军史》，北京，海潮出版社，2000年，第669－675页。

"少而精"的特点,形成由潜艇部队、水面舰艇部队、海军航空兵、岸防部队和海军陆战队组成的精干力量,编为两个远洋舰队——北方舰队和太平洋舰队,两个内海机动舰队——波罗的海舰队和黑海舰队,以及里海区舰队和列宁格勒海军基地。海军总兵力为44.2万人。苏联海军仍是仅次于美国的世界第二大海军。

(五)海洋装备制造和海洋航运业

第二次世界大战末期,苏联拥有400多艘商船,总载重吨位约200万吨。这些船吨位较小,比较陈旧,速度较慢。当时苏联最新最好的船是战争期间根据租借法由美国供给的,自己的造船能力已经遭到严重破坏。

苏联的现代造船工业是第二次世界大战后发展起来的。波罗的海和黑海沿岸遭战争破坏的船厂得到了重建,北部地区和太平洋沿岸新建和扩建了许多工厂,能够为苏联海军建造舰船。20世纪90年代以前,苏联的舰船产量保持世界第二的地位,民船建造在世界名列第12位。苏联国内船厂建造的船舶占国家远洋运输船队总吨位的50%以上,渔船队达到60%以上,内河船队达到80%。每年建造的民用远洋运输船舶可达55万载重吨,造船生产能力的利用率达到55%~65%。

由于造船能力的恢复,20世纪中期,苏联的商船队发展很快,已经从近海船队变成船只数量名列世界第一,载重吨位名列世界第六位的船队。到20世纪80年代,苏联海运部下属的10家航运公司,拥有5 000多艘大中型远洋运输船舶,航行于世界五大洲四大洋。美国仅有商船500多艘,总载重吨位小于1 600万吨。苏联商船队遍及世界的60多条不同的贸易航线上航行,停靠在120多个国家的港口。

苏联商船队也是扩大苏联影响的一种工具。在非洲、中东和印度洋地区,苏联商船队在支持苏联的地区政策,对这些地区施加政治影响方面都作出了贡献。苏联远离本土的舰艇所需的大量重要后勤供应,主要依靠商船供应。苏联商船队是一个巨大的国家资源,能为国家增加收入,也是外交政策的工具,是向全世界显耀苏联国家实力和威望的一个明显标志,是扩大熟练海员的训练体系,与海军后勤部队密切协同,为苏联海军经常提供后勤支援,是一个遍及全球的情报搜集网。

(六)强大的海洋渔业

战后一段时期,苏联给海洋渔业巨大的投资,着重建造大型远洋渔船,在渔船上装备精密的探鱼设备、渔业加工机和冷藏设备。苏联拥有世界上最大的渔船队，约有4 000多艘远洋渔船。20世纪70年代，苏联渔船队捕捞量超过1 000万吨，仅次于日本，名列世界第二。苏联人利用庞大船队开发了遍及世界各大洋的渔场。苏联的渔船队自成一个体系，包括专门的修理船、拖船、油船和淡水船。有些辅助船还能支援海军的活动。1972年苏联在大西洋有一艘弹道导弹潜艇发生了严重的工程故障，就由渔业补给船给它数天的支援。

（七）不对称的竞赛和失败的改革

美苏不对称的竞赛 战后美国与苏联形成对立和竞争的两极体制。美苏两极体制是不对称的，苏联处于弱势地位。苏联在国际政治舞台上和国际组织中，处于少数或孤立的地位，受到各种制约，很难发挥作用；苏联是一个军事大国，但不是一个军事强国，它的军事能力远不如美国；苏联的经济规模只及美国的1/4，生产效率、技术水平、产品质量以及人民的物质生活水平远远低于美国，缺乏同美国竞争的物质基础；苏联坚持社会主义制度和共产主义的意识形态，在世界范围的影响和吸引力远不及美国；美国为实现霸权制定了全球战略，苏联关注的是周边地区，巩固和加强在东欧的地位。这种不对称的状况，对于苏联的发展是不利的。

苏联改革的失败 苏联经济体制一直沿用在20世纪20—30年代形成的斯大林经济模式，实行指令性计划和行政命令的管理，排斥市场作用。这种经济体制已经不适应新时代经济发展，需要进行改革。赫鲁晓夫时代苏联开始改革。到勃列日涅夫时代，改革成为不可逆转的潮流。勃列日涅夫时期苏联调整了农业，工业领域推行新经济体制，减少指令性计划指标，以利润为中心，加强经济的刺激作用，实行企业有一定自主权的完全经济核算制，改革工业管理体制，提高生产专业化水平等，经济改革取得了一定的成绩。1982年11月，勃列日涅夫逝世，安德罗波夫继任，继续进行改革。安德罗波夫改革的目的是巩固苏联社会主义制度。1984年，安德罗波夫病逝。由戈尔巴乔夫主管经济改革。1985年，戈尔巴乔夫担任苏共中央总书记后，进行了震惊世界的改革。但戈尔巴乔夫在改革中削弱了党的领导，甚至取消党的领导，用“新思维”代替了马克思列宁主义，同时，又未能处理好国内各民族之间的关系。苏联的改革失败了，苏联也解体了，独联体国家相继独立，俄罗斯继承了苏联的大部分遗产。

三、复兴海洋强国的俄罗斯

（一）确立海洋强国战略

国家海洋利益认定　苏联解体之后的俄罗斯，陆地面积1 700多万平方千米，海岸线长约3.8万千米，濒临13个海区，主张管辖海域面积700万平方千米，是一个临海大国，有广泛的海洋战略利益。[①]国家海洋利益是制定海洋战略的前提。为了制定新战略，2000年普京出任总统后制定了一系列文件，首先分析了俄罗斯的国家海洋利益，包括：俄罗斯在自己管辖海域和世界大洋的政治、经济、外交和军事利益。其中海洋经济利益包括：俄罗斯大陆架油气资源的勘探开采；海上运输和水下管道运输；国家、私营商业机构在世界海洋和沿海的大量经济资产；世界海洋矿产原料开采；外大陆架区域和可能重新划分的公海的利益。这些海洋利益面临各种威胁：主要海洋强国积极从事军事海洋活动，海军力量对比向不利于俄罗斯联邦的方向变化；主要国家海军集团提高其作战能力，包括打击俄罗斯联邦全境目标的能力；俄罗斯联邦通向世界海洋资源和空间、国际海洋交通线的限制，特别是在波罗的海和黑海，受到经济、政治和国际法压制；非法开采国家海洋资源的规模在扩大，外国对俄罗斯联邦海上活动的影响急剧增大；涉及里海、亚速海、黑海、巴伦支海、白令海和鄂霍茨克海的法律地位的一系列复杂的国际法问题没有解决，一些周边国家对俄罗斯联邦有领土野心。[②]

海洋强国的战略谋划　苏联解体之初的形势非常复杂，发展非常困难，又得不到西方的真正帮助，残酷的现实使俄罗斯人逐渐放弃了对西方的幻想，决心重新崛起，重新做海洋强国。1994年2月，叶利钦在国情咨文中强调，俄罗斯对外政策“要始终体现俄罗斯的大国地位”。[③] 1997年1月17日，叶利钦颁布了制定俄罗斯联邦世界海洋纲要的总统令和《俄罗斯联邦“世界洋”目标纲要的构想》，谋划恢复和保持俄罗斯海洋强国地位的战略与策略。1998年，俄

---

① 北临北冰洋的巴伦支海、白海、喀拉海、拉普捷夫海、东西伯利亚海和楚科奇海，东濒太平洋的白令海、鄂霍茨克海和日本海，西连大西洋的波罗的海、黑海和亚速海，南接里海，海岸线长约3.8万千米，具有成为海洋强国的客观条件。

② 俄罗斯在世界洋的军事战略利益，搜狐军事，http://mil.sohu.com，20100221。

③ 海运，李静杰：《叶利钦时代的俄罗斯·外交卷》，北京，人民出版社，2001年，第85页。

罗斯出台了一系列关于海洋战略的文件：8 月 10 日俄联邦政府第 919 号决议正式批准了《俄罗斯联邦“世界洋”目标纲要》《世界海洋环境研究子纲要》《俄罗斯在世界海洋的军事战略利益子纲要》《开发和利用北极子纲要》《考察和研究南极子纲要》《建立国家统一的世界海洋信息保障系统子纲要》。[①] 2010 年 8 月 12 日和 2011 年 3 月 4 日，对 1998 年制定的《俄罗斯联邦“世界洋”目标纲要》和子纲要等文件进行了补充和修订。俄罗斯还先后颁布了《俄罗斯联邦内水、领海及毗连区法》《俄罗斯联邦专属经济区法》《俄罗斯联邦大陆架法》等，不断完善海洋立法。

1999 年身体欠佳的叶利钦于 12 月 31 日向普京交权。普京上台后，很快就开始谋划海洋强国战略。2000 年 4 月公布《俄罗斯联邦海军战略》，提出了海军要面向世界大洋的宏伟战略构想。2001 年 7 月批准了《2020 年前俄罗斯联邦海洋学说》，分析了俄罗斯的国家海洋利益，明确了俄罗斯海洋战略的目标与原则，标志着俄罗斯海洋战略基本形成，进入了复兴海洋强国的新阶段。之后，又出台了许多战略性文件，如《2010 年前俄罗斯海军活动领域的基本政策》(2000 年 3 月 4 日俄罗斯总统批准)、《俄罗斯联邦政府关于海洋部门的决定》(2001 年 9 月 1 日俄罗斯联邦政府第 662 号令)等。2008 年 9 月 18 日，俄罗斯总统梅德韦杰夫批准了《2020 年前及更远的未来俄罗斯联邦在北极地区的国家政策原则》(2009 年 3 月 30 日正式公布)；2010 年 10 月 21 日，俄罗斯政府批准了《2020 年前及更远的未来俄罗斯联邦在南极活动的发展战略》；2010 年 12 月，普京签署了《2030 年前俄罗斯联邦海洋工作发展战略》。

俄罗斯关注的海洋战略区域　俄罗斯关注的战略海区包括大西洋、太平洋、里海、印度洋、北极方向。大西洋方向包括波罗的海、黑海、亚速海以及大西洋、地中海的长期任务；北极方向包括巴伦支海、白海以及其他北极圈内的海域；太平洋方向包括日本海、鄂霍茨克海、白令海、太平洋西北部地区、北部海上通道；里海方向包括里海国际法律制度、捕鱼、石油和天然气开发，保护海洋环境等；印度洋方向包括扩大俄罗斯运输船只和渔业捕捞船只活动区域，打击海盗，在南极洲进行科学研究，保障俄海军在印度洋的定期存在等。

---

① 俄罗斯海洋战略部分大多参考了左凤荣：《俄罗斯海洋战略初探》，《外交评论(外交学院学报)》，2012 年 5 期。

海洋战略目标和主要任务。俄罗斯海洋战略的总目标是恢复世界海洋强国地位。俄罗斯主要海洋战略任务有以下几个方面:①调整和发展海军;②调整和发展海洋装备制造业;③调整和发展海洋运输业;④恢复和发展海洋渔业;⑤加强极地和大洋勘探开发;⑥建设现代化海洋管理和执法体制;⑦建立统一的海洋信息保障系统。在这些战略任务中,重点内容包括:维护国家管辖的内海、领海、专属经济区和大陆架的各项海洋权益,维护公海法律制度,保护俄罗斯在世界海洋的利益;提高海洋防卫能力,维护海洋安全,保障海洋交通线安全;提高海洋科技、经济和资源开发能力,发展海洋经济;保障沿海地区居民生活和就业,减轻海洋自然灾害的危害;改善北极地带的发展能力,勘探开发北极资源;保护生态环境的可持续发展。[①]

(二)调整和重点建设海军

俄罗斯海军的组建 到1991年底,苏联各加盟共和国纷纷宣布独立,苏联解体。1991年11月21日,俄罗斯、乌克兰、白俄罗斯等原苏联11个加盟共和国首脑在阿拉木图会晤,决定成立"独立国家联合体",宣告"苏联作为国际法主体和地缘政治现实将要停止其存在"。[②]1991年12月25日,总统戈尔巴乔夫发表声明,宣布辞去苏联总统职务,苏联彻底解体。原苏联的大部分军队及大部分战略核武器被俄罗斯接管。俄罗斯接收了苏联海军的指挥机构、基地设施、院校及大部分武器装备和财产。1992年7月26日海军节时,苏联海军旗被俄罗斯圣安德烈蓝色十字星白旗所取代,苏联海军正式演变为俄罗斯海军。

苏联解体前,海军总兵力45万人,编有四个舰队、一个区舰队,各型舰艇2 300余艘,其中驱逐舰以上大型水面舰艇90余艘、战略导弹潜艇60余艘、巡航导弹潜艇42艘,各型飞机近2 000架。由于苏联海军分布在俄罗斯、乌克兰、阿塞拜疆、格鲁吉亚、土库曼斯坦、立陶宛、拉脱维亚、爱沙尼亚8个国家的40余个港口、基地内,这些国家都要求分得苏联海军的财产。里海区舰队位于俄罗斯、阿塞拜疆、哈萨克斯坦、土库曼斯坦四国境内。1992年4月16日,四国达成协议,各分得里海区舰队的1/4。波罗的海舰队的司令部设在加里宁格勒,主要舰船分布在俄罗斯、立陶宛、拉脱维亚、爱沙尼亚四国境内。波罗的海

---

① 左凤荣:《俄罗斯海洋战略初探》,《外交评论(外交学院学报)》,2012年5期。

② 丁一平,等:《世界海军史》,北京,海潮出版社,2000年,第802页。

舰队的十个主要基地只有四个在俄罗斯境内,因此俄罗斯海军在波罗的海的岸线大幅度减少,失去了一些重要基地。黑海舰队分布在俄罗斯、乌克兰和格鲁吉亚三国境内。俄罗斯将驻格鲁吉亚境内基地的舰艇全部撤离。1993 年 6 月,俄、乌两国就黑海舰队归属问题达成协议,同意将黑海舰队平分,各得 50%。1994 年 4 月两国又达成协议,黑海舰队的 80% 为俄罗斯所有。1995 年 6 月 9 日,俄、乌两国就黑海舰队问题再次达成协议:一是在黑海舰队基础上俄罗斯保留黑海舰队,乌克兰另建立自己的海军,俄、乌海军分开驻防;二是塞瓦斯托波尔仍然是俄黑海舰队的主要基地,黑海舰队司令部驻该地;三是俄黑海舰队继续使用塞瓦斯托波尔等基地(租期 20 年);四是按俄、乌各得 50% 的原则分配黑海舰队财产。由于乌克兰欠俄罗斯债务达 45 亿美元,乌克兰以所得部分财产作抵押,俄罗斯得到了黑海舰队 81.7% 的舰艇,而乌克兰只得到了 18.3% 的舰艇。1997 年,俄向乌移交了 52 艘舰艇。1997 年 6 月 12 日,俄罗斯黑海舰队降下苏联海军旗,挂起俄罗斯海军旗。北方舰队和太平洋舰队均在俄罗斯境内,因此基本没受大的影响。俄罗斯海军仍保持了原苏联海军的四大舰队和一个区舰队的体制。

海军战略的调整 苏联解体之后,军事战略做了调整,海军的战略使命由与美国争夺海洋霸权,逐步转变为保卫俄罗斯本土,抵御海洋方向上的威胁,保护海上交通线和海洋资源,因此海军战略由“远洋进攻”调整为“濒海防御”,作战指导思想从强调“先发制人”向注重“反击”转化,作战地域逐步向近海收缩,作战样式上改变了强调“对岸为主”的方针,主张对海作战,其中在近海海区打击敌水面舰艇编队和破坏敌海上交通线成为主要作战任务。近海是主战场,主要任务是对企图威胁俄罗斯及其盟国的侵略者实施海上威慑,抵御来自海洋方向的各种威胁,保卫俄罗斯的独立、主权、领土完整和国家利益,保护海上交通线和海洋资源等;在作战准备上,以应付海上局部战争和武装冲突为主,但仍把对付核威慑条件下的大规模常规战争作为战争准备的根本出发点。

2000 年公布的《俄罗斯联邦海军战略(草案)》认为,海军是执行国家政策的重要工具,是国家海上实力的主要组成部分,其主要使命是:保护俄罗斯在世界大洋上的国家政治、经济、军事和外交利益,促进和保持国家的经济发展,捍卫俄联邦的国际尊严,维护世界的军事政治稳定。海军的基本任务是:遏制敌国或其同盟从海上对俄罗斯及其盟友使用武力和以武力相威胁,防止发生武装冲突,并在早期制止其升级和蔓延;协助俄罗斯边防局保卫国家边境、特殊经济区和大陆架;保证俄罗斯国家经济部门和其他民间部门在与俄罗斯毗邻的海域安全航行和安全生产;对俄罗斯经济机构进行海洋学研究、水文气象研究、地图绘制和勘探等活动提供保障。保障民用和军用船只的航海安全。

海军体制编制改革 根据新的军事学说和新的战略思想,俄罗斯海军先后在体制编制、兵力部署、武器装备发展等方面进行了大幅度的调整改革。俄海军第一次调整改革于1992年5月开始,主要是大幅度削减装备和人员,完善指挥机构和管理机制,调整兵力部署,逐步向职业化军队过渡,组建10万人的快速反应部队。至1995年底,俄海军开始进入稳定发展阶段。

1997年7月16日,俄总统叶利钦签署命令,又进行了新一轮的军事改革,其主要目标是建立一支人数不多、机动灵活、编成合理、装备先进、有充分遏制能力的现代化职业军队。俄海陆空三位一体的战略核力量将以海基战略核力量为主。据此,俄海军制定了改革计划,第一阶段,继续保持四大舰队和一个区舰队不变,建成一支现代化的、各兵种和保障设施平衡的、能从海上方向保卫俄罗斯的海上力量。第二阶段,配备更新型的武器装备,完善指挥体系,用20年的时间将海军的战略核力量上升至俄军的第一位。俄海军改革仍在进行中。到目前为止,人员已裁减至20万左右。在裁减人员的同时,大量淘汰旧装备,大批服役20年以上和部分严重失修的舰艇被淘汰或转入预备役。目前,仅剩下舰船1 000艘左右,减幅达57%。俄海军重新制定了新的十年造舰计划,先后有一批新型舰船和飞机服役。在兵力部署上,俄海军重点加强北方舰队和太平洋舰队的实力,计划将40%的兵力部署于太平洋舰队,35%的兵力部署于北方舰队,剩余25%的兵力部署于波罗的海舰队和黑海舰队。北方舰队和太平洋舰队将主要由核动力潜艇、航空母舰及导弹舰艇、多用途登陆舰及海军航空兵等兵力组成,波罗的海舰队及黑海舰队则主要由多用途舰艇、常规潜艇、布雷和扫雷舰以及海军航空兵等兵力组成。俄国《军事检阅》杂志称,俄国制定了20年海军力量发展纲要,致力于发展一支300~320艘现代化战舰组成的蓝水海军,其中最精华部分是95艘潜艇。俄罗斯的潜艇性能非常先进。2004年试验的“圣彼得堡”号柴电潜艇,降噪技术近乎完美,攻击能力极强,鱼雷航速可以达到200节，西方潜艇根本无力防御。[①]

随着经济形势的好转，近年来俄罗斯进一步加强海军建设力度，以巩固海上大国地位。俄罗斯海军总司令弗拉季米尔－马索林2006年5月3日表示："目前我们的主要资金用于建造潜艇，我们应该用新型潜艇来全面更新现役战略核潜艇。"俄罗斯正在加紧建造新型"布拉瓦"洲际弹道导弹系统，以装备新型潜艇。与此同时，他指出，在完成上述任务后，俄将集中力量发展水上舰艇，建造小型炮舰和护卫舰。10年后俄罗斯将得到一支全新的海军，军舰数量300艘左右。[②]

俄罗斯还有重返大洋的雄心壮志。据俄罗斯《消息报》2006年8月1日报道，苏联解体15年后，俄罗斯海军发展进入到新阶段。[③] 俄罗斯制定的15年武器采购计划，力争使海军与战略核力量保持在同一水平上。在4.9万亿卢布(1 800亿美元)采购费中，25%用于海军舰艇的更新换代。俄罗斯还制定了2030年前船舶制造业发展战略，其中2006年2月"戈尔什科夫海军元帅"号驱逐舰开始建造。这是一种远洋战舰，俄罗斯海军计划定购20艘。俄罗斯还将发展航空母舰。

(三)海洋装备制造和海洋运输业

继承苏联舰船工业的基础　1991年苏联解体后，俄罗斯继承了苏联船舶工业50%～60%的科研机构和生产企业。此时，俄罗斯拥有造船企业和科研设计机构共170家，船舶工业从业人员22万人，其中科研人员约为3.6万人。1991年后，俄罗斯的造船规模急剧下降，军事订货占船舶产量的比例由60%减少到5%～10%，职工数量减至不足苏联时期的1/3，造船能力利用率低于17%，严重影响了船舶工业的产出规模。从1991年到1998年，俄罗斯造船产量下降了69%。据劳氏船级社公布的统计数据，2001年俄罗斯船舶工业造船产量仅为39万总吨。由于军事订货任务大幅度减少，国内用户缺乏经济实力订造新船，加之税收和财政金融政策等方面的因素，使俄罗斯船舶工业陷入深重危机，失去了世界先进造船国家的地位。近年来，俄罗斯造船企业积极开拓国际舰艇市场和民船市场，并取得了一定成绩。目前，俄罗斯建造的军用舰艇

① 《环球时报》，2005年12月5日。

② 2006年05月05日，舰船知识网络版。

③ 转引自2006年8月3日《参考消息》。

和民用船舶已出口到40多个国家和地区。

船舶工业体制和发展方针的调整　俄罗斯船舶工业的管理体制是:总统、俄联邦委员会、国家杜马是船舶工业管理的最高决策层,负责制定国家船舶工业发展的总体方针政策,对船舶工业进行宏观调控。俄罗斯舰船制造局是船舶工业的政府管理机构,其职责是贯彻国家船舶工业发展的总体方针政策,对船舶工业科研和生产进行协调和管理,对海军舰船武器装备的研究和发展给予总体上的指导,制定船舶工业发展规划和计划,组织舰艇和民用船舶的研究、开发建造、维修和现代化改装工作,负责舰船武器装备订货的监督和协调工作。国防部、经济发展与贸易部、科技部以及军事技术合作委员会等机构,也分别从不同角度参与船舶工业的管理工作。

俄罗斯船舶工业的发展方针也进行了多方面的调整:①制定了船舶工业的军转民计划,造船企业开始向民船建造领域扩展。一是进行船厂的现代化改造,从建造军舰转向建造现代化商船;二是扩大商船的产量,民船已出口到多个国家。②积极推进企业的私有化。俄罗斯造船企业分为三类:第一类是不经政府批准,根据自愿的原则实现私有化的企业,大多是小型企业;第二类是必须经政府批准进行私有化的企业,主要是大中型企业;第三类是继续保持国有性质的企业,北德文斯克造船厂就属于这一类企业。③进行企业重组。第一阶段是建立6个中心企业,将多个科研机构合并,形成红宝石国家潜艇制造和海洋技术装备工程中心,北方设计局国家水面舰艇制造工程中心等;俄罗斯还计划对圣彼得堡的海军上将造船厂、波罗的海造船厂和北方造船厂3家船厂进行重组,建立一个一体化的造船中心,然后按地区组成船舶工业联合体。下一阶段,在专门生产民用船舶企业的基础上,按地区成立船舶股份公司。第三阶段是按地域特点成立船舶制造协会,完成船舶工业重组计划。④进行企业的现代化改造,其中包括将海军上将造船厂7万吨级船台扩大为10万吨级船台,对船体装配和焊接设备、除锈和喷漆工艺及钢材加工车间进行全面的现代化改造等。

船舶工业发展现状　俄罗斯船舶工业是一个由造修船厂、舰船配套设备企业、科研设计机构和高等院校组成的综合体系,其中重要的企业和机构包括40家造修船厂、5家船用柴油机生产企业以及70家科研机构和设计局。目前,俄罗斯船舶工业主要有两个中心:一个是集中了大量舰船设计局、研究所、造船企业的圣彼得堡市,另一个是集中了许多著名造船和修船企业的北德文斯克市。俄罗斯的主要船厂,包括海军上将造船厂、波罗的海造船厂、北方造船厂、维堡造船厂、北德文斯克造船厂、红色索尔莫沃造船厂、泽廖诺多利斯克造船厂、共青城造船厂、哈巴罗夫斯克造船厂和符拉迪沃斯托克造船厂。

俄罗斯继承了苏联船舶工业的大部分造船能力,拥有雄厚的舰船武器装备研制生产能力。目前,俄罗斯拥有的40家船厂中,有能力建造长度为122米以上船舶的大型船厂有17家,能够建造大型远洋船舶的船厂有5家,能够建造的最大船舶吨位为10万载重吨级。除航空母舰建造能力受苏联解体的影响较大外,弹道导弹核潜艇、攻击型核潜艇、常规潜艇、导弹巡洋舰、驱逐舰、护卫舰、两栖登陆舰、水雷战舰艇、高速快艇、舰载导弹、鱼雷、水雷、舰炮和其他舰载武器装备,以及舰载作战指挥系统和导航设备等,基本上保持了较强的科研生产能力和技术水平,一些大中型水面舰艇具有世界领先水平。另外,在军转民政策的推动下,俄罗斯的民船研制生产能力和技术水平也有较大提高。

在民船方面,俄罗斯建造的船舶主要包括油船、成品油船、化学品运输船、散货船、杂货船、铝质游艇、冷藏船、内河客船、江海联运货船、核动力破冰船、冷藏渔船、滚装船、木材运输船、集装箱船和拖网渔船等。2008年俄罗斯政府先后通过了《2030年前俄罗斯联邦运输战略》和《2010—2015年俄罗斯联邦运输系统专项发展规划》,其中规定:2020年前建造19艘多用途救生船,12艘供应船,30艘潜水船;2015年前建造6艘核动力破冰船,7艘辅助破冰船,4艘港口破冰船;2015年前俄罗斯科学考察船有80艘船舶需要报废。预计2015年前,俄罗斯民用船舶需求共计518艘。

俄罗斯海岸线极其漫长,拥有众多边缘海,适合发展海洋运输业。俄罗斯各大海域都有一些重要港口。例如黑海有罗斯托夫、新罗西斯克;波罗的海有列宁格勒;北方海域有摩尔曼斯克;远东海域有符拉迪沃斯托克(海参崴)、纳霍德卡、东方港等。俄罗斯建立了波罗的海、黑海、北方、远东及里海五支运输船队。到2008年,船舶协会有80家会员公司,共有约400多艘大中型船舶,船队总载重吨位达1 200万吨。俄罗斯商船可到达124个国家,1 100多个港口。海运货物主要有煤、木材、矿物产品、谷制品、盐、机器设备等。

(四)重振海洋渔业

苏联时期渔业十分发达,捕鱼量最高年份曾经超过1 100万吨,远洋捕鱼船队也达到了鼎盛时期。苏联解体后,撤销了苏联渔业部,渔船队按照渔业公司的属地,有的分属独联体其他国家,有的已经倒闭,大部分渔业企业逐渐私有化,小部分保留为国有企业。到2003年俄罗斯渔业系统内只剩下286家国有企业,占1%;渔业集体农庄有477家,占4%;67.4%的企业是股份制的私人企业。2007年俄罗斯捕鱼量只有329.5万吨,不到1990年的1/3。为了扭转落后的局面,2007年恢复俄罗斯国家渔业委员会的设置,加强对渔业生产的宏观管理,重新修改了渔业法规,重新分配捕鱼配额,组建国家渔业船队公司。从2010年开始,从联邦预算中拨款设计试验并建造现代化的冷冻拖网渔船,租赁转移给渔业组织,重振远洋渔业。

(五)北极地区勘探开发战略

谋求控制北极地区的优势 北极地区是石油、天然气蕴藏丰富的未开发地区,控制北极资源是俄罗斯的重要战略目标。俄罗斯控制北极地区有三个原则:一是扇形原则,沙皇俄国于1916年9月29日正式宣布以扇形原则拥有北极地区;1926年4月15日苏联颁布《北冰洋陆地和岛屿为苏联领土的宣言》,主张凡位于北冰洋沿岸以北、东经32°4′35″至西经168°49′30″之间直到北极点的所有陆地和岛屿,都是苏联的领土;俄罗斯在苏联解体后仍以扇形原则为依据谋求取得对北极地区的控制权。二是先占原则,俄罗斯科考队在2007年8月2日搭乘微型潜艇下潜4 261米,在北极点海床上插上一米多高的钛金属国旗,象征性宣示俄罗斯对北极的主权。三是自然延伸原则,俄罗斯的扇形原则及先占原则一直遭到国际社会的强烈反对;2001年12月20日,俄罗斯依据《联合国海洋法公约》第76条第8项规定,向大陆架界限委员会递交了200海里以外大陆架延伸划界提案,包括4个有争议的大陆架区块,其中两个位于太平洋地区,另两个位于北极的巴伦支海中部地区与北冰洋中部地区,其中北冰洋区域面积达120万平方千米。

俄罗斯与挪威巴伦支海划界 巴伦支海位于俄罗斯与挪威北方,是北冰洋的陆缘海之一。俄罗斯主张以扇形原则划分巴伦支海,挪威主张采取中间线原则划分巴伦支海,两国争议的重叠区域17.5万平方千米。1957年2月15日,苏联和挪威签订了《挪威和苏联关于划分瓦朗厄尔峡湾海域边界的协议》,规定两国领海边界的北端点从陆地出发,采取等距原则朝东北方向直线划界,并在瓦朗厄尔峡湾收线,但未进入到巴伦支海。2007年7月11日两国修订了《1957年协议》,将海洋界线从瓦朗厄尔峡湾终点向北延伸,以俄挪争议区的中间线作为两国边界线。2010年9月15日,挪威和俄罗斯签订了《俄罗斯联邦与挪威王国关于在巴伦支海和北冰洋的海域划界与合作条约》,从而结束了挪威与俄罗斯持续40年的划界争端。《2010年条约》第1条明确指出,在巴伦支海和北冰洋的海域,两国放弃原先主张的等距原则及扇形原则立场,改为采取8个坐标点连成一条界线,将争议地区分成大致相同的两个区域。该条约已于2011年7月7日生效。

北极地区开发战略 2008年9月俄总统批准了《2020年前俄罗斯联邦北极地区国家政策原则及远景规划》,2011年公布了《2030年前俄罗斯大陆架调查与开发计划》,确定了开发北极大陆架的战略和政策措施。这些文件确定了俄罗斯在北极地区的国家利益:北极是俄罗斯的"自然资源战略基地";保持北极的和平与安定具有重要意义;保护北极独特的生态系统;北冰洋航线是俄罗斯在北极地区唯一的一条水上通道。

俄罗斯在北极的政策目标是:以北极作为俄罗斯主要战略资源基地,满足油气资源、水产资源和其他战略原料的需求;坚决捍卫俄罗斯在北极的北部边界,确保良好的作战体制,保持常规部队在北极地区所必需的作战潜力;保护和保持北极的自然环境,消除人类经济活动和全球气候变化对北极环境的影响;在北极地区建立统一的信息空间;加强基础性科学研究和应用科学研究,为北极管理积累现代科学知识和地理信息;研发适用于北极的防卫性武器、可靠有效的生命保护设备(系统)和生产活动设备(系统);建立俄罗斯与其他北极四国互利互惠的双边或多边合作机制。

《2020年前俄罗斯联邦北极地区国家政策原则及远景规划》,分阶段组织实施:2008—2010年,准备好地质、地理、水文、测绘的数据和证明材料,积极开展国际合作,多种渠道筹集资金,建立能源产业和渔业。2011—2015年,设法让国际社会承认俄属北极疆域,在开采和输送北极能源资源方面形成竞争优势,着手建立原材料基地和海洋生物资源基地,建设和发展沿岸的基础设施和交通管制系统,建立统一的信息空间保障系统。2016—2020年,把北极地区变成俄罗斯主要的"自然资源战略基地"①。

① 《2020年前俄罗斯联邦北极地区国家政策原则及远景规划》,中国网 china. com. cn,2011-04-28。

(六)建设现代海洋管理和执法体制

海洋领导体制的调整 为了实施新的海洋战略,恢复俄罗斯的海洋强国地位,俄罗斯加强了国家对海洋工作的协调领导。俄罗斯有多个涉海机构,包括国防部门、外事部门、海洋水文气象部门、产业部门、运输部门、科研机构等。为了协调这些部门的涉海业务,协调执行国家综合性海洋政策,2001 年 9 月 1 日,俄罗斯第 662 号政府决议批准成立联邦政府海洋委员会,该委员会由主席 1 人、副主席 3 人、29 位委员组成,是军事、安全、海洋、法律、经济、外贸六个委员会之一。海洋委员会主席由副总理担任,副主席有国防部长、交通部长、产业部长、海洋水文气象总局局长等。海洋委员会的主要任务是协调领导联邦政府相关机构和非政府组织,维护俄罗斯在内水、领海、专属经济区和大陆架、南极、北极的权益,军事政治形势的稳定,国防安全和海洋灾害问题,协调处理俄罗斯的国际权益问题等。具体功能包括:确定联邦在海洋领域的优先事项;协调联邦相关机构、科学研究单位、非政府组织的涉海工作;研究和准备关于海洋方面的政策建议,包括产业调整,海洋环境保护,海洋工作经费估算,国际海洋协议的协调,海洋政策的执行情况评估;协调联邦各机构执行总统和政府发布的涉海法律法令,研究和发展俄国在世界海洋领域的事务,海洋利用和自然环境保护;国外海洋工作项目的管理,包括军事技术和经济方向的工作,海外劳动力、财产和设施的合理利用;海洋信息支持等。

完善海洋执法体制[①] 俄罗斯海上执法任务包括《俄罗斯联邦国境法》《俄罗斯联邦内水、领海及毗连区法》《俄罗斯联邦专属经济区法》《俄罗斯联邦大陆架法》以及各涉海部门的行政法律法规所规定的任务。俄罗斯海上执法力量仍然受戈尔什科夫海上力量体系的影响,执法队伍是多种海上队伍组成的统一体系。海军是国家海上统一执法队伍的主要组成部分,参与执法任务。执法队伍还包括:边防局下设的海上治安与边界管护队伍,海关总署的海上缉私队伍,运输部领导的海上交通管理队伍和污染控制与海上救助队伍,农业部的渔业执法队伍,以及自然资源和生态部的环境监察队伍等。

联邦边防局及其海上执法队伍:1918 年 5 月 28 日,苏维埃颁布法令建立边防军,成为苏联军事力量的组成部分,由苏联安全委员会(克格勃)实行直接领导。1993 年 12 月 30 日,在边防军的基础上成立了俄罗斯联邦边防军

① 参考付雪芹的《俄罗斯海上执法主体设置模式》;中国日报网,2012 - 07 - 20。

总指挥部,1994 年 12 月 30 日改名为俄罗斯联邦边防局,2003 年 3 月 11 日,边防局划归为联邦安全局领导。联邦边防局是军事部门,承担保护海岸边界的任务。2005 年 5 月边防局改建为海岸警备队,向综合的现代执法体系转型。海岸警备队是海军的后备力量。海岸警备队的主要职责是:保卫俄罗斯的国界边界、内海、领海、专属经济区和大陆架及其水生物资源;调查和打击恐怖分子,打击非法运送武器、爆炸物、放射物质、毒药和其他可用于恐怖活动的物品的犯罪行为;在反恐行动中保障领海和专属经济区国家海运活动的安全。

联邦海关总署及其海上执法队伍:俄罗斯联邦海关隶属联邦经济发展和贸易部,实行垂直领导体制,由总统和政府实行总的领导。联邦海关对海关事务进行监督检查,同时还具有外汇监督管理、打击走私以及其他犯罪和行政违法行为的职能。

联邦渔业局及其海上执法队伍:联邦渔业局隶属联邦农业部领导。2008 年 6 月 11 日,联邦政府批准《联邦渔业局条例》,这是渔业机构海上执法活动的法律依据。联邦渔业局下设 20 个地区渔业局,主要分布在俄罗斯濒临的各海域以及内陆河流。渔业局的主要职能是:对渔业领域的生产活动进行调整;对水生物资源进行研究、保护,进行合理利用、保障其再生产及保护它们的生存环境;在渔业经济活动领域提供国家服务;保障在渔船和海港上渔业生产活动的安全;决定在专属经济区内俄联邦船只进行商业捕捞的区域和期间;与联邦国防部门、联邦环境保护部门等相关部门协商决定专属经济区内外国船只进行商业捕鱼的区域和期间,并通知联邦海关机构;确定生物资源捕获量的限额并经俄联邦政府批准;根据分配的限额,发放给本国和外国申请者生物资源商业开发执照(许可证);发放自然资源开发和海洋科学研究的许可证。俄罗斯的渔业执法人员配有武器,登船时发放,下船时收集统一管理。

联邦运输部及其海上执法队伍:联邦海洋和河流运输局隶属联邦运输部领导。在海洋和河流运输领域行使法律职权,主要工作方向是:保障海洋和河流运输的航行安全,免受非法活动的破坏;依据国际法和国内法保障集装箱运输,危险货物加工及运输的安全;制定海洋和河流运输安全领域的工作细则以及与国外相关机构进行合作等。隶属海洋和河流运输局的海洋安全局,是担任综合运输活动安全职责的鉴定机关。俄罗斯联邦运输监督局也是联邦运输部的下设部门,在民航、海洋、内水,铁路、汽车运输领域行使执法职能。

联邦自然资源与生态部及其海上执法队伍:自然资源和生态部的内设机构包括联邦水文气象和环境监察局、联邦自然资源利用监督局、联邦水资源局、联邦地下资源利用局,它负责资源利用、保护资源环境、保障能源安全方面的执法任务。其中,联邦水文气象和环境监察局的环境监察大队也是海上执法力量,监管监测海洋生态环境,海洋污染以及海洋资源的利用情况,会同联邦环境保护部门、联邦地质和矿产资源利用执行机构以及联邦渔业局,进行对海洋环境和海床沉积条件的定期观测、评估和预测。目前俄罗斯已在沿海地区和日本海临近水域设有 227 个环境污染监察站。

联邦海上搜救队伍:俄罗斯在海上事故搜救方面的行政管理机关主要有联邦运输部和国防部。运输部在下属的海洋和河流运输局设有 5 个海上搜救协调机构和 8 个地区搜救局。国防部在下属的海军中设立搜救总局,总局下设搜救舰队。

第十六章　美国

独立建国是美国走向强国的开端。独立之后,美国通过购买、兼并、武力占领等几种方式,成功扩大了国土面积,成为世界上国土面积辽阔的国家之一。美国在建国不久就形成了民主制度的理论和国家政体,这是美国能够成为世界强国的政治基础。进入帝国主义时期,美国成为经济实力最强的国家,为美国成为海洋强国奠定了坚实的经济基础。美国人的海洋意识很强,建国不久就形成了走向海洋的国家战略。走向海洋的最初目的,是为了保证美国集中精力进行国内建设,把海洋作为"护城河",用海洋把欧洲列强与美国隔开,保护本国的安全。当时,主要措施是"利用炮台与海军建立海岸防卫体系"。发展到帝国主义阶段之后,经济实力超过老牌强国,这个时期马汉提出了海权论,为美国走上称霸海洋的道路奠定了理论基础,并很快形成了统治海洋的国家战略。为此,美国开始建设全球海军。经过两次世界大战,美国成为第一海洋强国。冷战时期,美国和苏联成为称霸海洋的两霸。冷战之后,俄罗斯退守相关区域,美国成为世界第一海洋强国。

一、地跨两洋的地理优势

(一)独立建国

1776 年美国独立之前,其所在地区是英国、法国等欧洲国家的殖民地。英国殖民主义者利用它对殖民地的政治统治权力,竭力控制殖民地的经济发展,使它成为英国的经济附庸。从殖民的初年起,英国统治者就陆续制定了整套的航海法、贸易法、工业法和财政法,把北美殖民地的经济发展限制在英国利益所要求的范围以内,对殖民地工商业实行严格控制,与北美独立发展经济之间形成尖锐矛盾。这是美国独立革命的一个重要原因。

土地问题是殖民地和英国的另一个尖锐矛盾。英王在北美殖民过程中培植了大土地占有制。农民反抗代役租的剥削,纷纷向西部移居,自行垦种。英王为了维护贵族地主的利益,禁止农民西移占领土地。1763 年英国发布公告,宣布西部土地是英国皇家财产,殖民地人民无权迁居。这一禁令打击了农民反封建压迫的向西移动；同时，与要求在西部扩展种植园耕地的种植园主以及从事土地投机的商人，也发生了利益冲突。这项土地法令引起殖民地人民的普遍不满，加剧了北美人民的反英情绪。所以，土地问题是美国独立革命的另一个重要原因，它使独立革命具有明显的反封建性质。

英法七年战争后，英国国库空虚，变本加厉地压榨殖民地。1765 年英国颁布《印花税条例》，规定殖民地人民对所有报刊、法律证件、商业单据和各种印刷品都需交税。颁布《通货条例》，剥夺殖民地发行纸币的权利。通过《驻营条例》，派军队驻在北美殖民地进行镇压，并且强迫殖民地人民负担驻军的营房和燃料供应。殖民地人民遭受的经济剥削和政治压迫越来越严重了。因此，从 18 世纪 60 年代起，殖民地人民不断掀起反英斗争。1774 年 9 月 5 日，各殖民地派代表召开了第一届大陆会议，决定联合起来，反对英国殖民主义者。1775 年 4 月，北美人民拿起武器，奋起抗击宗主国军队的镇压。5 月召开第二次大陆会议，决定正式对英宣战，推举乔治·华盛顿为总司令。1776 年 7 月 4 日，大陆会议通过《独立宣言》，宣布解除对英王的隶属关系，建立独立的国家——美利坚合众国。战争打了近七年，北美人民终于取得了革命战争的胜利。1782 年 11 月 30 日，《巴黎和约》签字，英国正式承认美国。这也意味着诞生在 18 世纪强国如林的世界上的新兴国家，凭借新生的军事力量为自己开拓了生存之路。美国独立战争的历史也足以证明毛泽东的英明论断："小国人民只要敢于起来斗争，敢于拿起武器，掌握自己国家的命运，就一定能够战胜大国的侵略。这是一条历史的规律。"①

（二）扩大版图

成功扩大国土面积也是成为大国和强国的重要条件。美国独立后很快走上了领土扩张的道路，并且成功地把美国的版图扩大，成为世界上国土面积辽阔的国家之一。

美国扩大国土面积的办法有购买、兼并、武力占领等几种方式，非常成功。美国第二届总统（1797—1801 年）约翰·亚当斯野心勃勃地扬言，美国的领土是"预先注定"要扩展到整个北美。19 世纪上半期，通过侵略扩张，美国的领土向南伸展到墨西哥湾，向西伸展到太平洋东岸，构成了今天美国本土的轮廓。

① 毛泽东：《全世界人民团结起来，打败美国侵略者及其走狗》。转自樊亢，等：《主要资本主义国家经济简史》，北京，人民出版社，1973 年，第 150 页。

1803年,美国以每英亩4美分的象征性地价,从法国手里购买了面积达200多万平方千米的路易斯安那,使美国领土扩大到墨西哥湾。1810—1819年,美国采取先派兵强占,然后出低价购买的手段,仅花500万美元就从西班牙手里夺得了佛罗里达半岛。19世纪30—40年代,美国通过武装颠覆手段,从墨西哥获取了得克萨斯;又通过侵略墨西哥的战争抢走了墨西哥格兰德河以北的大片土地,它包括现今的亚利桑那、加利福尼亚、内华达、犹他、新墨西哥、科洛拉多等州。1846年,美国从英国手中取得包括现今奥勒冈、华盛顿、爱达荷三洲和怀俄明、蒙塔那两州的一部分,约74万多平方千米。1853年,美国又以10万美元强行"购买"现今新墨西哥和亚利桑那两州南部的狭长地带。在19世纪上半期的半个多世纪中,美国的领土从原来的230万平方千米,扩展到770万平方千米。1867年美国从俄国手中购买了阿拉斯加(151万平方千米),这样,美国领土的总面积达到920多万平方千米,从大西洋延伸到太平洋,约占北美大陆的一半。美国领土范围从大西洋向西推进了1 500英里,直抵太平洋沿岸。几十年的时间,美国成功地使自己成为世界上少有的大国。

现在的美国本土位于北美洲中部,领土还包括北美洲西北部的阿拉斯加和太平洋中部的夏威夷群岛等。全国国土面积962万平方千米,仅次于俄罗斯与加拿大。其北与加拿大接壤,南靠墨西哥湾,西临太平洋,东濒大西洋,海岸线22 680千米。地跨两洋的地理优势,是美国走向海洋,走向世界,成为世界超级大国的重要地理基础。

(三)民主制政体

美国在建国不久就形成了民主制度的理论和国家政体,为其长治久安奠定了政治基础。这也是美国能够成为世界强国的重要条件。1801年,托马斯·杰斐逊当选为美国第三任总统。杰斐逊是美国民主制度的主要理论奠基人。他的治国思想、内外政策、战略举措等,在美国历史上都具有奠基作用,特别是领土扩张、西部开发、向工业资本转化、国际上的孤立主义以及与英国、法国的较量,尤其是1812年战争等,都有力地巩固了美国的独立。杰斐逊还提出了一整套治国方针。在国家政体方面,他强调必须维护具有宪法效力的中央政府,认为这是国内和平和国家安全的依靠;坚信美国政府将是世界上最有希望、最强大的政府。在国家经济政策方面,他提出要鼓励农业生产,同时要发展商业为农业服务;号召节约公共开支、减轻劳动者负担、偿还国家债务等。在国内政治方面,提出应当保障人民享有信仰宗教的自由和出版自由,保护人身自由,人民应当拥有选举陪审团的平等权利等。在军事方面，他提出要训练纪律严明的民兵组织，作为维护国家和平的依靠力量，同时要建设正规军。在国际关系方面，他主张要对所有国家和平、通商、真诚友好，不卷入任何国际联盟。这些原则后来发展成为完善的国家政治、经济和法律制度，它保证美国在几百年时间里，始终保持国家稳定，经济持续发展，逐步成为世界一流大国。

（四）经济发展

南北战争后，美国扫除了资本主义发展的障碍，工业进入迅猛发展的新时期。据美国官方统计，1859—1914 年，美国加工工业的产值增加了 18 倍。在 19 世纪与 20 世纪之交，美国的资本主义工业化基本完成了，从农业国变为工业国。这时，工业成为美国国民经济的主要部门；重工业在工业中占主导地位，基本上能够满足国民经济各部门技术装备的需要。到 1913 年，美国工业生产的优势地位更为显著，在整个世界工业产值中占 38%，比英（占 14%）、德（占 16%）、法（占 6%）、日（占 1%）四国工业生产量的总和还略有超过。雄厚的经济实力使美国成为世界经济强国，也为美国成为世界海洋强国奠定了坚实的经济基础。

（五）守土保交战略

美国位于北美洲南部，东濒大西洋，西滨太平洋，是典型的海洋国家，受到海洋的恩惠最多。美国建立于 1776 年，是欧洲移民及其后裔建立的。欧洲移民是从海上来的，美国的发展也与海洋息息相关，因此美国人的海洋意识是很强的。1775 年 4 月 18 日，美国人民向英国殖民当局打响了争取独立的第一枪。为了打破英国的海上封锁和取得独立战争的胜利，美国建立了最早的大陆海军，并在独立战争中发挥了重要作用。在 1812 年爆发第二次美英战争之后，为了打破英国海军对美国沿海的封锁，保卫本国海疆，袭击英国海军及其海上贸易，美国建立了常备海军，并在战争中做出了重要贡献。这个时期的美国众议院议长海恩认为："加强海军不但是对美国最安全的防卫手段，而且是最便宜的防卫手段。"①

独立以后的一个时期，美国的主要任务是本土开发和建设，在美洲扩张领土，增强国力，防止卷入列强的争斗，遭受列强的侵略。这个时期开始奉行孤立

① 《海上力量世界史》日文版，第 274 页，转引自海军学术研究所《外国海军军事思想研究》，第 199 页。

主义外交政策。1797 年华盛顿在卸任时的国情咨文中说:不要把美国的命运与欧洲纠缠在一起。此后,美国开始长期进行国内开发建设,海洋方面的任务主要是防止列强入侵,防止海上贸易受损失,海洋战略是守土保交和袭击商船。1821 年,"工程委员会"提出一份政策报告,明确了"利用炮台与海军建立海岸防卫体系"的建议,被总统采纳,成为美国长期执行的国家海洋政策。一直到 1861—1865 年的南北战争时期,美国还在奉行守土保交战略。这种战略实质上是把海洋看成为美国的"护城河",用海洋把欧洲列强与美国隔开,保护本国的安全。

二、建设海洋强国和争夺海军优势

(一)海权论和建设海洋强国的决策

马汉的海权论 在 19 世纪末,美国发展到帝国主义阶段,经济实力超过老牌强国,因而进入全面扩张时期。就在这个时期,马汉提出了海权论,论证了海洋的战略作用和建设海洋强国的战略意义,为美国确立建设海洋强国战略奠定了理论基础。

艾尔弗雷德·塞耶·马汉生于西点军校。他的父亲丹尼斯·哈持·马汉早年毕业于西点军校,后来在西点军校任教,成为军用与民用工程方面的专家。马汉的童年是在西点军校度过的,从小的耳濡目染,长大后违背了父命考上了军校。1850 年从哥伦比亚大学转入波利斯海军军官学校,后在海军服役长达 25 年,对海军战略和海军史产生了浓厚的兴趣,利用研究的心得体会写了一本研究内战时期海军战斗的小册子《海湾和内陆江湖》。这本小册子给马汉带来了转机。卢斯恰巧看到了这本书,决定邀请作者到海军军事学院讲授海军历史课。1886 年,卢斯推荐马汉就任海军学院的院长。在此期间,他讲授当代海军战术和海军史,并把讲义写成了书。他的三部海军史著作产生了出人意料的巨大影响。这三本著作是《海权对历史的影响(1660—1783)》(1890 年出版)、《海上力量对法国革命和法兰西帝国的影响》(1892 年出版)和《海上力量与 1812 年战争的关系》(1905 年出版)。在此后的 20 年中,他先后出过 20 本专著和 137 篇论文,对他的思想进行了全面的阐述,提出了海权论,包括海权理论和海军战略理论。

海权论是建设海洋强国的理论基础。马汉反复强调的中心思想是,一个国家是否强大甚至能称雄世界,决定于它是否能通过海上力量来控制海洋。正因为英国控制了海洋，才能成为殖民帝国，从海洋贸易中获取了巨额利润，并在长达两个世纪的海上争霸中，将大陆强国一一击败。英国对海洋的控制，是决定最后结局的首要军事因素。他在《海权对历史的影响（1660—1783）》一书中说："经过不断地探求，我终于从联想中发现，对海洋的控制是一个从未被系统认识并阐述的具有历史意义的因素。一旦有意识地加以阐述，这个思想就自然成了以后二十年间我全部著作的核心。" 在1907年出版的《从帆船时代到蒸汽时代》中说："揭示对海洋的控制，无论是商业性的还是军事性的，历来就是强有力地影响各国政治的目标，同时又是决定这些政策成败的同样有力的一个因素，这一直是我的主要目的。"①

马汉认为美国具有成为海洋强国的有利条件。影响国家发展海权的因素包括：地理位置，自然结构，领土范围，人口因素，民族特点，政府性质。这些因素都有利于走向海洋，就有可能成为海洋强国。马汉坚定地相信，美国是具有政治和经济优势的国家，是下一个海上强国，甚至成为海上霸主。为了实现强国梦想，美国必须放弃"大陆政策"，走向海洋，占领海外殖民地，保护海上商船队。马汉梦寐以求的是夺取夏威夷，作为通向亚洲的跳板。

马汉的理论被西奥多·罗斯福总统和威尔逊总统当作国策积极地付诸实施，下决心要根据马汉建设海洋强国的思想，积极建设优势海军，并在美国树立了尊崇海军的传统观念，使美国很快成为海洋强国。

（二）掌握制海权的海军战略

1910年马汉出版了《海军战略》，提出了制海权理论。马汉认为，英国之所以能建立强大的日不落帝国，就在于其有强大的海上力量，夺取了制海权，从事各种占领和征伐。制海权的理论原则包括集中原则、舰队决战原则、攻势原则、内线作战原则等。马汉认为，要在战争中控制海洋，首先必须消灭敌人的舰队。最要紧的是美国必须建立一支现代化的海军，一支伟大的舰队，一支"具有进攻能力的部队，仅仅依靠它就使一个国家有能力向外扩展影响"。② 海军的目标是通过决战打垮敌人的舰队，夺取"制海权"。消灭敌人的舰队是海军在战争中的首要任务：敌人的船只和舰队无论在什么时候都是需要进攻的真正目

① 转引自王连元的《美国海军争霸史》，兰州，甘肃文化出版社，1996年，第36－37页。

② 拉赛尔·F. 韦格利：《美国军事战略与政策史》，北京，解放军出版社，1986年，第214页。

标,其他一切都是枝节问题,单纯靠袭击贸易并不能获得对海洋的控制。马汉接受了克劳塞维茨的战争是国家政策的继续的理论,提出了战争“不是打仗而是交易”的论点。他认为物质财富是国家强大和幸福的基础,为了积累财富,必须生产在世界范围内交换的产品,海洋是大自然赋予的伟大交通工具。海军作战的重要使命是控制海上交通线,阻止敌人使用这些海域。马汉在战略上和战术上都强调了集中兵力的原则,他指出英国把力量集中在欧洲海域,就阻止了其他强国企图染指更遥远的全部领地。在战术上集中兵力,就是在一个区域使你的力量对敌占有优势,而在另一区域尽可能地拖住敌人,以使你的主要攻击取得完满成功。

美国在海外扩张时期,根据马汉“集中兵力”和“夺取制海权”的原则,逐步改变了海军过去分散驻屯,依靠小型分舰队作战的方式,将其集中编成两洋舰队,依靠主力舰队实施海上决战,参与了欧洲列强的争夺与战争。马汉的理论后来在美西战争和两次世界大战中受到实战检验与发展,以后一直作为美国海军战略及后来的海上战略的基本指导思想。马汉的理论也有其致命的不足。首先他过分夸大了海上力量对历史的作用,推动历史的发展是各种因素的综合,包括政治、经济、科技、文化等,这些因素显然是比海上力量的作用更显著持久。其次是他忽略了潜艇、鱼雷对传统的海军战略和制海权的重大作用。

(三)建设蓝水海军

1890 年国会通过的海军法,同意建立一支深海海军,从此进入了建设全球海军的时代。在美国海军中,马汉的著作如同圣经,海军把书中提出的建造更多、更好的战舰奉若神明。1889 年 3 月共和党的本杰明 · F. 特雷西向国会提交的报告,提出建设两支战列舰队,12 艘用于太平洋,8 艘用于大西洋。1890 年,国会放弃了大陆政策和孤立主义,开始摆脱旧的海军战略思想,决定建立深海海军,走向世界大洋。首先要建造的是 3 艘战列舰:“印第安纳”号、“马萨诸塞”号和“俄勒冈”号。其吨位均为 10 288 吨,总造价为 650 万美元,航速可达 17 节。配备有 16 门火炮,最大的口径达 13 英寸。1893 年又建造了更为大型的战列舰“洛瓦”号,排水量为 11 346 吨,航速 17 节,配备了 12 英寸和 8 英寸火炮 12 门,重型装甲巡洋舰“布罗克林”号,1 艘实验性的潜艇和多艘防御炮舰。

1893 年民主党的克里夫兰重新当选总统,倾向于孤立主义,反对发展远洋海军。但是,新任海军部长赫伯特热衷海军工作,狂热地崇拜马汉,强烈主张制海权的重要性。甚至猛烈地抨击1881年海军重建时期建立了一大堆无用的垃圾，没有任何实战意义。他主张建立更多的战列舰，不仅能“保卫我们漫长的海岸线”，而且能“向居住在外国土地上的我国公民提供切实的保护，向我们的外交提供有效的帮助，在任何情况下保持我们的民族荣誉”。[①]在他的推动和主持下，美国的海军继续得到新的战列舰。1895年建造了一级战列舰“肯塔基”号和“奇尔沙奇”号，排水量为11 520吨，航速17节，4门8英寸大炮，4门12英寸大炮，每艘造价500万美元，6艘鱼雷艇，8艘辅助舰只。次年，又建造了3艘一级战列舰“阿拉巴马”“伊利诺斯”和“威斯康星”号，吨位还是11 520吨，航速17节，但火力有较大的改进，装配有不同类型的炮群。到19世纪末，美国海军已拥有9艘一级战列舰，2艘二级战列舰，2艘重装甲巡洋舰，十几艘装甲巡洋舰。海军工业逐步完善，海岸防御体系建立起来。美国海军力量已由原来的第12位，跃居到第5位，已经成为一支世界性海上力量。[②]

几乎每一个海上强权的兴起，都离不开大规模的海战。20世纪初美国打破了这个模式，通过一次舰队环球航行确立了海上强国地位。19世纪末20世纪初，美国的实力迅速膨胀，赶上了老牌帝国主义强国英国和法国，成为世界上最富裕和最强大的工业国家。1907年美国海军战舰组成了两支强大的舰队：一支是大西洋舰队，由8艘战列舰和一些小型战舰组成；另一支是太平洋舰队，主力是3艘战列舰。美国海军排于英国皇家海军和德国海军之后，位居世界第三位。强大的美国海军为后来组建“大白舰队”奠定了坚实的基础。“大白舰队”由16艘战列舰和7艘小型雷击舰组成，官兵达1.4万人。1907年12月16日，“大白舰队”从弗吉尼亚州的汉普顿海军基地起航，沿着大西洋一路南下，先后访问了巴西、阿根廷，然后穿越麦哲伦海峡北上，经过智利、秘鲁、墨西哥，最后来到美国西海岸城市旧金山。在旧金山休整了两个月，然后从这里出发，先后访问了新西兰、澳大利亚和菲律宾。1908年10月18日，“大白舰队”抵达日本的横滨港，日本人为美国海军的庞大阵容惊愕不已，感受到强大压力，开始认真对待这个对手了，一改蛮横姿态，同意在太平洋保持现状，尊重美国的“门户开放”政策。离开日本后，“大白舰队”经过中国、锡兰（今斯里兰卡）等地，穿越红海，通过苏伊士运河到达地中海，在那里做了短暂停留。地中海沿岸国家，尤其是传统海军强国意大利、法国大为震惊，甚至连海上力量最强的英国也被

①② 王连元：《美国海军争霸史》，兰州，甘肃人民出版社，1996年，第33、40页。

这种场面震撼了。“大白舰队”跨越大西洋,并经过加勒比海返航,于1909年2月22日回到美国的汉普敦海军基地。“大白舰队”的环球航行,让美国树立起海上强国的地位。

(四)夺取海军优势

两次世界大战为美国创造了大发展机遇,最终成为世界第一海军强国。第一次世界大战期间,美国的海军力量获得了惊人的增长。宣战之前,美海军仅有官兵6.7万人,大战结束时猛增到50万人,拥有16艘威力强大的“无畏”级战列舰,其舰龄均不超过8年。同时,这次大战还极大地锻炼了美国海军。到战争结束时,美国已成为世界一流的海军强国,只略逊于英国。

1916年,民主党总统伍德罗·威尔逊就呼吁美国应建立一支“最终……与世界上任何国家所维持的最强大的(海上力量)势均力敌”的海军,即世界第一大海军,并说:“让我们建立一支比它(英国)还要庞大的海军并为所欲为吧!”①从此,美国海军开始进入追求海上优势的新发展时期。美国国会于1916年8月29日批准了《1916年海军法案》。该法案规定:美海军要在三年之内建造4.3万吨级的战列舰6艘、3.2万吨级的战列舰4艘、4.35万吨级的战列巡洋舰6艘、侦察巡洋舰10艘、驱逐舰50艘、潜艇68艘,其他舰船10余艘。1916年的海军发展方案是希望使美国的海军力量迅速上升到第一位,超过世界头号海上强国英国。这个海军法案后因所有造船厂集中力量建造反潜舰而搁浅。

1918年12月,美国总统威尔逊向美国国会提交了一份新的发展海军计划。这份计划要求国会恢复已经停止的1916年主力舰建造计划,而且还要求加倍实现这个宏大的计划。据此计划,到1925年,美海军至少将拥有39艘无与伦比的战列舰和12艘战列巡洋舰。威尔逊的计划又遭到美国国会的否决。

在巴黎和会上,在争夺海洋方面,英美矛盾成为主要的矛盾,两国为此展开了激烈的争斗,英美代表甚至到了拍案而起的程度。美国叫嚷英国的海军实力和它的国防需要完全不相称,必须改变这种状况,并威胁要建立一支世界最强大的海军。英国宣称,将耗尽最后一分钱来使它的海军优于美国或任何一个国家,要求美国放弃它的海军扩建计划。结果,在这场被称为“巴黎的海战”(1919年1月18日至6月28日)的斗争中,美国没有获得成功。1919年4月10日,英美缔结了协定,美国放弃了海军扩建计划,并承认“作为海军强国的大

---

① 丁一平,等:《世界海军史》,北京,海潮出版社,2000年,第485页。

不列颠的特殊地位”。之所以如此,是因为英国暂时还拥有优势的海军,而美国一时还无法赶上英国。

巴黎和会后不久,1919 年 7 月,美国国会即同意恢复执行 1916 年海军建设计划。美国扩充海军的计划刺激了英国。英国海军部深知,美国一旦完成这项计划,将拥有一支数量大、现代化程度高的舰队,彻底压倒英国舰队,英国将失去海上优势。1921 年,英国议会痛下决心通过决议:除已建造的 4 艘战列舰外,再增建 4 艘历史上最强大的 4.8 万吨级战列巡洋舰,同时,还要建造 10 艘巡洋舰和 30 余艘潜艇。

日本也参加了这场海军竞赛。1920 年 7 月,日本政府通过了日俄战争以后即已提出的“八八舰队”计划。计划规定:日本海军建造两支舰队,一支是 8 艘战列舰,另一支是 8 艘战列巡洋舰,1928 年完成。其中“长门”号和“陆奥”号 1917 年和 1918 年开始设计,威力更强大的超级巨舰正在酝酿之中。扩充海军的势头加重了各国的经济负担。美国海军军费支出从 1917 年的 8 500 万美元增到 1921 年的 2.45 亿美元,几乎占了整个国家预算的 1/3。而日本 1921—1922 年的海军拨款占全部军事预算的 32%。军费开支的增加,使英国已无法忍受,1920 年 3 月,英国海军大臣已表示英将放弃一贯奉行的“双强标准”的传统政策。美国、日本也感到财政困难,坚持下去必然会导致财政危机。

英美两国希望召开一次国际性裁军会议,限制军备发展。在英、美进行了秘密接洽之后,哈丁总统于 1921 年 7 月 8 日指示国务卿休斯向英、日、法、意、中五国非正式地建议召开六国华盛顿会议。1921 年 11 月 21 日,华盛顿会议正式召开,这是在西半球首次举行的轰动一时的国际性会议。会议历时两个半月,于 1922 年 2 月 6 日结束。参加会议的除了上述六国外,荷兰、比利时、葡萄牙以及在远东和太平洋地区有属地或与中国有关系的国家也参加了会议,操纵会议的是美、英、日三国,对所讨论的问题具有主要决定权的是美国国务卿休斯、英国外交大臣贝尔福和日本海军大臣加藤友三郎。会议的主要任务是讨论“海军军备限制”和“太平洋与远东”问题。经过长达 87 天的激烈争论,1922 年 2 月 6 日,美、英、法、日、意五国签订了《关于限制海军军备条约》,即华盛顿五国《海军条约》,该条约由三章组成:第一章是“关于海军军备限制的一般规定”;第二章是“关于本条约实施的规则及用语的定义”;第三章是“杂则”。全文共 24 条 4 节。条约规定:美、英、日、法、意五国战列舰替换总吨位的限额为:美、英各 52.5 万吨,日本为 31.5 万吨,法、意各为 17.5 万吨;五国航母总吨位的限额是美、英各为13.5万吨，日本为8.1万吨，法、意各为6万吨；同时规定，没有主力舰的国家可以多加3.5万吨，没有航空母舰的国家可以多加2.7万吨。主力舰主炮口径不得超过16英寸，航母主炮口径不得超过8英寸。另外，还允许日本保留新建造的3.9万吨的战列舰“陆奥”号，英国完成4.1万吨的战列巡洋舰“胡德”号的建造；美国完成两艘3.3万吨航母“列克星敦”号和“萨拉托加”号的建造。

条约还规定：美、英、日不得在下述各自领土和属地内建立海军基地和新的要塞：①美国在太平洋中所有的岛屿、属地，但除阿留申群岛外的美国附近海岸，阿拉斯加、巴拿马运河区各岛及夏威夷群岛不属其列；②香港以及英帝国现在或将来取得东经110度以东的岛屿属地，但邻近加拿大海岸的岛屿、澳大利亚联邦及其领地、新西兰除外；③日本在太平洋中的岛屿领地和属地；④千岛群岛、小笠原群岛、奄美大岛、琉球群岛、台湾和澎湖列岛以及日本将来在太平洋中取得的一切岛屿或属地。

华盛顿会议后，各国都在“辅助舰只”的名义下加紧建造巡洋舰、潜艇等各类船只，力争夺取海上优势。英国1924年开始建造5艘万吨级的重巡洋舰；1925年又通过新的造舰计划，建造9艘万吨级、7艘8 000吨级巡洋舰。日本则开始建造4艘重型巡洋舰。这样，英国的重巡洋舰为美国的3倍，日本则比美国多了3.1万吨。1924年，美国国会通过了扩大海军法案，决定建造8艘万吨级巡洋舰。1927年，国会又通过法案，把海军预算提高到战前的4倍，短期内建造71艘各种舰只，以夺取海军优势。其他国家也在扩充海军力量。

为了限制其他列强的辅助舰只的发展，美国又提议召开英、法、美、意、日五国海军会议。1927年6月20日至8月4日，美、英、日三国在日内瓦举行了海军会议，但未达成协议。日内瓦会议失败后，列强间的海军军备竞赛变本加厉，势头越来越凶。1929年2月，美国又一次通过扩建巡洋舰的法案，规定在今后三年内建造15艘万吨级的巡洋舰。英国则大肆扩建新加坡海军基地。日益衰弱的英国感到要在扩军速度上同实力雄厚的美国竞赛，已越来越不能胜任了。

为了限制美国海军的发展，英国拉拢日本，提议再次召开五大国海军会议。1930年1月21日至4月22日，伦敦海军会议召开。4月22日签署了《伦敦海军条约》。条约重申了三国的战列舰比例仍为5:5:3，停建主力舰的终止期延至1936年年底；潜艇排水量不超过2 000吨；条约有效期到1936年截止。《伦敦海军条约》的签订是美国的胜利。按照条约，英国巡洋舰的最高吨位仅比美国多1.6万吨,即1艘巡洋舰的优势,英美两国驱逐舰和潜艇相等,日本则利用英美矛盾从中渔利,重巡洋舰方面取得了与战列舰相等的比例,驱逐舰方面则争得了有利的比例3:5:5,潜艇方面则与英美完全平等。伦敦会议表明,英国仅有的对美国的海上优势也丧失了,美国已经成为世界海上霸主。①

第二次世界大战期间,美国海军战略有了新的发展,发展了马汉夺取制海权思想。②在"二战"中,海战实践证实了马汉夺取制海权思想的正确性,同时又使之得到很大的发展。美国海军对夺取制海权这一战略思想与作战原则的发展,主要体现在以下三个方面:第一,建立了没有制空权就没有制海权的思想。马汉原来的制海权思想是强调通过以战列舰为主力的舰队决战夺取制海权。在美军参战时,其太平洋舰队战列舰几乎全在珍珠港事件中被日军击沉,舰队只能依靠航母作战,随着珊瑚岛海战、中途岛海战的胜利,美国海军逐步扭转了太平洋战区的战局,从而开始认识到航母的作用。海军的作战指导思想也随之发生根本变化,以航母为核心的思想取代了战列舰至上的思想,美国海军开始编组航母作战编队。第二,纠正了马汉片面贬低袭击商船作战的观点,发展了马汉通过控制海洋对敌进行经济封锁的观点。在太平洋上,美国海军共击沉、击伤日本船只2 225艘,625万吨,击沉军舰276艘,从而打垮了日本的战争经济,奠定了日本的败局。第三,发展了马汉的对陆作战思想,美国海军进行了大量的两栖作战,创造了越岛进攻战略,创立、发展和完善了两栖作战理论和方法。美国海军的两栖作战思想强调两栖作战在海战中的重要地位,强调陆、海、空三军的密切配合,强调建设一支水陆两栖型的海空力量。在这个基础上,美国海军的舰队决战思想已经不是马汉所指的那种平面决战了,而是包括航母和两栖部队在内的综合性立体决战。

在第二次世界大战中,美国做出了很大的贡献,也有巨大牺牲。但是,美国海军实力急剧膨胀。在战争结束的前一年,即1944年,美国海军拥有各类航空母舰125艘、战列舰23艘、巡洋舰67艘、驱逐舰和护卫舰879艘、猎潜艇近900艘、潜艇351艘。到1945年第二次世界大战结束时,美国海军已拥有10个作战舰队(太平洋舰队和大西洋舰队各有5个作战舰队),各类舰艇1万余艘,飞机4万余架,共300余万人,成为当时世界上最强大的海上力量。战争结束后,

① 丁一平,等:《世界海军史》,北京,海潮出版社,2000年,第496页。

② 美国海军战略与作战思想,aikanshu.com/books/7466/206336.htm,2005-08-16。

各国都大量裁军。美国海军到1946年6月30日止,从战时300余万人削减到113.9万余人,仍然是世界第一海军强国。[①]

三、称霸世界和统治海洋

(一)强大的综合国力基础

第二次世界大战之后,美国的综合国力一直排在世界第一位。中国军事科学研究院黄硕风研究员根据政治力、经济力、科技力、国防力、文教力、外交力和资源力等指标计算,美国在1949年的综合国力指数为337,远远高出位居第二的苏联(综合国力指数为219)和其他国家。1989年,美国的指数为439,更远远高出位居第二的苏联(综合国力指数为224)和其他国家。[②] 李成勋等主编的《2020年的中国》,也对综合国力做了研究,其中美国的综合国力总分1970年为4 989.2,1980年为4 726.5,1990年为4 674.4,2000年为4 770.2,2010年为4 663.4,2020年为4 575.7,各年份均超过第二名1 000总分以上。[③]这说明,自第二次世界大战以后到2020年,没有一个国家的综合国力能够与美国相比,美国支持发展海洋事业的能力是世界上最强的,这是美国长期保持海洋霸主地位的牢固基础。

世界大战使许多国家遭受严重的破坏,而美国却在战争期间获得了大发展。第一次世界大战前,美国的工业生产总值就已居世界的首位,黄金储备在1913年超过英、法、德三国的总和。战争期间美国又大发横财,实力更为雄厚了。大战中,美国参战较晚,损失最小,收获却最大。战争初期,美国打着中立国的旗号,利用各交战国迫切需要军火、粮食及其他物资的机会牟取暴利,战争结局基本清楚时参战,在战后的世界安排中争得了发言机会。整个第一次世界大战中,美国的工业生产总值大幅度增长,对外贸易几乎增长了3倍。从1914年到1919年,美国资本输出132亿美元,由战前的债务国跃为头号债权国,还清了原来所欠欧洲各国的60亿美元债务,而且,11个欧洲国家反而向它举债约100亿美元。战争结束时,世界40%以上的黄金储备都集中到了美国,它取代英国成了世界经济的中心,并且已经成为军事大国。

大作军火生意的战时政策 自1890年以来,美国一直保持世界第一经济

① 丁一平,等:《世界海军史》,北京,海潮出版社,2000年,第654页。

②③ 李成勋:《2020年的中国》,北京,人民出版社,1999年,第35、766页。

大国的地位。除了地理位置优越和丰富的自然资源外,美国政府实施的战略和政策起了重要作用。第一次世界大战爆发后的几年内,美国以中立为屏障,同交战双方做军火生意,获取380亿美元的巨额利润,使美国从债务国变成债权国。第二次世界大战爆发后,美国政府又大做军火买卖。经过第二次世界大战,美国工业产值在资本主义世界总产值中所占比重,从1937年的42%提高到1945年的60%,对外贸易从13%上升到32%,黄金储备从50.3%上升到1949年的74.3%。到1945年,美国控制了资本主义世界(不包括美国)石油资源的46.3%,占据了铜矿资源的50%~60%、铀矿资源的绝大部分以及铝、铅、锰等22种重要资源生产的1/4~1/2。美国不仅从供应军火和战略物资中获取1 500亿美元的利润,而且在全球建立近500个军事基地。

战争刺激了美国经济发展 在第二次世界大战期间,美国国民经济走上军事化道路,成为交战国的物资供应地和兵工厂,发了战争横财。大部分国家被战争拖得筋疲力尽,或仍处于“不发达”的殖民地阶段。而美国的国民生产总值从1939年的880.6亿美元增至1945年的1 350亿美元,以当时现值美元计算为2 200亿美元。战争结束时,美国拥有世界制造业总产量的一半以上,成为最大的商品出口国,甚至战后的几年内其出口仍占世界出口总量的1/3。由于美国大规模扩大造船设备,已拥有世界船舶供应量的一半。美国拥有世界船舶总吨位的一半以上,可以把本国的商品运往世界各地。战争结束时,美国拥有资本主义世界黄金储备的近59%,高达200.8亿美元。美国通过经济援助扩大商品和劳务输出。在国际贸易竞争中,美国的出口占世界出口总量的1/3。美国还通过援助贷款,使世界大部分地区的经济命脉同他们联系起来。美国利用强大无比的经济实力,有目的地推行自己的外交政策,谋取世界霸权。

战争期间形成的强大军事力量 战时结束时,美国有1 250万军事人员,其中海外驻军750万。美国的现代化武器数量世界第一。它有1 200艘大型军舰组成的舰队,10艘航空母舰为主力,实力超过英国皇家海军,美国航母特混舰队和海军陆战师,已经具备从海上向地球任何地区投送兵力的能力。美国有2 000多架重型轰炸机,打破希特勒空军在欧洲的制空权,使许多日本城市化为灰烬。美国垄断了原子弹,可以向任何敌人发动核打击。

战后科技革命的先锋 第二次世界大战后兴起了以原子能、电子技术和空间技术为核心的科技革命。世界大战期间,国外大批科技人才流入美国,美国的原子和电子科学技术有了突破性的进展。战争结束之后,这些科技成果逐步由军事部门转向民用部门,使美国成为科技革命的先锋。科技革命的发展带动了原子能、电子计算机、半导体、宇航、激光、高分子合成材料等一系列新兴工业部门的诞生,促进了钢铁、石化、汽车、能源等老工业部门的改造,也给农业带来了革命性的变化。农业不仅实现了全盘机械化,而且实现了电气化、化学化和良种化。

制度改革和创新能力 这是使美国保持世界第一经济大国地位的根本原因之一。在20世纪几个关键时期,美国都率先进行了经济政策调整。1929年10月24日爆发了以美国股市大崩溃为先导的经济危机,传统经济学的自行调节理论已经失灵。1933年3月4日罗斯福担任美国总统,开始实行“新政”,对社会经济制度进行了大胆的改革实验,从整顿银行、抓金融问题着手,宣布所有银行停业整顿,颁布《1933年紧急银行法》。之后,美国又相继颁布了《农业调整法》《全国工业复兴法》《社会保险法》等一系列法律,失业保险、养老保险和救济制度初步形成。在罗斯福“新政”实践的基础上,英国经济学家凯恩斯在1936年发表的《就业、利息和货币通论》,论述了国家干预经济和社会发展的必要性,提出了市场作用和政府宏观干预相辅相成的现代资本市场经济体制理论。其中许多都是在总结美国改革经验的基础上形成的。

美国也在不断调整发展战略和政策 20世纪70年代中期,发达国家陷入经济增长缓慢或停滞与通货膨胀加剧并存的所谓“滞胀”困境。针对这种情况,1983年美国成立了“工业竞争力总统委员会”,经过专家们一年半的调查研究,该委员会提出了《全球竞争:新的现实》报告,明确提出:美国产业结构调整的目标是提高国际竞争力。报告指出:面对众多追赶者,美国必须独辟蹊径,以产业结构调整为契机,重新获得国际竞争的比较优势,与追赶者重新拉开距离,保持和扩大美国在国际市场的份额。为加快产业结构调整和升级,美国大幅度增加了研究与开发投资以及发展高技术产业的投资。1990年美国对信息技术产业的投资超过对其他产业的投资,标志美国已开始向信息社会迈进。1993年担任美国总统的克林顿,集中专家的智慧,开始实施信息高速公路建设计划,大大加快了美国产业结构调整进程,为美国经济找到了新的增长点,使美国经济保持较长的增长时期和良好运行态势。

(二)称霸世界和统治海洋的战略思想

建立世界统治地位的思想 美国人很早就在谋划建立世界霸业。1941年初,美国《时代》《生活》杂志的老板亨利·卢斯在《美国世纪》一文中狂妄声称:"20世纪是美国的世纪","这是美国作为世界统治力量出现的第一个世纪",美国的主要目标"就是建立美国的世界统治地位"、美国应该"全心全意地接受我们作为世界上最强大、最重要的国家的责任和机会,并从而为我们认为合适的那种路标,用我们认为合适的那种手段,对世界施加我们力量的充分影响"。美国总统罗斯福勾画了一幅以美国为中心的世界蓝图:以美国为领导,以美国的价值观为核心,以美国的政治和经济模式为榜样,通过建立联合国、国际货币基金组织,确定新的国际行为准则,最大限度地实现美国的价值和利益。①第二次世界大战之后,美国实现了称霸世界的战略目标。

防止任何大国的崛起 1992年《纽约时报》披露五角大楼一份《国防规划指南》,其中说:"冷战结束后,就政治和军事而言,美国的至高原则是维护自身的全球统治地位,防止任何大国的崛起,尤其是在西欧、亚洲以及前苏联地区。"②美国的办法是以强大的武力为依托,实施全方位主导战略,由美国控制全球海洋、陆地、天空、外空和网络空间,以确保其统治地位千秋万代永存。这也为建设海洋强国、称霸海洋创造了条件。美国安全顾问布热津斯基也认为:苏联解体之后,美国的全球战略就是不惜一切代价阻止欧亚大陆再出现一个大国,以确保美国的霸权地位。"欧亚大陆集中了世界上大多数有抱负的国家。""欧亚大陆面积居全球大陆之首,是世界的轴心。主导欧亚大陆,就意味着能对世界上三个经济中心的两个,也就是西欧和东亚,发挥决定性影响。"③美国估计可能出现的超级大国包括欧共体、俄罗斯和中国。这几个政治实体的任何一个成为超级大国,美国都要"不惜一切代价阻止"。21世纪初期,发展势头最好的是中国,因此"不惜一切代价阻止"的,就是亚洲的中国,这就成为美国调整亚太战略的政治基础。

确确实实地统治海洋 马汉的海权论被美国政府所接受,成为指导美国制定海洋战略的思想武器。当时的海军部长特雷西说:"海洋将是未来霸主

---

① 以上引自刘金质:《冷战史》,北京,世界知识出版社,2003年,第24-25页。

②③ [美]威廉·恩道尔:《石油大棋局》,北京,中国民主法制出版社,2011年,第221-222页。

的宝座，像太阳必然要升起那样，我们一定要确确实实地统治海洋。”[1]里根总统也说：“美国应该是一个海洋强国，它在很大程度上依赖海洋进口极为重要的物资。我们和其他各大陆之间的贸易有 90% 以上是用船运输的。能否自由使用海洋是关系到我们国家命运的大事……海上优势对于我们来说是必不可少的。”[2]从马汉时代开始，经过 50 多年的努力，到第二次世界大战结束时，美国就成了世界第一海洋强国，实现了统治海洋的目的，成为海洋霸主。美国海军协会的海上政策报告说，美国是“世界海洋领导者”，要“确确实实地统治海洋”。[3]要建设立体控制全球海洋的海上力量、长期保持领先地位的海洋科研力量、适合本国优势的海洋经济、引领世界的海洋综合管理等。整个 21 世纪，美国都将是世界第一海洋强国，这个霸主地位还将延续很长时间。

海洋是财富的新海洋意识 美国建国早期的主要任务是本土开发建设，奉行孤立主义外交政策，防止列强入侵，防止海上贸易受损失，海洋战略是守土保交和袭击商船。国家逐步强大之后，奉行海权论，成为海洋强国，也逐步形成了建立海洋霸业的海洋意识。第二次世界大战之后，美国对海洋的认识不断有新的变化，形成了新的海洋意识。

第一，扩大海洋区域意识。1945 年 9 月，美国总统杜鲁门发布公告，宣布美国对邻接美国海岸的大陆架拥有管辖权，类似于当年扩大陆地版图，美国拥有了大面积管辖海域，由此引发了世界性的“蓝色圈地”运动，此后，世界海洋被划分为大陆架、200 海里专属经济区、国际海底区域和公海。

第二，海洋是资源宝库的思想。20 世纪 70 年代以后，美国对海洋的认识发生了新的变化。过去认为海洋是交通的公共通道、隐蔽战略武器的基地，都是海洋的间接作用。1966 年美国总统批准的《我国与海洋》报告，对海洋在国家安全中的作用、海洋资源对经济发展的贡献、保护海洋环境和资源的重要性，做了深入的阐述，形成了海洋本身也是资源宝库的思想。

第三，海洋是宝贵财富的思想。在 2004 年制定的海洋政策中，再一次重新评估了海洋的作用和价值，提出了海洋是宝贵财富的思想。海洋是地球和全部

---

①③ 阿伦·米利特，比得·马斯洛金：《美国军事史》，北京，军事科学出版社，1989 年，第 255－256 页。

② 转引自冯梁：《亚太地区主要国家海洋安全战略研究》，北京，世界知识出版社，2012 年。

生命的支持系统。它控制、支配天气和气候,为我们提供食物、运输通道、娱乐的机会、药物和其他自然产物,海洋也是国家安全的缓冲器。"美国是海洋国家"。"美国的专属经济区扩展到200海里近海,包括多种多样的生态系统,大量的自然资源,如渔业、能源和其他矿产资源。美国有13 000英里的海岸线,340万平方海里的海域,它比陆地50个州的面积还大。美国的专属经济区在世界上是最大的。"美国有1.4亿人口居住在离海岸50英里的沿海地区,预计2025年将有75%的美国人居住在沿海地区。

第四,海洋经济对于美国可持续发展有巨大贡献。2004年美国组织力量研究海洋政策时,形成了许多新认识:美国95%的外贸进出口物资通过海上运输;包括滨海陆域的海洋产业增加值超过1万亿美元,占全国GDP的10%(包括沿海县在内则达到4.5万亿美元;1 300万美国人在涉海产业就业;每年有1.89亿美国人到沿海地区旅游。[①]美国的经济发展是离不开海洋的。

(三)海洋安全战略/海军战略

国家海洋安全战略是运用政治、经济、军事、外交等力量,维护国家海洋方向生存和发展利益的方略,而海军战略则是筹划海军作战和建设全局的方略,二者有很大的不同。但是,美国早期并没有海洋安全战略的概念,第一份国家海洋安全战略文件是2005年发布的,在此之前,海洋安全战略的内容多与海军战略一起提出并发布,也多由海军提出。因此,我们把这两种内部联系紧密的战略一起分析研究。

冷战时期的"海上战略"　冷战时期是美国和苏联争霸的时代,也是他们争霸海洋的时代。美国"海上战略"的实质就是利用强大海上力量打败对手,获得海上霸权。"二战"结束时,美国海军有300万人,10个作战舰队,1万余艘舰艇,4万多架飞机。当时苏联还没有一支全球海军。美国还通过签订各种条约和双边军事协定,形成了广泛的同盟,在世界上有军事基地152个,加上辅助基地、机场、军港及其他军事设施,多达2 000多处。海外驻军总数达到58万余人,许多国家实际上已处于它的军事占领之下。20世纪70年代以后,苏联建成一支远洋海军,开始全球部署,对美国的海上霸权构成巨大威胁。为此,美国开始研究新的战略形势,制定新的海洋战略。1981年小约翰·莱曼出任海军部长,组织力量研究海军战略理论,1982年提出"海上战略"。"海上战略"

---

① The report of U.S. commission Ocean Policy,2004,第3页。

不是海军战略,而是海上战区各军种联合作战的战略,主要特点是强调:注重威慑能力,强调海上控制,主张前沿进攻,提倡联合作战,重视应对危机等。为了实施海上战略,必须保持海军优势,海军提出了600艘舰艇的庞大计划,以便与苏联进行全球大战。当时,平时将适当的兵力部署在前沿地区,防止不利于美国的危机和冲突发生或升级;当威慑失败,战争不可避免时,海军兵力灵活地采取"横向升级"的办法,不局限在事发地区与敌对抗,而是要与盟国的海上力量一道,利用海洋的流动性,深入敌方其他敏感地区,用对等的方式有效地打击敌人,使敌人顾此失彼,得不偿失,从而在有利于美国的情况下结束战争。冷战结束了,苏联失败了。

冷战后的"由海向陆" 1992年10月1日,美国国防部公布了《由海向陆》战略白皮书,对冷战时期的海军战略进行了许多重大的修改:变立足于与苏联打一场海上大战为以对付地区性冲突为主要目标,变前沿部署为前沿存在,变在海上作战为从海上出击,变独立实施海战为海上支援陆、空军联合作战。1993年1月克林顿入主白宫,修改了老布什"地区防务战略",强调保持强大的军事实力,积极参与世界各地区的安全事务,有效地对付地区危机和武装冲突等对美国安全利益构成的威胁。据此,美国海军于1994年9月19日又发表了《前沿存在……由海向陆》战略白皮书,其中增加了许多新的内容,把前沿部署作为海上部署基点,向敌近海及沿海地域进行兵力投送;同时还通过加强美军或与盟军进行训练、演习等对突发性危机迅速作出反应,实施主动威慑。同时,要注重保留一定的远洋作战能力,以保持海洋的有效控制权。

1997年,在克林顿政府的第二任期内,美国国防部提出了"塑造—反应—准备"的军事战略。美军在和平时期要以对美国有利的方式"塑造"国际安全环境;危机发生时能对各种危机作出迅速有效的"反应",并能打赢两场几乎同时发生的大规模战区战争;并立即着手为对付2015年后中国或俄罗斯的全球性挑战作"准备",确保美国在军事上的持续优势。根据这一新的军事战略,美国海军确定了保持12艘航母、300艘舰艇的计划。

2001年1月小布什上台,美国国防部于当年9月出台了《四年防务评估报告》。该报告明确提出美军四大任务:保卫本土;在世界关键地区对侵略和恫吓实施威慑;在多处同时击败侵略,并在一场大规模冲突中取得决定性胜利;遂行有限数量的小规模应急行动等。以对手具有或将具有何种作战能力,来规划和改造美军力量,提出大幅度增加军费开支,重点研制和采购导弹防御系统、先进信息系统、B－2隐形战略轰炸机、无人驾驶作战飞机、新型核动力攻击潜艇等；同时提出在东亚海域增加航母编队的存在、寻求更多的应急军事基地等多项措施。2001年年底又提出了《力量与影响……由海向陆》新白皮书，强调要建设一支拥有知识优势的网络化的海上力量，其核心能力包括前沿存在、对陆攻击、信息优势等。按照“由海向陆”战略的部署，美国海军由“蓝水”向“棕水”推进，将制海权从大洋延伸到其他国家沿海海域，由海向陆干涉和控制地区事务，建立美国领导的世界新秩序。

“由海向陆”为核心内容的新战略，主要特点是：第一，战争形式的多样化与作战对象的多元化。美海军未来进行的战争形式由打一场全球性的全面的海上战争转变为对付各种地区性冲突。美军要具备同时在世界两个地区作战，并打赢两场相当于海湾战争规模的局部战争的能力。美海军的主要作战对象由苏联海军，转变为第三世界国家的军队。美军今后的战略重点是对付发生在第三世界的地区性冲突，在这些冲突中，美海军要配合陆军和空军部队作战，支援战区或联合特遣部队作战。第二，以支援岸上作战为美国海军的主要作战任务。首要作战任务由控制海洋转变为支援陆上作战。新战略基本保留了战略威慑、前沿存在、兵力投送和海上运输等传统的海军任务，新的任务是远征作战、沿海作战。第三，夺取五维的作战空间控制权。世界上有60%的政治中心城市距海岸25英里以内。75%距海岸不足150英里。因此，一旦出事，美国要捍卫这类城市或地区的美国利益，海军将起重要作用。第四，以联合作战为主要作战方式。海军首先要与陆、空军并肩作战，其次要全力发展某些沿海作战所需要的作战能力，如浅水反潜作战、反水雷战、两栖作战和特种作战，兵力投送的能力也比以往要求更高。第五，灵活的编组和部署方式，包括：航母战斗群；两栖戒备大队和装备战斧巡航导弹的水面作战群组成的特遣部队；由部分扫雷舰艇加上若干艘担负护航任务的导弹护卫舰编成的特遣部队；协同陆、空军作战的航母战斗群和载有海军陆战队的两栖戒备大队组成的强大特遣部队。①

应对多种威胁的国家海洋安全战略　“9·11”事件后，美国重新审视安全形势，对安全威胁做出新的判断，确认恐怖主义是首要威胁，大国威胁是潜在威胁，全球化挑战是新兴威胁。为此，美国相继提出“防扩散安全倡议”“地区海

---

① 美国海军战略与作战思想，aikanshu. com/books/7466/206336. htm，2005－08－16。

上安全倡议”“千舰海军”计划等,目的是构建美国主导的海上安全体系。目前已经有几十个国家,不同程度地参与了美国海上安全体系的会议、演习等活动。美国国内各相关部门也都制定和执行了与海洋安全有关的计划。2004 年 12 月,美国总统指示国防部和国土安全部,制定综合性国家海洋安全战略,以保证各种海洋安全计划的有效执行。这项海洋安全战略的目的是,整合全部联邦政府海洋安全计划,保证联邦、洲、县,私人团体能够联合起来,并在全世界形成合力,共同对付海洋安全威胁,能够达到全球公共安全和私人海洋安全。2005 年 9 月,美国第一次提出《国家海洋安全战略》。这份文件认为,美国的安全威胁包括五大类:地区大国威胁,恐怖主义威胁,跨国犯罪和海盗威胁,环境破坏,海上非法移民。战略目标包括:防治恐怖主义袭击、犯罪或敌对行动,保护与海洋关系密切的人口中心和关键设施,减少损失和迅速恢复,保护海洋及其资源。这份文件还制定了 8 项具体计划,其中每一项针对海洋安全威胁的不同方面做了具体安排,8 项计划之间又有联系和相互支援。8 项具体计划是:海洋安全认知计划;全球海洋安全威胁信息汇集计划;海洋安全威胁应急计划;全球海洋安全延伸合作计划;海洋基础设施恢复计划;海洋运输系统安全计划;海洋商业安全计划;地方海洋安全延伸计划。

21 世纪海上力量合作战略 2007 年,美国海军、海军陆战队和海岸警卫队发布《21 世纪海上力量合作战略》。这份文件认为,现在的世界既不可能完全是战争、也不可能完全是和平的时代,世界各国存在激烈竞争,也面临大国战争、地区冲突、恐怖主义、大规模杀伤性武器扩散、能源战争、社会动荡和自然灾害等威胁。美国海洋安全战略的目标是:确保美国免遭直接打击,保证战略通道安全,保持全球行动自由,巩固同盟关系,创造良好安全环境。为此,新的任务是:利用前沿部署的力量限制地区冲突;威慑大国战争,打赢国家战争,加强本土纵深防御,发展国际伙伴关系,防止或遏制地区破坏。为此,美国海上力量必须提高前沿存在能力、威慑能力、海上控制能力、力量投送能力、人道主义援助能力等。

(四)亚太再平衡的地缘战略

美国亚太战略重点的多次调整 2012 年美国对其地缘战略做了重大调整,提出了亚太再平衡战略。近代以来的长期历史上,美国的地缘战略重点有时在欧洲,有时在亚洲,有过多次调整,这与美国的地缘战略环境和形势有关。美国地处北美大陆,东临大西洋,西濒太平洋,东西海岸有两洋保护,南北陆上无强邻威胁。美国地缘战略的重点不是处理周边国家关系，而是处理欧洲和亚洲、大西洋和太平洋的关系问题。1898 年美国就建立了大西洋舰队和太平洋舰队，力量部署的重点多次在两洋之间调整。①第一次世界大战后，由于日本海军迅速壮大，并开始向太平洋地区扩张，威胁美国的海上交通线，美国一直把日本作为假想敌，1916 年美国曾针对日本把最先进的战列舰派往太平洋舰队，同时制定了针对日本"彩虹 2 号""彩虹 3 号"的战争计划。②第二次世界大战期间，美英等国认为，世界政治进程取决于欧洲和北美，德国是威胁最大的法西斯国家，因此实施"先欧后亚"战略，力量部署的重点是对德作战。在太平洋战争爆发后，美国也调整了力量部署，1942 年美国在太平洋战场集结了一半以上海外陆军师、1/3 的航空大队、海军和海军陆战队的主要力量投入太平洋战场。③第二次世界大战结束之后，美国的亚太安全战略主要是对抗中国、朝鲜和越南，构筑"反共防波堤"。由 1947 年《美菲军事基地协定》、1951 年《澳新美太平洋安全保障条约》《日美安全保障条约》、1952 年日台《和约》，形成日本 - 琉球群岛 - 台湾 - 菲律宾 - 澳大利亚"近海岛屿链"。1954 年 9 月，美、英、法、澳、新和泰、巴、菲八国签订《东南亚集体防务条约》，形成集体防务体制，封锁中国、防止共产主义蔓延。④2011 年 2 月 8 日发布《美国国家军事战略报告》：我们国家战略优先重点是亚洲太平洋地区；亚洲太平洋地区财富占全球财富的份额不断增长，从而推动着区域军事能力不断增长；财富和军力增长引起地区安全结构变化，给我们国家安全和领导地位带来新的挑战和机会。这就是美国实施亚太再平衡战略的理由；这个再平衡战略 2012 年正式推出，目前正在积极落实。

新亚太安全同盟　新的亚太安全同盟可以分为多个层次，日本、韩国、澳大利亚是第一层次的重要盟友，美国在这些国家驻军，直接建立打击战略对手的军事基地；菲律宾、泰国、越南、马来西亚、巴基斯坦、印度尼西亚、新加坡等国是第二层次盟友，美国与这些国家建立军事合作伙伴关系，支撑美国对抗战略对手。印度是美国在亚太地区次一级的合作伙伴，支持印度的发展，牵制战略对手。新的同盟关系已经成为美国主导的多边同盟网络，其作用是挑拨中国周边国家制造麻烦，遏制中国发展，迟滞东亚区域一体化进程；同时，直接锁住中国的海上实力拓展空间，而又避免了与中国的直接对抗和冲突。

日美新海权同盟　2009 年，日本海洋政策研究财团与美国太平洋论坛、新美国安全中心、美国企业研究所，合作提出建立新海权同盟的建议——《为安定和繁荣海洋的日美海权同盟》。同盟目标是构筑新海权同盟，确保航行自由和海上通道安全，预防与海洋权益有关的武力争端，保护海洋环境与促进海洋可持续开发等。同盟的任务包括：日本和美国在利用海底非生物资源、生物资源、海水资源、海洋能源等方面发挥主导作用；解决海洋保护领域的重大课题、海洋监视系统及技术开发等方面的合作；日美应共同致力于确立以《联合国海洋法公约》及其他关联条约为基础的国际秩序；在国际海底资源开发有关的问题、专属经济区内利用国的国家行动和沿海国的利益调整等问题。另外，要强化日本和美国在印度洋、太平洋的海事合作活动：加强日本和美国在马六甲、新加坡海峡以及周边的航行安全支援，并与印度协调，将支援活动延伸至印度洋；以日美合作为基础，与欧盟、俄罗斯、中国等合作，应对索马里附近海域海盗行为；支援发展中国家开发其沿岸区域、维护国际海峡航行安全和治安，保护海洋环境，教育培训海上保安职员，在共享海洋安全保障相关情报方面扩大外交措施。同盟的具体机制包括：一是应对围绕资源发生的争夺，预测国家管辖海域划界争端事态的发展，预防武力争端共同应对机制；二是应对寻求霸权的国家进出海洋，导致安全保障不安定的事态，日美与各国合作，完善情报、监视和侦察工作；三是日本海上力量和美国海上力量合作的机制；四是完善利用海洋、宇宙空间和网络空间的相关系统；五是必须考虑到气候变化导致安全保障环境恶化并发展成武力争端的事态；六是日本应尽早解决其宪法的相关解释问题。①

重新部署海空力量和海空一体战 美国已经明确提出，最终要把60%的海空军力量部署在太平洋地区，实施海空一体战。海空一体战是2009年年底五角大楼的战略研究人员提出的，目的是整合美国海空军战力，并联合亚太地区盟友共同遏制或击败潜在的对手。美国战略研究人员认为，中国已经成为威胁美国霸权地位的国家，美国将面临中国军队4个方面的威胁：一是反卫星武器的威胁；二是网络战武器的威胁；三是弹道导弹的威胁；四是反舰导弹、远程航空兵的威胁。空海一体战是应对中国威胁的作战样式。海空一体战的主要战场是西太平洋战区。西太平洋是战略展开的前沿和核心地区，美国在西太平洋有重要的政治、经济和安全利益。美军已经开始在西太平洋地区部署空海一体战，包括进一步加大西太平洋地区的战场建设力度，增加关岛空、海军的常驻

---

① 《日美海权同盟》建议合力构筑新海权，载《中国海洋报》，2010年8月13日。

兵力，加强西太平洋地区空海联合军事演习，加强亚太地区军事基地建设等。海空一体战的主要战场锁定亚太地区，将动员亚太盟友参战，广泛使用亚洲的备用基地。

（五）海洋发展战略

海洋经济发展的总体估计　美国的海洋经济是指来自海洋（或五大湖）及其资源为某种经济直接或间接地提供产品和服务的经济活动，一般是指海洋运输、海洋工程建设、能源开发、商业捕鱼、休闲垂钓和划船、水产养殖、旅游等产业，没有以海洋经济名义进行的统一统计，我们见到几次统计数字，都是不同年份相关研究项目的统计。20 世纪 80 年代研究美国海洋政策时，做过一次统计的数字是 300 多亿美元。2004 年再一次研究海洋政策时有公布了一次数字：美国海洋产业对国内生产总值（GDP）的直接贡献为 1 170 亿美元，创造就业机会 200 多万个；美国沿海地区每年经济总产值超过 1 万亿美元，占国内生产总值的 1/10。2013 年编制海洋政策实施计划时又公布一次数字：美国的海上航运、海洋工程建设、能源开发、商业捕鱼、休闲垂钓和划船、水产养殖、旅游等经济活动，对国民经济贡献 2 580 亿美元的国内生产总值，吸收 280 万就业人员。沿海县级地区的贡献也很大，2010 年，美国沿海和五大湖沿海县的国内生产总值（GDP）6 万亿美元，占全国的 41%，提供约 4 400 万个就业岗位，发放 2.4 万亿美元的工资。

海洋发展蓝图　2004 年，美国形成了全面发展海洋事业的规划蓝图，其中包括：第一，国家海洋资产与挑战，内容包括国家海洋政策的背景，美国海洋工作的发展过程，海洋经济成就、海洋运输和港口价值、海洋能源和矿产资源价值、海洋生物多样性价值、海洋对人类健康的作用、海洋旅游娱乐价值评估，制定新的海洋政策的指导原则等。第二，国家海洋政策框架，内容包括美国海洋管理体制现状分析，加强国家对海洋事务的领导与协调，推动实施地区战略，加强联邦水域的管理，改革海洋管理体制和调整联邦涉海机构职责。其中有九点最重要：一是分三步调整联邦政府海洋管理机构，第一步是加强海洋大气管理局的职责，第二步是合并联邦机构的同类涉海计划，减少重复，第三步是建立统一的自然资源部，把海洋工作并入该部。二是提出加强领海之外联邦水域管理问题，这是一个新问题，其他国家目前还没有把这个问题提到议事日程上，有借鉴意义。第三，海洋教育与公众海洋意识，内容是在美国开展全民海洋教育，在中小学课本中增加海洋科学知识，加强高等海洋教育，实施海洋知识的终身教育,使美国人一代一代保持强烈的海洋意识。这个问题非常重要,也具有很重要的借鉴意义。第四,实现沿海经济的可持续增长,主要内容包括正确认识沿海地区的重要地位,将沿海地区和江河流域的管理与近海管理结合起来,减少沿海地区灾害影响,保护沿海地区人民的财产,恢复遭到破坏的生境。这里有两个值得注意的新问题,一是提出了开展沉积物管理的建议可能也值得我们研究;二是提出把入海河流的流域与近海一体化管理,因为这个区域内在联系密切,相互影响很多。第五,改善沿海水域环境,主要内容包括加强点源和面源控制,减少污染物入海量,其中包括解决大气来源的污染物问题,建立国家水质监测网络,控制船舶污染,防止外来物种入侵,减少海洋垃圾,减少渔具垃圾等。第六,加强海洋资源保护与利用,主要内容包括加强渔业管理工作,加强渔业资源增殖,减少渔船过度投资,加强国际渔业管理,明确哺乳动物和濒危物种保护职权,解决海洋环境污染对养殖业的影响问题,实施人类健康计划,把海洋与人类健康协调起来。加强油气资源开发和管理,评估天然气水合物和可再生能源的开发潜力,加强其他矿产资源管理。第七,加强海洋科学研究,主要内容包括增加投资,加强海洋调查、测绘,海洋和沿海气候、生物多样性、沿海社会经济研究,建立海洋综合观测系统,创建海洋技术中心,促进海洋数据和信息管理现代化,开发海洋信息产品等。第八,国际海洋政策,主要内容包括通过参与国际海洋科学研究项目、全球海洋观测系统建设等,加入《联合国海洋法公约》,保持美国在国际海洋事务方面的领导地位。第九,实施新的海洋政策的资金保证,主要内容包括建立海洋政策信托基金,加大资金投入力度,发展海洋教育、海洋调查与科研、海洋监测、海洋测绘以及其他沿海项目。要把海洋利用收取的税收更多的用于海洋和沿海管理工作。

(六)海上力量建设

美国海军协会的海上政策报告(2009—2010,2011—2012),详细介绍了美国海上力量的发展现状,提出了发展建议。这份报告认为,“美国担当世界海洋领导者”,必须继续加强海上力量建设,有能力控制海洋,确保美国利用海洋发展经济、贸易和保护全球民主自由。美国正面临着挑战。挑战者首先是中国,还有复活的俄罗斯。考虑海上力量建设,既要考虑反恐战争的需要,又要考虑主要冲突型战争的需要,做好完全控制海洋和濒海海区的准备。美国的海上力量主要包括:海军、海军陆战队、海岸警卫队、美籍商业船队。①

第一,保持最强大的海军。战后不久,在美国曾出现过要不要保持强大海军的争论,海军的地位一度下降。一些人认为,原子弹出现之后,海军的作用不大了。也有一些人认为,世界上没有一个国家有强大海军,美国也没有必要保持规模很大的海军。杜鲁门政府强调优先发展空军,海军的兵力和军费一减再减。到1946年6月30日,美国海军已从战时300余万人削减到113.9万人。当时,有9 800艘大小舰船的建造工作停止了。在兵力方面,1947年,陆军占43.3%,海军37.4%,空军19.3%;到1949年,陆军占44%,海军下降到29%,空军上升到27%。但是,朝鲜战争期间海军发挥了重要作用,海军的地位再次得到肯定。从1952年开始,美国海军开始建造大型航空母舰,推行"航空母舰中心论",并很快解决了航空母舰搭载可投掷原子弹的飞机问题。1950年美国海军就在"珊瑚海"号航空母舰上进行了轰炸机携带原子弹起飞的试验。1951年8月,美国海军定购超级航空母舰"福里斯特尔"号,该舰排水量达7.8万吨。这种航空母舰在20世纪50—60年代又相继建造7艘。

不久,核动力开始用于水面舰艇,17 000吨的巡洋舰"长滩"号1957年12月2日动工建造。这是首次使用核动力的海军水面舰船。1961年,世界上第一艘核动力航空母舰8.96万吨的"企业"号服役。另一艘9.14万吨的核动力航空母舰"尼米兹"号在1975年服役,到1989年"尼米兹"级核动力航母已有5艘服役。这些核动力航母可以连续航行13年或者更长的时间不用加燃料。

1955年1月17日,核动力潜艇"鹦鹉螺"号下水,海军进入了一个新的时代。1958年,"鹦鹉螺"号通过北极冰冠,从太平洋来到大西洋。同年晚些时候,"鳐鱼"号下水。两年之后"梭尾螺"号下水。自1957年以后,美国海军基本上不再建造常规动力潜艇。50年代,美国共建造了鱼雷核潜艇7艘、雷达巡逻核潜艇1艘、导弹核潜艇1艘。1960年6月,美国成功地从水下发射了"北极星"导弹。在60年代后期和70年代,美国拥有核动力弹道导弹潜艇41艘。

美国海军也加紧导弹武器的研究、开发和利用。1953年年底,第一套"小猎犬-1"式对空导弹开始装备舰艇。在第一艘核动力水面舰艇"长滩"号巡洋

---

① 美国2009—2010海洋政策,中国网china.com.cn,2010-03-11。

美国海军协会海上政策2011—2012,The Navy league the united states ,maritime policy for 2011-2012。

舰上以导弹武器取代主炮。此后“北极星”“海神”和“三叉戟”等导弹陆续问世,大大促进了美国海军装备的革新与发展。美国的海基核力量还包括“战斧”式巡航导弹,它可以装在大型水面舰艇和攻击型核动力潜艇上,进一步提高了海基核力量的机动打击能力和生存能力。美国海军有战斗机、攻击机、巡逻机、反潜机、运输机、电子干扰机、预警机、教练机和直升机等。

20世纪60年代苏联海军迅速崛起,成为一支能在世界范围内向美国海军挑战的远洋海军,美国海军独霸世界的局面为美苏争霸的局面所取代,世界上形成了美苏争霸的两极体制,美苏海军随之展开了对世界海洋控制权的激烈争夺。70年代后期,卡特政府认为海军在全球战略中只能发挥辅助作用,于是海军地位与作用明显下降。1981年,里根政府上台后,把海军的建设放在最优先地位,海军舰艇从479艘,增加到600艘,其中航空母舰15艘、战列舰4艘、弹道导弹核潜艇30余艘、攻击潜艇100艘,把“两洋舰队”发展为太平洋舰队、大西洋舰队和印度洋舰队三洋舰队,进一步巩固了海上霸主地位。80年代美国提出了“600艘舰艇计划”,力争保持对苏海军的优势,并制定了“前沿部署”的海洋战略,随时准备用其部署在海外基地的兵力在世界任何海域对付来自苏联的威胁。因而,长期以来美国海军战略方针的立足点一直是远洋作战。

冷战结束时,美海军兵力为58万,舰艇470艘,1996年海军员额削减为42万,海军舰艇削减为320艘,航空母舰从14艘削减到12艘,飞机减至2 500架,关闭调整了60%的基地。按照美海军构想,21世纪美海军将保持300艘高性能的战舰,其中包括12艘航母、10个现役舰载机联队、1个后备役联队、12个两栖戒备群、50艘核动力攻击潜艇、14艘战略导弹潜艇、116艘水面战舰,陆战队保持三支高速机动的远征部队和一个后备役陆战师。虽然数量明显减少,但美海军的作战能力明显增强。

美国海军为了长期保持世界第一的地位,2005年提出了未来30年海军造舰计划。这份计划主要内容包括:2010年前,海军每年建造一艘驱逐舰,2020年前平均每年建造1.4艘驱逐舰,到2035年前将建造260~325艘舰船(简称“260计划”“325计划”)。规划中还提到,2019年前,海军应将其水面战舰(包括护卫舰和濒海作战舰)的数量从现在的102艘增至145艘;2035年前,海军将确保拥有130艘水面战舰,舰艇总数325艘。

进入21世纪,美国海军的发展规划做了多次调整。目前,海军部队总人数约34万人,舰船最低数量313艘,这是继续保持海洋优势的最低数量。奥巴马在2010年曾提出把舰队规模调整为240艘。但是,之后,海军将领一直强调舰队规模不能缩小,甚至还要扩大到325艘,包括:11艘航空母舰、38艘两栖舰船、50艘攻击潜艇、55艘濒海战斗舰、最小10个航空联队;现有的“宙斯盾”舰艇进行升级,使其服役周期达到30~35年;对22艘“提康德罗加”级巡洋舰和62艘“阿利·伯克”级驱逐舰进行升级改造。

第二,建设强大的海军陆战队。海军陆战队是一支远征作战力量,一直积极参与全球的长期战争。设想中的海军陆战队总员额202 000名陆战队员,可以实现轮换部署。主要建设任务包括采购远征战斗车辆、F-35B型战斗机、无人机和无人地面车辆,提供充足的海上运输和补给平台,继续全速生产MV-22“鱼鹰”倾旋转翼飞机,155毫米榴弹炮和高机动多用途火箭炮系统,装备一种配备了改进型空中加油系统的KC-130J飞机,CH-53K直升机,采购UH-1Y“休伊”和AH-1Z“眼镜蛇”直升机,采购现代化的空中、地面以及后勤指挥控制系统、联合战术无线电系统等。

第三,建设海岸警备队。海岸警备队是实施海上执法管理的主要力量。2001年“9·11”事件后,成立国土安全部,海岸警备队同海关、移民归化局、边防巡逻队等20多个机构一起并入国土安全部。这是在其从财政部转归运输部36年后的又一次大的机构变动。美国海岸警备队为目前世界上最大、最完善的海上执法队伍,是美国五大军种之一(即陆军、海军、空军、海军陆战队、海岸警备队)。美国海岸警备队肩负多种使命,主要职责是保护美国在其内陆水域、港口和码头、海岸线、领海、专属经济区的公共安全秩序,以及环境、经济及国家安全利益,保护美国在国际水域及其他美国认为重要的海域的利益。

美国海岸警备队成立于1790年,最初叫做“缉私快艇服务局”。1915年同1848年成立的救生服务局合并,成立了美国海岸警备队,隶属于财政部。1939年和1946年,灯标局与海上检查和导航局先后合并到海岸警备队。1917—1919年和1941—1945年的两次世界大战期间曾归海军指挥。1946年1月,海岸警备队回到财政部。1967年海岸警备队改由新成立的运输部领导。目前,海岸警备队的职责主要有:海上搜救、维持海上治安、商船安全保障、保证娱乐游艇的安全、港口水道管理、反毒品、反偷渡、海洋资源管理、海洋环境保护、助航设备管理、通讯保障、水(航)道管理、桥梁管理、海冰管理、国际冰情巡逻、组织应急后备队、执行海上法规和条约、保卫国家安全、维护国家海洋权益等。

美国海岸警备队的主要装备有:巡逻舰艇175艘、远洋巡逻舰78艘、内海巡逻艇 86 艘、支援舰艇与其他舰船 11 艘、航空兵固定翼飞机 52 架等。在未来发展规划中,海岸警备队总员额从现在的现役41 873 人、后备队 8 100 人,增加到现役 54 000 人、后备队 10 000 人。海岸警卫队不重复建设海军所具备的能力,而是对海军能力形成补充。加快海岸警卫队的现代化建设,维修和采购大型巡防舰,包括:国家安全巡防舰 12 艘;离岸巡视船 25 艘,快速反应巡逻艇采购计划要弥补 12 艘巡逻艇的缺口等舰艇;要确保 20 架完全任务化的 HC－144A 飞机能够在 2014 年前交付,以及直升机等;维护、恢复和重建老旧的海岸基础设施和指挥中心;建造 1 艘新破冰船,承担北极区域防卫任务等。

第四,建设强大的商业船队。美军海外部署 95% 的装备和补给是通过船只来运输的,需要有多样化的商业海上运输能力。美国现在有 8 000 多名民间船员,驾驶着美籍商业船只和政府船只,以战略海运支援阿富汗战场和伊拉克战争的作战行动。美籍商业船队包括海上安全计划(MSP)的 60 艘船只,根据志愿海陆联运协议提供的 58 艘船只,其中包括滚装船、重型运输船、近海石油排放系统船、辅助起重船以及航空后勤支援船,这些船只是战略海运的重要力量。为了支援和维护特种作战部队、海上联盟部队以及远征打击大队的需要等,要继续加强后勤力量和商业海运能力。

(七)海洋船舶和装备研发制造能力

美国的船舶工业曾经雄霸世界。美国有完整的舰船科研体系和工业体系,军用造船业在世界上依然首屈一指。但是,因为制造商船经济效益差,所以美国商用造船业已经淡出国际市场,韩国、日本和中国成为船舶工业的三雄。

军用舰船生产　美国造船工业规模十分庞大,第二次世界大战期间,美国船厂曾雇佣了 130 多万雇员,建造了大量海军作战舰艇和民船。战争结束之后,民船和舰艇订单大幅减少,加之欧洲、日本、韩国造船工业的迅速崛起,到了 20 世纪 80 年代,美国船舶工业所占市场份额几乎为零。冷战结束以来,海军舰艇订货进一步削减,美国船厂不得不将过剩的能力转向民船市场,政府也制定了相应政策,希望能够促进民船建造市场的发展,但收效不大。美国造船企业在市场竞争的压力下,面临很大困难,但在政府多种宏观调控政策的支持下,仍然维持了一个规模庞大的船舶工业基础。根据美国海事管理署的统计,截至 2001 年年底,美国船厂的数量为 238 家。

美国船厂大多是私营船厂,只有 4 家海军船厂是国营船厂。在私营船厂中,六大船厂长期控制着大部分美国舰艇合同,海军造船经费中的 90% 以上集中在这些船厂手中,它们是美国船舶工业的支柱。电艇公司 1954 年建成世界上第一艘核潜艇,此后一直是美国核潜艇的专业建造商,美国海军现役和在建的 78 艘核潜艇中有 49 艘由该公司承担。纽波特纽斯造船公司是唯一的航母建造厂,美国海军所有核动力航空母舰均出自该公司,同时它也是核潜艇的建造商。英格尔斯船厂从 20 世纪 70 年代至今的主导产品是驱逐舰、巡洋舰和大型两栖战舰。巴斯钢铁公司长期承担美国海军佩里级护卫舰及宙斯盾巡洋舰和驱逐舰的建造任务。阿冯达尔船厂建造两栖战舰、水雷战舰艇和大型运输船见长。国家钢铁与造船公司则主要承担各类大、中型军辅船的建造。

1995 年以前,美国拥有 8 家海军船厂,目前只剩下诺福克、朴次茅斯、珍珠港以及普吉特海峡这 4 家。海军船厂隶属于美国海军部,由海上系统司令部领导。海军船厂从 20 世纪 70 年代开始,不再建造舰艇,只进行舰艇的维修和现代化改装。这些船厂有很强的生产能力和技术力量,一旦需要,能够建造航空母舰和核潜艇等各种舰艇。

美国的舰船配套工业门类齐全,实力雄厚。美国舰船所使用的动力装置、导航仪表、观通设备和武器装备等完全由本国提供,同时还可以大量出口。主要大型舰船配套企业有:西屋电气公司、通用电气公司、斯佩里公司、洛克希德·马丁公司、波音公司、通用动力公司和诺斯罗普·格鲁门公司等。

民用船舶生产　20 世纪 70 年代末期,美国民船年产量大约保持在 20 艘以上、100 多万总吨的水平,1979 年曾达到 21 艘、130 万总吨。进入 20 世纪 80 年代,美国民船产量持续下滑,到 1988 年和 1989 年,民船产量下降到零,2000 年和 2001 年则分别只有 1 艘、7 000 总吨和 2 艘、8 000 总吨的产量。

船舶工业政策和立法　美国是船舶工业立法最早的国家之一。船舶工业政策是政府进行宏观调控的杠杆,它把握着美国船舶工业的发展方向,并对其兴衰产生着深远影响。从 18 世纪 80 年代到 20 世纪末,支持美国船舶工业发展的重要政策法规共有 20 项以上,例如,1916 年的航运法,1930 年的关税法以及 1920 年、1936 年和 1970 年的民船法等。当民船订货少、开工不足时,美国政府往往以增加舰艇订货来弥补,而在民船订货好转时,则减少舰艇的更新计划,这是美国政府竭力保护其船舶工业的一贯做法。1981 年,里根政府对船舶工业实行了两项新政策:一是增加海军舰艇的建造和改装数量,把海军舰艇从 491 艘发展到 600 艘作为奋斗目标,这是自第一次世界大战以来最大的舰艇建造计划。从此以后,美国海军舰船的建造和改装费用每年平均超过 110 亿美元,大大高于20世纪70年代的水平。二是逐步取消民船的建造和改装差额补贴,除了航行于特定航线上的船舶外,美国航运公司可以自由向国外订购船舶。这使得美国民船建造量大幅度下降,许多年份接到的订单几乎为零。

为了不使美国的造船能力有很大削减,美国政府还分别于1982年和1985年作出规定:凡是国防部系统所需舰船的建造、改装、维修和设备更新,都必须在国内船厂进行,航行于某些特定航线或进行国内贸易用船,必须是美国籍和美国造的船舶,对这些船舶,政府继续提供建造或改装差额补贴,某些船只的补贴可达总价的50%~60%。20世纪90年代初开始,海军舰艇订货量减少、船厂的手持订单逐年下降,引起了美国政府的重视。1992年美国制定了《国防工业改造、再投资和转向援助法》,1993年6月众议院提出了一项《国家造船与现代化改造法》,1993年11月众议院通过了《海上保障与竞争法》。1997年美国实施《造船能力维护协议》,这项政策的核心内容是,凡持有美国海军军船订单并兼造民船的船厂,可以从美国海军合同中获得一定比例的补偿金,以便鼓励私营船厂从事民船建造,保存和加强美国的造船工业基础,降低海军的建、改、修成本。

管理体制与组织体系 美国运输部下属的海事管理署,是负责美国民船制造和航运业管理的政府职能机构,是一种寓军于民的管理体制。海事管理署的主要职责是编制并贯彻有关造船和航运的具体政策和法规,制订各项计划,并负责美国海事补贴政策的具体实施,对造船企业的经营行为进行宏观调控,不直接干预具体业务。

船舶科研工作 美国船舶科研是军民结合的体制。舰艇及其武器装备的科研工作由国会和总统决策,国防部统一领导,海军部负责具体管理,军内外科研机构结合进行。美国舰船科研设计部门由海军、私营企业和大学三方面组成。海军领导的科研单位主要为海军急需及长远发展服务;私营企业以合同形式承担大部分应用研究项目;大学主要从事基础理论和部分应用研究工作。海军研究单位的能力最强,技术力量雄厚,试验设备完善,任务多,经费充足,并拥有一定的试制力量,必要时可完成从设想到原型的制造,甚至武器的中间生产,研究领域十分广泛。美国海军研究单位主要包括海军研究所和5个系统司令部内。海军研究所隶属于海军研究局,5个系统司令部包括海军海上系统司令部、海军航空系统司令部、海军空间与作战系统司令部、海军设施工程司令部和海军供给系统司令部。其中从事舰船总体研究的是海军海上系统司令部,拥有

5 万名雇员,年度经费接近 200 亿美元。该司令部除了管理着 4 家海军船厂外,还拥有一个水下作战中心和一个水面作战中心,主要从事舰船总体、机械和电气等方面的科研开发工作,各类研究人员接近 8 000 名。大型私营造船公司都设有相关的研究机构,为本企业的产品研制和改进进行基础研究和应用研究,同时还承担海军舰艇的研究任务。美国大学的研究工作大多由政府提供经费,从事与海军有关的探索性研究和方案论证,参与海军研究工作的大学有 140 多所,如韦布造船学院、美国海军学院和华盛顿大学等。

(八)领先世界的海洋科学技术

一位美国将军曾说过:“海洋学这门学问及其有关的其他学科,对于任何渴望谋求海洋霸权的国家都是不可少的。他们的科学家必须熟悉自己国家的商船队和海军活动的环境。随着海军不断向潜艇方向发展,用于水下空间的预算不断增加,主要的海上大国每年都在海洋的基础研究和应用研究上投入越来越多的资金。海洋在商业、食品供应、气象预报、采矿、石油、导航等方面都占有重要地位。获得更多的海洋情报带来了更多海洋财富。由于海军的成败取决于这些情报,科学正在不断发展和扩大水下直至海洋深处生存所必需的实用技术,所涉及的有关学科越来越复杂,更加需要互相协作。对海洋了解最多的国家就最有可能控制海洋。”①美国在海洋学方面长期处于世界领先地位,为其称霸海洋奠定了可靠的海洋学基础。

自从美国走上帝国主义道路,就开始开展海洋调查研究,为其称霸世界提供海洋学服务。首先开始太平洋调查研究。1898 年在西雅图建立了第一个常设办事机构,负责进行华盛顿至阿拉斯加沿岸近海的测量和调查。不久,西雅图便成了调查船在这个地区的基地,1965 年相关机构被命名为太平洋海洋中心。太平洋海洋中心是美国在太平洋区域执行海洋科学研究的关键性机构。

大西洋研究工作起步也很早。美国国家海洋大气局的大西洋海洋中心,就是在很早以前开始大西洋研究机构的基础上建立的。这个机构的前身是 1807 年建立的海岸测量处,它的任务是负责东海岸高精度大地测量和水文学测量,并绘制大西洋沿岸水域的海图,19 世纪 60 年代开始潮汐观测工作。1871 年,海岸测量处改名为美国海岸与大地测量局,这个中心在第二次世界大战期间发

① ［美］T. S. 伯恩斯:《大洋深处的秘密战争》,北京,海洋出版社,1985 年,第 86 – 87 页。

展壮大,1964 年正式起用大西洋海洋中心的名字。

主要海洋科学研究机构 美国有一些很有名的海洋科研机构,例如:①太平洋海洋环境实验室,科学研究工作包括物理海洋学、化学海洋学、地质海洋学、海洋气象学,以及与保护人类健康和开发海洋资源等有关的其他学科。②大西洋海洋学与气象学实验室,主要任务是进行海洋学和热带气象学的基础和应用研究。③伍兹霍尔海洋研究所是私立研究机构,创建于 1930 年,第二次世界大战期间,研究所的经费主要由海军支付,战后,该研究所继续为政府部门服务。该研究所设有五个研究室——生物研究室、化学研究室、地质和地球物理研究室、物理海洋学研究室、海洋工程研究室,另外,还设有教育学院、海岸研究中心、海洋勘探中心、海洋政策中心、海洋补助金计划办公室。它拥有 6 艘调查船,其中 3 艘为政府所有。另外还有两架供调查用的飞机,一艘可载 3 人的"阿尔文"号潜水器。④斯克里普斯海洋研究所建于 1903 年,是目前美国最大的海洋研究机构之一,设有海洋生物研究室、海洋生命研究室、海洋物理实验室、神经生物站、海洋研究室、生物学研究实验室、近海研究中心,地质研究室、气候研究组。另外研究生部设有应用海洋科学、生命海洋学、地球物理学、海洋生物、物理海洋学等专业。斯克里普斯海洋研究所拥有 4 艘调查船、一个浮动式海洋仪器平台(NIP)、一个海洋研究浮标(ORS)。

海洋补助金计划 为了加强海洋科学研究、教育和知识传播,美国设立了国家海洋补助金,支持有关机构从事综合海洋研究计划。国家海洋补助金计划由海洋大气局管理。

海洋观测网 美国经过长期努力,建立了先进的海洋观测网和预报服务系统,为海军的全球活动和国内的海洋工作提供海洋环境保障服务。进入 21 世纪,美国正在整合本国海洋观测网,并利用世界海洋观测系统(GOOS 计划)的观测能力,建设高度集成的对海观测网。这个系统实际上已经成为美国进行全球战略的一个战场环境建设项目。建设这个系统的主要目的,是形成美国主导的全球海洋观测网,实现美国在全球海洋领域主导地位的国家目标。这个系统的具体目标是实现全球海洋透明化。美国有关人士说:"要把全球海洋变成透明的海洋"。[①]"透明的海洋"在改进天气预报、海洋环境预报、气候预测等方面有重要意义,在军事方面意义更突出,或许这才是美国建设这种巨大系统工程

① 国家海洋监测中心:《海洋监测技术发展战略研究报告》,2004 年 11 月,第 63 页。

的主要目的。冷战结束后,美国海军的战略从深海远洋向浅海和沿岸转移。某些发生冲突的国家,是美国海上干涉的目标国家,这些国家的近海是美国海军的战略重点。在目标国家近海进行军事干涉,必须掌握大量的海洋环境信息。为了保障浅海区两栖作战需要,美国海军的口号是:“要把全世界3/4海岸线摸得跟自家后花园一样熟”。①

(九)海洋综合管理体系

创立中央和地方分权的管海形式　美国是联邦制国家,联邦政府与沿海洲在海洋资源开发方面存在尖锐的矛盾。为了解决这个矛盾,美国在1953年制定了《水下土地法》,规定沿海州对3海里以内的石油、天然气和其他资源拥有所有权,其中德克萨斯、佛罗里达州在10海里内海域拥有所有权。1953年《外大陆架法》生效,确立了联邦政府对州海域之外水下土地的管辖权。离岸3海里内海域由沿海各州负责立法,实施管理;3海里以外到200海里专属经济区由各联邦行政机构执行。州政府在3海里内有“绝对”的管辖权,1953年国会将州界内的海底及底土的管辖权和所有权全部授予州,包括所有的海洋生物和矿物资源,这一授权包括在其辖界内管理、租赁、开发和利用土地自然资源的权力,对海下底土及其自然资源的开发与利用收取租赁费和税赋。但涉及州辖海域水面的航行权、贸易权、国防和国际事务权则统一由联邦政府行使。这种联邦和地方分权的管理形式是适合大国海洋管理的。但是,美国的问题还没有完全解决,联邦政府和州的管辖权争端一直在持续,联邦政府几次企图扩大管辖权,各州力争在海洋资源管理方面扮演更重要的角色。目前,美国领海扩大到12海里之后,3海里至12海里之间9海里归联邦政府管理,各州也在争,这是今后必须解决的问题。

建立海洋资源分类管理制度　与世界大多数国家一样,美国的多种海洋管理工作也是逐步开展起来的,管理职能分散在多个不同的政府部门和机构。目前,美国海洋委员会之下共有27个部门和机构涉及海洋管理任务,非常分散。其中,美国最早的海洋管理是从资源开发活动的管理开始的。1869年美国就制定了保护海豹的法律;1871年,联邦政府就设立了渔业委员会办公室,1903年改为渔业局,是劳动和商务部下属机构;渔业局建立之后就开发管理阿拉斯加三文鱼、海豹等资源。后来,陆续制定了《海洋哺乳动物保护法》《马格努森

---

① 国家海洋监测中心:《海洋监测技术发展战略研究报告》,2004年11月,第63页。

渔业保护法》等，形成了保护海洋生物资源的法律体系。油气资源开发管理也很早，1953 年制定的《外大陆架土地法》、1978 年的《外大陆架土地法修正案》等，都是油气资源开发管理法规。1973 年制定了《洁净水法》《海洋保护、研究和保护区法》《濒危物种法》，1974 年制定了《深水港法》，1980 年制定了《深海矿床硬矿资源法》《海洋热能转换法》，1982 年制定了《沿海堡礁资源法》，1989 年制定了《禁止海洋倾废法》等，形成了单一目标的专项资源和环境管理法规体系。[①]美国的涉海法律超过 100 项，其中许多法律都是世界最先形成法律制度的。由于走在前列，缺乏经验和其他原因，许多重要法律都在频繁修改和完善。例如，《海岸带管理法》1972 年制定，1976、1980、1986、1990 年多次修改；《渔业保护与管理法》1976 年制定，1978、1979、1980、1982、1983、1984、1986、1986、1988、1990、1996 年多次修改；1972 年制定的《海洋哺乳动物保护法》在 1976、1978、1981、1984、1986、1988、1990、1992、1994 年都做过修改。频繁修改法律，不断调整创新法律制度，这是很值得借鉴的。

建立专职海洋管理机构 1970 年 10 月，美国成立国家海洋大气局，专司海洋事务管理职责。当时，其他国家还没有集中较多海洋管理职能的海洋管理机构。目前国家海洋大气局有 5 大部门：国家海洋服务局（简称国家海洋局），国家天气局（又称国家气象局，包括 6 个地区机构），国家海洋渔业局（管辖 5 个地区机构），海洋与大气研究局，国家环境、卫星、资料和信息局，以及 1 个海上和航空业务办公室。国家海洋大气局的研究实验室网络包括以下各种研究设施：环境研究实验室系统，总部设在博尔德，共有 10 个实验室，两个中心，其中 4 个实验室专门从事大气科学研究，2 个专门从事海洋学研究，4 个为多学科实验室。目前，国家海洋大气局的使命包括管理海岸和海洋资源，预测地球环境变化，满足经济、环境和公共安全的需要。随着 21 世纪的到来，国家海洋大气局在气候变化、淡水供给、生态系统管理以及国土安全方面都形成了一些新的重点工作。2003 年 3 月 31 日，国家海洋大气局颁布了一项战略计划，主要内容包括：①对陆地、海洋、大气和太空进行监测和观测，建立资料收集网络，跟踪全球变化系统；②通过对资料的研究和解释，了解和描述各自然系统如何共同起作用；③评价和预测各自然系统的变化，提供关于未来情况的信息；④聘

---

① 参阅美国 Biliana Cicin - sain and Robeit W. Knenht《美国海洋政策的未来》，张耀光等译，北京，海洋出版社，2010 年。

请、劝告或通知个人、合作伙伴、社区及产业，确保协作和合作，并在使用和评价信息中向他们提供协助；⑤管理沿岸和海洋资源，使之最大限度地有利于环境、经济和公共安全。

基于生态系统的综合管理模式　单一资源、单一目标、单一管理机构的管理，是第一代现代海洋管理模式。20 世纪 70 年代以后，许多发达国家的海岸带地区都出现了人口压力大、开发利用程度高以及生态环境破坏、用户之间冲突加剧一类的问题。这种模式不符合海岸带和海洋生态系统的客观规律、无法充分考虑不同用户之间的矛盾冲突、难于协调不同部门之间的权利纷争。20 世纪 70 年代以后，美国在海洋、海岸带、河口管理方面，率先开展了海岸带综合管理，1972 年美国制定了《海岸带管理法》，之后又陆续制定了《海洋保护研究和保护区法》《河口保护计划》等区域管理法规和计划，并吸收私有部门、环境保护者、学术界、地方政府参与，做了大量实验，提出了区域管理、流域管理、生态管理等管理理念，创立了区域多用途/综合管理模式，基于生态系统的综合管理模式。这种理念和模式，在20 世纪70 年代制定的《海洋渔业保护与管理法》（马格努森法案）中就提出了。该法在“最大的可持续产量”基础上，提出了整个生态系统观念，包括在全域范围内管理、考虑生态系统的多物种管理、关注开发资源的人类系统、对所有渔民公平和公正、为国家提供最大的利益等。同时，提出了建立联邦、州、公众和使用者团体区域委员会的管理结构。[①] 依据这种新模式，海洋管理要增强科学在管理中的作用，管理范围要依据自然系统界线而不是行政界线，增强机构之间的系统与合作，增强公众参与和教育的作用。这种管理模式被认为是第二代管理模式，已经被国际社会接受，21 世纪将在美国和全世界推广应用。

（十）海洋政策实施计划

2010 年 7 月 19 日，奥巴马总统发布了国家海洋政策的行政命令，决定设立包括 27 个涉海部门的国家海洋委员会。两年多的准备，2013 年 4 月 16 日，国家海洋委员会发布了《国家海洋政策的实施计划》，形成了一套非常具体的协调协作机制和措施，在不改变已有的法规和部门分工，不增加预算的基础上，提高效率和效益。这种在海洋委员会之下形成的协调协作机制，也是一种创

① 参阅美国 Biliana Cicin－sain and Robeit W. Knenht《美国海洋政策的未来》，张耀光等译，北京，海洋出版社，2010 年。

新,其他国家也有类似的问题,有借鉴意义。

《国家海洋政策的实施计划》的任务包括以下几个领域:发展海洋经济,维护海洋安全,提高海岸带和海洋适应与恢复能力,鼓励地方参与和加强区域合作,科技支撑和信息服务,北极区域的开发与管理等。《国家海洋政策的实施计划》把这些领域需要协调协作的事务分解成为40多个具体事项,每个事项列出2013—2017年的年度计划,每项任务落实参与部门。例如,北极地区通信系统建设2014年任务,由国防部、海岸警备队、国家海洋大气局、运输部负责,非常具体明确。40多个事项,3~5年的任务,都落实到协作的机构,写在附录中,成为一本书,在其他国家也未见过。

第十七章　德国

德国至中世纪一直还没有形成统一的中央集权，内乱和战争影响德国的发展和进步。到18世纪末，德国经济远远落后于英国和法国。俾斯麦担任宰相之后，用铁血政策，通过三次王朝战争实现了统一。这是成为世界强国的政治基础。19世纪70年代以前，德国实行大陆政策，目标是建立称霸欧洲大陆的中欧帝国。19世纪80年代末，野心勃勃的威廉二世即位后制定了“世界政策”，国家战略从争夺欧洲霸权转变为争夺世界霸权。世界性强国必须走向海洋，必须确立建设海洋强国的国家战略和政策。俄国彼得大帝在改变俄国称霸欧洲战略，确立争霸世界战略时，确立了既要建设强大陆军，又要建设强大海军的决策。德国崛起之后也宣称，“德国的未来在海上”[①]。建立一支强大的舰队极端重要，帝国的力量意味着海上力量。实行世界政策的德国奉行海军主义，力图建设一支赶上英国的海军力量。德国获得了一定的成功，20世纪初成为第二海军强国，并发动了两次世界大战。但是，德国失败了。原因是多方面的。地理位置不利是重要原因之一，德国的崛起同时威胁到周边许多国家，必然遭到这些大国反对；二是德国要向世界上一切国家挑战，这是决策的重大失误；三是国内政治矛盾突出，在推行“新世界政策”的时候，很难动员全国的力量，不具备打一场旷日持久的“总体”战的能力。

一、重新瓜分世界的“世界政策”

（一）建立统一的国家

分裂状态影响德国的发展　德意志是一个至中世纪一直还没有形成统一的中央集权的国家。12世纪至15世纪是德意志封建割据最为严重的时期。1273年后，由于哈布斯堡王朝的势力始终较为强大，因此其代表一直被选为德意志的皇帝。1618年至1648年的欧洲“三十年战争”结束时，签订了《威斯特伐利亚和约》，结束了德国境内的战争，也彻底结束了哈布斯堡王朝在欧洲的

---

① 潘润涵，林永节：《世界近代史》，北京，北京大学出版社，2000年，第254页。

中心地位。全德意志进一步分裂成296个小邦国,此外还有100多个“帝国骑士”领地。大约又经过一二百年的时间,普鲁士和奥地利在德意志诸邦国中逐渐显露出来,形成二强争雄的局面,这种状态延续到19世纪中期。这是影响德国成为欧洲强国的重要因素。

实现国家统一的客观要求 内乱和战争影响德意志的发展和进步,德意志经济已远远落后于英国和法国。当时,横亘在德意志经济发展道路上的障碍有两个:一个是政治分裂,在德意志的土地上有大大小小几百个国家,这些国家各有各的章程、各有各的货币和关税,还不断发生战争;另一个是农奴制度,农民被固定在土地上,堵塞了工业劳动力的来源,也限制了工业品国内市场的发展。从汉堡去奥地利或从柏林去瑞士做生意,要经过十个国家,缴纳十次过境税。实现统一成为德意志人的共识。19世纪50、60年代,德意志资本主义经济得到迅速发展。到1860年,德意志的工业已经赶上了法国。资本主义经济越是发展,国家的分裂状态越显得不相适应,德意志的资产阶级越来越深感国家统一的必要性和迫切性,要求加快统一的进程。

奥地利退出德意志联邦为实现统一创造了政治条件 在德国各小国中,奥地利和普鲁士的力量最大。奥地利因为是哈布斯堡家族神圣罗马皇帝的世袭领地,在德意志诸邦中占有特殊的地位;普鲁士则是德意志诸邦国中领土最大、力量最强、地位最重要的国家之一。这两个邦国相互斗争是德意志实现统一的主要矛盾。1806年8月,奥地利的弗兰茨二世摘下德意志神圣罗马帝国的皇冠,改称奥地利皇帝。这样,就使德意志人实现国家统一、建立新的国家体制减少了法律上的重大障碍,为普鲁士能够领导其他小邦国实现统一创造了政治基础。

普鲁士是德国实现统一的中坚力量 1701年,普鲁士国王腓特烈一世以参加西班牙王位继承战争为条件,从神圣罗马帝国皇帝那里取得了普鲁士国王的称号。普鲁士王国所处的地理位置对于经济发展极为有利。德意志流入北海和波罗的海的重要河流(莱茵河、易北河、奥得河及威悉河)都流经普鲁士的领地,世界贸易航路从地中海转向大西洋以后,普鲁士便成为德意志通向北海、波罗的海的交通要道和对外贸易的中心。德意志南部和西部的工业产品,以及东部和中部的农产品,都须经过普鲁士出口。日益发展的北方贸易促进了普鲁士经济的繁荣,大大提高了普鲁士的政治、经济地位,这是普鲁士(德国)后来成为世界强国的基础。

普鲁士从一开始就致力于建立一支强大的军队。到腓特烈·威廉一世时期(1713—1740 年),普鲁士的兵力由 28 000 人增加到 85 000 人,相当于全国居民的 4% 。在欧洲,普鲁士的人口占第十三位,但军队数目却占第四位,军费开支占国家收入的 80% 以上。为了对外侵略扩张,普鲁士的统治者把整个国家变成了一架强大的军事机器,工业、商业、农业和文化等一切都视军队的需要为转移,整个普鲁士到处弥漫着军国主义的气氛。

腓特烈二世对外推行军国主义的侵略扩张政策。他在位时把普鲁士军队扩大到 20 万人,按人口比例占欧洲第一位。他倚仗这支军队挑起了奥地利王位继承战争,打败奥地利。随后,又通过参加七年战争,进一步巩固了在中欧的强权地位。1772 年,腓特烈二世伙同俄国和奥地利瓜分了波兰,夺取了波兰的大片领土。以后他的继任者又参加了第二次和第三次对波兰的瓜分,使普鲁士的领土增加到 35 万平方千米,人口达到 860 万,成为德意志境内最大的邦国和奥地利的强硬对手。

普鲁士曾于 1849 年、1859 年两次企图在自己的领导下实现德国统一,但都因奥地利的阻挠而失败。这两次失败,使普鲁士深刻认识到,德意志统一的最大障碍是奥地利,实现统一的最终手段只能是武力。因此,自 1860 年起,普鲁士政府即加大军事改革力度,准备以武力实现德国统一。1862 年,威廉一世决定邀请俾斯麦组阁,以实现国家统一的目标。

俾斯麦的铁血政策　俾斯麦出身地主贵族家庭。他强调:“德意志所瞩望的不是普鲁士的自由主义,而是普鲁士的威力……当代重大问题不是用说空话和多数派决议所能解决的,1848 年和 1849 年的错误就在这里,而必须用铁和血来解决。”①德国的统一是通过 1864 年德国对丹麦的战争、1866 年对奥地利的战争和 1870 年的普法战争实现的。普法战争结束之后,南欧四邦(巴伐利亚、符登堡、巴登、黑森 - 达姆斯塔得)加入了德意志联邦,成立德意志帝国。普鲁士国王为帝国皇帝,普鲁士宰相任帝国宰相。1871 年 2 月,普、法在凡尔赛签订预备和约,法国割阿尔萨斯和洛林给德国。1871 年 4 月,新选出的议会批准了德意志帝国宪法。宪法规定德国由 22 个自主的君主国、3 个自由市和 1 个直辖区组成,德国统一最后完成。统一后的德意志帝国,继承了普鲁士的军国主义传统,成为欧洲反动势力的堡垒,成为世界大战的策源地。

---

①　张世平:《史鉴大略》,北京,军事科学出版社,2005 年,第 261 页。

(二)经济的迅速发展

经济的快速发展是德国争霸世界的物质基础。1871 年完成统一的德国,资本主义发展非常迅速。经过 20 年的发展,19 世纪 90 年代,德国工业超过了除美国以外的其他国家,成为资本主义的先进工业国。德国经济迅速发展的主要原因是:国家的统一为经济发展创造了安定的环境和统一的国内市场;德国的工业发展较晚,没有过时的旧设备,迎头赶上不受拖累,便于利用最新的科学和技术成就,建立现代化的工业部门,如电气、光学和化学工业等,使生产大幅度增长。经过 19 世纪后半期的迅速发展,德国工业先后赶上并超过了法国和英国,成为欧洲的头号工业强国。进入垄断资本主义阶段以后,德国国家垄断资本主义的发展,达到了当时资本主义世界的最高水平。

普法战争胜利,战争赔款对德国的工业发展起了重要作用。德国从法国夺取了阿尔萨斯全省和洛林的一部分,并向法国勒索了 50 亿法郎的巨额赔款。阿尔萨斯和洛林是发达的工矿业区,它们的割让使德国棉纺工业扩大 1/2 以上,并使德国的钢铁、化学工业拥有了丰富的铁矿资源和钾盐矿藏。几十亿赔款用于工业建设和加强军备,使德国出现了新的创办企业的狂热。战后 4 年,在德国兴修的铁路、工厂、矿山等,比过去 25 年中建造的还要多。斯大林指出:“德国由于 19 世纪 70 年代对法战争的胜利而加速了自己的工业化。当时德国向法国人索取了 50 亿法郎的赔款,把这笔赔款投入自己的工业。”因此,德国工业化道路的特点是“一个国家对另一个国家实行军事破坏和索取赔款的道路”。①

(三)从“大陆政策”转向“世界国策”

德意志帝国成立后,开始了崛起的历程。1871 年 4 月,俾斯麦颁布了亲手制定的帝国宪法。按照这部宪法,德意志帝国是君主立宪制的联邦国家,帝国元首是皇帝,由普鲁士国王担任。皇帝有任命宰相和高级官吏、召集和解散议会、宣战、媾和的权力,同时也是军队的最高统帅。帝国首相由普鲁士首相担任,只对皇帝负责。帝国由 22 个自主的君主国、3 个自由市和 1 个直辖市组成。国家的立法机关有联邦会议和帝国议会。这时的德意志帝国,普鲁士官僚地主居于统治地位,资产阶级在政治上处于从属地位,但首相俾斯麦尽可能在

---

① 《斯大林全集》,第 7 卷,北京,人民出版社,1958 年,第 163 页。

经济上满足资产阶级的要求。

统一之后，资本主义得到迅猛发展。从19世纪90年代后，德国工业生产已逐步超过英国。从1880年至1890年，德国的商品输出额由30.9亿马克增至34亿马克，增加了10%，而在以后的10年内，输出额又增至46.1亿马克，增加了36%。到1900年，德国跃居为欧洲的头号经济强国。海外利益在德国的国家利益中所占的地位越来越重要，并成为其中的主导性因素。但是，德国占有的殖民地面积，在1899年为160万平方千米，只及英国殖民地的1/9，法国殖民地的1/3，所以德国人认为，德国缺乏空间、领土太小，要求按经济政治实力重新瓜分世界。

19世纪90年代以前，德国的主要精力放在欧洲大陆上，实行“大陆政策”，目的是防止法国东山再起和复仇，阻止法、俄结盟。1882年，德国工业家和银行家建立了德意志殖民协会（1887年改组为德意志殖民公司），广泛宣传对外扩张政策，鼓吹殖民掠夺。俾斯麦政府根据当时还不具备与英国进行海上争霸条件的实际，确定了主要在欧洲大陆争霸的“大陆政策”。但是，为适应资产阶级对外扩张的要求，利用欧洲其他列强之间的矛盾，在其他列强尚未顾及的非洲和南太平洋群岛中占领了一些殖民地。1884年在西南非洲拥有了盛产金刚石的纳米比亚，在西非将多哥和喀麦隆置于德国的保护之下；1885年占领了新几内亚的东北部和马绍尔群岛，在东非坦噶尼喀地区建立了殖民地。

1888年3月9日，90岁的威廉一世病死，其子腓特烈三世即位。他在位仅99天也病死，他的儿子威廉二世登基为皇帝。野心勃勃的威廉二世即位后，制定了“世界政策”，从争夺欧洲霸权转变为争夺世界霸权，要求重新瓜分世界。1899年12月，时任外相的皮洛夫公开宣称：“我们懂得，要是我们没有巨大威力，没有一支强大的陆军和强大的海军，就不会得到幸福……在即将到来的世纪中，德国人民不是当铁锤就是当铁钻。”①因此，必须建立一个强有力的拥有广大殖民地的帝国。1900年，皮洛夫任帝国首相，成为德皇威廉二世推行其争霸欧洲和世界、重新瓜分世界的领军人物。

1914年9月，德意志帝国政府正式出笼了以首相名字命名的“贝特曼－霍尔维格九月纲领”。这个纲领实质就是德意志帝国的国家战略。其核心是：在欧洲“要确保德国能向西去和向东去”；在海外，“应力求建立连成一片的中非

---

① 张世平：《史鉴大略》，北京，军事科学出版社，2005年，第265页。

殖民帝国"。德国在欧洲的目标是称霸,并建立一个从北海、波罗的海到亚得里亚海,从柏林到巴格达的"大德意志帝国"或"中欧帝国",其范围包括比利时、荷兰、法国一部分、乌克兰、波兰和波罗的海的沿岸、斯堪的纳维亚半岛,并包括奥匈帝国、巴尔干国家和西亚地区。德国还要在世界政治中居于"主导地位",由欧洲大陆强国变成世界强国。具体计划是,"依靠海军基地以及经过苏丹和苏伊士运河与近东的结合,在海外争取建立中非殖民帝国;然后依靠这个殖民帝国所带来的经济和政治实力,并同时通过控制通往南美的海上战略要地,扩大和巩固其早在战前就在南美取得的大量经济利益,从而使德国崛起为世界性的殖民强国和经济强国"①。

(四)走向海洋的基本国策

一个地区强国,不一定是海洋强国。但是,世界性强国必须是海洋强国。这是由自然和政治地理结构决定的。一个大国要成为世界强国,必须确立建设海洋强国的国家战略和政策。因此,德国的军队建设采取陆海并重的方针,十分重视建设强大海军。威廉二世说,"一支强大的舰队对于我们来说极端重要""帝国的力量意味着海上力量"。比洛首相声称:"与我国历史上任何时候相比,海洋已成为国家生活中一个更加需要的因素……它已成为一条生死悠关的神经,如果我们不想让一个蒸蒸日上的、充满青春活力的民族变成一个老气横秋的衰朽民族,我们就不能允许这条神经被割断。"德意志帝国还以"舰队法"的形式,确定了加强海军建设的重大问题。②

(五)迅速崛起的海军

德国海军创于1867年,初期海军建设方针是防御外国从海上入侵。1872年德国海军部向国会提出十年海军扩充计划,拟在1882年前建成铁甲舰14艘,巡洋舰20艘,加上其他舰船共100艘,成为海军强国。这个计划未全部实现,到1890年,德国海军有72艘舰船,约19万吨。这时德国还没有万吨以上的战舰,多为两三千吨级的二等巡洋舰,主要任务是防御本国的海岸和河口,德国海军仍然属于二流海军。

在世界刚刚进入帝国主义的时期,世界霸权就是海上霸权。威廉二世为了争夺世界霸权,产生了建立一支强大海军的强烈愿望,"海军主义"成为新军事

---

①② 张世平:《史鉴大略》,北京,军事科学出版社,2005年,第265、269页。

战略的重心。1894年,威廉二世宣称:“没有一支能够发动攻势的舰队,德国就不可能发展世界贸易、世界工业以及某种程度上的公海捕鱼、世界交往和殖民地。”他特别赞赏“即使和平时期,一支强大舰队的存在也能给外交谈判增加力量和作用”的论点。1896年1月18日,他在“德意志帝国已成为世界帝国”的演说中,首次透露出扩充海军的意图。[①] 1897年,德皇任命主张“越过大洋”的比洛和梯尔皮茨分别出任外交大臣和海军大臣,扩充海军计划开始进入实施阶段。

1898年,德国政府向帝国议会提出了扩建海军法案,计划到1904年,德国海军应有主力舰17艘,装甲舰9艘,轻型巡洋舰26艘,以及相当数量的各类小型舰艇。梯尔皮茨在议会中发表演说时指出:“如果按拟定的计划建立起这样的海军,那么你们就是为国防建立了一支即使头等的海军强国都无力向它发动进攻的海军了。……无论你提政治问题、经济问题或者谈保卫德国臣民和海外商业利益,这一切只有在德国海军里才能获得支持。”[②]在德国政府的努力下,法案获得通过。

1900年,德国又借口商船被英国海军扣留检查,通过了第二个扩建海军法案,规定到1915年德国海军应拥有主力舰34艘,重型巡洋舰11艘,轻型巡洋舰34艘,驱逐舰100艘。新法案的序言中写道:“德国必须保持这样的海军力量,当和最大的海军国家作战时,能够威胁到那个国家的优势。”[③]

德国扩建海军的目标是从英国手中夺取海洋霸权,从而夺取世界霸权。威廉二世十分露骨地讲:“(现在)英国舰队可以不怕任何联盟,因为现在德国实际上还没有舰队……等到二十年以后,当舰队已建造完毕,那时我将用另一种语言讲话。”[④]

德国海军建设速度很快,到19世纪末,德国舰队已从世界第六位上升到第二位。1906年5月,德国议会通过梯尔比茨提出的加强新造主力舰法案(即第三个扩大海军法案),决定一切新造战列舰都必须是“无畏”级的。9月,德国海军部决定建造类似英战列巡洋舰种类的舰只。1908年,德国建成了“拿骚”级“无畏”舰,标准排水量达18 873吨,主炮口径280毫米,航速达19.5节。不久,德国新建的战列巡洋舰也下水了。德国战舰的特点是注重防御,特别重视

①②③④　转引自皮明勇,宫玉振:《世界现代前期军事史》,北京,中国国际广播出版社,1996年,第119－121页。

水密隔舱和装甲的建设,水线部分的装甲厚度达300毫米以上,司令塔等关键部分的装甲厚度达400毫米。梯尔比茨认为,战舰的生存能力高于战斗能力,在不影响战斗力的前提下,牺牲一些火力和速度也是值得的。1908年4月,德国议会通过了第四个扩充海军法案,其实质是缩短主力舰的服役期限,保持和提高舰队现代化水平和战斗力。其内容是在1908—1917年间更换17艘战列舰和6艘战列巡洋舰。1912年,德国又通过了新的扩建海军的计划,决定增加3艘战列舰,并建立分舰队,由8艘军舰组成。1914年第一次世界大战爆发时,德国公海舰队拥有13艘无畏型战舰、16艘老式战舰和5艘战列巡洋舰,成为仅次于英国的第二海军强国。①

德国的公开挑战迫使英国调整自己的军事战略。英国意识到,德国已经成为自己最危险的敌人。当时,英国海军控制五大战略要地:多佛尔、直布罗陀、好望角、亚历山大和新加坡。这五把战略大锁随时可以"锁上"地球,皇家海军随时可在世界各地发挥"海上警察"作用。对于大英帝国海军优势的挑战,就是对大英帝国本身和大英帝国世界霸权的全面挑战。因此,1900年德国第二个海军法案通过后,英国做出强烈的反应,提出要比德国军舰实力领先60%优势的目标。英国又着手建造新型战列舰"无畏舰"。德国知道这一消息后,于1906年修改了海军法案,对原计划建造的大军舰一律改造"无畏舰"。1908年前,英国建成8艘"无畏舰",德国也建成了7艘,并决定自1908年到1911年每年新建4艘。英国决定每年建造8艘军舰,对应德国的每年4艘,保持以2:1的优势,压倒德国。1912年,英德关于海军的谈判破裂,德国又一次增加造舰的数量。

(六)发动第一次世界大战

20世纪初,德国与奥匈帝国、意大利之间结成三国同盟。英国与法国、俄国结成协约关系。1914年,帝国主义两个集团之间的对立激化了。以奥匈帝国的皇太子被暗杀为契机,在1914年7月28日,同盟国发动了第一次世界大战,世界上的主要国家都被卷了进来。

这次大战是两个帝国主义集团,即以德、奥为首的同盟国和以英、法、俄为首的协约国,为重新瓜分殖民地和争夺世界霸权而进行的,其中主要矛盾是德国和英国的矛盾。德帝国主义企图夺取英国、法国、比利时、葡萄牙的殖民地,

---

① 潘润涵,林永节:《世界近代史》,北京,北京大学出版社,2000年,第255页。

把比利时变成它的保护国，取代英国的霸权地位，它还想夺取波兰、乌克兰和波罗的海沿岸，扩大在巴尔干的势力。奥匈帝国要求吞并塞尔维亚，侵占俄国、奥地利和罗马尼亚的领土。英国参战的目的是为了打败德国，保持世界霸权地位，并夺取德国在非洲的殖民地。法国企图从德国手中夺回阿尔萨斯和洛林，并侵占萨尔产煤区。沙皇俄国是要摧毁德国在土耳其和巴尔干的势力，确立它在这些地区的地位，并夺取君士坦丁堡，以及博斯普鲁斯海峡与达达尼尔海峡，以便俄国的黑海舰队能够自由进入地中海。

第一次世界大战在欧洲大陆上山现了三条战线：西线从北海延伸到瑞士边境，由英、法、比三国军队对德作战；东线北起波罗的海，南至全罗马尼亚，由俄国军队对德、奥作战；巴尔干战线是奥军对塞尔维亚作战。战争范围后来从欧洲逐渐扩展到亚洲、非洲和美洲。

第一次世界大战以陆战为主，海战也起了重要作用。参加战争的英国海军拥有4个大舰队、几个独立分舰队和编队。第1舰队是英国最强的舰队，专门对付德国的公海舰队。宣战后，第2和第3舰队合并成海峡舰队。德国海军由公海舰队、波罗的海舰队、太平洋分舰队、分驻在各个海洋的中队与舰艇组成。公海舰队是德国海军的最大联合编队，用于对英国海军主力的战斗，舰队的主要基地是威廉港。法国海军编为两个联合编队——地中海舰队和海峡海军。地中海舰队的主要基地是土伦，海峡海军的主要基地是布勒斯特。奥匈海军驻泊在亚得里亚海，有2个战列舰分舰队，1个巡洋舰总队，2个驱逐舰舰队和驱逐舰区舰队，1个潜艇区舰队和预备队，其主要基地是波拉。俄国舰队由波罗的海舰队、黑海舰队、西伯利亚区舰队、里海区舰队组成。波罗的海舰队是其主力，基地主要是赫尔辛福尔斯。黑海舰队的主要基地是塞瓦斯托波尔。

海战的海域几乎遍布各大海洋，其中以北海、大西洋东北部、地中海、波罗的海、黑海等为主要海战区。1917年2月以前主要是水面战斗和两栖作战。战争的前两年，交战双方都把海军的主力留在本土。英国海军主要集中在不列颠的北部港口，法国海军大多集中在地中海港口，德国海军集中在赫尔戈兰、基尔港和威廉港。各国都不敢冒险开出主力舰队进行海上决战，只有分遣小舰队有过小规模战斗。协约国以其海军优势力量加紧封锁对方。由于海上封锁，德国处境日益恶化。1916年，德国统帅部为了突破封锁，决定海军出击。1916年4月25日，德国海军袭击了英国海军基地亚茅斯和洛斯托夫特，5月底，又准备奔袭英国东海岸中部地区。但德军的行动计划被英海军部获悉。英军立即派出舰队迎击。5 月 31 日,两国海军遭遇,触发了第一次世界大战中最大的海上战役——日德兰海战。日德兰海战历时 12 个小时,分前卫战斗、主力舰队交战和夜间战斗三个阶段。这次海战,英国出动了各种舰只 151 艘,德国出动 101 艘。战斗结果,英国损失战列巡洋舰 3 艘,装甲巡洋舰 3 艘,驱逐舰 8 艘,伤亡和被俘约 6 800 人;德国损失战列巡洋舰 1 艘,老式战列舰 1 艘,轻巡洋舰 4 艘,驱逐舰 5 艘,伤亡约 3 100 人。事后,双方都声称自己取得了胜利,实际上都未达到摧毁对方基本兵力的目的,“海上总决战”已彻底破产。英国虽然损失大于德国,但因实力雄厚,仍然控制着海上霸权,德国的主力舰队则再也不敢贸然出海进行大规模海战。第一次世界大战后期,海战主要是潜艇战和反潜战,以英国为首的协约国海军占据优势,约有 200 艘德国潜艇被击沉,但是并未彻底打败德国海军,德国海军是在国家整体失败后覆灭的。

1918 年 11 月 11 日德军投降,第一次世界大战结束,战争历时四年又三个多月。参加战争的有 30 多个国家,交战双方伤亡 3 000 余万人,因战争而死于饥饿和其他灾害的平民也有 1 000 万人左右,各交战国的经济损失共约为 2 700 亿美元。

1919 年 6 月 28 日,各国代表在凡尔赛宫签订了《凡尔赛和约》。和约共有 432 条条文。其中约有 400 条条文是对战败的德国割地、赔款和限制军备的规定。这些条文的主要内容是:①德国把阿尔萨斯和洛林归还法国。萨尔煤矿归法国所有,萨尔区的行政权由国联管理 15 年,期满后举行公民投票,决定其归属。欧本和马尔美地两区划归比利时。什列斯维希划归丹麦。上西里西亚的南部割让给捷克斯洛伐克。西普鲁士和东普鲁士的一部分、波兹南的全部划归波兰。总计起来,德国丧失全部领土的 1/8,全部人口的 1/12。②和约要求德国偿付巨额赔款,其总数由特设的赔款委员会在 1921 年 5 月 1 日以前最终确定(后确定为 1 320 亿马克,在 20 年内偿清)。在此之前,应先偿付价值 200 亿马克的黄金、商品、船只和有价证券。③德国在非洲和太平洋的殖民地主要由英、法、日三国瓜分。④禁止德国在莱茵河以东 50 千米的地区设防,不准驻扎军队,工事全部拆除。莱茵河以西由协约国军队占领 15 年。德国只许有 10 万人的军队,军官不超过 4 000 人。不准成立空军,海军只许拥有 6 艘装甲舰,6 艘轻巡洋舰,12 艘加强雷击舰和 12 艘驱逐视。不准制造飞机、坦克,取消征兵制和参谋总部等。

根据和约，英国夺得了1 000万人口的殖民地，还得到赔款总额的22%。打败了德国这个竞争对手，为恢复世界霸权创造了有利条件。法国得到750万人口的殖民地，得到赔款总额的52%。日本夺取了德国在中国山东的租借地和太平洋上的一些岛屿。意大利虽为战胜国，却没捞到什么好处。美国既没有分到殖民地，又不能控制由它创议成立的国际联盟，因而拒绝批准《凡尔赛和约》。

（七）发动第二次世界大战

第一次世界大战之后，德国的重工业和军事工业很快得到恢复和发展，并实现了现代化，它的工业技术水平超过了欧洲其他资本主义国家。在世界市场上，它的出口也在迅速增长。1929年，各国在资本主义世界出口总额中的比例是：美国占15.6%，英国占17%，德国占9.2%，法国占5.9%。[①] 德国不但成为英、法的最危险竞争者，而且也成了美国最危险的竞争者。这样，在资本主义世界中逐渐形成了新的经济力量对比。这种经济力量对比同当时殖民地占有情况越来越不相适应。第一次世界大战前，德国在非洲和太平洋地区还拥有殖民地。第一次世界大战后它失去了所有的殖民地，而英国的殖民地却增多了。这样就又出现了根据实力重新划分势力范围的问题。随着这个矛盾的发展，必然导致帝国主义战争。根据这种情况，英国由扶德抑法转而采取了联法抗德。到了1939年3月，德国出兵兼并捷克斯洛伐克之后，英法又缔结军事、政治同盟，共同对付德国，妄图保持自己的霸权地位。此后不久，德国驻英国大使狄克逊向政府的报告中说："英德两国重新发生战争的决定原因，是……德国想取得与英国相同的世界强国的地位" 而英国则力求"保全自己的世界地位。"[②]

这种竞争早在战前就开始了。在1929—1933年经济危机期间，帝国主义国家之间发生了一场尖锐、复杂的经济战，争夺商品市场、原料产地和更大的势力范围，以转嫁、摆脱经济危机。德国、日本、意大利经济、财政实力相对薄弱，国内资源缺乏，市场狭窄，广大工人、农民日益贫困化。对外贸易又有严重的依赖性，很少占有殖民地，不能像英、法、美那样向殖民地、附属国转嫁危机。它们的出路是在国内使国民经济军事化，把经济转入战时经济轨道。一方面发展军

---

①② 英利尔德·哈特：《第二次世界大战史》，哈协力译，上海，上海译文出版社，1978年，第11、18页。

事工业，把生产过剩而闲置起来的设备、资金和劳动力转入军工生产；另一方面缩减人民消费品生产。结果，国民经济走到崩溃边缘。解决危机的办法就是发动战争，向外侵略扩张。所以，希特勒在1932年的杜塞尔多夫密会上说，开拓"新的生产空间"，"是改善德国经济状况的前提"。德国最大资本家蒂森对希特勒这句话又作了进一步说明："我们需要市场。我们不能用协议来获得市场。唯一的途径，就是借用武力来占有市场。"[①]法西斯德国又成为欧洲新的战争策源地。1939年9月1日，希特勒出兵入侵波兰。9月3日中午，英国要求希特勒从波兰撤军无效，被迫对德宣战。六小时以后，法国政府也无可奈何地步英国后尘对德宣战。第二次世界大战爆发了。1939年9月1日至1945年8月15日，以德国、意大利、日本等轴心国为一方，以反法西斯同盟和全世界反法西斯力量为另一方进行了第二次全球规模的战争。从欧洲到北非，从大西洋到太平洋，先后有61个国家和地区、20亿以上的人口被卷入战争，作战区域面积2 200万平方千米。据不完全统计，战争中军民共伤亡9 000余万人，4万多亿美元付诸流水。第二次世界大战最后以德国、意大利、日本三个法西斯国家的败北而告终，美国、苏联、中国、英国等反法西斯国家和世界人民战胜法西斯侵略者赢得了世界和平与进步。

（八）德国兴衰的原因

德国能够在世界进入帝国主义时期迅速地崛起，有许多特殊原因。张世平认为有四个主要原因：一是德国具有崇武尚战的民族传统；二是德国具有深邃而雄厚的文化哲学基础；三是拥有一支精英官吏和军官队伍；四是具有很强的民族依附性。[②]除了这些德国民族本质因素之外，德国能够在19世纪后期崛起，成为世界强国，还有一些非常重要的具体原因，包括：国家统一为德国的发展创造了政治基础；德国有优秀人才和工业基础；德国领导层确立了称霸世界的国家大战略；确立了走向海洋的基本国策等。

德国的衰落也有自己的原因。一是地理位置不利。德国位于欧洲大陆的中心，被强国包围着，它的崛起同时威胁到许多其他大国，不享有日本、美国那样的地缘政治地理位置。二是德国崛起比较晚，必然受到英国的遏制，引起法

① 英利尔德·哈特：《第二次世界大战史》，哈协力译，上海，上海译文出版社，1978年，第18页。

② 张世平：《史鉴大略》，北京，军事科学出版社，2005年，第270－271页。

国和俄国的警惕，使它们彼此更为接近，德国海军的迅速发展使英国深感不安，德国向拉丁美洲扩张要同美国开战，在中国扩张势力范围要遭到英国和俄国、日本的反对，建造巴格达铁路使俄国和英国不安，保护葡萄牙殖民地受到英国的阻挠。三是战略决策缺乏整体考虑，外交政策不完善。没有一个团体对政府全国政策集体负责，部门和利益集团可以不受上级控制或不顾轻重缓急地追求自己的目标。海军几乎只想着将来同英国的战争；陆军在计划如何消灭法国；金融家和商人希望打入巴尔干、土耳其和近东，并在此过程中消除俄国的影响。四是战略上树敌过多，德国要向世界上一切国家挑战，这是决策的重大失误。五是国内政治矛盾突出。在推行“新世界政策”的时候，德国国内政治分歧严重。如果它在国际对抗中退却下来，德国民族主义者就会谩骂和谴责皇帝和他的助手；如果参加一场战争，很难被广大工人、士兵接受。这些弱点影响德国打一场旷日持久的“总体”战的能力。

二、复兴与发展战略

（一）联邦德国的复兴

综合国力概况　中国军事科学研究院黄硕风研究员根据政治力、经济力、科技力、国防力、文教力、外交力和资源力等指标计算，1949 年联邦德国的综合国力指数为 77.09，位居世界第五，1989 年东德和西德合计为 218.38，位居世界第五。在 1999 年李成勋等主编的《2020 年的中国》中，德国的综合国力总分 1970 年为 2 473.7，位居世界第四；1980 年为 2 855.7，位居世界第五；1990 年为 2 834.4，位居世界第五；2000 年为 2 728.5，位居世界第六；2010 年为 2 701.5，位居世界第五；2020 年为 2 651.5，位居世界第四。德国的综合国力一直保持在大国行列之中，支持发展海洋事业的能力比较强，仍然能够成为海洋强国。

经济的重新恢复　法西斯德国所发动的侵略战争，消耗了德国的人力、物力和财力。德国在战时的军费开支为 6 220 亿马克，高达当时本土国民收入的 15%。战争破坏了整个德国的社会经济。1946 年德国的国民生产总值和国民收入不及 1938 年的 1/3。战败后，德国的东部部分领土被划归波兰，其他国土被美、俄、英、法分区占领，还要负责巨额的战争赔偿，德国已经走向衰落和分裂。

但是，德国西部占领区经济恢复很快。1948 年 6 月，德国西部地区实行了货币改革。这是战后西德最重大的经济举措，用新马克取代旧马克。币制改革后，经过短时期的通货膨胀，1949 年物价开始稳定，德国经济迅速复兴。德国经济恢复与阿登纳政府有关。从 1949 年至 1963 年，德国由阿登纳担任总理。在他的治理下，德国得到奇迹般发展。1949 年 4 月 10 日通过的西方起草的《占领法规》规定，西德的对外政策必须服从盟国，其外交政策最高控制权属英、法、美派来的专员。这时的西德还不是一个真正的主权国家。阿登纳选择了亲西方的道路，与西方各国合作。在冷战中，美国要创造一个强大反苏的欧洲，就必须依靠德国。阿登纳向美国保证反苏反共，但同时要求停止解散德国工业、削弱德国的政策。结果，德国经济很快得到恢复和发展，成为世界经济强国，为建设海洋强国奠定了经济基础。1949 年，联邦德国国民收入总额是 470 亿马克，到 1955 年达 850 亿马克。联邦德国的外贸总额居世界第三位，1949 年联邦德国的黄金与外汇储备为零，1955 年上升到 230 亿马克，从债务国一跃而为债权国。

重新统一 第二次世界大战后，联邦德国领导人一是认罪，二是积极推动欧洲一体化进程，为欧洲联合与合作做出重大贡献。1951 年 5 月 2 日，联邦德国成为欧洲委员会的正式成员国，向获得独立与平等地位迈进了一步。1954 年 9 月，布鲁塞尔条约国英、法、比、卢、荷，以及北大西洋公约组织成员国意大利、加拿大和美国在伦敦开会，联邦德国被邀参加会议。10 月，会议改在巴黎召开，签订了一系列协议和协定，称为《巴黎协定》。“协定”同意西德加入西欧联盟和北约，但对德国重振军备加以限制，即不允许德国生产核武器和生化武器。《巴黎协定》的签署，标志着西方对联邦德国占领的结束，从此联邦德国恢复了完全的主权。20 世纪 70 年代以后，联邦德国的经济社会发展又有了新的进步，逐步成为经济强国。

1989 年，从波兰开始，东欧国家发生剧变，民主德国也受到影响。这就给德国统一提供了历史契机。美、苏、英、法四大国基于两德统一的大势所趋，改变了长期反对德国统一的观点。从 1990 年 5—9 月，四大国加上两个德国召开了四次外长会议，于 1990 年 9 月 12 日签署了《关于最终解决德国问题的条约》。1990 年 10 月 3 日，德国重新统一，为德国重新成为世界大国和强国奠定了基础。

进入 21 世纪，德国仍然有很好的发展前景。目前，在欧洲经济共同体中，德国是钢、化学制品、电气产品、汽车、拖拉机以及商船和煤的最大生产者。它的通货膨胀明显低于其他国家，劳资争端也很少。德国的产品质量享有很高的国际信誉。贸易收支平衡，逐年都有盈余，仅次于日本。它的国际储备金大于世界上任何其他国家。因此，德国永远是中西欧的经济力量中心。①

（二）海军的恢复和发展

第二次世界大战之前，德国海军曾是一支十分强大的力量。但是，随着第二次世界大战战败，德国庞大的海军舰队灰飞烟灭。战后，由于德国工业基础设施受到严重破坏，海军的元气大伤，加之有关条约的限制，德国海军发展非常缓慢。后来，联邦德国在美、英、法等国的帮助下，海军有了一定发展，现代化程度一直高于民主德国海军。1955年，联邦德国加入北约组织，解除了对其海军兵力和装备发展的限制，海军有了较快的发展。

联邦德国与民主德国统一后，德国对海洋战略和海军建设思想进行了新的调整。德国海军的主要任务包括：守卫波罗的海出海口，保卫国家安全，维护海洋权益，与盟国海军一起保护海上交通线；在波罗的海、北海、北大西洋等重点海域显示力量存在，配合国家总体外交和国防政策，实施危机反应，增强国家的影响力；在地中海，参加北约常驻海军部队的活动和亚得里亚海的多国联合行动。

根据这样的任务，1993年德国推出了压缩部队规模、以质量建军为重点的“2005海军发展计划”。1991年德海军有近5万人，到1997年减至2.84万人。两德合并后，德国海军有舰艇近160艘，其中作战舰艇就有102艘，到2005年，德国海军的作战舰艇减至50多艘，削减幅度接近50%；另外，海军的飞机由120架减到2005年100架以内。德国海军已经成为一支规模小、装备精、战斗力强的海军。

（三）欧洲的造船大国

德国船舶工业有悠久历史。两次世界大战对德国的造船工业也有很大的破坏。第二次世界大战之后，经过几十年的发展，德国又建立了比较完整的船舶工业体系，使德国造船工业的能力和水平处于世界先进地位。德国拥有各种先进的造船设施，最大的船坞可建造70万载重吨级的船舶；能够独立完成常规潜艇、护卫舰、轻型护卫舰、快艇和水雷战舰艇等各种中小型舰艇的研制和生产。

---

① ［美］肯尼迪·保罗：《大国的兴衰》，梁于华译，北京，世界知识出版社，1990年，第581－582页。

由于政治上的原因,德国不能发展核动力舰艇。在制定船舶工业发展方针时,德国政府要求船舶工业只发展与国情相符的中小型舰艇。因此,在20世纪末之前,德国船舶工业只为本国海军建造排水量在数百吨以下的小型潜艇和5 000吨以下的中小型水面舰艇,包括常规潜艇、护卫舰、轻型护卫舰、快艇、水雷战舰艇和两栖战舰艇等,超过万吨的军用舰船仅有柏林级和704级油船。主要的民用船舶产品包括油船、液化天然气船、化学品船、散货船、集装箱船、滚装船、渡船、豪华旅游客船等。

近十几年来,韩、日两国船舶工业对德国船舶工业产生了巨大的冲击,德国造船产量曾一度萎缩。针对这种形势,德国和欧盟采取了增加造船补贴等保护措施,并采取加强企业间的合作以及提高船舶产品技术含量等多种手段,促进了船舶工业的发展。目前,德国从事船舶科研和设计的主要机构约10家,造船厂近40家,船厂雇员约23 000人,临时从业人员约4 000人。从事船舶配套产品生产的企业1 000余家,人员达到70 000人左右。

德国目前的造船产量仅次于韩国、日本和中国,是世界第四大造船国,是欧盟内部最大的造船国。2000年德国的造船产量96万总吨,占世界造船总产量的3.1%;新船订货量166万总吨。目前,德国海军的舰艇开始进入更新换代时期,企业承接了大量的军船建造和维修改装任务。在政府的大力支持下,民用船舶的建造任务也相对饱满。

第十八章　日本

日本是最后崛起的帝国主义国家。由于实行殖产兴业、文明开化、富国强兵、大陆政策等基本国策，日本在半个世纪里就跃进到了帝国主义列强的行列，并迅速成长为一个军事封建性的帝国主义国家。岛国地位使日本不受来自陆路的入侵，使日本可以方便地进入海洋，并从海洋走向大陆，执行对外扩张的大陆政策。所谓“大陆政策”，实际是日本在很长时期的国家战略，核心是用战争手段侵略和吞并朝鲜、经营满洲、征服中国以及称霸亚洲和世界。日本帝国主义的历史就是侵华、侵朝、侵略亚洲的历史。日本在第二次世界大战中遭到了惩罚。战后，日本在一片废墟上又重新站立起来，发展成为举世瞩目的经济大国。日本的综合国力很强，具备发展海上力量的能力，从海洋开发、海上军事力量方面看，日本仍然是海洋强国。

一、落后海岛国家的维新崛起

（一）从海岛走向大陆和海洋

日本位于太平洋西岸，是一个由东北向西南延伸的弧形岛国。西隔东海、黄海、朝鲜海峡、日本海，与中国、朝鲜、韩国和俄罗斯相望。领土由北海道、本州、四国、九州 4 个大岛和其他 6 800 多个小岛屿组成，称为“千岛之国”。日本陆地面积约 37. 78 万平方千米。海岸线总长 3. 5 万多千米；专属经济区水域面积约 447 万平方千米，[①]接近陆地面积的 12 倍，居世界第七位。日本人口约 1. 28 亿。日本成为海洋强国是从走出海岛、走向海洋并实行大陆政策开始的。海岛国家的地理是日本的战略财富，与英国的情形类似，它使日本可以方便地走出海岛、走向海洋。日本成为海洋强国，还有实现国家统一创造的政治基础，明治维新创造的社会制度基础，以及确立走向海洋的国家战略等多种因素。

---

① 日本与邻国的专属经济区尚未划界，应该没有准确数字；此数字是 2004 年在东京海洋政策国际会议上，日本人提供的。

(二)政治和社会制度基础

国家统一创造了政治基础 这是日本走向强国之路的政治前提。日本列岛原是亚洲大陆的一个半岛,由于地壳的变动与大陆分离,形成由北海道、本州、四国、九州 4 个大岛和许多小岛连成的弧状列岛。早在旧石器时代,日本的岛屿已有人类生存。公元 4 世纪末 5 世纪初,日本列岛形成统一的大和国。后来,大和国分裂为许多地方势力,长期处于割据分裂和战争状态。16 世纪末 17 世纪初,通过兼并,最后实现日本的统一,1603 年德川家康就任征夷大将军,在江户(东京)建立幕府,开始江户幕府(也称德川幕府)的长期统治(1603—1867 年)。

但是,17 世纪 30 年代以后,幕府开始实行"锁国"政策,与中国的情形类似。"锁国"政策不仅使日本在国际上处于孤立地位,而且影响日本经济与世界市场的联系。锁国政策受到了日本社会内部力量的反抗,也受到了外部世界的冲击。18 世纪初,美、英、俄等国就谋求打开日本的大门,与日本通商。1842 年,幕府开始向资本主义国家妥协,允许外国船只在某些港口加煤上水。1853 年美国海军准将柏利率舰队闯入浦贺港,打开了日本大门。在美国的武力威胁下,日本幕府被迫于 1854 年和 1858 年两次与美国签订不平等条约。1854 年条约规定:日本开放下田、函馆为美国船舶的停泊地,并允许美国设领事和获得最惠国待遇。1858 年条约规定:开放神奈川(后改称横滨)、长崎、兵库、新潟、函馆五港通商;限制日本的海关自主权(非经美国同意不得改变低税率);承认美国在日本的领事裁判权。这期间,英、法、俄、荷等国也步美国后尘,和日本政府签订了类似的条约。

门户开放加剧了封建制度的危机 日本的大门被打开以后,外国的廉价商品进入日本市场,使日本手工业受到严重冲击和排挤。1860—1867 年间,商品输入增加了 13 倍,输出增加了 2.5 倍,日本黄金大量外流,米价大涨,加深了人民的苦难,就连下级武士的生活也受到了影响。国内阶级矛盾日益尖锐,起义暴动连绵不断,出现了 50—60 年代农民起义和城市贫民起义的高潮。1852—1859 年发生起义 50 次,1860—1867 年增至 93 次。欧美资本主义国家利用日本国内的危机,加紧对日本进行侵略。1862 年,英、法两国以保护侨民为借口,驻兵横滨。1864 年,英、法、美、荷四国组成联合舰队占领下关炮台,向幕府勒索 300 万美元的赔偿。1866 年,这四国又迫使幕府修改税率。面对西方列强的一再侵犯,幕府无力对抗,促进了幕府危机的总爆发。

明治维新创造了新的社会制度基础　明治维新之前,日本是幕府的封建统治。幕府原来是指将军带兵出征时处理军务的营幕,后来将军掌握了全国统治权,幕府便成为将军统治全国的最高政权机关。1603 年日本历史进入了德川幕府统治时代。天皇是名义上的最高统治者,住在京都,国家的实际权力掌握在幕府将军手中。将军下面的封臣叫大名(诸侯),大名的领地叫“藩”,全国有 200 多个藩。将军和大名都有自己的家臣(武士)。武士从将军或大名那里得到封地和禄米。天皇、将军、大名和武士构成了日本的封建统治阶级。到 18 世纪后半期,日本封建社会开始解体,19 世纪中叶资本主义得到了进一步发展。经济关系的变化引起了社会关系的变化。大名、武士逐渐资产阶级化,并开始要求实行资产阶级改革。

日本各级武士约有 40 万人,连同家属工 180 多万人。武士的生存是依赖于封建制度的,但是幕府日趋减少其禄米供应,武士的生活日渐贫困,中下级武士与上级武士之间的矛盾越来越尖锐,产生一种“恨主如仇”的不满情绪。为了生存,一些下级武士不得不行医、当教师或经商,也有的当上了资本家。反对幕府统治的一股新的政治力量开始形成。19 世纪 50 年代末期,日本出现了由主张改革的下级武士领导的“尊王攘夷”运动。“尊王”是指尊崇天皇,“攘夷”是反对外国的殖民侵略,也是倒幕的手段。发动“尊王攘夷”运动的维新派,组织武装力量同幕府进行斗争,并积极争取人民大众的支持,人民起义运动越来越高涨,逐渐演变为变革日本社会的维新运动。

1866 年 12 月,孝明天皇去世。在“倒幕派”的拥立下,年仅 16 岁的睦仁天皇即位。1867 年“倒幕军”开始东进,迫使将军德川庆喜辞职,还政于天皇。1868 年 1 月 3 日,“倒幕派”以天皇名义发布了《王政复古诏书》,恢复由天皇独揽统治大权的政治局面。4 月颁布《五条誓文》,内容是:广兴会议,万事决于公论;上下一心,盛行经纶;官武一体,以至庶民,各进其志,毋使人心倦怠;破除陋习,一本天地之公道;求知识于世界,大振皇国之基础。《五条誓文》表达了地主资产阶级在政治、经济、文化和外交方面的基本要求,倾向近代化、倾向民主的意向已很明显。6 月发布《政体书》,这是关于国家制度和机构设施的基本构想,基本遵循了立法、行政、司法三权分立的原则。

1872 年明治政府宣布废除旧的等级身份制,实行士、农、工、商“四民平等”。除“具有神性”的天皇外,均改变原来的封建身份,大名、公卿改称华族,武士改称士族,农、工、商和贱民统称平民。废除武士佩刀制度,各等级间可以通婚。1876 年修改俸禄制度,制定以公债代替俸禄的条例,公债券一次发给领受者,有人用于购买土地,成为新兴地主,有的投资工商业,成为资本家。总之,封建身份制的初步改革以及职业和迁移的自由,扩大了地方资产阶级专政的社会基础,有利于资产阶级和资本主义的发展。

1872 年以后明治政府实行了一系列有利于资本原始积累的土地政策,允许土地自由买卖和自由种植。

明治政府建立起常备军和警察,作为推行新政权职能的主要暴力工具。内战结束后,明治政府把各藩舰队统编为国家舰队,以后又进行扩充。1871 年,从萨摩、长州、土佐三个藩中挑选精良士兵组成近卫军,作为天皇近卫军队。1872 年,太政官发布征兵法令,向全国征兵,建立现役和预备役的常备军,称"皇军"。日本军队一方面效仿西方模式,另一方面又保留了封建武士道精神,许多旧有的武士充当了新式军队的军官,他们强调忠君爱国的封建传统思想。

明治新维是日本从封建社会进入资本主义社会的转折点,是日本近代史的开端,它扫除了资本主义发展道路上的障碍,促进了日本资本主义经济的迅速发展,使日本从一个封建落后的农业国逐步变成先进的资本主义农业、工业强国。然而,日本的明治维新是一次不彻底的资产阶级革命,在国家的政治、经济、文化等方面仍然保留着大量的封建残余。这对日本后来发展成为富于侵略性的军事封建帝国主义国家,有着直接的关系。

(三)四大基本国策

明治政府在改造封建国家的同时,逐步形成了经济、文化、军事和外交方面的基本国策,使日本迅速走上帝国主义道路,成为侵略扩张性极强的国家和战争策源地。

"殖产兴业"的经济政策 1874 年 5 月,大久保利通向政府提出了"殖产兴业"建议书,正式开始实行殖产兴业政策。这个政策的目的是充分发挥国家政权的力量,动用各种政策手段和国库资金,干预国家经济建设,扶植和发展资本主义,包括用国家力量扶植资本主义,促进资本原始积累,引进西方先进技术及设备、聘请外国专家和派遣留学生,为日本从封建社会迅速改造成资本主义社会奠定经济基础。贯彻"殖产兴业"政策的主要措施之一,是大力创办国营企业,以官办的"模范工厂"引导民间兴办工业;主要措施之二,是扶植和保护私人资本主义。1885 年以后,除军事工业外,民用工业全部低价卖给了资本家。由于私人资本主义的迅速发展,日本从 80 年代中期开始了工业革命。在早期的工业革命热潮中，日本的工业、农业、铁路运输业、造船、对外贸易等行业均以惊人的速度向前发展，逐步实现了工业化，这就为其走上侵略扩张道路奠定了经济基础。

"文明开化"的文化教育政策　这个政策的含义是学习西方资产阶级的科学技术、文化教育、思想风尚和生活方式，为日本建立资本主义社会奠定文化基础。日本人意识到必须向西方学习，"求知识于世界"。19世纪70年代，明治政府在国民中推行"文明开化"政策，学习西方物质文明和精神文明，主要是学习欧美国家的教育、科学、文化和生活方式，以建立一个独立富强的资本主义新日本。这是日本学习西方的一次社会思想改革运动。

在"文明开化"运动中，明治政府进行了教育改革。改革的方针是提高国民知识水准，普及初等教育；培养科技指导人才，创办科技教育机关；掌握欧美的先进科学技术。1871年明治政府设立文部省，统辖全国文教事务。1872年颁布了纲领性教改文件《学制》，发展欧式教育，重视普及小学教育，规定小学要实行近代化教育，学制为6年。日本把接受小学教育、服兵役、纳税定为"国民三大义务"，带有一定的强制性。1873年，小学就学率为28%。1902年上升到92%。不到半个世纪，日本就普及了初等教育。1872年日本创办东京师范学校，1874年设立东京女子师范学校，许多地方也都设立师范学校。1877年创办东京大学，设立法、理、文、医等学部。1880年东京大学设研究生院，1885年发展为综合性大学。该大学成为传播近代科学、培养造就科技人才的中心。为了促进农业的发展，日本办起了大量的农业学校，培养了大批农业技术专业人才，促进了农业稳定而持续的发展。1870年维也纳举办世界博览会，日本在财政困难的情况下，仍拨款60万日元，成立博览会事务局，派70人组成的庞大代表团参观学习。为了考察欧美各国的财政经济制度和工业生产情况，1871年11月，明治政府派出了一个规模更加庞大的代表团，由岩仓具视带队，包括许多政府要员，赴欧美访问考察。出访的任务是：第一，谈判修改幕府末年和西方一些国家签订的不平等条约，禁止外国军队在日本驻扎；第二，实地考察欧美国家的政治、军事、经济、法律和文化制度。1873年9月，使团人员陆续回国，他们花费一年多时间访问考察了英、美、法、比、德、俄等十几个国家。他们的考察结论是：发展资本主义应该学习英国，搞军事建设要学习德国。

"富国强兵"的国防政策　富国强兵就是仿效西方资产阶级国家的军事制度，建立近代常备军，加强日本的国防力量，以"强兵"为"富国"创造有利条件，为称霸亚太乃至世界奠定实力基础。这是明治政府改革的基本决策之一，也是改革的最终目的。明治政府宣扬日本要“开拓万里波涛”“布国威于四方”，并宣称国家兴废在于兵力，“强兵为富国之本”。富国强兵在军事上的具体措施就是剥夺武士垄断军事的特权，实行义务兵役制。1873 年明治政府颁布征兵令，正式着手建立新式常备军（又称皇军）。皇军用武士道精神教育士兵，提倡忠诚、勇敢、服从，强调对天皇的效忠。同时，明治政府参照外国经验提出“以警治国”的口号，1874 年 1 月，在全国建立了中央统一领导下的国家警察制度。

明治政府不断加大军费投入，加快军事近代化进程。同时，还采取了建设近代化军队的行政政策措施：一是实行全民义务兵役制，建立常备军；二是统一军事体制，更新军事装备；三是建立严格的军事教育制度，不断灌输绝对忠于天皇的思想，其核心是“武士道”精神；四是树立天皇的绝对权威。①到 19 世纪末，日本开始重视海军建设，并明确提出以打败中国北洋水师为目标，加快建设步伐。1894 年 7 月，正式编成了日本海军联合舰队。

对外扩张的大陆政策② 大陆政策是日本自明治维新后，立足于用战争手段侵略和吞并朝鲜、经营满洲、征服中国的对外扩张政策。日本向大陆扩张的构想很早就存在了。1592 年、1597 年丰臣秀吉先后入侵朝鲜，结果失败了。1823 年，佐藤信渊在他的论著《宇内混同秘策》中扬言：要“征服满洲”并“将中国纳入日本的版图”。他还提出了日本向北扩张的具体计划，这是日本“大陆政策”的鼻祖。大陆政策的思想奠基人、日本改革派政治家吉田松阴，早在 1855 年就提出，日本暂时不能与英、法、德、俄等西方列强抗衡，而应该把朝鲜和中国作为征服对象。“一旦军舰大炮稍微充实，便可开拓虾夷（日本北海道的古称），晓喻琉球，使之会同朝觐；责难朝鲜，使之纳币进贡；割南满之地，收台湾、吕宋之岛，占领整个中国，君临印度。”明治维新时期，一个名叫江藤新平的人主张，日本“宜先与俄国提携，将朝鲜收下，进而将支那分割成南北两部分……待经营就绪，即驱逐俄国，圣天子迁都北平，从而完成第二次维新之大业”。1887 年，日本参谋本部继《与清国斗争方案》后，再度制定了《清国征讨方略》，提出“乘彼尚幼稚”，以武力分割中国，“断其四肢，伤其身体，使之不能

① 张世平：《史鉴大略》，北京，军事科学出版社，2005 年，第 294 页。

② 本部分参考白皋《日本近代大陆政策评析——兼驳日本右翼对甲午战争历史的歪曲》。2005 年 8 月 11 日。http://opinion.people.com.cn/BIG5/40604/3601754.html，以及重庆巴蜀中学历史教研室张波“大陆政策”和“大东亚共荣圈”。

活动”。7年后，日本发动了甲午战争，大陆政策在这个时期已经完全成熟了。

中日甲午战争和日俄战争之后，日本“大陆政策”开始进入关键性阶段。第一阶段推行积极的大陆政策，注重殖民地经营，与西方殖民者“平分秋色”。在这种政策的指引下，1905年，日本攫取关东与南满洲的铁路，1910年吞并朝鲜，1914年占领山东半岛，1915年提出了灭亡中国的“二十一条”，1918年出兵西伯利亚。第二阶段是消极、赢利阶段。20世纪20年代，日本的大陆政策在国际上受到了“华盛顿体系”的制约，在国内受到政党政治的限制，处于低潮中，“大陆政策”的实施主要是以经济扩张为主。第三阶段是全面实施阶段。1929年世界经济危机使日本的大陆政策复苏，1931年占领东北三省，1937年发动“七七事变”，开始全面占领中国的侵略战争。

“大东亚共荣圈”是大陆政策的发展。1940年8月1日，在有关日本政府对外讲话中，松岗洋右首先强调自己主张“布皇道于世界”的“皇道使命”。他说：“……作为我国现行的外交方针，其目的在于本着这一皇道大精神首先确立以日满支为其一环的大东亚共荣圈。”（《东京朝日新闻》，1940年8月2日晚报。）因此，大东亚共荣圈是日本“皇道外交”的具体体现。共荣圈建设作为日本的“基本国策”于1940年8月1日被第二次近卫内阁以政府纲要的形式固定下来。主要内容是“皇国的国策……以确立世界和平为其根本，首先建成以皇国为中心，以日、满、支紧密结合为基础的大东亚新秩序”。共荣圈有两个基本的支柱：一是南进强占殖民地，一是与德意联手形成“轴心体制”。从本质上说，“大东亚共荣圈”是日本近代以来实施的一系列亚洲政策的结果，是“大陆政策”在新时期的具体表现。其出发点是乘英、法等面临德国侵略自顾不暇之际，夺取西方殖民者在南亚的殖民地，使日本的势力实现从“东亚”向“南亚”的扩张，妄图建立一个大日本帝国。

（四）海洋意识与战略理论

海洋屏障观念 日本是海洋国家，但日本的海洋意识是逐步形成的。早期日本人的海洋意识并不强。直到17世纪，日本幕府还把海洋看成是天然屏障，实行锁国政策，禁止日本人出海航行，禁止基督教，限制外国船只贸易活动。他们认为，海洋是日本安全的屏障，“海洋围绕四方，唯有西部稍可停泊外国船只，且无袭来之虞”。[①]这种落后的海洋观，严重影响日本走向海洋，走出海岛，

---

① 信夫清三郎：《日本政治史》，第一卷，上海，上海译文出版社，第21页。

影响日本近代社会的发展。结果,日本落后了,不久就被西方列强用炮舰打破国门,与中国清代的鸦片战争时期类似。

海国论 海国论是日本学者林子平在1786年写的《海国兵谈》中提出的。他认定日本是"海国",海洋在过去的时代是海防屏障,在西方列强出现之后是入侵的通道。"海国必须有海国的防卫。""海国之武备在于海边,海边之兵法在于水战","水战之关键在于大炮"。因此,海国的海防是把大炮"遍置于日本全国滨海各地,以作为日本长期之武备,奠定与天地共存之准则"。[①]可惜的是,幕府没有采纳林子平的意见,还以破坏锁国政策为名给林子平闭门蛰居的处罚。

耀武于海外思想 1868年"明治维新"之后,日本统治者认为,"耀武于海外,非海军莫属,当今应大兴海军"。日本天皇接受了这些建议,发布"海军建设为当今第一要务,应该从速奠定基础"的谕令。[②]这种通过建设海军、征服殖民地,然后使国家富强的思想,符合殖民时代大国发展的形势,使日本很快走上军国主义道路,到1893年,日本成为世界上少有的几个海军强国之一,先后消灭中国北洋舰队,战胜俄国舰队。

海上利益线理论 从19世纪到20世纪,日本的所谓利益线大体分为西北太平洋区域的主权线和海上利益线,以及全球范围的海上利益线。1888年,日本首相山县有朋提出了海上利益线理论,将琉球群岛、台湾一带作为日本的利益线,朝鲜是日本利益线的焦点。1890年进一步提出,国家独立自卫之道,第一是守卫主权线,第二是保护利益线。保卫利益线的主要敌人是中国。对付中国的办法首先是发展日本海军,消灭中国海军,取得西北太平洋的制海权。这个任务在甲午战争时完成了,消灭了中国海军,占领了台湾,独霸了朝鲜。第二次世界大战期间,小日本长出大胃口,要灭亡全中国,征服亚洲各国,征服世界,连美国也要招惹一下。这时的日本利益线又扩大了,整个太平洋都是日本的利益范围,所以打了太平洋战争。日本战败了,美国兵进入日本,骄傲的日本不得不受辱于美国。20世纪日本的经济发展起来了,利益线又扩大了,于是又提出保卫1 000海里利益线的目标,甚至更大范围的新利益线,包括整个西太平洋之弧,都是日本的利益范围。

---

① 林子平:《海国兵谈》,转引自井上清《日本军国主义》,第17–18页。

② 外山三郎:《日本海军史》,龚建国等译,北京,解放军出版社,1988年,第13页。

(五)建设近代化军事强国

马汉海权论的影响　明治维新前日本的军事制度和军事技术都很落后。明治维新后,日本政府以“富国强兵”为基本国策,积极推行军事改革,较快地建立起近代化的陆军和海军,迅速在军事上崛起。甲午战争至日俄战争期间,日本又受到马汉海权论的重要影响。1893年金子坚太郎就摘抄马汉的作品呈送海军大臣西乡从道,1896年东邦学会将马汉的《海权对历史的影响(1660—1783)》译为日文。秋山真之1897年赴美留学,受到马汉的直接教育,回国后先后撰写了大量著作,是日本《海战要务令》的修订人,更是后来“八·八舰队”的倡导者之一,被称为日本的马汉。佐藤铁太郎在山本权兵卫1899年任海军大臣时,赴英美学习,研究“海主陆从”的战略思路。佐藤深受马汉等人影响,回国后在1902年写成《帝国国防论》,经山本呈送明治天皇,直接推动了随后日本海军力量的扩张。经过日俄战争后,佐藤在任海军大学教官期间,撰写了《帝国国防史论》,提出了“国防要则十条”等。在此影响下,日本走上“陆主海从”道路,形成了“海洋第一”战略和“大舰巨炮主义”。当时佐藤的“想定敌国”是美国,这个思想对后来的日本防卫战略也有影响,最终引发太平洋战争和日本海军彻底覆灭。

改革军事领导体制　1872年参照欧美军制,撤销兵部省,分别设立陆军省和海军省,作为陆海两军的最高军政军令机关。1878年又参照德国的经验,设立参谋本部,首先在陆军系统实行军政、军令分离的“二元化”体制。此后,陆军大臣只管有关的军政事务,参谋总长掌握用兵作战的军令事项。1886年后,日本海军也实行了“二元化”领导体制。陆军大臣和海军大臣实行武官专任制,只有现役将官才有资格出任这两个职务。

1889年2月《大日本帝国宪法》(又称《明治宪法》)颁布,从法律上肯定了天皇统治日本国家的权力是“神圣不可侵犯”的,明确了由天皇直接统率军队的原则。天皇拥有最高军令、军政权力,可以直接委任军政、军令两大系统的高级将领,政府及其内阁总理大臣无权过问。另一方面,军令最高首脑(参谋本部长、军令本部长、教育总监)和军政最高首脑(陆军大臣、海军大臣)被特许有直接上奏天皇、辅佐天皇进行军令军政决策特权,同时对天皇的军事诏令有独断执行的权力,不受政府其他阁员的制约。在这种情况下,日本的内阁不但无权反对军部的决策,而且,军部可以反过来通过陆海军大臣干预内阁的决策,否则陆海军大臣一旦退出内阁就会使内阁垮台。由于军队在日本国家政治生活中处于极为特殊的地位，使得极富侵略性的武将往往能担任政府首脑，直接控制政府。这是日本走向对外扩张道路，走向罪恶深渊的制度基础。

调整军事编制体制 明治政府以海岸防御和稳定国内政局为目的，适应近代军事技术的特点和作战的需要，于1871年将全国划分为四大守备区，即东京、大阪、镇西和东北四镇台。1873年又进一步将四镇台扩大为六个军区，并开始设立新的兵种。1888年废除镇台制，改设师团制。当时日本陆军师团下辖有2个步兵旅团、1个骑兵大队（营）、1个炮兵联队（团）、1个辎重大队（营）、1个工兵大队（营）。到甲午战争前夕，日本陆军扩编到7个师团；到日俄战争前夕，又扩编到15个师团；到1941年太平洋战争爆发前，扩编到51个师团。①

大量增加军费 在天皇和他的大臣看来，"强兵"高于一切。为了实现"富国强兵"的目的，明治政府一面改革封建式的武装力量，一面大量增加军费，加速建设近代化军队。在明治初期10年内，军事约占财政总支出的80%以上，其中包括陆海军省的经费、军舰购置费、营房建筑费、对内对外战争费。自1878年开始调整，但是，军费的比重还是很高，陆海军经费和炮台费、舰船购置费，合计占国库岁出总额的比率逐年增加，1878年占16.5%，1888年占28%，1892年达到41%。②

大力建设海军 1871年2月，明治政府宣布，由地方官从18—25岁身体健壮的沿海男性志愿渔民中选拔海军士兵。在1872年年底的全国征兵令颁布之后，日本海军便形成了志愿兵和征兵两种制度并存的局面。1904年日俄战争爆发时，日本海军士兵的主力仍是志愿兵。日本海军力量的编成以领队为中心，同时还设有作为海军后勤基地的镇守府。舰队是海军的战略单位，能够独力达成预定的战略任务。1871年，明治政府成立了小舰队，次年发展为中舰队，1885年又扩充为常备小舰队。1886年4月，明治天皇颁布海军条例，规定了军区、军港和镇守府的基本职责，并规定常备舰队分为大舰队、中舰队和小舰队。到1894年7月，明治政府正式编成常备舰队。1894年7月的甲午战争前夕，又根据对华作战的需要，编成了联合舰队。

培养新型军事人才 明治政府在推行军事变革的过程中，极为重视军事人

①② 皮明勇，宫玉振：《世界现代前期军事史》，北京，中国国际广播出版社，1996年，第63、65页。

才的培养,最重要的举措是办陆海军学校。1870年5月,兵部省在“大办海军”的建议中指出:“军舰的灵魂是军官,无军官,水手则无以发挥其所长;水手不能发挥所长,舰船将成为一堆废铁。况且海军军官掌握的知识深奥,达到精通熟练程度并非易事,故尽快创办学校,广选良师,教育海军军官是建设海军之头等大事。”①于是,把原幕府海军操练所改名为海军兵学校,开始培养初级指挥官,到1894年共培养了21期毕业生,其中约有700人参加过甲午战争。1888年,又在东京京桥设立海军大学,培养高级参谋和指挥人才。日本海军在明治和昭和时期所设立的学校还有:海军轮机学校、海军会计学校、海军军医学校、海军炮术学校、海军水雷学校、海军通信学校。明治政府还不断向欧美国家派送留学生,从1870年到1907年,仅日本海军派往海外留学的就多达171人。

发展军事工业　没有先进的武器装备就不会有近代化的陆海军,因此,日本十分重视发展近代军事工业。横须贺海军造船厂建成了炼钢、炼铁、蒸汽锅炉、铸造、船台等分厂,配备各类机器。从1876年到1894年甲午战争前,横须贺海军造船厂共建造成11艘军舰(不包括海军运输船)。明治政府还直接从欧美各国的军火制造商手中采买了大量的武器装备。日本政府先后向英、法等国订造了大量的舰船。到甲午战争爆发时,日本海军已接近于中国海军。甲午战争后,日本陆海两军的扩张速度进一步加快,迅速崛起为远东最大的军事强国。

二、走上侵略扩张不归路

(一)侵略中国和朝鲜的大陆政策

19世纪末到20世纪初,日本开始进入帝国主义阶段。之后,日本成为最具侵略扩张性的国家。列宁指出:日本“掠夺异族如中国等的极便利地位的垄断权,部分地补充和代替了现代最新金融资本的垄断权”。②日本对外扩张的范围包括太平洋、中国、南亚三个地区,中国、朝鲜、俄罗斯、美国、英国五个主要国家,战略部署分为“朝鲜利益线”“满蒙生命线”和“大东亚共荣圈”三个阶段。③

---

① 皮明勇,宫玉振:《世界现代前期军事史》,北京,中国国际广播出版社,1996年,第67页。

② 依田喜家:《简明日本通史》,卞强译,上海,上海远东出版社,2004年,第267页。

③ 张世平:《史鉴大略》,北京,军事科学出版社,2005年,第293页。

脱亚入欧瓜分中国 被誉为“日本近代文明缔造者”的著名启蒙思想家福泽谕吉(1835—1901年),在100多年前将崇尚中华文明的日本引上了“脱亚入欧”的道路,并推动日本走向侵略扩张道路。他先后出版了日本启蒙思想的代表作《劝学篇》和《文明论概略》等,宣传文明开化,使日本摆脱列强欺辱,实现富国强兵和国家独立。1885年,福泽发表了著名的《脱亚论》,全面地阐述了“脱亚入欧”的主张。“日本虽处亚洲东部,但国民精神已脱亚洲固陋,转向西洋文明,虽常说唇齿相依,但现在的支那(中国)、朝鲜于我日本无丝毫帮助,反而玷污我名,当今之计,我日本已不可坐待邻国开明,共兴亚洲,毋宁脱其伍,与西洋文明国共进退,对待邻国支那、朝鲜,亦无须特别客气,竟可效仿西洋人处之。”福泽的“脱亚入欧”后来实际上成为日本的基本国策。他提出了“百卷万国公法不如数门大炮,数册亲善条约不如一筐弹药”的谬论。福泽认为,国际关系自古以来都由武力决定,“禽兽相接,互欲吞噬”,吞食他人者是文明国,被人吞食者是落后国,日本也是禽兽中的一国,“应加入吞食者行列,与文明人一起寻求良饵”,以“在亚洲东陲,创立一个新的西洋国(日本)”。1884年10月,福泽在自己创办的《时事新报》上发表了《东洋的波兰》一文,文章提出:15年后中国将被欧洲列强和日本瓜分,日本将理所当然地占据台湾全岛和福建的一半,并野心勃勃地刊载了一份瓜分中国的预想图《支那帝国分割之图》。福泽积极参与了1884年日本入侵朝鲜的行动,还在甲午战争爆发前后大力鼓吹向中国开战。他先是宣扬甲午战争是“文明与野蛮的战争”,事关日本前途命运,必须取胜,接着又肆无忌惮地煽动日军抢掠中国财富,称日军“目中之所及,皆为战利品。务要刮尽北京城中金银财宝,无论是官是民”。他甚至还劝说天皇御驾亲征。日军赢得甲午战争后,福泽认为,唤醒民众的第一大使命业已完成,脱亚称霸东方已成为日本的第二大使命。于是,他向日本政府提出建议,要求清朝割让旅顺、威海卫、盛京、山东省和台湾等领土。[①]

侵占台湾。中日甲午战争自1894年7月日军丰岛突然袭击开始,到1895年签订《马关条约》止。由于中国朝廷政治腐败,国家经济落后,军队落后腐败,加上掌管清廷外交、军事、经济大权的直隶总督兼北洋大臣李鸿章奉行避战求和方针,招致了战争失败,北洋海军覆没,台湾被日本割占,成为日本的殖

---

① 本节文字参考臧佩红:《史海回眸:叛逆学者福泽谕吉带日本脱亚入欧》,载《环球时报》,2006年7月30日。

民地。

日俄战争　日俄战争发生在1904年2月至1905年5月,是日本和俄国为重新分割中国东北和进一步侵略朝鲜,在中国辽东地区进行的战争。战争中,日、俄无理要求中国严守"中立",不准中国人民反抗。腐败的清政府完全不顾国家主权和人民生死与灾难,屈服于帝国主义压力,无耻地宣布严守"中立",并将辽河以东地区划为"交战区"。战争结果,俄军被打败。在美国的调停下,日、俄两国签订了《朴次茅斯条约》,背着中国擅自在中国东北划分"势力范围"。俄国将从库页岛南部(北纬50°以南)及其附近一切岛屿割让给日本;把旅大"租借地"、中东铁路支路长春至大连段(即后来所指的南满铁路)以及与此有关的一切特权转让给日本。

侵略朝鲜　日俄战争开始时,日本要夺取的目标主要是朝鲜。但战争开始后,随着日本大军进攻到中国东北,中国的东北也被包括在要夺取的目标之列。日俄战争一开始,日军就占领了朝鲜,并将《第一次日韩协约》强加给朝鲜,将其置于日本的统治之下。日俄战争结束时,1905年通过《第二次日韩协约》,日本剥夺了朝鲜的外交权,并将其作为"保护国",在首都汉城设立了"统监府"。1907年《第三次日韩协约》,剥夺了朝鲜的内政权。朝鲜人民对日本帝国主义不断进行激烈的反抗,1910年日本将《日韩合并条约》强加给朝鲜,新设立了朝鲜统督府,把朝鲜完全当作日本的殖民地。

第一次世界大战期间占领德国殖民地　第一次世界大战爆发后,日本政府认为,参加这次战争能够加强日本在国际政治中的地位,可以向亚洲大陆扩张势力,因而以日英同盟为理由,对德宣战,参加了协约国方面。在战争中,日本陆军占领了德国在中国的据点青岛,日本海军占领了德国的殖民地南洋群岛。日本根据协约国方面的请求,把驱逐舰派到地中海,目的是为了确保欧洲与日本的海上运输安全。

在第一次世界大战的前夕,日本的财政已极端恶化。第一次世界大战爆发后,日本很少参加实际战斗,主要是通过向欧洲各国输出军需品,并在欧洲各国暂时后退的时机,打进了亚洲各国的市场,从而获得了巨大的经济利益。对外贸易变成了大幅度出超。1914年日本还是一个有11亿日元外债的债务国,1920年变成了具有27亿日元以上债权的债权国,黄金储备增加了将近5倍。①

---

① 依田喜家:《简明日本通史》,卞强译,上海,上海远东出版社,2004年,第276页。

(二)向南洋扩张的南进战略

南进战略的酝酿与实施 日本所称的南洋,包括太平洋西部和南部,分为内南洋和外南洋。内南洋是马里亚纳群岛、马绍尔群岛和加罗林群岛等区域;外南洋包括西太平洋的其他区域和印度洋的一部分区域。向南洋扩张的南进战略在第一次世界大战结束后就提出了,经过长期准备,第二次世界大战期间付诸实施。

1922年2月6日,美、英、日、法、意五国签订了限制海军军备的条约。条约规定,美、英不得在太平洋中部和西部建立新的海军基地。而日本却早就在千岛、琉球、马里亚纳、马绍尔、加罗林等群岛上构筑和加强了海军基地和前哨阵地。这个条约承认了日本在西太平洋已经取得的优越地位,日本初步确立起了海洋强国地位,在太平洋上形成同美、英等海上强国的鼎足之势。

在1929—1933年经济危机期间,日本与德国一样,国民经济陷入更严重的危机之中,达到崩溃边缘。他们自己找到的办法就是发动战争,向外侵略扩张。日本陆相荒木说,发动侵华战争,是日本"唯一可行"的道路。"假使我们解决了满蒙问题,便给我们以打破国内恐慌的出路。"[①]日本在1936年与纳粹德国缔结了《日德防共协定》,第二年,意大利也加入这一同盟。这三个国家打着对抗共产国际的旗号,同时主张世界"新秩序",形成了要求重新瓜分领土和势力范围的轴心。德国成为欧洲的战争策源地,日本成了亚洲战争策源地。

日本的目标首先是侵略中国。1931年发动了"九一八"事变,日本占领了中国东北。毛泽东在1935年指出:"现在是日本帝国主义要把整个中国从几个帝国主义国家都有份的半殖民地状态改变为日本独占的殖民地状态。"[②] 1937年7月7日,日本对中国发动了全面的侵略战争;日本在不到一年的时间里,侵占了华北、华中、华东和华南大片国土。

20世纪30年代末,日本开始实施南进战略。德国于1938年提议日本,把日德防共协定转化为以苏联及英、法为敌国的军事同盟。日本国内的意见不一致。1940年纳粹德国占领了巴黎,并占领了欧洲的广大地区。此后,日本以陆军为首的与德国结盟的势力主张进军东南亚,为此不惜与美、英开战。7月,日

---

① 英利尔德·哈特:《第二次世界大战史》,上海,上海译文出版社,1978年,第18页。

② 毛泽东:《论反对日本帝国主义的策略》,载《毛泽东选集》合订本,北京,人民出版社,第129页。

本改变了不参与欧洲大战的政策，决定加强与德、意合作以及进军东南亚的方针。9月，日本近卫内阁缔结了日德意三国军事同盟。在这个同盟条约中，日本承认德、意两国在欧洲的“领导地位”，规定这三个国家中任何一国受到第三国的进攻时，都要在政治上和军事上相互支援。在缔结这个条约的同时，日本为了夺取东南亚的法国殖民地，占领了越南北方。

1940年8月，日本政府提出“大东亚共荣圈”计划，其地域范围包括东亚大陆、东南亚地区、澳大利亚、新西兰、印度等区域，以及太平洋和印度洋东经90°到180°的广阔海域。日军袭击珍珠港成功之后，“南进”势如破竹，海洋扩张达到疯狂状态。

以美国为日本海洋扩张的战略对手　日俄战争后，1907年日本制定了《国防方针》，提出俄国是第一假想敌国，美国和德国次之。第一次世界大战后，日美在海军军控等方面长期存在分歧，日本逐步认识到，日、美海军为争夺太平洋制海权必将发生冲突。被称为东亚战争之父的石原完尔说：“日美战争是日本必然之宿命”，他在1931年出版的《欧洲战争史话》中提出了分兵两路对美作战方案，陆军进攻满洲，占领中国，海军攻占菲律宾、关岛、夏威夷、香港、新加坡等美英军事基地，获取西太平洋制海权。[①] 1935年12月到1936年1月，日本撕毁《五国海军协定》《伦敦海军协定》，彻底颠覆了华盛顿体系确立的西太平洋秩序，建立自己的霸权。1936年7月，日本内阁制定《国策准则》，宣布向南方海洋发展，要求海军能“对抗美国海军，确保西太平洋的制海权”。[②]南进战略标志着日本海洋扩张战略的全面展开，也标志着最终败亡的结局。

太平洋战争和日本败亡　1939年美国宣布废除日美通商条约，日美两国的关系开始恶化。在日本占领越南南方之后，美国对日本实行石油禁运，两国关系进一步恶化。在日本内部，主要是军部认为，如果没有石油储备，将被迫向美国屈服，因而强烈主张在“死中求生”，即通过战争来解决窘迫的局面。1941年9月6日，日本政府决定，日美交涉到10月上旬仍无结果，则对美国、英国、荷兰开战。在日美谈判中，美国要求日本从中国全面撤退，放弃日德意三国同盟。日本对此加以拒绝，日美之间没有达成妥协。这时，主张

①② 参考冯梁：《亚太主要国家海洋安全战略》，北京，世界知识出版社，2012年，第45、46页。

对美开战的东条英机陆相出任首相,组成了东条内阁。东条内阁加紧进行对美开战的准备。美国也决心作战,11 月末,美国向日本提出以下主要要求:从中国和法属殖民地印度支那全面撤退,废除三国同盟,解散汪精卫"政权",恢复到 1931 年"满洲事变"以前的状况。此后,日美两国的对立越来越深,通过谈判解决问题已毫无希望。1941 年 12 月 7 日,日本海军总司令山本五十六大将亲自指挥,并带领一支拥有 6 艘大型航空母舰(载 360 架飞机)、2 艘战列舰、3 艘巡洋舰、9 艘驱逐舰和 10 艘潜水艇的突击编队,突然袭击了美国太平洋舰队基地珍珠港。日本作战飞机仅用 95 分钟,就炸沉炸伤大小舰艇 40 余艘,炸沉 5 艘战列舰,重伤 3 艘;击毁飞机 300 多架,炸死 2 403 人,炸伤 1 170 人,美国太平洋舰队几乎全军覆没,几小时之内,太平洋上海军优势便落入日本人手中。[①]

日本最初在夏威夷歼灭了美国太平洋舰队的主力,接着又在马来海面全歼英国东方舰队的主力,攻下了香港、马尼拉、新加坡,占领了现在的印度尼西亚、菲律宾、马来西亚、缅甸的广大地区,并入侵印度。日军作战成功的原因,是在于改变了过去以战舰为主力的原则,灵活使用以航空母舰为核心的机动舰队。不久,美国也开始采用这种方法,1942 年 6 月,日本海军在中途岛附近的海战中大败,损失了其机动舰队的主力。以此为转折点,从 1942 年下半年起,美国军队开始了正式反攻。日本占领了南太平洋的广大地区,实行军政统治,却声称这次战争的目的在于将亚洲从欧美的殖民统治下解放出来,建设"大东亚共荣圈"。

进入 1944 年之后,日本由于丧失了制海权和制空权,来自被占领地区的物资在运输上也发生了困难,资源严重不足。为了挽回不利的战局,决定在中国大陆动员 13 个师团,占领从朝鲜和中国东北至越南、马来的铁路全线,打通"大陆交通线",以弥补制空权和制海权的丧失。面对日军新的攻势,中国很多重要城市和广大地区被占领,但是,八路军、新四军在占领区发起了攻势,牵制了日军的大部分力量,对同年 6 月美军攻克塞班岛、10 月实现菲律宾登陆等军事行动起了巨大作用。从这一年年底开始,美国空军正式对日本本土进行轰炸,日本经济走向崩溃。

1945 年 2 月,美军在硫黄岛登陆,4 月在冲绳登陆。1945 年 5 月,纳粹德国

---

① 李文业:《世界近现代史》,沈阳:辽宁人民出版社,1985 年,第 309 页。

投降,日本被孤立起来。日本陆军一贯主张本土决战。这一主张是在苏联不可能参加对日作战的前提下提出的。当时,美国还没有完成原子弹的试制。美国认为,要在日本本土对日本进行战斗,将造成美军的重大牺牲。为减轻这种牺牲,美国强烈希望苏联参加对日作战。在雅尔塔会议上,缔结了《美苏秘密协定》,内容是:苏联在德国投降后两三个月内对日宣战;条件是苏联将获得千岛列岛等领土权以及对中国旅顺的租借权;承认苏联在国际化的大连港的优先利益,将中国的中东铁路和南满洲铁路作为中苏合办,并保障苏联在其中的优先利益;维持外蒙古的现状。7月,美、英、苏三国首脑在波茨坦会谈,以美、英、中三国的名义发表了《波茨坦宣言》,宣告对日本的战后处理方针和敦促日军无条件投降。苏联当时还没有对日宣战。

波茨坦会谈时,美国成功地进行了原子弹爆炸试验。8月6日,美国在广岛投掷了原子弹。8月8日,苏联在日本投降前参加了对日作战。苏联为了确保自己在处理日本问题时有发言权,比预定时间提前向日本宣战,并向中国的东北和朝鲜进军。9日,美国又在长崎投掷了原子弹。日本遭受原子弹轰炸的损失惨重,而且由于苏联参战,"本土决战"论的前提已经破灭。政府和军部的首脑开会决定,由天皇来裁断是否接受《波茨坦宣言》。8月15日,天皇通过无线电广播,下令停止战斗。9月2日,在停泊于东京湾内的美国军舰"密苏里"号上,日本政府和军部代表在投降书上签字,日本承认失败,成为被美国占领的战败国。

(三)侵略扩张失败的直接原因

国家大战略的重大失误　日本民族是一个有武士道精神,有治理国家干将,但是没有为历史负责的战略家。日本崛起之后确立的"大陆政策"和建立"大东亚共荣圈"的战略目标,作为国家大战略,是一个违背历史发展潮流和客观规律的战略错误。实现这样的大战略就要征服中国、朝鲜、整个亚洲,打败美国,称霸太平洋,甚至称霸世界。这是一个日本人永远也无法实现的梦想。中国有五千年文明传统,有大国治国经验,无论日本花多长时间,多大力气,要想永久占有和同化中国,都是不可能的。与美国争夺太平洋霸权,也是一个必然失败的战略错误。美国也不允许日本完全吞并中国,不允许日本霸占东南亚地区,不允许日本称霸太平洋。在第二次世界大战进行期间,美国想以牺牲中国东北为条件,换取日本从中国东北以外地区撤军,恢复中国的门户开放,保证不使用武力向西南太平洋美、英的属地发展。这是美国的最大让步。日本人不知天高地厚，下决心与美国争高低，要求美国不限制贸易、承认日本对中国的侵略等。这就必然激化日本与美国的矛盾，因此，在战争期间进行的谈判失败之后，美国、英国、荷兰、加拿大、新西兰等国对日本采取了更加严厉的经济制裁措施。日本认为，上述国家对日本的经济战已宣战了。在这种认识之下，日本偷袭了珍珠港。结果，把美国、英国、法国、澳大利亚、新西兰、加拿大、苏联等20多个国家都推到了对日宣战的境地。最后，日本人被打败，明治维新之后取得的"一等国家"地位，一夜之间成为泡影。

穷兵黩武政策必然失败 在第二次世界大战期间，日本实行穷兵黩武政策，使整个国家走上军国主义道路，最后造成国力不能支持战争的严重局面。战争期间，为了支撑庞大的战争机器，军事开支曾经占到政府财政收入的85%，1941年军费开支165亿日元，1944年达934亿日元，增长4倍。随着战争的扩大，日本陆海军的数额不断增加，1937年为110万人，1941年增为241万人，1945年投降时达到713万人。30%以上的男子被送上战场，全国80%以上的劳动力从军或从事军工生产。战争期间，包括199万名军人和军队附属人员在内，共有264万人在战争中丧生。房屋的毁坏达20%，900万人遭受了战争灾难。日本在战前拥有630万吨位船舶，战败时减少到153万吨位，而且远洋船只极少。由于士兵的复员和军需产业的崩溃，1945年失业人数达1 400万。1945年日本的粮食产量仅为1937年的一半，供应紧张，物价飞涨。1944年12月，日本的主要食品价格比1938年同期上涨21倍。无家可归的人们住在防空洞或收集烧剩下的木料而搭成的小棚里。而且衣服等日用品缺乏，特别是粮食的不足相当严重。到1945年，日本已经走到穷途末路，无力再支撑战争了。

三、战败恢复与海洋立国战略

（一）战后恢复与发展

贸易立国战略 第二次世界大战结束后，日本政府反思战前的国家战略，认识到，日本是一个海洋国家，显然必须通过海外贸易来养活9 000万国民。日本的海外贸易重点是经济最富裕、技术最先进、历史关系也很深的英美两国。[1]为此，日本确立了以经济为核心、以日美结盟为保障、以面向海洋为依托

① ［日］吉田茂：《十年回忆》（第一卷），韩润棠、阎静先、王维平译，北京，世界知识出版社，1965年，第10-11页。

的战略,实现了由“军事立国”向“贸易立国”的转变,由抗衡欧美向日美结盟方向的转变,由亚洲大陆向海洋方向的转变,依靠美国的占领保护,实施土地改革、民主化改革、轻军备重经济等战略措施,大力发展海外贸易,最终成长为世界第二大经济强国。

政治改革与和平发展政策　第二次世界大战后,日本被美国占领。美国力求按美式民主制度和美国生活方式改造日本。政治改革的重点是宪法改革。1947年5月,占领军当局正式公布了日本宪法。这部宪法规定,由普选产生两院,实行多党制,议会多数党领袖担任首相和组阁。天皇只是国家的象征,没有实际的权力。但是这部宪法并没有使日本成为真正的西方民主国家。西方民主在日本就带上了强烈的日本传统。

根据美国与日本达成的协议,日本在战后必须走和平发展的道路。日本不重建大规模武装,不参与解决国际争端,日本国防依赖于美国及其核保护伞;日本给美军提供军事基地,没有美国同意,日本不得向其他国家提供军事基地;美军撤出后,保留冲绳作为军事基地;日本放弃1895年以来所侵占的一切领土。1951年9月8日,在旧金山签订了对日和约。这个和约把日本绑在美国太平洋地区反共战车之上,不能奉行独立自立的外交路线。1951年订立了《日美安保条约》,1960年在众议院通过。这个条约构建的日美安全体系,被称为吉田主义。根据条约的规定,日本军队只能防御,除保卫本土外,不能向外用兵。日本不能发展核武器,要依靠美国的核保护伞。在国际问题上,日本必须追随美国的政策。

经济恢复与发展　战争结束之后,日本迅速开始经济恢复工作。和平发展的政策对日本的经济发展十分有利。日本可以节省军事开支,集中精力发展经济;美国向日本提供了巨大市场,也是日本经济发展的强大推动力量。朝鲜战争爆发后,美国在日本订购大量军需品,促进了日本经济的快速发展。1955年,日本经济恢复到战前水平,然后进入发展期。

日本的经济发展速度非常快。1950—1973年,日本的国内生产总值以平均每年10.5%的惊人速度增长,超过所有其他工业化国家,成为照相机、厨房用具、电气产品、乐器、小型摩托车等制成品的主要生产者。到70年代,日本的钢铁产量已经与美国的钢铁产量持平,汽车在世界所占的比例从1%上升到23%。日本产品还不断由低技术产品向高技术产品发展。日本的贸易顺差也不断地增加,成为金融和工业巨人。1952年同盟国结束军事占领时,日本的国民生产总值略高于法国或英国的1/3,到70年代后期,日本的国民生产总值已相当于英国和法国的总和，超过美国的半数。在约30年的时间里，日本在世界制造业产量和国民生产总值中的比例已从2%～3%上升至10%左右，而且还在不停地上升。[①] 到1987年，日本GNP相当于美国的53%、超过联邦德国，成为资本主义世界第二经济大国。1955年日本人均GNP为194美元，在资本主义世界居第34位，1987年达到19 642美元，超过美国。20世纪80年代初，在43种主要工业产品的186项主要技术指标中，日本超过美国的占29%，赶上美国的占32%，不及美国的仅占39%，日本已经成为综合国力最强的国家之一。中国军事科学研究院黄硕风研究员根据政治力、经济力、科技力、国防力、文教力、外交力和资源力等指标计算，1949年日本的综合国力指数为72，位居世界第六；1989年为211.47，仍然位居世界第四。在1999年李成勋等主编的《2020年的中国》中，日本的综合国力总分1970年为2 312.6，位居世界第七；1980年为2 780.8，位居世界第四；1990年为2 930.2，位居世界第四；2000年为3 190.4，位居世界第二；2010年为3 110.4，位居世界第二；2020年为3 118.7，位居世界第二。[②] 日本的综合国力在上升，支持发展海洋事业的能力很强，有能力保持海洋强国的地位。

（二）海洋立国新战略

海洋国家身份的再认定 这是制定海洋战略的重要依据。战后日本吉田茂政府就提出了海洋日本观，即在日美同盟框架下，大力发展海外贸易，促进经济全面发展，养活日本人。1964年高坂正尧在《中央公论》杂志上发表了《海洋国家日本的构想》，倡导建立在限制军备条件下的"海上通商国家"。随后，各种有关调研报告、研究著作出版，包括《海洋战争论参考》《新海洋法秩序与日本安全保障》《世界之海：近代海洋战略的变迁》《海洋与国际政治》《海洋防卫学入门》《海洋开发：技术与产业》《海洋与开发》《海洋开发事典》《海洋开发问题讲座》《前进中的海洋开发》《海洋科学基础讲座》等，为确立海洋国家定位奠定了思想基础。[③] 1978年，当时首相中曾根康弘就明确指出："从地理政治学的

---

① [美]肯尼迪·保罗：《大国的兴衰》，梁于华译，北京，世界知识出版社，1990年，第514页。

② 2011年，中国经济发展强劲，经济总量已超过日本，跃居世界第二位。至2020年日本能否位居世界第二还得看中国的发展进程。

③ 参考初晓波：《身份与权力——冷战后日本的海洋战略》，载《国际政治研究》，2007年第4期。

角度来看,日本是个海洋国家。”[①]海洋国家因为缺乏资源,被迫利用海洋对外发展,依靠通商贸易等手段建立海运国家。从历史上看,日本一旦抛弃自己的海洋国家身份,试图占领大陆,或者与大陆国家建立同盟,基本上都是以彻底失败而告终。后来,许多民间团体也在塑造日本的海洋国家身份方面做出了贡献。“财团法人日本国际论坛”从1998年4月开始,用4年的时间,启动了系列研究项目——“海洋国家研讨小组”,参加者包括政界、学界、经济界、舆论界的代表人物,三本著作《日本的身份:既不是西方也不是东方的日本》(1999年)、《21世纪日本的大战略:从岛国到海洋国家》(2000年)、《21世纪海洋国家日本的构想:世界秩序与地区秩序》(2001年)。他们勾勒出来的日本身份,是“东北亚四面环海的海洋国家”,是“欧美以外最先通过自我努力实现了现代化的国家”,“日本应该积极探索,强化海洋同盟——日美基轴的基础,遏制中国,通过强化东盟的坚定性,开拓建立东亚多元合作体制。如果能做到这一步,日本就实现了名副其实海洋国家的历史使命。”[②]1996年,日本政府正式确定增加一个国民节日,把每年7月20日(后来改为七月份的第三个星期一)定为“海之日”。政府提出设置这个新节日的理由是“在感谢大海恩惠的同时,祝愿海洋国家日本的繁荣”。2006年7月18日,时任内阁总理大臣的小泉纯一郎专门在“海之日”设置十周年之际发表祝词:“我国是四周环海的海洋国家,从古至今享受着大海的丰富物产,并通过大海进行人与物的往来,是蒙受大海恩惠逐渐发展起来的……现在世界的海洋,充斥着海难事故、海盗、环境污染等大量问题。我认为,作为海洋国家的日本,为了解决这些问题,应该在不同领域内做出积极的贡献。”[③]

新利益线理论　明确国家海洋利益范围,也是制定海洋战略的前提。2000

① [日]中曾根康弘:《新的保守理论》,金苏城、张和平译,北京,世界知识出版社,1984年版,第135页。转引自初晓波:《身份与权力——冷战后日本的海洋战略》,载《国际政治研究》,2007年第4期。

② [日]伊藤宪一监修:《海洋国家日本的构想——世界秩序与地区秩序》,东京,财团法人日本国际论坛森林出版社,2001年版,第165页。转引自初晓波:《身份与权力——冷战后日本的海洋战略》,载《国际政治研究》,2007年第4期。

③ [日]川胜平太:《文明的海洋史观》,东京,中央公论社,1997年版,第221页。严绍璗:《日本当代海洋文明观质疑》,载《日本学论坛》,第3期,第13-16页。2006年7月18日小泉纯一郎发表在日本国土交通省的网站上。转引自初晓波:《身份与权力——冷战后日本的海洋战略》,载《国际政治研究》,2007年第4期。

年日本《诸君》杂志发表《新"南洋"战略》,其中指出:从冲绳、台湾到南洋的海上通道是日本新的"生命线";相关国家包括密克罗尼西亚联邦、马绍尔群岛共和国、菲律宾、印度尼西亚、马来西亚、文莱、巴布亚新几内亚、日本、美国、澳大利亚以及新西兰,能够成为日本的友邦国家。建议政府成立"西太平洋海岛诸国家会议",作为构建政治和军事同盟的平台,抗衡中国大陆。

制定海洋立国战略 第二次世界大战之后,日本制定过几个海洋开发保护计划,未正式制定国家海洋战略。进入21世纪,日本意识到,海洋具有广阔空间,也储藏着丰富的资源和能源,是地球上最后的新开拓地,日本的200海里水域面积有400多万平方千米,相当于国土面积的12倍,是新的开发空间,因此开始考虑制定国家的海洋战略。海洋政策研究财团2005年11月18日向日本政府提交的《海洋与日本:21世纪海洋政策建议书》是一个重要文件,它建议制定海洋政策大纲,完善海洋基本法的推进体制,扩大国家管辖范围和加强国际合作等,形成国家海洋战略。根据《海洋政策建议书》的建议,2006年12月7日制定了《海洋政策大纲——寻求新的海洋立国》。2007年4月通过的《海洋基本法》,正式确立了海洋立国战略。《海洋基本法》规定的重点领域有12个,包括:推进海洋资源的开发与利用,保护海洋环境,推进专属经济区内资源开发活动,确保海上运输竞争力,确保海洋安全,推进海洋调查,研发海洋科技,振兴海洋产业与强化国际竞争力,实施沿海综合管理,有效利用与保护离开陆地的岛屿,加强国际联系与促进国际合作,增强国民对海洋的理解与促进人才培养等。

2007年4月通过的海洋基本法没有宣示主权的条文,重点是确保海洋安全和扩大(争夺)海洋空间(管辖海域);扩大海洋空间的基本思路,还是旧海权时代的抢夺办法,抢岛屿,抢管辖海域,并且要成为领导国际海洋国家秩序的世界大国。这个基本法强化了岛屿归属和划界立场,恶化了邻国关系和自身生存环境。扩张性海洋战略和法制化主张,使日本外交无回旋余地,成为日本右倾化的法律基础。

构建海洋法律体系 按照基本法的规定,日本政府加紧制定海洋法律。2009年12月1日,公布了《管理海洋保全和管理离岛的基本方针草案》,2010年2月9日,日本国会通过《促进保全及利用专属经济水域及大陆架保全低潮线及建设据点设施等法律》,2010年6月24日发布《施行令》,2010年7月13日公布了《促进保全及利用专属经济区及大陆架、保全低潮线及建设据点设施等基本计划》,2010 年 12 月 17 日通过《关于 2011 年以后的防卫计划大纲》和《2011—2015 年度中期防卫力量整备计划》,2012 年 2 月 28 日通过《海上保安厅法》《领海等外国船舶航行法》的修改法案。这些法律法规解决了十分重要的问题:①在偏远海岛及其周边海域建立了低潮线保护区巡逻体制;②将“无主”基点海岛国有化;③在南鸟岛和冲之鸟岛建设港湾设施。通过综合性的岛屿功能开发,把冲之鸟的两块岩礁连成一体,使它不但具备港湾功能,而且具备科研、观测、生产实验、旅游等“有人岛”的特性,实现圈占 42 万平方千米的专属经济区、划定 74 万平方千米的大陆架的目标——获得相当于日本陆地面积两倍的“海洋国土”。①

建立统一协调的执行体制　过去,日本没有统一的海洋管理体制。海洋管理工作和政策分散在八九个部门和机构中,包括海洋运输、船舶建设、渔业、环境、科学技术、海洋安全、海底矿产资源开发等部门。日本主要的海上执法机构是海上保安厅。海上保安厅设置于 1948 年,隶属于运输省,在国内划分为 11 个管区。各管区的管辖范围是按陆地划分然后延伸到海上。日本海上保安厅的主要职责包括:处理海上涉外案件,领海、专属经济区巡逻;对外国渔船的不法作业监视查处;维护港口秩序;保证海上交通安全;海上搜救;防止海洋污染,保护海洋环境;进行国际合作等。执法装备有巡视船、特别警备艇、飞机等。日本海上保安厅有拘留权,但没有裁决权。海上保安厅厅长由运输大臣任命。依据《海洋基本法》的规定,日本调整了海洋管理体制,决定建立综合海洋政策本部,内阁首相担任本部长,副本部长由国务大臣担任,本部员全部由国务大臣兼任;海洋本部的事务归内阁官房处理。海洋政策担当相也由国土交通相兼任。海洋政策本部的主要职能是:①制定并实行海洋基本计划;②全盘协调相关行政机构根据海洋基本计划实施的政策;③起草、立项及总体调整其他海洋政策中的重要计划。②

举国推进海洋战略　在海洋政策本部的领导下,形成了举国推进海洋战略的体制:中央各主要部门分别统辖各级地方自治政府,发动独立行政法人和财团法人、国立大学及研究机构、公共团体、相关行业协会及民间团体,举国推进海洋战略的实施。日本政府从 2008 年开始制定专门海洋预算,投入巨额财政资源,实施规模庞大的海洋项目。2008—2010 年的保卫海洋战略项目包括:确

---

①② 李秀石:《日本海洋战略——新海洋立国》,载《学术前沿》,2012 年第 7 期。

保海上安全与治安、保全离岛、保全海洋环境、推进大陆架延伸划界等内容。2011—2012 年,共有 10 个中央部门承包了 400 多项海洋战略项目,分包单位多达数十个,项目内容包括:海洋能源、矿物资源的勘探及开采技术研发、保障渔业和海上运输业发展等经济领域,保护海洋生物及防止污染等海洋环保领域,地震海啸等自然灾害的预警、防范海上犯罪等非传统安全领域,以及保护偏远基点海岛的低潮线,应对岛屿攻击、海洋通道安全等传统安全领域。

有计划实施海洋战略 按照《海洋基本法》的规定,日本政府每五年要制定一次海洋基本计划,落实海洋战略确定的各项战略任务。2008 年和 2013 年,两次制定海洋基本计划。2013 年的《海洋基本计划》把确保海洋安全、振兴海洋产业、开展与海洋相关的国际合作等作为主要内容。今后三年时间调查海底可燃冰及稀土埋藏量,并推进海洋可再生能源开发,完善开采技术,力争到 2018 年度前后实现天然气水合物的商业化开采。基本计划还强调要强化海上安保体制,以牵制中国在东海的活动;建立保护日本籍船只免遭海盗袭击的新制度,以及利用人造卫星进行海洋监视等内容。基本计划还强调开展与海洋相关的国际合作,重启因东海油气田开发而中断的日中磋商等内容。

(三)海洋发展战略

海洋资源和海洋经济 日本四面环海,本国海洋资源丰富,又可以利用世界大洋海洋资源,十分有利于发展海洋经济。日本的经济和社会发展高度依赖海洋,早就对海洋利用作出了精细分类,其中具有战略意义的海洋资源是海洋生物资源、海水海底资源、海洋能源、海洋空间四大类。日本的海洋经济起点高,现代化程度很高。目前日本的海洋产业有 20 个,主要产业包括沿海旅游业、港口及运输业、海洋渔业、海洋油气业、海洋土木工程、船舶修造业、海底通讯电缆制造与铺设、海水淡化等,海洋能发电、海底天然气水合物开发、海底多金属结核、海底热液和海底富钴壳开发等,也将逐步形成规模较大的海洋产业。21 世纪初,日本提出了向海洋要第二国土的战略思想,形成了全面开发利用海洋的各种政策,海洋经济还将继续发展。关于海洋经济对日本经济社会发展的贡献,早期日本国内有一项研究估计:直接开发海洋资源形成的狭义海洋产业对 GDP 的贡献 2% ~3%,包括海洋旅游、海洋工程等在内的海洋产业贡献率 8% ~9%,包括原料和产品经过海洋运输的临海产业(广义海洋经济)在内的海洋经济的贡献率约 50%。所以,美国学者与日本学者的一项合作研究认为,日本的最大优势是两个,一是人,二是海洋。

世界一流的造船业　日本政府十分重视船舶工业的发展,把船舶工业与钢铁工业、石化工业、海运业一起列为主导行业,并认为造船业是这些重点产业的支柱产业,可起到先导作用,所以应得到优先发展。船舶工业长期以来一直得到政府强有力的政策扶持。日本船舶工业在亚洲处于领先水平,在世界也位居先进行列。除航空母舰和核潜艇外,目前日本能够独立研制各种水面舰艇、常规潜艇、舰载武器和船用设备,也具备航母及核潜艇的设计与建造技术基础和生产能力,形成了品种齐全、配套设施完整的船舶工业体系。

日本自1955年造船产量超过英国以来,一直是世界第一船舶大国。20世纪70年代石油危机后,日本造船工业曾遭遇两次低谷期。从20世纪90年代起,全行业进行大规模重组,产业结构调整,造船工业设备削减一半,人员减少2/3。1995年以后,韩国造船业崛起,与日本轮流争夺“世界第一大造船国”的宝座。2000年,韩国获新船建造订单2 600万总吨(GT),日本获订单为1 280万总吨(GT)。2001年全球订造新船总吨位2 867万吨,其中,日本1 101万吨,韩国1 063万载重吨。2002年世界新造船舶订单3 060万载重吨,其中日本为1 294万载重吨,韩国976万载重吨,欧洲162万载重吨,中国384万载重吨。近几年,国际海运业船舶更新换代速度放缓,建造新船需求下降,造船业国际竞争越来越激烈。由于世界造船业设备投资过剩,船价下跌,市场需求减退,尤其是VLCC(超大型油轮)等大型船舶更新需求减退,日本造船业开始重组,形成以三菱重工、石川岛播磨等19家大企业为行业龙头、中小企业为辅的行业格局。

经过近半个世纪的发展,日本造船行业构筑了高度成熟的行业管理体系。国土交通省海事局内设有造船课,负责制订行业发展规划和有关政策,并于2002年成立了旨在提高日本造船业国际竞争力的智库组织“造船产业竞争战略会议”,拥有日本船舶标准协会、日本造船工业会、日本舶用工业协会、日本船用机关整备协会等30多个外围团体,负责制订日本造船业的竞争战略及船舶标准(JMS),参与应对及处理世界贸易组织、经合组织等国际组织中涉及日本及第三国的造船纠纷,研究韩国、中国造船业发展的动态,研究承接新船订单的环境,组织建造日本防卫厅等官方指定建造的新船等。

为了在日趋激烈的竞争中把握主导权,日本积极参与国际海事组织(IMO)加强船舶安全和海洋环境保护的活动,在造船分会中扮演重要角色,参与制定禁止使用有毒船底涂料公约,以及研究防止压舱水中有害水生生物移动新条约等,力争在制定国际规则中掌握主导权。同时,加强与中国、韩国等新崛起造船国家的交流与合作,保持技术领先地位。中国宣布在长兴岛设立造船基地后,到2015年建设成为年生产能力1 200万吨,世界最大的造船基地后,日本造船业产生强烈的危机感,加大了对中国造船工业信息的搜集力度,川崎重工等造船企业开始与中国企业合资造船。[①]

目前,日本从事舰船建造的大型企业有6家:三菱重工、川崎重工、石川岛播磨重工、日立造船、三井造船和住友重工。这6家企业共拥有20余家从事军用舰艇建造的造船厂。生产舰载配套设备的企业有17家,还有许多中小型企业参与舰船建造和船舶配套设备的研制和生产任务。日本从事舰船科研的机构主要是防卫厅技术研究本部的海上系统开发部以及第一研究所、第五研究所。

海洋运输和物流大国 第二次世界大战以后的一个时期,日本的海运业逐步恢复,船舶数量在世界船舶总量中的比重越来越大。1970年,世界船舶总量为22 749万总吨,日本为2 700万总吨,占11.9%。但是,20世纪中后期以来,日本海运的成本优势逐步削弱,海运业的国际竞争力降低。1973年石油危机之后,日本出口贸易减少,与此同时,日本的船舶拥有量也开始减少。1978年世界船舶总量为40 600万总吨,日本为3 918万总吨,占9.6%。

进入20世纪80年代后半期以后,世界产品贸易结构及海运市场结构发生进一步变化,日本的产业结构和贸易结构也发生了根本性变化。这些变化也影响航运业的发展。首先影响的是定期船运部门,过去这些部门运送的主要是以集装箱形式装载的小批量货物,如电器产品、杂货、工业制品等。20世纪80年代以后,在世界定期船市场中,日本的发货量逐渐降低。北美航线(亚洲—美国)(即东方航线)是世界货运量最大的定期航线,日本的产品所占比例曾超过三成。但是,到1993年降到22%。与货运量及产品结构的变化相呼应,北美航线的物流构成也发生了变化。1987年到1992年5年间,从日本到北美的直接航班约减少了1/4(船舶数量)。曾拉动日本经济增长的汽车出口,在1993年日元升值以后大幅度减少,使日本的汽车专用船队规模缩小,从根本上动摇了大型航运公司的收益结构。进口货物的构成也有变化,主要趋势是原料进口

---

① 日本造船业的发展状况,驻日本使馆商务处的资料编写,2006年5月14日互联网下载。

减少、制成品进口扩大。尤其是铁矿石和原料煤进口的减少,对依靠运送上述物资的定期船运部门造成冲击。在上述物流结构变化的影响下,日本海运业国际竞争力降低了。在北美航线,日本航运公司的定期船发货份额1988年为24%,1993年降低到19%。呈现增长趋势的仍是韩国、中国及台湾等国家和地区的航运公司。

20世纪末以来,经济全球化成为不可抗拒的时代潮流,对其起支撑作用的是全球物流体系;海运是国际物流体系的中心。在新的形势下,国际集装箱运输急速增长,从1988年到1998年间,世界集装箱运输的增长率为214.9%。在这场全球化的物流竞争中,日本海运业遇到了前所未有的难题。汽车出口减少、家电生产的海外转移,铁矿石进口的减少,使国内货物运输大量减少,而东盟、中国等海运规模不断扩大,再加日元升值导致国际竞争力下降,使日本远洋运输的发展受到影响。

在这种严峻的挑战面前,日本政府决定进一步调整政策,向21世纪全球物流巨人迈进。为了实现这一目标,日本政府和海运业界采取的具体措施包括:成本结算美元化;船舶、船员国际化,增加低薪外国船员数量;在世界各地建设国际性的大型物流中心等。在东盟,早就有日本航运公司的大型物流中心在开展业务。在中国也出现了类似的情况。日本的海运业具有坚实的发展基础,其船舶建造技术和海上运输能力,在世界上名列前茅,日本有进一步成为海运强国的基础和能力。①

海洋渔业振兴 海洋生物资源分为本国200海里水域、公海水域、外国200海里水域的供给量和纯输入量;重点是保护和综合利用本国海域的渔业水域和资源,通过多种合作方式开发利用其他国家海域的渔业资源,探索开发公海大洋的渔业资源。第二次世界大战之后,日本坚持增加捕捞能力和向外扩张的政策,渔业产量曾达到1 300万吨,成为世界第一渔业大国。近年来,由于沿海的过度开发和海外渔场不断缩小,进口鱼类的增加,海洋渔业进入困境。日本渔业生产能力急剧下降,生产规模萎缩了近一半,导致食用鱼虾类的自给率下降到原来的55%,面临危机。日本渔业分为两个部分:以海洋沿岸为主要渔场的渔民渔业,以及利用10~500吨渔船以近海和远洋作为

---

① 参考杜小军:《转型期日本海运业发展趋势分析》,该文发表于《现代日本经济》2002年5月。

主要渔场的中小渔业经营体，渔民数量约23万人，其中约3万人专门从事近海和远洋捕捞。在24万艘动力渔船中，90%以上都是不足5吨的船只，只能在近海进行捕鱼作业，并且面临渔民和渔船老化问题。日本已经开始调整渔业结构，提高渔船的捕捞能力，恢复近海资源，开辟新的渔场，促使近海渔业振兴。远洋渔业要用现代化船只取代老旧渔船，吸引青年人参与渔业生产。日本政府于2007年5月推行渔业改革对策，使渔业经济的产、供、销紧密配合，摆脱渔业的困难局面。

其他海洋资源的开发利用 第一，日本积极勘探开发本国海域的海底煤田、海底石油天然气资源、天然气水合物资源，同时发展矿产资源开发技术装备，占领国际市场；另外，积极勘探国际海底的多金属结核、钴结壳、多金属硫化物和深海生物基因资源。第二，日本科技和产业界积极研究开发波浪能、海流能等，既研究供陆地用电的大型海洋能发电装置，也研究海岛用电的小型发电装置。日本也很重视海水利用，在通产省设立了海水中心，管理海水淡化工作，在海水淡化、海水直接利用方面，走在了世界前列。第三，日本国土面积狭小，非常重视利用海洋空间，利用沿海50米水深的海域和离岸10千米陆域，发展工业用地、娱乐用地、城市用地、废物处理用地，改变了占用农业用地为主的局面，以及建设海上人工岛屿，是海洋空间利用程度最高的国家。海洋空间利用的具体项目非常多，包括生活场所、填海形成的城市、填海形成的工业生产场地、海上储藏场地和娱乐场所、海水浴场、海员水手活动场所、娱乐体育基地、交通运输场地、渔港、港湾、航路、海上机场、废弃物处理场地等。第四，日本还以大型港口城市为依托，构筑产业集群发展和地方集群，集中地方优势，建设适合各地特点的海洋开发区，拓宽了经济腹地，形成了关东广域地区集群、近畿地区集群等9个地区集群。日本政府提出了海洋走廊计划，预计在大阪湾建设长为120千米的海底走廊交通线，解决人口、住房、交通和环境等问题。

(四)海洋安全战略

战后的反思 第二次世界大战结束后，日本国内政界、学界对侵略扩张历史进行过反思和研究。其中有一个重要观点认为，日本是海洋国家，与海洋国家合作就胜利，与海洋国家为敌就失败；试图占领大陆或者与大陆国家建立同盟都是以彻底失败而告终的。他们的实际例证包括：第一次世界大战与海洋国家英国合作，与大陆国家德国为敌，抢夺到德国在中国的殖民地；第二次世界大战与大陆国家德国结盟，与海洋国家英国、美国为敌，结果失败了。因此，日本的防卫战略文件都要以中国为敌，与美国一起围堵中国。“日本应该积极探索，强化海洋同盟——日美基轴的基础，遏制中国，通过强化东盟的坚定性，开拓建立东亚多元合作体制。如果能做到这一步，日本就实现了名副其实海洋国家的历史使命。”[①]与海洋国家美国结盟，与大陆国家中国为敌，是他们反思的关键结论。

日本人用海洋国家和大陆国家的简单区分，就确定了国家长期安全战略的盟友和战略对手，实在太简单化了。第一，他们衡量成败的标准是侵略扩张的成绩，侵占的地域多少；他们没有想到侵略扩张本身是违背人类社会发展历史规律的，是失败的根本原因。第二，把敌友简单地分为大陆国家和海洋国家也是不对的，“海洋国家”美国过去不是、今后也不可能永远是日本的朋友，第一次世界大战后，美国长期把日本作为假想敌，第二次世界大战期间日本轰炸了夏威夷，美国消灭了日本海军，炸毁了东京城，在长崎和广岛投放了原子弹，美日之间有深仇大恨。第三，“大陆国家”中国不会侵占日本，这一点日本人是清楚的，和美国一起遏制中国，如果真的发生对抗，日本首先要失去中国市场，在21世纪失去中国市场还能发展吗？第四，真要发生战争，日本要受到中国的惩罚，中国可以承受重大打击，弹丸小国日本能承受多大打击？韩国比日本聪明，既与美国结盟，又与中国友好，日本人应该学一学。

专守防卫战略　20世纪60年代以前，日本没有独立的海洋安全战略，海洋安全由美国保护，实施依赖美国的专守防御战略。当时，日本认定的安全威胁是，亚洲局部战争、大规模局部战争、全面核战争和间接侵略四种，安全威胁主要来自苏联、中国和朝鲜。日本没有能力自己维持安全局面，必须依赖美国，形成日美安全同盟。在美国的支持下，1948年建立海上保安厅，负责海上治安。1952年又在美国援助下建立了海上警备队，1954年改为海上自卫队。这是日本维护海洋安全的两支基本力量。1960年，美日两国签署《日美共同合作与安全保障条约》。日本政府认识到，有美国的核保护伞保护，日本不会遭受全面攻击，威胁主要是日本海上运输线的袭击。因此，日本出台“专守防卫”军

---

① ［日］伊藤宪一监修：《海洋国家日本的构想——世界秩序与地区秩序》，东京，财团法人日本国际论坛森林出版社，2001年，第165页。转引自初晓波：《身份与权力——冷战后日本的海洋战略》，载《国际政治研究》，2007年第4期。

事战略,海上自卫队提出“近海专守防卫”战略。防卫的区域为沿岸海域,包括本土和周边海域,大洋一侧300海里,九州西侧200海里,日本海100海里,远洋航线500海里。

日美合作的安全战略 20世纪70年代后期,苏联扩张势头增强,美国和日本感到威胁越来越严重,因而加强了防卫合作。1978年两国签署了《日美防卫合作指导方针》,着手研究共同作战问题。根据规定,封锁护航战略一直是日本海上自卫队的主要任务,其中心内容为:以美日军事合作为基础,以苏联太平洋舰队为主要作战对象,通过封锁海峡和反潜护航,确保日本周边海域的安全和海上交通线的畅通。其中,封锁海峡和反潜护航是日本海上自卫队的主要作战样式,也是构成日本海上自卫队战略的两大支柱。海上自卫队的具体任务包括,保卫日本本土和附近海域,保卫1 000海里交通线,参与潜在热点地区作战。其中维护海上交通线是日本生死攸关的问题,关系到日本的生死存亡。办法是:必要时,封锁宗谷、津轻、对马三大海峡,减轻俄国海军的威胁;利用日本近海的两条列岛线,设置两条航路安全带,即利用种子岛、冲绳岛为主的西南列岛,以八丈岛、硫磺岛为主的东南岛屿的天然屏障,建设进行立体监视的堡垒和前进基地,使护航舰队的出发地向前延伸350海里和700海里,保证开辟神户经西南列岛内侧通往印度洋、欧洲新航线的安全,以及横滨经东南列岛内侧通往关岛、美洲的东南航线的安全。这样,就在关岛以西、菲律宾以北、巴士海峡以东、日本本土以南,形成一个三角安全地带。这个地带的底边是北纬20°线,顶点是日本本土左边从巴士海峡经西南列岛东侧到四国海域,右边从马里亚纳群岛经硫磺岛、小笠原群岛、伊豆群岛的海域。护航距离西线直线840海里,东线1 000海里。

从防卫日本向干预地区冲突转变 1997年美日公布《日美防卫合作指针》,调整了日美防卫合作的方针和政策,同盟关系发生重大变化,开始从“防卫日本”向“干预地区冲突”型转变。文件规定,“周边事态是对日本的和平与安全产生重要影响的事态”,日本周边发生“事态”时,以日本为主进行防御作战,美国支援;日本向美国提供后方地区支援。美日两国要在撤侨、海上搜救、实行经济制裁等方面合作。之后,日本连续制定《周边事态法案》《武力攻击事态法案》《反恐特别措施法案》等,并多次出兵海外,为美国发动阿富汗战争、伊拉克战争提供后勤支援,成为干预地区冲突事件的参与者。2005年,美日共同发表《美日2+2声明》,提出了美日两国在亚太地区和全球的共同战略目标,包括确保日本安全,保持应对突发事件的能力,支持朝鲜半岛和平统一,和平解决朝鲜相关问题,鼓励中国提高军事透明度,和平解决台湾问题,岛屿主权争端,海洋权益争端等。总之,防卫日本安全的目标多元化了,处理一切地区冲突都列入日美同盟的战略目标,在这一类事件发生时,日本都是重要参与者,这与早期的专守防卫日本发生了质的变化。

中国是主要战略对手　进入21世纪,日本的海洋安全战略开始调整,基本特征是以中国为主要战略对手,强化日美海上安全同盟,构建西太平洋海洋安全联盟,力争获得区域主导权,围堵中国。目前,日本积极强化警戒监视活动,提高和平时期信息收集能力和在地区内的影响力;同时,通过强化演习和训练,提升和平时期的实际存在,健全发生危机和冲突时的紧急应对体制。2010年以后日本发布的重要文件,如《防卫白皮书》《关于2011年以后的防卫计划大纲》《东亚战略概观》《中国安全战略报告》等,都将中国视为"假想敌"。新防卫大纲首次把确保周边海空领域安全列为首要防卫目标,应对岛屿攻击次之,规定自卫队使用巡航导弹应对岛屿攻击,作战区域也扩展到"确保周边海空领域的空中优势及海上运输线安全",并且要求驻日美军把支援日本作为首要任务,作为负担美军基地费用的交换条件,力促美国介入中日钓鱼岛争端,表明日本为保卫钓鱼岛,不惜打一场包括切断攻击方海上通道在内的空海一体战。①在处理岛屿主权争端时,也是把主要矛头指向中国,对韩、俄实际控制的岛屿,暂缓设立低潮线保护区;对中国钓鱼岛及其附属岛屿则实施国有化,加强实际控制,在军事上进行战略威慑,确保强占中国领土钓鱼岛。

日美海权同盟　2009年,日本和美国的一些机构,合作提出《为安定和繁荣海洋的日美海权同盟》的建议。这是一个新的值得重视的动向。构筑海权同盟,同盟关系的内涵扩大了,包括确保航行自由和海上通道安全,预防与海洋权益有关的武力争端,保护海洋环境与促进海洋可持续开发等,内容极为广泛。按照这个同盟规定的任务,海上的各种事务都被同盟的任务包括在内,很难再找出美日同盟不管的事务。

海上力量建设　日本在第二次世界大战中战败,美国对日本实行军事占领。1946年3月5日,美国占领军指使日本当局通过《日本国宪法》,其中第九

---

① 李秀石:《日本海洋战略——新海洋立国》,载《学术前沿》,2012年第7期。

条规定:“日本国民衷心谋求基于正义与秩序的国际和平,永远放弃以国权发动的战争,以武力威胁或武力行使作为解决国际争端的手段。为达到前项目的,不保持陆、海、空军或其他战争力量,不承认国家的交战权。”①这对防止日本复活军国主义是有积极作用的。但是,1950 年 6 月朝鲜战争爆发,美国确定积极扶植日本重建武装的政策,扶持日本建立“海上自卫队”。日本以“海上自卫队”之名重建海军。日本海上自卫队定员由 1 万人增到 1.58 万人。日本海上自卫队编为 1 个联合舰队、5 个地方队、1 个练习舰队、1 个教育航空集团和直属部队。联合舰队由护卫舰队、潜艇舰队、航空集团、第一扫雷队群、第二扫雷队群和直属部队组成。

1955 年至 1977 年 3 月止,日本先后制定并实施了四期扩军计划。到第四期扩军计划结束时,日本海上自卫队已拥有 46 666 人,舰艇 147 艘,共 16.6 万吨,飞机 340 架,其作战实力已经名列亚洲前茅,可以担负中远海的反潜护航作战任务。70 年代末 80 年代初,国际和国内形势发生变化,苏联海军崛起,对日本构成威胁。美国为对抗苏联,力促日本加速扩大海上自卫队。日本国内也有扩军思潮。从 1984 年起,每年造舰量都保持在 2 万吨左右。在 1954—1989 年的 35 年中,日本海上自卫队军费增加 26 倍。武器装备不断更新换代,已经成为一支现代化的精干的海上力量。20 世纪 80 年代末,日本舰队的综合作战能力超过英国海军轻型航母编队的作战能力。

20 世纪 90 年代以来,日本逐年增加军费,从 1990 年的 300 多亿美元猛增到 1995 年的 500 多亿美元,成为世界第二军费开支大国,相当于亚太地区各国军费的总和。日本是海军发展潜力最大的国家,日本的造船能力足以使战时日本舰队的实力在现有基础上迅速扩大 6~8 倍。目前,日本海军的主力部队包括机动作战的护卫舰部队 4 个集群共 8 个大队;区域作战的护卫舰部队 5 个大队;潜水艇部队有 4 个大队;扫雷部队 1 个大队;预警巡逻有 9 个大队。合计护卫舰 47 艘、潜水艇 16 艘、战斗机大约 150 架。日本海上自卫队实力已经雄踞亚洲之首,成为世界一流的强大海上力量。据日本《追求》杂志井上和彦介绍,日本自卫队至少有 7 项世界第一:扫雷部队有 30 艘扫雷艇,是世界最强的扫雷力量;海上自卫队有 50 艘护卫舰,几乎都以反潜为重点,还有 P3C 型反潜巡逻飞机 100 架以上,反潜能力世界最强;自卫队有 16 艘性能优越的潜艇,“亲潮”

① 丁一平,等:《世界海军史》,北京,海潮出版社,2000 年,第 701-702 页。

级潜艇是世界上采用电池驱动的最大的潜艇,战斗能力可与核潜艇相媲美;日本研发的F2战机很多技术指标超过F16战机;日本研发的88式地对舰导弹"SSM-1",百发百中,"96式多用途导弹"命中率也很高;日本自卫队巡逻水平世界一流;日本自卫队教育水平也是世界第一。[1]

① 《环球时报》,2005年12月5日。

第十九章 印度

一、地理区位优势

印度国土面积约298万平方千米，是南亚次大陆最大的国家，与巴基斯坦、中国、尼泊尔、不丹、缅甸和孟加拉国为邻。印度全境分为德干高原和中央高原、平原及喜马拉雅山区等自然地理区。印度东南濒临孟加拉湾，西南濒临阿拉伯海，南部深入印度洋，北倚喜马拉雅山，是亚、非、欧和大洋洲海上交通枢纽。印度有7 516千米的海岸线。

印度大陆嵌入印度洋，分割了印度洋的大面积海域，使印度具有进入印度洋的地理优势，也容易受到海上攻击。印度大陆的海岸线外是一条很长的海上航线，既便于印度利用，也便于其控制。印度自己的专属经济区202万平方千米，有丰富的海洋资源，还可以方便地开发利用印度洋公海和国际海底的丰富资源。这些都是印度成为海洋强国的客观地理条件。

二、海洋安全维护

(一)印度之洋战略

海洋强国意识 印度的海权意识源自于英国殖民时代的海洋霸权思想。自16世纪开始，印度洋成为葡萄牙、荷兰和英国争霸的场所，1600年印度沦为英国的殖民地。英国统治印度期间是印度洋的霸主，这种传统在印度独立后长期存在影响。印度1947年独立，1950年1月26日成立印度共和国。印度自独立后，在政界和军界以及一些学者的思想中，海洋意识不断增强，还进行过海权和陆权的讨论。主张海权重要的人士认为：从古至今，发展海上力量，建立海权，是强盛国家的共同特点。印度要建立一支海军部队，发展一支商船队，发展自己的造船工业。印巴战争期间，海军发挥过极其重要的作用，统一了重视海权、建设海洋强国的思想。曾任印度海军参谋长的查特吉说："印度应该把自己建设成一个海洋强国。”[①]印度有能力在海上捍卫本国利益,成为印度洋地区的海洋强国。[②]这种海洋强国意识是独立后的印度在海洋观方面的长足进步的表现,也为后来印度海军的发展建设奠定了思想基础。

“印度之洋”战略 美国海军理论家马汉于1911年曾预言:“不论谁控制了印度洋,他就控制了亚洲。印度洋是通向7个海域的要冲。21世纪世界的命运将在印度洋上见分晓。”[③]马汉的这番话对印度影响很大。自20世纪60年代末以后,英国撤出苏伊士以东地区,美、苏海军先后进入印度洋。中东地区战火不断,引起了印度政府对印度洋安危的关注。20世纪70年代初,印度政府慎重考虑印度洋问题和海军的发展问题,从而形成了控制印度洋的战略意图,形成了印度洋是“印度之洋”战略。

印度人认为:印度洋理应是印度的势力范围,不容外来势力进入。但是,自英国把军事力量从苏伊士运河以东地区全部撤出后,两个超级大国为了各自的战略利益加紧在印度洋争夺;印度洋周边国家如伊朗、沙特阿拉伯、南非、澳大利亚、印度尼西亚和巴基斯坦等,都在积极发展海军,争取控制印度洋,从而控制从地中海到太平洋之间的广大地区。面对这种形势,印度认为其历史使命是:要摆脱次大陆的狭隘安全观念,应不失时机地“去占据印度洋,而且越快越好”。[④] 2004年印度发布《印度海上军事学说》,其中分析印度洋的安全形势认为:印度洋的安全形势严峻,“在阿拉伯海-孟加拉湾范围内,地区内及地区外力量始终不断持续增长,而且导弹和大规模杀伤性武器在印度洋地区的扩散、宗教极端主义的蔓延和对恐怖主义在道义上和物质上的支持对于印度洋海上安全也构成严重威胁”。美国等西方军事力量对印度西部的威胁也日益突出。因此,印度必须扩大安全防卫范围。2001—2002年印度国防报告,对于印度安全范围有具体说明:“印度的安全环境包括从西边的波斯湾到东边的马六甲海峡,从北边的中亚国家到南边的赤道的广大地理范围。”上述区域又分为核心利益区和次要利益区。核心利益区包括:阿拉伯海和孟加拉湾;马六甲海峡、霍尔木兹海峡、曼得海峡和好望角;穿越印度洋的国际航道。次要利益区包括:红海;南中国海;太平洋东部地区。印度海军执行防卫任务也分为不同层次的海

---

① 丁一平,等:《世界海军史》,北京,海潮出版社,2000年,第712页。

② 赵克增:《外国海军军事思想研究》,北京,海军军事学术研究所,1991年,第355页。

③④ 刘善继:《当代外国军事思想》,北京,解放军出版社,1988年,第172、177页。

区:第一类完全控制区,从海岸向外扩展 500 千米海域;第二类中等控制区,500 ~ 1 000 千米范围内的海域;第三类软控区,1 000 千米外的印度洋区域。[①]

控制印度洋的“控海”“拒海”理论 为了实现对印度洋的控制,印度海军提出了“控海”“拒海”理论:“控海”是在印度洋北部地区形成对巴基斯坦形成的绝对海上优势;“拒海”是对区域外大国实施威慑战略,争取达到海上均衡优势,限制他们在印度洋的自由行动。印度要建立一支蓝水海军,实施海军的“控海”“拒海”战略。具体任务是:阻止中国海军进入印度洋;印度具备进入南海直接打击中国大陆的能力;具备在印度洋任何区域投送军事力量的能力,开展战略要点、关键岛屿、关键航线的控制能力;对美国海军在印度洋的作战能力进行限制。

对于比自己强大的域外大国的“拒海”,印度提出了不对称威慑的思路。他们认为,威慑不仅是拥有核武库国家的战略理论,使用常规武器也可以达到威慑的目的。实行威慑并不是意味着必须具备绝对战胜敌人的能力,而是要具备使对手为取得胜利要付出得不偿失的代价的能力。印度前海军参谋长科里指出:纵观海军平时的职责,我们发现它的主要任务是威慑。面向印度洋,实施海洋威慑与控制即成为印度海军的海上战略。[②]

“西挺东进”政策 20 世纪 90 年代至 21 世纪初,印度已不囿于印度洋的利益,开始实施海洋“西挺东进”政策,东扩进入南中国海,涉足西太平洋,南扩绕过好望角,驰骋大西洋。为东扩南中国海,印度近年来加强与东南亚国家的战略关系,积极参与东盟的安全合作,以使其在南海的存在正当化。2008 年,印度与缅甸签署了海上油气开发合同;2011 年,印度与越南签署合作开发南海油气资源的协议,试图通过石油开发扩大其在南中国海的存在范围。此外,近年来,印度积极开展南北极地区、南大洋和国际海域调查,到 2009 年,印度已组织了 29 次南极科考和 3 次北极科考,2009 年至 2010 年共组织了 4 次南大洋考察。由此可见,印度争霸海洋的雄心正在从印度洋向全球延伸。

(二)海上力量建设

海上力量体系 印度的军政当权者认为:要“获得区域性海上强国的地

---

① 冯梁:《亚太地区主要国家海洋安全战略》,北京,世界知识出版社,2012 年,第 309 - 316 页。

② 赵克增:《外国海军军事思想研究》,海军军事学术研究所,1991 年,第 359 页。

位，以使印度能够对印度洋地区的力量平衡起作用"，需要建立起"得到科学研究和工业充分支持的多层海上力量"。[1]这种多层海上力量应该是：一支深海海军；一支用以保卫海岸线、港口和其他设施的浅海海军；一支用以保卫200海里专属经济区内海洋资源的海岸警卫队；还有一个控制、监督海洋勘测与工程的组织体系。印度经过不懈的努力，建设成一支以航空母舰为核心、以大型水面舰艇和潜艇为主体、辅以小型快速导弹舰艇的中等规模的区域海军。印度海军被西方称为第三世界中最大的区域性海上力量。

蓝水海军建设 印度提出海军建设目标是，到2020年建设成一支包括3艘航空母舰和潜艇部队、水面舰艇编队在内的海军部队。1947年8月，印、巴分治，印度获得独立。印度虽然分得前英国"皇家印度海军"兵力的2/3，但舰船陈旧，兵力弱小，仅能担负海岸警戒任务。但是，40年以后，印度海军已从当初的1.1万人发展到5万~6万人，各种舰艇130多艘、20余万吨，其中拥有航空母舰2艘，成为一支区域性海上力量，取得印度洋北部的海上优势，是第三世界中最强大的海军，在印度洋沿岸的36个国家中居于首位。

冷战结束后，印度为了称霸印度洋，加快了海军建设的步伐。印度海军由3个地区司令部、2个舰队、1个要塞司令部组成。为增强和完善在印度洋中部海区的兵力部署，印度海军在东部和西部2个舰队的基础上，再组建南部舰队；在安达曼群岛和尼科巴群岛地区建立海上联合指挥部，统辖陆、海、空军兵力；在安达曼群岛的布莱尔港建立印度海军远东司令部；在西部沿海的卡尔瓦尔地区新建可驻泊航空母舰等大型舰艇的海军基地，在西部沿海还将新建一座潜艇基地。

印度海军还正在加速武器装备现代化。近几年来，印度先后制定了《1995—2015年二十年国防建设规划》《国防建设十年规划》和《五年建设规划》等远中近期发展计划，发展拥有航空母舰、核潜艇和远洋补给供应船队的"蓝水海军"。其中，航空母舰包括现役的"维特拉"号航母、"戈尔什科夫"号航母以及国内生产的"蓝天卫士"号航母。"维特拉"号航母退役后还能保持有两艘航母的海上力量。根据印度国防发展计划，2013—2018年，印度国防开支年均增长率预计将达13.4%，2018年达到702亿美元，采购无人机、先进电子战系统、导弹防御作战系统、火箭和导弹系统、战斗机和教练机、隐身护卫舰、潜

① 赵克增：《外国海军军事思想研究》，海军军事学术研究所，1991年，第173页。

水艇、舰队补给舰等新型装备,并在安达曼-尼科巴群岛和洛克沙威-米尼科伊群岛扩建海军基地和海军航空站,使印度海军成为控制印度洋并具有一定远洋进攻能力的区域性海上力量。

三、海洋开发利用

(一)海洋渔业

印度洋有丰富的渔业资源。渔业是印度沿海地区民众的主要生活来源之一,印度政府也很重视发展渔业。印度专属经济区面积达202万平方千米,估计有海洋渔业资源390万吨,包括金枪鱼、勒氏皇带鱼、石首鱼、沙丁鱼、鲨鱼等。渔业在印度经济中地位很重要,它是沿海地区民众的主要生计来源。据联合国粮农组织统计,它提供1 500万人工作机会,包括100万个全职工作,其中有70%的人是出生于沿海渔村或卸鱼中心。

印度的海洋捕捞业多由木帆船和小型机动渔船在近海从事刺网作业,长袋形定置网和拖曳网作业,远洋和深海渔船很少。1991年,印度政府制定了发展深海捕鱼的六年计划,在专属经济区内引进200艘深海捕鱼船,作业方式有底拖网、近绳钓、鱿鱼钓和外海中上层拖网等,印度还引进了一批加工渔船,可在渔船上直接加工。过去10年来,渔业总产量增长了1/3,2008年达720万吨,其中海洋渔业产量达400万吨。印度渔业专家估计,印度洋的渔业资源还有开发潜力,需要对远洋捕捞船队船只进行更新,需要政府对远洋捕捞行业的支持。

印度目前有许多渔民组织正从事海水养殖作业。一般海水养殖是由当地渔民协会或合作团体进行。印度沿海共有3 800多个渔村,可从事海洋养殖的渔民团体数量非常庞大。捕捞渔业大多集中在西部沿海,半咸水养殖则大多在东部海域,尤其是虾养殖。养殖业也在过去10年里蓬勃发展,从2003年的230万吨,成长至现在的330万吨。

印度也在加强沿海渔业资源管理。渔业是由各邦政府自行管理,中央政府协助。沿海渔业没有配额制度,管理难度很大。国家规定每年6月至8月的产卵季不可作业。

(二)船舶工业

船舶工业是制造海上各种装备的关键产业。印度的船舶工业发展得比较晚,目前共有大小船厂50多家,大型生产企业只有5家。在造船企业中,5家国有造船企业是印度舰艇建造的核心企业,其中有3家隶属于国防部,即马扎冈船坞有限公司、加登·里奇造船工程有限公司和果阿造船有限公司;另外2家国有造船企业是印度斯坦造船有限公司和科钦造船有限公司。此外,其余造船企业均为中小型船厂,它们承担舰艇的部分建造工作。马扎冈船坞有限公司是印度规模最大的造船企业,也是印度最主要的军船生产厂。该公司建造的驱逐舰总载重吨位已达6 700吨,建造的油轮总载重吨位已达27 000吨,能批量生产驱逐舰、护卫舰、常规潜艇、巡逻艇和各种辅助船只。此外,还能够生产海洋石油开采平台和潜水设施等。加登·里奇造船工程有限公司是印度东部最主要的造船企业,能够为印度海军和海岸警备队建造、维修各种舰艇和军辅船,包括护卫舰、货船和油轮、巡逻艇、攻击快艇、柴油机等。果阿造船有限公司是印度西部海岸的主要造船企业,主要建造各种现代中型和专用舰船,包括军船和民船。科钦造船有限公司主要从事造船、修船业务,并与日本三菱重工业株式会社密切合作,在舰船建造技术和工艺方面具有较大优势。印度斯坦造船有限公司是水上运输部下属的造船公司,从事军船和民船的建造、维修以及海洋工程等业务。

印度发展船舶工业的方针,主要是引进国外先进技术,实现舰艇及其配套设备的国产化。解决的办法是:一方面依靠自己建立的科研设计力量,另一方面利用国外的许可证进行生产。多年来,印度舰船设备一直从引进技术入手,经过消化创新,逐步把海军装备的发展纳入自力更生的轨道。通过技术引进,印度已能够在本国船厂建造驱逐舰、护卫舰、常规潜艇、坦克登陆舰等舰船,并开始建造航空母舰。仿制能力和船厂的生产能力与配套组装能力较强,形成了品种比较齐全、配套设施比较完整的船舶工业体系。但主要舰艇的设计和建造技术仍要依赖国外,某些核心装置和设备需要从外国引进,通常引进的设备主要是舰载武器和动力设备,包括舰载导弹、舰炮、鱼雷、燃气轮机、柴油机等。目前,印度依靠国外技术建造的现代化护卫舰的国产化率已达60% ~75%。1999年6月,印度提出在2007年前装备自行生产的满排水量为32 000吨级的航空母舰。该舰的建造计划已于2002年8月由印度国防部和财政部批准,在科钦造船有限公司建造,向外国招标的基本建造费用、设计咨询费用和维护费用总额达到8亿美元。

印度船舶工业的研制项目,大部分都采用与国外合作的办法,最主要的合作伙伴是俄罗斯,此外,法国、英国、以色列等国,也逐渐成为合作对象。印度目前正在生产和计划研制的现代化主力舰艇，均需要通过国际合作完成，大多是依靠许可证进行生产的。典型的合作项目包括：与俄罗斯合作开展核潜艇、阿穆尔级潜艇的发展计划，通过许可证生产德里级导弹驱逐舰；与法国合作生产潜艇；利用英国技术生产导弹护卫舰；利用德国技术建造常规潜艇等。印度也在自行研制核潜艇和航空母舰，都会陆续下水。

（三）海洋航运业

印度是一个半岛形国家，从次大陆伸入印度洋 1 600 多千米，海岸线约占整个国境线长度的 2/3 左右。从印度洋通向世界各大洋，除经非洲南端的好望角进入大西洋较开阔外，经红海过苏伊士运河，再经地中海进入大西洋要通过曼德海峡；印度洋北部的霍尔木兹海峡，则可以控制海湾石油宝库和西方赖以生存的石油航线；东部的马六甲海峡或巽他海峡是进入西太平洋的咽喉要道，战略意义十分重要。印度对外贸易主要依赖海上交通，海洋与印度的命运密切相关。印度海军将军直言不讳地指出：印度海军的目标是要取得控制印度洋五个通道的能力，它们是苏伊士、霍尔木兹、保克、马六甲和巽他海峡。因此，印度要建设强大的海军，控制大洋交通线。

印度重视依靠海洋发展国际贸易。对外贸易主要对象国家和地区为美国、阿拉伯、中国、中国香港、英国、新加坡、德国、比利时、意大利、法国等，主要出口产品有纺织品、宝石及珠宝、化工产品、石化产品、农渔产品、皮质品、电子产品及地毯等，主要进口产品有原油、黄金、宝石、钢铁、化学产品、机械及电子产品。印度 85% 的进出口货物要依赖于海洋运输；印度拥有一支庞大的商船队，占发展中国家商船总数的 14% 左右。但是，印度的基础设施很落后，公路、铁路、港口、航空系统设施陈旧，管理问题很多，制约海洋运输业的发展。

（四）海洋矿产资源

印度近海石油和天然气资源较为丰富，已在孟买盆地发现大型油田，又相继在戈达瓦里盆地、保克海峡、孟加拉湾和安达曼群岛等海域，探明了一批油气资源。印度洋国际海底多金属结核开发区 50 000 平方千米，有丰富的锰矿资源。这些战略资源对印度的经济发展具有深远影响。

四、海洋综合管理

（一）综合管理部门

印度政府重视发展海洋事业，已形成了一套较完备的海洋管理体系。目前,印度中央政府负责海洋工作的部门是海洋开发局,另外还有几个涉海部门参与海洋管理的工作。印度海洋开发局成立于1981年7月,是内阁秘书局的一部分,直属总理领导,1982年3月成为一个独立的局。海洋开发局是组织、协调、促进海洋开发活动的政府机构,是各涉海部门之间海洋规划协调联系的节点,承担管理综合性海洋事务和联系各种涉海部门的任务。其职责包括:开发海底采矿、海水金属元素提炼及海洋能源有关的技术;资助极地科学研究;勘探海洋资源、采集海洋地理数据、研究海洋演变和海洋战略;发展用于海洋勘探、海洋生物和非生物可持续利用的技术和基础;负责与海岸及海区综合治理相关的开发活动,如沿岸社区发展、海洋信息服务等;开展海洋科学的基础研究、人力资源开发、在科研院所中培养高级人才群体及培养公众对海洋潜力和利用意识的各项活动。

(二)其他涉海机构

(1)中央海关与关税署,负责实施国家海关和关税方面的政策,阻止违禁走私,核查追缴偷逃的关税。

(2)船业局,隶属于交通部,是海上运输与航行、灯塔与灯塔船以及造船、修船、港口、水上飞机等行业的政府行政主管部门。

(3)石油与天然气部,是海洋石油与天然气的勘探、开采以及石油产品的生产、供应、分配、销售定价等的政府行政主管部门。

(4)畜牧业与奶业局,隶属于农业部,是海洋渔业的政府行政主管部门,通过沿海各邦、直辖区政府对渔业进行管理。

(5)环境和林业部负责环境管理和污染控制。

(6)科学技术部负责管理海洋科学技术工作。

(7)国防部负责安全和海洋区域利用的管理。

(三)机构间协调机制

1982年印度政府颁布的《海洋政策宣言》,明确各部门应在海洋开发局的主持下加强协调,从而确立了海洋开发局在解决政府内涉及海洋事务的争议中具有协调者地位。如出现有关部局的矛盾相持不下,而海洋开发局又协调无果的情况,则按程序将矛盾提交到内阁,由总理召集内阁部长会议研究解决。近年来,随着海洋活动的日趋多样和复杂,印度各海洋管理部门之间出现矛盾的情况时有发生,有一些政府官员和学者因此呼吁设立一个更权威、更高效的综合性海洋事务管理协调机构,但此事尚未提到政府正式议事日程。

(四)海上执法机构

印度的海上执法主要由海岸警卫队承担,其他部门的工作人员视情况参与协助。海岸警卫队一般不介入对案件的审理,而由当地海关、地方法院及相关行政部门根据有关法律,对当事人进行审理和处罚。

(五)综合性海洋政策

1982年印度政府颁布的《海洋政策宣言》,制定了许多发展海洋事业的政策原则,是一个纲领性文件,至今仍在执行中。这个文件的主要特色和推动的事务包括:①海洋生物资源、非生物资源、可再生动力能源的调查、勘探、评价和利用。②促进技术进步,以适应海洋环境的利用和保护;发展海洋技术,包括矿物资源开发、深海资料收集、潜水装备等领域的装备建设,推动海洋产业发展。③发展海洋和海岸带综合管理,增进社会福利,推动沿海社区发展。④利用本国的和外国的海洋环境信息资源建设海洋信息系统。⑤加强海洋科学研究和技术领域的国际合作。⑥发展国际海底采矿、冶炼提取、环境影响评价技术。⑦发展基础和应用海洋科学研究,建立学术研究中心,提高公众海洋意识。

在这个海洋政策声明的指导下,印度20多年来进行了大量的海洋调查研究、资源评价和勘探开发,海洋资源和环境保护工作取得了很多成就,为21世纪进一步开发利用海洋打下了基础。已经开展的主要海洋调查和开发工作:极地科学考察和研究;海洋生物资源调查、评估;非生物资源调查勘探和评价;海岸带和海洋区域管理;海洋观测系统和信息系统建设;海洋科学研究的能力建设;外大陆架调查制图;专属经济区调查评价;天然气水合物调查、评价和技术开发等。

在此基础上,自2002年开始,印度海洋发展局制定了"2015年海洋远景规划"。这个规划的基本目的是加强印度对海洋的理解,特别是印度洋海域的调查和研究,可持续开发利用海洋生物资源,改善人类居住环境,及时预报和处理海洋灾害等。"规划"包含的国家海洋政策原则主要是:①建立中央政府各涉海部门有效的合作机制,以及各级地方政府在海洋和沿海管理活动方面的联系与协作;②尽快批准各涉海部门海洋方面的公共财政计划,以便他们执行自己的职责;③制定各涉海部门海洋项目和资金成本效益和有效地使用指南;④预防和控制海洋自然与人为灾害,保护人民的生命和财产;⑤制定保护海洋环境、海洋资源可持续利用的政策；⑥发展和加强海洋商业运输；⑦有效解决各部门之间的矛盾，最大限度提高国家利益；⑧继续增加投资，发展和改进有效利用海洋的技术能力；⑨促进和加强私人部门开发利用海洋；⑩完善海洋立法；⑪保证安全顺利执行各州海洋发展计划。

第二十章　中国

中国是海陆兼备的大国。在距今4000年到5000年的夏商时代，就进入奴隶制社会，形成统一的国家，经济社会发展走在世界的前列，是世界上最大最强的国家。春秋战国时期，中国沿海地区的诸侯国中就出现了“海王之国”。自进入封建社会之后，中国基本保持了统一的大国状态，在农业经济为主的时代，中国一直处于世界先进的地位，是大国和强国。中国在明代，航海事业处于世界领先地位，也是海洋强国。但是，世界进入资本主义时代，中国落后于世界发展潮流，长期保持已经落后的封建社会制度，海洋事业也落后了，成为有海无防的半封建半殖民地国家。新中国成立之后，海洋事业得到新的发展，是发展中国家海洋事业最先进的国家，并于2003年国务院文件提出建设海洋强国的战略目标，2013年党的十八大做出建设海洋强国的战略决策。

一、海疆探索与拓展

（一）探索海洋

早期的海陆观　早在1万多年以前，中国大地的原始人就开始接触海洋，食用海产贝类，利用贝壳做装饰品。但是，中国人何时开始有海的观念，留下的文字记载却很难追寻。在中国文字中，海字是什么时候出现的，已经难以找到根据。在象形文字阶段，有水、川、泉、河等，没有海字。但是，成书于周朝的文献，春秋战国时期的书籍，已经有不少海的文字。中国早期文字方面的文献《说文》中，已经有海字的解释：“海，天池也。以纳百川者。”

春秋之前人们已经知道百川入海，海很大，是天池。但是，当时还没有现在的宇宙观，还不知道中国大陆和海洋的关系，海洋在地球上的空间位置。这是人们还在探索、猜测的问题，并且形成了一些初步认识。《尚书》就有“四海会同”“环九州为四海”“江汉朝宗于海”等记载。《尚书·立政》有华夏先民“方行天下，至于海表”[①]的记载。至于什么是四海会同，环九州为四海等，都还不

---

① 《尚书·立政》。

可能有明确的认识。

春秋战国时期水路交通发达,人们的地理视野不断扩大,已经开始希望了解神秘的海洋,了解海外世界。适应这种形势,邹衍的“大九州说”产生了。邹衍是齐国人,阴阳五行家。据《史记·孟子荀卿列传》记载:邹衍认为,“儒者所谓中国者,于天下乃八十一分居其一耳。中国名曰赤县神州,赤县神州内,自有九州,禹之序九州是也,不得为州数。中国外,如赤县神州者九,乃所谓九州也。于是有稗海环之,人民禽兽莫能通者,如一区中者,乃为一州。如此九州,乃有大瀛海环其外,天地之际焉”。[①] 大九州说的地理视野已经扩大了。邹衍已经知道中国之外还有很广大的天地,还有像中国一样的九州(很多州),中间被大海环绕着。

接触海洋的早期记载　中华民族的祖先早在4000年前就开始走向海滨。《尚书·立政》中有“方行天下,至于海表”,“东渐于海,西被流沙”的文字。夏代帝王芒,“命九夷,东狩于海,获大鱼”(《竹书记年》)。公元前21世纪,中国第一个奴隶制国家夏朝建立。夏代帝王南征北战,陆续统一东南沿海地区,国土疆界已经达到海滨。这应该是最早向沿海地区拓展疆土,把广大中原地区与沿海地区统一起来的伟大行动,使中国有了万里海疆,为中国成为世界大国奠定了基础。

夏代之后的商朝,开拓海疆的活动更多。《诗经·商颂》:“肇于彼四海,四海来假,来假祈祈。”殷墟出土了产于东海和南海的鲸鱼骨、海贝、大龟等,说明中原地区与沿海地区有贸易往来,也说明中华民族的疆界达到东南沿海地区。

周朝比商朝更进一步,已经能够利用舟船在沿海地区作战,拓展疆土。《诗经·大雅》:“淠彼泾舟,蒸徒楫之,文王于迈,六师及之。”《诗经·周颂》:“周邦所詹,奄有龟蒙,遂被到荒,至于海邦,淮夷同来。”[②]

海洋对于古代人是神秘的,对于现代人类也还有很多神秘之处。自古以来,人类一直在进行探索和研究海洋,并且不断得到新的认识,发现新的知识。海洋之外还有陆地,还有国家,这对于古代人也是神秘的,也要探寻和考察。夏商时期中国人就开始下海,春秋战国时期中国人就开始向海外探寻和考察。当时,人们还没有现在的地理观念,还不知道海外有什么,下海活动是

---

① 《史记·孟子荀卿列传》。

② 《诗经·大雅》。

渴望了解海外世界，渴求在陆地上得不到的东西。早期的航海活动是一种带有很大盲目性的求知求物活动。这就形成了探索海外神山仙岛，寻找长生不老之药等海上活动。后来，发现了日本，发现了南洋各国，西亚各国，非洲国家，欧洲国家，探寻活动就有了一定的自觉性，是为了扩大了解，寻求外国的臣服和朝贡。

大九州思想在春秋战国时期与神话结合，影响沿海居民和某些诸侯国的国君，下海探索海外世界。其中，神话之一就是海岛采药。人们猜测仙岛有长生不老药，在沿海地区形成了寻找海外神山仙岛活动。齐威王、齐宣王、燕昭王等，都曾多次派遣船队出海远航。《史记·封禅书》载："自威、宣、燕昭，使人入海，求蓬莱、方丈、瀛洲……在渤海中，去人不远，患且至，则船风行而去。盖尝有至者，诸仙人及不死之药皆在焉……其物禽尽白，而黄金维宫阙。未至，望之为云；及到三神山，又居水下；临之，风辄而去，终没能至。"[①]

《山海经》的记载和猜测。成书于战国时期的《山海经》是一部百科全书，其中包括了对海洋和海外事务的记载与猜测，当然也有一些神话。《山海经》中有一些朝鲜和日本列岛的文字，说明当时已经有远航朝鲜和日本的活动。"朝鲜在列阳东，海北山南。列阳属燕"。"东海之内，北海之隅，有国名曰朝鲜"。[②]春秋战国时期，北海指渤海，东海是黄海，南海是现在的东海。《左传·僖公四年》中楚王遣使说齐桓公："君出北海，寡人出南海（东海），唯是风马牛不相及也"。[③] 可见，当时人们已经知道朝鲜的地理位置，并且沿朝鲜半岛航行，达到了朝鲜的一些地方，包括朝鲜的南部。《山海经》："韩雁在海中，都州南。"[④]韩雁就是古代韩国的国名。《三国志·东夷传》："韩有三种，一曰马韩，二曰辰韩，三曰弁韩。"[⑤]考古工作者在韩国一些地方发现了中国战国时期的铜铎、铜剑等，说明当时的探索活动已经达到了黄海对岸。

《山海经》中还有关于日本的记载："盖国在巨燕南，倭北。倭属燕。"[⑥]盖国就是盖马县，属东汉玄菟郡，在高句丽盖马大山之东。看来，春秋战国时期中国人已知道倭在朝鲜半岛南面。据日本人藤家礼之助的《日中交流二千年》分

① 《史记·封禅书》。

②⑥ 《山海经·海经·海内北经》。

③ 《左传·僖公四年》。

④ 《山海经·海经·海东北经》。

⑤ 《三国志·东夷传》。

析,春秋战国时期,已经有些中国北方沿海居民经朝鲜半岛渡海至日本列岛,并带去先进的金属文化与水稻种植技术,使处于石器时代并过着原始渔猎生活的日本,开始了从绳文式文化的长期缓慢发展中摆脱出来,向着使用金属工具和进行水稻种植的弥生式文化的飞跃转变。

东方海洋探索　春秋战国时期,中国人经朝鲜半岛到达朝鲜沿海许多地方,也远航到了日本。除文字记载外,考古发掘也能证明。朝鲜各地发现不少春秋战国时期的中国古代文物,在日本备后国三原町附近和邑久郡等地,也发现了中国战国时期的铜剑,燕国的明刀钱、安阳布等。在日本本州岛西岸的山阴、北陆地区发现了不少与中国先秦古钟类似的祭祀器具铜铎,在北九州沿海地区发现了一些富有中国特色的铜剑、铜铃等遗物。这就充分证明,至迟到战国年间,不少中国人已经到达日本,并在那儿定居繁衍,被称为铜铎民族、出云民族或天降民族。

据孙光圻在《中国古代航海史》中分析,当时中国人到日本的航路:"一条是从朝鲜半岛南岸古时辰韩(今庆尚南道)至日本本州岛西岸山阴、北陆地区的日本海左旋海流航路。这条航路是自然漂流的单向航路,主要船舶驱动力来自于因对马暖流与间宫寒流在日本海南部交汇而生成的左旋海流。日本最早的古文献《日本书纪》所载素盏鸣尊以植土作舟,由新罗曾尸茂梨渡海至出云,及《古事记》所载少名毗古那神从波穗乘天萝摩船至出云御大之御前,其传说中航路正是这条日本海左旋海流航路。它在造船术与航海术较为幼稚的远古时期,是沟通朝鲜半岛与日本列岛的最古老和最方便的航路。另一条航路则是从朝鲜半岛南部的弁韩和辰韩出发,中经对马、远瀛(今冲之岛)、中瀛(今大岛),到达筑前胸形(今北九州宗像)的横渡朝鲜海峡航路。《日本书记》中称为北海道中或道中航路。"①

秦汉时代,中日之间出现了大规模的海上交往。徐福是一个有名有姓的渡海探索人物。徐福为代表的中国人东渡日本,是中日航海交往史上的重大事件。生活在山东半岛沿海的居民具有悠久的航海传统。春秋战国时期,他们就越海潜渡至朝鲜半岛和日本列岛。入秦代后,随着苛政酷役日趋深重,许多地方出现了向外移民的倾向。以徐福为代表的秦人东渡的大规模航海活动,正是发生在这种社会基础上。徐福公元前255年生于秦统一中国前的齐国,其先祖

① 孙光圻:《中国古代航海史》,北京,海洋出版社,1989年,第103页。

为夏禹时伯益子若木,因受封于徐地而以徐姓。徐福以方士为业。古代方士是以搞迷信谋生的人物,但是,方士中的有识之士与许多古老的科学技术(医药术、炼丹术、占星术、航海术……)有着较多的接触与研究。同时,方士的行业特色,使他们的活动天地非常广泛,上可以接触帝王贵族,进行招摇撞骗或执行某种特殊使命,下可以联系平民百姓,熟悉流传于民间的各种科技知识与实践经验。方士的这些职业特点,对徐福的航海活动有着十分重大的影响。秦始皇统一中国之后,徐福利用秦始皇妄求长生不老的愚昧思想,诈称海中有神山仙岛,征发人员物资,率领大批青少年,东渡入海远航。徐福船队东渡的最早记载,是司马迁的《史记》。"始皇东行郡县……南登琅邪……作琅邪台,立石刻,明得意……既已,齐人徐市等上书,言海中有三神山,名曰蓬莱、方丈、瀛洲,仙人居之。请得斋戒,与童男女求之。于是遣徐市发童男女数千人,入海求仙人。"①

《史记·秦始皇本纪》三十七年(公元前210年)条载:"始皇出游……并海上,北至琅邪。方士徐市等入海求神药,数岁不得,费多,恐谴,乃诈曰:蓬莱药可得,然常为大鲛鱼所苦,故不得至,愿请善射与俱,见则以连弩射之。始皇梦与海神战,如人状……乃令入海者赍捕巨鱼具,而自以连弩候大鱼射之。自琅邪北至荣成山,弗见。至之罘,见巨鱼,射杀一鱼。遂并海西。"②

司马迁曾在《史记·淮南衡山列传》中,对徐福航海达到的地点,留下了一些不明确的资料。司马迁记录下伍被对淮南王刘安的谏词:"昔秦绝圣人之道……又使徐福入海求神异物……遣振男女三千人,资之五谷种种百工而行。徐福得平原广泽,止王不来。"③据不少史学家考证,徐福达到的"平原广泽"就是日本。

据孙光圻分析,徐福航行日本的航路可能是:起航地点是琅琊(山东胶南县),第一段航路是琅琊港—成山头—芝罘港,第二段航路是芝罘—蓬莱头—庙岛群岛—老铁山,第三段航路是老铁山—鸭绿江口—朝鲜西海岸—朝鲜南部海岸,第四段航路是朝鲜南部海岸—对马岛—冲岛—大岛—九州海岸。④

徐福是东渡日本的一个代表人物,实际上秦代以后东渡日本的中国人非常

---

①② 《史记·秦始皇本纪》。

③ 《史记·淮南衡山列传》。

④ 孙光圻:《中国古代航海史》,北京,海洋出版社,1989年,第149-155页。

多。这个时期的中国与日本交往,还不是经济贸易活动,而是一种友好交往性的往来。汉代以后,这种交往更多了。汉武帝在朝鲜半岛设立四个郡:玄菟、乐浪、临屯和真番。此后,中国和日本之间利用朝鲜海峡频繁往来。中国人去日本的主要原因是开辟新天地,定居日本;日本方面来华主要是以"献见"的名义前往汉朝,希望获得先进的文化和技术。据日本古籍称:"秦汉百济内附之民,各以万计。"(《日本书记·应神记》)。《三国志·魏书·倭人传》载:"倭人在带方大海中,以山岛为国邑。旧百余国,汉时有来朝见者,今使译所通三十国。"[①]大批中国移民给日本带去华夏文化,对于开发和建设日本产生了重大的历史作用。中国与日本的海上航路基本上是沿岸航行。横渡朝鲜海峡的航路是由朝鲜半岛东南部,经对马、冲岛、大岛,至北九州沿岸。

南海方向的探索　南海沿岸的主角是越人。越国的主要根据地在今浙江省境内,但越族人的分布很广,往南自今福建、广东至越南的北部,其沿海地区及附近岛屿皆为越族居住地。越国很早就开始在南海活动,并与海外进行贸易。早期的南海探询活动和友好交往,未见记载。后期一些记载都是间接的,是在海外经济贸易活动中体现的。楚国称霸时,百越朝贡于楚,楚王称"黄金、珠玑、犀象出于楚,寡人无求于晋国"。(《战国策》)楚王之珠玑、犀象,是来越国朝贡的。而越国的这些珍奇之物是从海外交易来的。春秋战国时期,越人主要是通过珠江口的番禺(今广东省广州市)进行航海贸易的。"番禺亦其一都会也,珠玑、犀、玳瑁、果布之凑"。[②] 可见,战国时期在南海的舟船往来很频繁,互通有无的航海贸易很发达。

郑和下西洋　郑和下西洋是中国航海史上的创举,也是世界航海史上的创举,中国古代探索海洋的继续。从海疆安全的角度看,郑和下西洋也有重要意义。它是漫长的海疆安全时期,中国人向海外的最大探寻活动和友好交往。有海疆的基本安全,才可能有这种大规模的航海活动。在中国海疆基本安全的最后时期,朝廷决定大规模向海外探寻,七下西洋,可能有多种原因,如:朱棣转移视线、缓解内部矛盾的一种措施,寻找可能出逃海外的建文帝,宣示大国威风等。实际上,它也是一种探寻活动,是在前代航海的基础上,继续向海外探寻,探寻更大的地理空间,探寻更新奇的世界,与更多的国家进行友好交往。这是

① 《三国志·魏书·倭人传》。
② 《史记·货殖列传》。

中国人最后一次有能力、有心情进行的海外探寻和友好交往。

从巩固政权和国家安全的角度看,郑和下西洋有三个方面的作用。一是缓解内部矛盾。明代永乐初期,国内政治形势严峻,统治集团内部矛盾重重。朱棣在朱元璋死后以武力从建文帝朱允炆手中夺得皇位,引起了统治阶级内部正统派的不满。为稳定永乐政权,明成祖一方面在国内大肆搜捕异己,另一方面遣使携带大量的诏书与赏赐,向海外各国说明自己是明代的正统皇帝。他派遣郑和船队下西洋,目的一是为了争取海外各国的承认和归附,造成“万邦臣服”“祯祥毕集”的外交盛况,转移国内民众的视线,巩固其统治地位。二是寻找“逃亡”的建文帝。当年攻陷南京时,宫中起火,传说建文帝逃向海外。建文帝活在世上,对朱棣是一个潜在威胁。为解除后顾之忧,明成祖一方面派心腹大臣在国内查找,另一方面派郑和船队出使西洋,暗中察访建文帝的下落。三是稳定东南边疆的战略意图。西北边疆的元蒙势力一直是中央政权的心腹大患,为了与西北地区的反明势力斗争,以免腹背受敌,必须稳定南方,“四夷顺则中国宁”①,郑和下西洋也有稳定海外形势、保证东南沿海安定、以便集中力量对付西北的战乱问题的意图。

中国封建王朝盛期的帝王,历来以天朝大国自居。汉武帝、隋炀帝、唐太宗、元世祖都是这样。这也是制定对外政策的思想根源之一。朱元璋也是这样。他在明代建立初期就说:“自古帝王御临天下,中国属内以制夷狄,夷狄属外以奉中国。”②朱元璋曾遣使四出招谕,颁送明大统历,要求海外诸国归附明朝,称臣朝贡。

明成祖时期,随着经济实力的增强,大国思想又抬头了。郑和下西洋也是在这种大国思想支配下形成的“耀兵示强”政策的表现。明永乐元年(1403年)十月,他对礼部大臣说:“帝王居中,抚驭万国,当如天地之大,无不覆载。”③永乐三年(1405年),他决定派郑和出使西域,“耀兵异域,示中国富强”(《明史·郑和传》)。郑和率领以强大武装为后盾的远洋船队,“赍币往赍之,所以宣德化而柔远人也”(《天妃灵应之纪》)。朱棣在交由郑和在海外开读的玺书中,声称“朕奉天命君主天下,一体上帝之心,施恩布德”,要求海外各国“尔等

① 《明成祖实录》卷127。

② 《皇明通纪》卷3,洪武元年。

③ 《明成祖实录》卷23。

只顺天道，恪守朕言，循理分安，勿得违越”。[1]从皇帝的这些御示看，中国当时的大航海与西方的殖民航海和海权论，有明显的差别。西方大航海的目的是：发展国内商品经济，扩大海外贸易，占领殖民地。中国大航海不是追求发展国内商品经济，不是发展海外贸易，追求的是维持安定和平的地区秩序，强大舰队的威慑和有限的军事行动也是为了维持地区稳定，不占殖民地。有学者称郑和的大航海是文明海权模式。

郑和原姓马，生于公元1371年，是朱棣的重要亲信人物之一，永乐二年（1404年）正月初一，御书郑姓，改名为郑和。由于郑和近侍宫中，深得明成祖器重，加上幼年时的家庭熏陶，青壮年时的勤奋好学与战争磨炼，使他既“才负经纬，文通孔孟”，又“有智略，知兵习战”。世奉伊斯兰教，又皈依佛门，非常适合于出使信仰伊斯兰教与佛教的广大亚非国家。35岁的郑和被明成祖选为出使西洋船队的主要组织者与指挥者。从明永乐三年（1405年）至明宣德六年（1431年），郑和先后七次出使西洋。宣德八年（1433年）三月中旬，郑和在最后一次下西洋的返航途中，因积劳成疾，死于古里国（今印度卡利卡特）。

郑和下西洋的船员人数相当众多。第一次为27 800余人，第三次为27 000余人，第四次为27 670人，第七次为27 550人。其余几次人数也在27 000人左右。郑和下西洋的船队是一支种类齐全的特混船队，每次都有大小船只200多艘。

郑和下西洋历时28年，开辟了中国古代航程最远的远洋航路，是庞大的远洋探寻活动。航路从东海出发，远至西亚、东非、波斯湾、阿拉伯海、红海，越过赤道达到南半球的麻林地。中国舟帆遍及广大亚非海岸，对扩大明王朝的国际声威，传播先进的中华文明，加强中外人民之间的相互了解与交流，起到了有力的推动作用。郑和及其船队在国外人民心目中留下了和平友好的美好印象，产生了广泛深刻的历史影响。时至今日，在众多的东南亚国家与地区，仍流传着不少郑和航海的动人故事，留存着不少以郑和尊号命名的遗迹与纪念或祭祀址。如在印尼的爪哇岛，有三宝珑、三宝港、三宝洞、三保井、三宝公庙，在苏门答腊岛有三宝庙，在马来西亚的马六甲有三宝山、三宝城、三宝井，在泰国有三宝港、三宝庙、三宝宫、三宝禅寺、三宝寺塔。

郑和下西洋是明王朝直接控制的官方赉赐航海活动，主旨在巩固晚期封建

---

① 《郑和家谱·敕海外诸番条》。

主义的统治，招谕海外各国来华朝贡，以满足明朝皇帝“临御天下”的心理欲望以及上层贵族的物质享受欲。郑和船队始终贯彻着在经济上“厚往薄来”的原则，每到一国一地，总是大量无偿地赠送中国物产与财富，而对外国商品则高价收购，引进的大多是仅供上层享用的珍禽异兽与奇珍异物。航行规模越大，航行区域越多，在经济上的负担与损失也越大。

郑和下西洋正是封建主义晚期，这时西方资本主义已经开始兴起，不断地向海上扩张。但是，明王朝违背了历史规律，大规模航海活动不是积累财富，而是盲目追求“万邦臣服”“祯祥毕集”的旷世盛景。海外各国见有利可图，纷纷前往中国“朝贡”，都是虚假现象。这种耗资巨大的航海活动，使国家财政库藏空匮，国内的阶级矛盾与统治阶级内部矛盾变得尖锐起来。在郑和六下西洋不久，明永乐十九年(1421 年)四月初八，明成祖因北京皇宫奉天等三殿突遭火灾，而“诏求直言”时，翰林院侍读李时勉即“上书条时务十五事”，极言“营建”与“远国入贡”之非，迫使明成祖诏告中外“往诸番国宝船”等项暂行停止。到永乐二十二年(1424 年)七月十八明成祖去世后，朝廷重臣户部尚书夏元吉迅即上书，力陈“中官造巨舰通海外诸国，大起北都宫阙，供亿转输，以巨万万计”。[①] 新登基的明仁宗马上宣布下西洋诸番国宝船悉皆停止。郑和本人与王景弘等，也于明洪熙元年(1425 年)二月，被诏“领下番宫军守南京”，长达六年之久。直到明宣德五年(1430 年)六月，夏元吉死，明宣宗(仁宗之子)才以诸番国远者犹未朝贡为由，再令下西洋。当时兵部车驾郎中刘大夏曾复奏说：“三保下西洋，费钱粮数十万，军民死且万计，纵得奇宝而回，于国家何益？此特一时敝政，大臣所当切谏者也，旧案虽有，亦当毁之，以拔其根。”[②]

海疆首先是沿海地区的先民自发开拓的。中国大地的先民，特别是沿海地区的先民，在有文字记载之前，就已经在沿海地区生存和发展。福建沿海，台湾地区，广东沿海，北京地区，广西沿海，海南岛，黄海的一些海岛，都发现了原始社会的先民食用海洋贝类留下的贝壳堆、贝丘遗址。这些遗址的年代大多在 4000 年以前，东南沿海的贝丘遗址在 6000 年以前，最早的遗址超过 10000 年。从这些遗址的地层分析，有些遗址经过了 1 000 多年的积累，说明某一个先民集团(部落)曾经长期生活在该地区，应该有相对稳定的原始社会组织。这些

① 《明史·夏元吉传》。

② 严从简：《殊城周咨录》。

先民组织开发了沿海地区,也为后来形成国家之后,建立包括沿海地区在内的国家做出了贡献。这也是中国海疆形成的重要基础。

(二)拓展海疆

轩辕时代的边疆已经到达海滨　轩辕黄帝是有文字记载的最早的黄帝,是我们的老祖宗,距今应该有4000年以上了。他是黄帝,他手下有大臣,说明当时已经进入原始社会的后期,已经有国家的雏形。他命令大臣共鼓、货狄造舟,这可能就是《尚书・立政》所说的中国先民“方行天下,至于海表”的开始阶段。这个阶段,中国大地上的先民开始走向海滨,中国的边疆达到东部的沿海地区了。

海王之国　西周之初分封800诸侯国。其中,地处沿海的诸侯国齐国、吴国、越国,逐步发展壮大,不断进行海上交战和航行,初步形成了古代的海军。当然,这个时期的海军、海防和海上战争,是中国内部各诸侯国之间的事务,与现代的防御外国侵略的海防是不同的。

齐国在公元前7世纪成为东方霸主,控制了山东半岛沿海地区,被称为“海王之国”。公元前487年,吴国的徐承率舟师自海攻打齐国,齐国用船队从海上拦截,两国在黄海进行了一场大规模的海战,“齐败吴,吴王乃引兵归”。[①] 当时齐国的海军已经有相当规模,可以在黄海和渤海活动。

吴国也是沿海地区强国。吴国西邻太湖,东邻海域,有比较强大的水军。吴国的水军有大翼、小翼、楼船、王舟等水战船舶,在太湖和海上活动,并与楚国、越国多次进行水战,伐楚失败,伐越取胜,从海上进攻齐国也失败了。

越国是东南沿海的强国　为了与吴国争霸,越国也建立了比较强大的水军。越国的水军不亚于吴国,越国的船舶有戈船、楼船、扁舟、轻舟等。《史记》载:越王勾践有“习流二千”。习流即水军。公元前482年,越国勾践发“习流二千人,教士四万人,君子六千人,诸御千人伐吴”,其中一路“(沿)海泝淮,以绝吴路”[②],吴王夫差被迫求和。这次战役,越国水军进行了千余里的江海远程征战。

秦代初定海疆　中国在战国时期形成许多诸侯国,这些诸侯国争夺土地和人口的兼并战争连年不断,战祸极其惨烈。要消除封建割据,只有实现统一。

---

① 《史记》卷31,《吴太伯世家》。

② 《国语・吴语》。

当时不但政治上需要统一,社会经济的发展也提出了统一的要求。在当时的社会历史条件下,统一只能用武力征服来实现。秦朝完成了这个统一的大任。公元前221年,秦始皇建立中央集权的封建国家,疆域达到东部沿海。当时,越南地区还没有形成国家。公元前214年,秦始皇设立了闽中、南海、桂林、象郡。其中象郡包括越南中部、北部和广西西南部地区,这就使中国的版图达到越南中部和北部地区。秦代共有40个郡,其中沿海郡16个,包括:辽东郡(今辽阳)、辽西郡(今义县)、右北平郡(天津蓟县)、渔阳郡(今北京密云)、广阳郡(今北京西南)、巨鹿郡(今河北平乡)、济北郡(今山东泰安)、临淄郡(今山东淄博)、胶东郡(今山东平度)、琅琊郡(今山东胶州西南)、东海郡(今山东郯城)、会稽郡(今江苏苏州)、闽中郡(今福建福州)、南海郡(今广州)、桂林郡(今广西桂平)、象郡(今广西崇左)。秦始皇在位时曾四次向东方巡海,实际都是为了控制沿海地区,或者都起到了控制沿海地区的作用。

汉代拓展海疆　西汉中期是中国历史上第一次大规模扩张疆土的时期,也是南方海疆版图最大的时期。汉武帝进行了50年战争,北方击败匈奴,西方取得36个属国,西南方恢复了庄礄滇国,南方消灭了南越国的割据。汉武帝平定南越王之后,从广东、广西到越南北部,设立9个郡,珠崖、儋耳、南海、苍梧、郁林、合浦、交趾(越南北部)、九真(越南北部)、日南(越南中部)。西汉时期还把台湾划归会稽郡管辖。汉代鼎盛时期,元封三年(公元前108年),汉武帝平定朝鲜,设置真番、临屯、乐浪、玄菟四郡,归属汉朝版图,中国的海疆扩大到朝鲜半岛地区。汉武帝在公元前110—前89年期间,七次巡海。巡海活动有时以求仙封禅为名,但是,实际上每一次巡海活动都是视察海疆,维护海疆安全。例如,汉元封二年(公元前109年),汉代与朝鲜关系紧张,汉武帝东巡后劝谕朝鲜无效,于是派楼船将军杨仆率5万大军渡渤海,进攻朝鲜,取得胜利。

据顾颉刚考订,西汉共有13州,其中沿海州有6个,包括:幽州、冀州、青州、徐州、扬州、交州。这些州的沿海地带包括今俄罗斯远东沿海地区、韩国东海沿海地区以及越南的大部分沿海地区。[①]

东汉末年,群雄割据,逐渐形成魏蜀吴三国抗衡的局面。这个时期,在中国北方沿海地区的割据混战中,进行过不少开发建设,包括农业开发和水利建设、

---

① 汉朝至元代沿海行政区域设置以及海防管理方面的描述,均参考了张炜、方坤的《中国海疆通史》相关部分。

政权建设等。在南方,孙吴政权占领了长达万里的东南沿海海疆,设置了扬州、交州、荆州等行政区域,并不断进行开发建设。海南岛在秦代以前是百越之地,有少数民族聚居。孙吴政权在徐闻(今雷州半岛)设珠崖郡,管理海南岛地区的开发建设。公元 242 年,孙权派将军聂友、校尉陆凯带大小战舰近 300 艘,人员 3 万多,渡琼州海峡南下,攻占珠崖(海南岛琼山县)、儋耳(海南岛儋县),巩固了汉武帝时期设立的郡县制度。

台湾的开发晚一些。公元前 334 年越国为吴国所灭时,越国的民众就有一些散逃到海上的,其中可能就有一些人流散到台湾。“越以此散,诸侯子争立,或为王,或为君。滨于江南海上。”[①]汉代有更多的人陆续前往台湾、澎湖,台湾岛屿居民与大陆联系更多了。三国时期台湾称为“夷州”。吴国居民与台湾联系日益频繁。公元 230 年,孙权派将军卫温、诸葛直带领甲士万人,渡海到夷州,即今日台湾,“得夷州数千人”。这是继汉武帝统一东越、闽越之后又一次开拓和统一行动,对于台湾与大陆的统一有积极意义。

隋代辽海征讨和经略台湾　隋朝初年,在东北方向的近邻高丽国日益强大,并开始侵犯东北地区,东北沿海地区出现了海防问题。高丽国不安于其已有疆界,占领了辽东的一些地方,还不断向辽西进犯。高丽的行动惹怒了隋文帝,曾下诏讨伐。公元 598 年,高丽发兵自辽东向辽西进犯,被隋朝守军打退。接着,隋文帝命令杨谅率 30 万大军,进攻高丽。隋军自东莱郡(今山东掖县)启程,渡过黄海,直指平壤。但是,由于在海上遇到大风,损失大批船只,只得回师。高丽王在隋军威慑下,遣使求和。

隋炀帝时期,国力富强,三次发兵东征高丽。大业八年(612 年),隋炀帝亲率大军 12 路,100 余万人马,分海路和陆路征讨高丽。海路由右卫大将军来护儿率领,“舳舻数百里,浮海先进,入至灞水(大同江)”。[②] 接着进至平壤,率 4 万精兵攻城。部队被高丽兵击退,剩下几千人退回船上。陆路的 30 多万大军,由于粮食供应缺乏,被迫撤兵。大业九年(613 年),隋炀帝再次发兵攻打高丽。由于隋朝内部发生分裂,军事行动失败了。次年,第三次进攻高丽。隋军由山东半岛东莱出发,渡渤海海峡,在辽东半岛南端登陆,击败高丽守军,并直奔平壤。高丽军无力作战,只得遣使求和。

---

① 《史记》卷 41,《越王勾践世家》。

② 《资治通鉴》,卷 181。

台湾也是隋朝对沿海地区经略管理的一个重要区域。隋朝多次派官员和军队到台湾,进行安抚。大业六年(610 年)隋炀帝派大将陈稽等,率领万名军队,自义安(今广东潮州)渡海,进击流求(今台湾)。隋军"进至起都,焚其宫室,虏其男女数千人,载军实而还"。①

向南海发展 隋代初年,国势兴盛,航海能力比较强,隋炀帝制定了"务远略"政策,开始向南洋发展。公元 604—605 年,隋炀帝曾派大将军刘方平复交州,并授他为日南郡驩州行军总管,经略林邑(今越南东南部)。刘方以舟师出比景(属日南郡),沿印度支那半岛东岸南下,航达林邑海口,并击破林邑王梵志的象队,双方建立了航海朝贡关系。

唐代稳定东北海疆 唐朝也是一个拓疆列土的强盛时代,盛唐时期东北地区的海疆扩大到日本海。唐开元十三年(公元 725 年),唐朝在黑水靺鞨(今黑龙江中下游地区的民族)设置黑水军,次年设置黑水都督府和府下之州,形成了比较完整的行政机构,疆界达到日本海,包括乌苏里江以东、黑龙江以南的广大沿海地区,中国成为日本海的沿岸国家。唐代沿海地区的行政区包括:河北道、河南道、淮南道、江南东道、岭南道。这些道的范围包括了从日本海到南海(越南的一部分沿海地区)的广大地区。这是中国海疆最为广大的时期。②

唐代征辽 唐太宗说:"辽东故中国地。""今天下大定,唯辽东未宾,后嗣因士马盛强,谋臣导以征讨,丧乱方始,朕故自取之,不遗后世忧也。"③唐贞观十九年(645 年),唐太宗亲手诏谕天下,指挥海陆两路大军东征高丽。先后夺回盖牟城(故址在今辽宁省沈阳市南)、辽东城(故址在今辽宁省辽阳市)、卑沙城(故址在今辽宁省大连市金县东大和尚山外)、建安城(故址在今辽宁省盖县东北 15 里青石关堡)、白岩城(故址在今辽宁省辽阳市东),但进军至安市城(故址在今辽宁省海城县南十五里英城子山城)时,受到守兵顽抗,唐军久攻未下。最后因天寒水冻,草枯粮竭,只得退回。

后来,从未放弃收复辽东的国策,但改变了进攻的方法。唐军不断游击辽东各城,其中有三次是航海军事行动:其一是唐贞观二十一年(647 年)三月,唐军自莱州渡海,七月攻取石城,得胜后引师而还。这次海上航行路线是首先渡

---

① 《隋书》卷 2,《炀帝传》。

② 韩国磐:《隋唐五代史纲》,第 236 - 238 页,超星图书馆本。

③ 《旧唐书·高丽传》。

过渤海海峡，然后循辽东南岸西进，再溯鸭绿江入玻河。其二是贞观二十二年(648 年)正月，唐军舟师 3 万人，亦自莱州渡海，渡鸭绿江，破高丽援军三万众，然后凯旋返航。其三是同年四月，唐军渡海攻打高丽，首战于勿山得胜。当晚，高丽 1 万余兵将偷袭唐军舰队，唐军设伏兵将其击败，而后远航渤海。经过上述游击战，高丽已困敝不堪。唐太宗感到收复辽东，攻打高丽的时机成熟了。于是，在贞观二十二年(648 年)下诏剑南道(今四川省)伐木造舟舰，准备东征。同时，拟命长孙无忌为大总管，派兵 30 万攻打高丽。贞观二十三年(649 年)四月唐太宗病逝，东征计划未能实现。①

唐高宗继位后，依然执行收复辽东与东征高丽的国策。当时，朝鲜半岛上的百济依仗高丽的援助，侵犯新罗，新罗王春欢上表唐朝求救。唐显庆五年(660 年)，唐高宗为孤立高丽，在半岛上取得立足点，即"以左武卫大将军苏定芳为神丘道行军大总管，率左挠卫将军刘伯英等水陆十万以伐百济"。这年八月，"苏定芳引兵自成山济海"，横渡黄海，直趋朝鲜半岛西岸。"百济据熊津江口(今朝鲜半岛锦江入海口)，定芳进击破之"。唐军乘胜前进，与新罗军合力击破百济。唐高宗命令在"其地置熊津等五都督府，以其酋长为都督、刺史"。②唐龙朔元年(661 年)，百济旧部起兵反唐，唐将刘仁愿、刘仁轨坚守熊津城不走，并打通了新罗运粮之路，唐高宗又发淄、青、莱、海诸州水师七千，渡海增援熊津。龙朔三年(663 年)，百济人又引来倭国水师 2.7 万人，与唐军会战于熊津江口，唐军大破倭军，"四战皆克，焚四百艘，海水为丹"。③ 此后，高丽处于孤立无援腹背受制状态，唐朝最后收复辽东故土的时机开始成熟了。唐高宗乾封元年(666 年)五月，高丽摄政者泉盖苏文死，因争夺权力而内部矛盾激化。泉盖苏文的长子男生遭其弟胁迫，派遣其子献诚，入唐求救。唐高宗即因此先后遣契苾、何立为辽东安抚大使，献诚为右武卫将军和向导，庞同善、高侃为行军总管，薛仁贵为后备左武卫将军，李敖为行军副大总管兼安抚大使，发大军分水陆诸路合击高丽。经两年激战，于唐总章元年(668 年)九月，唐军攻克平壤，在平壤设置安东都督府，派大将镇守。

金元时代的海疆。建立金朝的女真人早年生活在东北地区，公元 1125

---

① 《资治通鉴》卷 119。
② 《资治通鉴》卷 200。
③ 《新唐书·刘仁轨传》。

年金灭辽朝,继承了辽朝在东北的版图,拥有淮河以北到鄂霍次克海的辽阔海疆。

13世纪初,蒙古族在西北地区建立了大蒙古国,至元八年(1271年)统一了东北地区,至元十六年(1279年)灭亡南宋,统一了中国,建立了元朝。元代沿海行省有:辽阳行省、征东行省、河南行省、江浙行省、江西行省、湖广行省,海岸线东起鄂霍次克海,西南至北部湾,中国成为濒临鄂霍次克海、日本海、渤海、黄海、东海和南海的国家。

元代在灭亡南宋之后,坚持海外军事扩张政策,对日本、安南、占城和爪哇发动了一系列战争,给被攻伐各国和元朝自己,造成了极大的人力、物力损失和深重的社会灾难。

明代的沿海地区 明代在沿海地区设置了河间府、河南府、济南府、青州府、莱州府、登州府、淮南府、扬州府、苏州府、嘉兴府、杭州府、绍兴府、宁波府、台州府、温州府、福宁府、福州府、兴化府、泉州府、漳州府、台湾澎湖地区、潮州府、惠州府、广州府、肇庆府、高州府、雷州府、廉州府、琼州府。另外,明代在东北地区沿袭元代制度,设奴儿干都司、辽东都司,地域范围达到鄂霍次克海,包括黑龙江流域。

清代的海疆变迁 清代沿海地区包括:奉天、吉林、黑龙江三个将军辖区,直隶、山东、江南、浙江、福建、广东、广西等省。其中,海疆最难定的是东北沿海地区的海疆。这里的疆界是《尼布楚条约》最后定下来的。

1689年,清政府与沙皇俄国签订了《尼布楚条约》,第一次从法律上确定了两国东部边界。条约规定:"以格尔必齐河为两国之界,格尔必齐河发源处为大兴安岭,此岭直达于海,亦为两国之界。凡岭南一带土地及流入黑龙江大小诸川,均为中国管辖。""又流入黑龙江之额尔古纳河亦为两国之界,河以南诸地尽属中国。"根据这个条约的规定,黑龙江流域、乌苏里江流域,以及滨海地区和库页岛都属于中国领土。黑龙江、乌苏里江是中国的内河。《尼布楚条约》的签订,是中国军民为保卫祖国边疆、海防,英勇抗击沙俄侵略者,收复被侵占的祖国领土的结果,它标志着沙俄早期侵略中国的失败。①

鸦片战争之后,俄国与中国签订过一系列不等条约,先后割占中国144万多平方千米的国土,成为蚕食中国的最大的侵略者。鸦片战争前,中国东

---

① 参考编写组:《中国人民保卫海疆斗争史》,北京,北京出版社,1979年,第45-46页。

北部的版图沿外兴安岭直达鄂霍次克海。外兴安岭以南的黑龙江流域,乌苏里江流域,都是中国领土。后来被地壤相接的俄国蚕食了,中国失去了日本海沿岸国的地位。这是一个十分重大的战略损失,它使中国失去了日本海沿岸的黑土地,失去了大片日本海的管辖海域,失去了黑龙江口到图们江口2 657 千米海岸线,失去了海参崴等优良港口,失去了从日本海进入太平洋的战略通道。

二、海防斗争与衰落

(一)元代海防

抗御外敌和沿海设防　元代沿海设防的目的有二:一是防盗贼,二是防外敌入侵。元代外敌的入侵主要是日本海盗,即后来所称的倭寇。我们前已叙述,在南宋乾道二年(1166 年)岛夷就曾入寇。如果这里的岛夷指的是日本,那么倭寇入侵中国当从 12 世纪开始。但一般认为倭寇的侵扰行径是从 13 世纪初开始的。《高丽史》高宗十年(1223 年)五月条记:"倭寇金州。"正因为如此,所以日本历史学家井上清说:"自十三世纪初开始,九州和濑户内海沿岸富于冒险的武士和名主携带同伙,一方面到中国和朝鲜(高丽)进行和平贸易,同时也伺机变为海盗,掠夺沿岸居民。对方称此为倭寇(入侵的日本人),大为恐怖。"[①]《元史》卷 99《兵二》载:"武宗至大二年(1309 年)七月,枢密院臣言:'去年日本商船焚掠庆元,官军不能敌。'"[②]可见,日本海盗商人在元至大元年(1308 年),已开始对中国有侵略行径,焚掠庆元(今宁波)。为此,元朝政府不得不采取措施,加强戒备。这是笔者见到的倭寇入侵中国最早的最为明确的记载。但倭寇的入侵当不是从这时开始。元至元二十九年(1292 年),"冬十月戊子朔……日本舟至四明,求互市,舟中甲仗皆具,恐有异图,诏立都元帅府,令哈喇带将之,以防海道"。[③] 可见 13 世纪末,元廷已开始防备日本的侵略。14 世纪初,元大德八年(1304 年),"夏四月丙戌,置千户所,戍定海,以防岁至倭船"[④]。大德十年(1306 年)四月,"甲子,倭商有庆等抵庆元贸易,以金铠甲为

① 井上清:《日本历史》上册,天津市历史研究所译校,天津,天津人民出版社,1974 年,第 166 页。

② 《元史》卷 99《兵志二·镇戍》。

③ 《元史》卷 17《世祖本纪十四》。

④ 《元史》卷 21《成宗本纪四》

献，命江浙行省平章阿老瓦丁等备之”①。元廷从13世纪末到14世纪初，一次又一次地强调备倭，当不是无病呻吟，而应是有所借鉴。《元史》还记载：“延祐三年，大臣以浙东倭奴商舶贸易致乱，奏遣汉卿宣慰闽、浙，抚戢兵民，海陆为之静谧云。”②延祐三年为1316年。延祐年间，“日本人四十余，乘夜入内港。完者都讯得其情，征所赂上官金，还之。及出港，复掠商船十有四，劫民财百三十家。完者都乘巨舰追之，夺其所获而返”。③ 由此可见，14世纪初倭寇不止一次像井上清所讲的一方面“进行和平贸易，同时也伺机为海盗，掠夺沿岸居民”。到了元朝末年这种入侵加剧。《元史》卷46《顺帝本纪》载：至正二十三年(1363年)，“八月丁酉朔，倭人寇蓬州(在今广东汕头市西北)，守将刘暹击败之。自十八年以来，倭人连寇濒海郡县，至是海隅遂安”。④ 倭寇从至正十八年到二十三年的5年间“连寇濒海郡县”，可见其猖狂。

为了对付倭寇，更是为了维护沿海安宁，元朝建国之后对沿海的防御就比较重视。元至元十八年(1281年)十一月，元廷令：“征日本回军后至者分戍沿海。”⑤至元十九年(1282年)元世祖忽必烈命知地理省院官共议，确定于濒海沿江62处部署军队，进行防守。

在山东，水军之防仍沿袭宋代的制度。

在浙江，元至元十九年(1282年)二月，元廷“徙浙东宣慰司于温州，分军戍守江南，自归州以及江阴至三海口，凡二十八所”。⑥ 至元二十六年(1289年)二月，元廷决定“自泉州至杭州立海站十五，站置船五艘、水军二百，专运番夷贡物及商贩奇货，且防御海道”⑦。至元二十七年(1290年)十一月，在浙江恢复三万户镇守制：合剌带一军戍守明州、台州；亦怯烈一军戍守温州、处州；札忽带一军戍守绍兴、婺州。“水战之法，旧止十所，今择濒海沿江要害二十二所，分兵阅习，伺察诸盗。钱塘控扼海口，旧置战舰二十艘，今增置战舰百艘、海船二十艘。”⑧至元二十九年(1292年)十月，日本船至四明，要求互市，因为其舟

① 《元史》卷21《成宗本纪四》

② 《元史》卷122《虎都铁木禄传》。

③ 《新元史》卷214《完者都传》。

④ 《元史》卷46《顺帝本纪九》。

⑤ 《元史》卷11《世祖本纪八》。

⑥ 《元史》卷99《兵志二·镇戍》。

⑦ 《元史》卷15《世祖本纪十二》。

⑧ 《元史》卷99《兵志二·镇戍》;《元史》卷16《世祖本纪十三》。

中带各种兵器，为防备其有异谋，所以设立万户府。元大德八年(1304 年)元廷以守卫江南海口的兵力单弱，决定调蕲县汉军 100 人、宁万汉军 100 人和新附军 300 人守庆元，蒙古军 300 人守定海。

在福建，元至元二十年(1283 年)十月，“发乾讨虏军千人，增戍福建行省”。[①] 至元二十七年(1290 年)九月，调江淮省军镇守福建。

在广东，元至元二十四年(1287 年)十月，元廷以广东系为边疆之地，调江西行省的 5 000 人前往镇守。

武宗至大四年(1311 年)十月，江浙省上奏言：“两浙沿海濒江隘口，地接诸番，海寇出没，兼收复江南之后，三十余年，承平日久，将骄卒惰，帅领不得其人，军马安置不当，乞斟酌冲要去处，迁调镇遏。”枢密院经过研究认为：“庆元与日本相接，且为倭商焚毁，宜如所请。其余迁调军马，事关机务，别议行之。”[②]

总之，元朝从山东到广东在沿海均有设防，这种设防虽然其出发点主要不是对付外来的侵略者，但对与日本来往密切的浙江庆元等地，更注重防守，真正意义上的中国海防已露出端倪。

征讨日本　元朝地域辽阔，海疆也辽阔。在海防方面，元朝的统治者主要是对外扩张，但其沿海也受到外敌的入侵，所以也有沿海设防的一面。元代在灭亡南宋之后，坚持海外军事扩张政策，对日本、安南、占城和爪哇发动了一系列战争，给被攻伐各国和元朝自己，造成了极大的人力、物力损失和深重的社会灾难。元至元三年(1266 年)以后，元朝 5 次派使臣前往日本，劝谕该国遣使来朝，而当时统治日本的镰仓幕府则坚持不予答复。因此，忽必烈决定出动海军东征日本。

第一次东征日本是至元十一年(1274 年)十月。元军 25 000 多人从朝鲜的合浦出发，先攻占对马岛，接着进攻壹岐岛等岛屿，但在博多湾登陆后遇到日本军民的顽抗，元军失利，退守船上。后来遇到台风袭击，战船多触礁破损，死伤 15 000 多人。第一次对日扩张失败了。

元军二次东征日本是元至元十八年(1281 年)，大军兵分两路：一路由范文虎任统帅，士卒 10 万人，称为江南军，分乘战船 3 500 艘从庆元港启碇，直航日本；一路由忻都统领蒙古军，洪茶丘带领东北辽阳、开原等地士卒，高丽将领金方庆统带高丽军，为东路军，全军总计有士卒 4 万人，战船 900 艘，取道对马海

---

①② 《元史》卷 99《兵志二·镇戍》。

峡进攻日本。两路人马统由阿刺罕指挥。征讨战争从六月开始,八月结束。经过约2个月的激战,元军未打败日本军队,后来又遇到台风,战船大部分破损,人员大部分战死,剩余二三万人被俘,之后被杀死。第二次对日作战又失败了。忽必烈两次对日本作战的失败,直接原因都是遇到台风,战船被破坏造成的,而根本原因是这种扩张行为的非正义性。由于是非正义战争,日本方面举国上下齐心抗战,元军是早晚要失败的。

进攻占城 忽必烈在东南亚地区也有过一段时期的海上扩张。首先是进攻占城。元世祖时,占城还称臣纳贡。后来,其国王不甘心受制于元朝,遂扣压元朝派往马八儿国的使船。忽必烈下决心征讨。至元十九年(1282年),忽必烈调集5 000军队,战船250艘,海船百艘,进讨占城。至元二十年(1283年)正月,元军三路攻打占城。占城国用象队为前锋与元军对阵。经过激战,元军击败占城部队。但是,占城国民还坚持抵抗,第二年忽必烈又增派15 000人,乘200艘战船增援,仍然未取得胜利。后来,占城遣使入元朝纳贡,忽必烈也放弃了对占城的扩张政策。

征讨爪哇 元朝初年,爪哇是南洋诸国中一个比较强盛的政权,并与中国保持着比较密切的联系。至元十七年(1280年)、至元二十三年(1286年),爪哇国曾两次遣使入元。但是,忽必烈因爪哇国王室未能来人而不满。至元二十九年(1292年),忽必烈遂派史弼、亦黑迷失、高兴等大将,率福建、江西、湖广大军2万,战船千艘,征讨爪哇。至元二十九年(1292年)十一月,史弼带领远征军从泉州港出发,“过七洲洋、万里石塘,历交趾、占城界,明年正月,至东董西董山、牛崎屿,入混沌大洋橄榄屿,假里马答、勾阑等山,驻兵伐木,造小舟以入”[①]。当时,爪哇与邻国葛郎发生矛盾,爪哇国王被杀,国王的女婿请求元军协助击败葛郎。“其婿土罕必阇耶攻哈只葛当,不胜,退保麻喏八歇。闻弼等至,遣使以其国山川、户口及葛郎国地图迎降,求救。弼与诸将进击葛郎兵,大破之,哈只葛当走归国。”[②]当时元军分兵三路攻打葛郎,很快取得胜利。在元军胜利后,爪哇国就准备反抗元军。当元军按约定派200人去迎接爪哇公主时,遭到爪哇军袭击,败退而归,返回泉州。后来由于忽必烈去世,征讨之事也结束了。

攻打安南 元朝在宪宗三年(1253年)就派人到安南劝降。当时安南的

---

①② 《元史》卷162,《史弼传》。

国力比较强盛,不愿臣服。元朝大将兀良合台引兵攻打安南,占领了京城升城(今越南河内)。安南当时是陈朝,国王陈太宗逃到海岛上。元朝忽必烈继位后封陈日烜为陈朝新君。陈日烜仍然与元朝抗衡,不许元朝军队借道安南进攻占城。至元二十年(1283 年)忽必烈派镇南王脱欢领兵进攻安南,第二年占领占城的元军攻入安南。但是,安南的军队不与元军决战,直到元军疲惫不堪,才集中优势兵力发起反攻。元军无力抵抗,退回广西。至元二十四年(1287 年),忽必烈又派脱欢指挥蒙古、汉军等 7 万余人,战船 500 艘,下令海道运粮万户张文虎运输 17 万石军粮,海、陆并攻安南。其中由乌纳尔率领的水军在向玉山、双门、安邦口进军途中,与安南水军遭遇。安南水军有 400 艘战船。元军经过激战,歼灭安南水军 4 000 余人,缴获战船 100 艘,进而直逼安南,占领安南都城升龙城。元军将士也因为劳师远征,水土不服,死伤甚众,加之水军粮船被截,被迫退回云南。元军两次进攻安南未果,并非由于战斗力不强,而是在找不到对方主力决战的情况下,备受暑雨疾疫的折磨,减员严重而撤兵。

(二)明代海防

明朝建立后,鉴于十几年的战乱,大地满目疮痍,人民需要休养生息,朝廷采取了睦邻自固的战略。这个思想,以《皇明祖训》的形式固定下来,传承下去。因此,明代国防的基本战略是防御,海防也是如此。明代海防的重点是防御倭寇侵扰,重点地区是东南沿海地区,主要的防卫措施是“陆聚步兵,水具战舰”[①]。由于入侵沿海敌情的变化,也由于明代各个时期政治、经济、军事状况的不同,明代的海防建设呈现出明显的阶段性:洪武至宣德年间是海防体系建立和完善阶段;正统至嘉靖中期是海防停滞和废弛阶段;嘉靖末期到万历中期是海防改革和发展阶段;万历末至崇祯年间是海防削弱阶段。

洪武至宣德年间的海防。洪武至宣德年间的海防可分为两个阶段:洪武年间为海防防御体系建立阶段;永乐至宣德为海防防御体系完善阶段。

明初,朱元璋为巩固其政权和保护沿海民众的生命财产,对入侵的倭寇采取了外交交涉、实行海禁和加强沿海防务等多种措施。就军事措施而言,明洪武十八年(1385 年)以前以防敌于海为主,洪武十九年以后海陆结合,海防体系基本逐步形成。

---

① 《明史》卷 126,《汤和传》。

朱元璋在建立明王朝之前就拥有一支规模相当可观的水军，明朝建立后，继续加强水军建设。明洪武三年(1370年)七月，设水军等24卫，每卫有战船50艘。平时每卫以军士350人保养修理战船，战时调其他卫所军队登船出海作战。这是一支由都督府管辖的拥有千余艘舰船的庞大水军。它可以单独出海作战，也可以作为策应部队支援某海域的战事，是一支具有战略预备队性质的水军。当倭寇入侵中国沿海时，朱元璋使用这支水军出海巡逻，进行抵御，不止一次歼灭入侵之敌。如洪武七年(1374年)，就曾击败倭寇于琉球大洋，俘获大批人员及船只。

与此同时，朱元璋还在沿海设卫所、造舰船，部署防御。到洪武十八年(1385年)，广东沿海已建立4卫8所，福建建立了5卫，浙江建立了4卫1所，南直隶(含沿江)建立了5卫，山东建立了3卫2所，辽东建立了3卫。这些卫所及其水军建立后，担负起部分陆上和海上的抗倭任务。这期间的海防以水军在海上防御为主，水军又以明政府直属的卫所水军为主。

洪武十九年(1386年)，明朝的海防建设进入了一个新阶段。这年，朱元璋命信国公汤和去浙江等地筹划海防。汤和要求熟悉沿海防务的方国珍的侄子方鸣谦一同前往，方鸣谦提出："倭海上来，则海上御之耳。请量地远近，置卫所，陆聚步兵，水具战舰，则倭不得入，入亦不得傅岸。"[①]这个建议实际是既御敌于海上，也御敌于陆地的海防方略。朱元璋接受了这个建议。汤和到浙江后，设卫所，筑城池，籍民四丁以上者，户取一丁为军，共得58 750人。第二年，江夏侯周德兴到福建筑城16处，民户三丁取一，得15 000余人，增巡检司45处。二十一年(1388年)，汤和又巡视福建、广东，在福建建卫所、设水寨。二十三年(1390年)四月，朱元璋下令："滨海卫所每百户置船二艘，巡逻海上盗贼。巡检司亦如之。"[②]二十六年(1393年)，朱元璋定"凡天下要冲去处，设立巡检司"。[③] 之后，沿海各地的巡检司更加完备，弥补了卫所防御的不足。到洪武末年，从广东到辽东的沿海防卫设施，包括卫所、巡检司、墩台烽堠基本完备。沿海(包括长江下游两岸)共建卫49、所85，正规军的兵力约37万人，舰船至少3 000余艘，另外还有为数不少的巡检司弓兵。[④]

---

① 《明史》卷126，《汤和传》。

② 《明太祖实录》卷201，洪武二十三年四月条。《大明会典》载，每百户造船一只。

③ 《明会典》卷139，《兵部二十二・关津二》。

④ 据成书于明嘉靖四十年(1561年)的《筹海图编》所载的卫所统计，明在沿海共设卫54、所99、巡检司353、烽堠997，其总兵力包括民兵在内当有40万左右，战船至少近4 000艘。

这些防御设施的建立,构成了海上和海岸两道防线。海上的防线由水军担任,陆上防线由各卫所的陆军和巡检司担任。各卫所负责防守一定的海区和地域,并互相呼应。平时水军巡逻于海上,查明敌情,如遇敌小规模入侵,即行抵御,歼敌于海上。一旦敌人接近海岸,烽堠报警,卫所陆军迅速赶赴敌人登陆点,歼灭敌人,水军同时配合陆军作战。当敌人大规模入侵时,朝廷则命若干卫所的水陆军或驻于京师的预备队,在海上或陆地抗击敌人。这就在沿海构成了基本完整的、有一定纵深和层次的防御体系。

朱元璋在沿海建立的海防体系,在后期出现了一些问题:第一,随着沿海卫所的设立,直属水军自洪武七年(1374 年)之后,逐渐失去其战略预备队作用。第二,从抗敌于远海逐渐变成抗敌于近海。沿海卫所建立后,海上巡逻任务逐渐由各卫所的水军担任。由于沿海卫所水军不集中,防守海域有限,只能执行近海防御任务,再也无力追敌于琉球大洋。第三,由防敌于海为主逐渐转变为防敌于岸上为主。有的地区停止了出海巡逻,出现了以海岸防守为主的趋势。第四,迁徙某些沿海岛屿居民于内地,缩小了防御的纵深程度,使这些岛屿成为敌人进攻内陆的跳板。所有这些都反映出朱元璋的海防指导思想趋于保守,给后来的海防带来了不利影响。

永乐至宣德年间的海防　到了永乐年间,经济有了很大发展,明朝的国力明显增强,为加强海防提供了坚实的物质基础。永乐和宣德年间主要采取如下一些措施:

第一,完善沿海防御设施。朱棣起家于北方,明永乐十八年(1420 年)又迁都北京,对北方的防务十分重视。他的孙子朱瞻基也是如此。首先是加强渤海海岸的卫所建设。永乐年间,在渤海海岸相继设立 6 卫 1 所,宣德年间又在属于辽东的渤海海岸设立了 1 卫 6 所。这些卫所当时是针对北方残元势力的,但它完善了渤海沿岸的防线,使整个沿海的防线更加严密。在山东,明永乐二年(1404 年)建即墨营,六年置备倭都司,七年建登州营,明宣德四年(1429 年)建文登营。备倭都司节制 3 营 16 卫所[①],加强了山东半岛沿海的防卫,当然也就加强了京师右翼的防卫。在辽东,总兵官负责防倭,加强城堡烟墩建设,筑望海埚城,从而加强了京师左翼的防卫。

---

① 山东沿海洪武年间建立了 10 卫 6 所,成化年间又建立 5 所,弘治后和嘉靖年间又建了 3 所,到嘉靖年间共有卫所 24。

第二,大造舰船,加强水军建设。明永乐元年(1403 年)五月,命福建都司造海船 137 艘;八月,命京卫并浙江等府卫造海运船 200 艘;九月,命浙江观海卫造捕倭海船只 6 艘;十月,命湖广、浙江、江西改造海运船 188 艘。永乐二年(1404 年)正月,命在京卫所造海船 50 艘;为遣使下西洋,命福建造海船 5 艘。永乐三年(1405 年)六月,命浙江等都司造海舟 1 180 艘;十月,浙江、江西、湖广等府改造海运船 80 艘;十一月,命浙江等地改造海运船 13 艘;等等。总之,永乐年间共造海船、海运船和下西洋的船 2 868 艘之多。这些船包括海运船和下西洋的船均负有保卫海疆的责任。所以这些船的服役,标志着海上防御能力的加强。在水军力量加强的基础上,朝廷不时派出一些重要将领率水军出海巡逻。其中规模最大的一次要算永乐六年(1408 年)十二月,朱棣先后派出 7 支水军在海上巡捕倭寇,有以安远伯柳升为总兵官,平江伯陈瑄为副总兵的舟师,还有以丰城侯李彬为总兵、都督费瓛为副总兵的水军等。这 7 支水军构成了从广东到山东的严密海上巡逻线。设卫所、造舰船增强了海上和陆地的防卫力量,多次歼灭了入侵的倭寇,较有效地保卫了沿海地区的安全。例如,永乐七年(1409 年)三月,安远伯柳升统帅的水军于灵山(在今山东胶南东南海中)大败倭寇,斩溺甚多。永乐十七年(1419 年),刘江望海埚(在今辽宁金县东北)一战,全歼入侵倭寇 1 000 多人。从此倭寇大为收敛,加上朱棣恢复了和日本的勘合贸易,宣德之后,沿海的倭患基本平息。

第三,积极开展外交活动,创造和平海外环境。永乐的 22 年间,朱棣曾 40 次派使者出访海外诸国。同日本建立了正式的贡赐贸易关系,对扼制倭寇的入侵,巩固海防起了积极作用。以郑和为统帅的庞大远洋舰队,从永乐三年(1405 年)至宣德八年(1433 年)七下西洋,与 38 个国家建立了贡赐贸易关系。在永乐帝的 22 年间,有 190 多次印度洋沿岸和西太平洋沿岸国家的使者来访。这些不仅确立了明朝的"天朝上国"地位,也为大明帝国创造了一个海上的和平国际环境。应该说这种外交活动是更积极、具有开拓性的巩固海防的措施。

正统至嘉靖中期的海防 正统之后,政治日趋腐败,宦官专权,奸佞当国;北方鞑靼、瓦剌威胁严重,直接进攻京师,内地不断出现农民起义、民族反抗、统治阶级内部叛乱,而沿海相对比较平静。在这种情况下,海防逐渐废弛。

正统和景泰年间,朝廷还注意海防的整饬和建设。其一是派遣一些高级官员和将领整饬海防。明正统元年(1436 年),派中军都督佥事往山东备倭,正统四年(1439 年),浙、直、闽增设提督备倭官(后改总督备倭),正统七年(1442

年)六月,命户部侍郎焦宏往浙江整饬备倭事宜,七月,又令焦宏兼理苏松沿海备倭事。正统八年(1443 年)正月,又命他兼管福建。其二是实行划区防守。在浙江和福建各形成三个防区,在广东形成东西两路的防守体制。其三是增置一些海防设施。正统七年,在烈港(在今浙江定海西北金塘山岛上)设较大军港,令观海、定海、临山、宁海四卫水师集中停泊,以巡逻沈家门、黄溪港水道。焦宏在福建又设置小埕、铜山二水寨。但另一方面,这期间沿海卫所士卒逃亡增加,缺额日趋严重,有的沿海卫所的兵力被调至内地,削弱了防御力量;很少派兵出海,更无大规模地出海巡逻。到成化年间,将福建驻守海岛的浯屿、南日、烽火门三水寨内迁,有的迁至内陆,有的迁至紧靠大陆的海岛,这是极其错误的。放弃海岛不守,不仅缩小了防御纵深,使海岸守备变成了第一线;而且使倭寇以这些岛屿为基地,取得了进攻大陆的主动权。

天顺之后,沿海承平日久,明廷逐渐放松沿海防卫建设,到嘉靖中期,海防已经严重废弛。主要表现在以下两方面:第一,沿海卫所空虚。正统之后,军官为了得到缺额的月粮和索取贿赂,对逃亡者多敷衍塞责,致使卫所军卒逃亡越来越多。作为军饷主要来源的军屯,到嘉靖中期,由于富豪、军官的侵占以及转佃、典卖、军卒逃亡等原因,已“埋没过半”。福建六鳌所屯军只剩 40 人,福宁卫多一些,也不过 717 人,缺额 57.4%。浙江松门卫只剩 197 人。嘉靖中期有的“一卫不满千余,一所不满百余者”[①]。沿海巡检司的弓兵缺额也很严重。第二,水军减少,舰船破损。福建各水寨军卒大部逃亡。烽火门水寨只剩 1 068 人,缺额 74%;小埕水寨剩 2 019 人,缺额 54%;南日水寨剩 2 143 人,缺额 54%;铜山水寨剩 620 人,缺额 66%;只有浯屿水寨和玄钟水寨缺额略少,但也达 42% 以上。舰船的破损也十分严重。沿海的战船,有的破而不修,损而不造;有的把船换成马,马死又不买补。到了嘉靖中期,表面上卫所还在,水寨犹存,但实际上朱元璋所建立的海防体系已形同虚设,既不能防御敌人于海上,也不能在陆上堵截围追敌人。由于承平日久,百姓海防观念亦日趋淡薄,不知军旅之事,敌人入侵如入无人之境。这是嘉靖年间后期,倭寇之所以能够猖獗,东南沿海民众惨遭荼毒的重要原因之一。

嘉靖末期到万历中期的海防　嘉靖中期后,倭寇入侵前所未有的猖獗。为了抗击倭寇,明廷不得不注意海防建设,同时统治阶级内部一些有识之士,力图

① 唐顺之:《条陈海防经略事疏》,《明经世文编》卷 260。

进行改革,万历初年终于形成张居正改革的高潮,国力有所恢复。万历中期,日本又在朝鲜燃起战火,并欲侵略中国。在这种形势下,沿海的防务也有了变革和发展,大体可分为两个阶段:嘉靖中期至嘉靖末为第一阶段,隆庆至万历中期为第二阶段。经过这两个阶段的变革和发展,明代多层次大纵深的海防防御体系,得到了前所未有的加强。主要有如下几个方面:

第一,招募士兵,改变军队编制体制。卫所制的破坏,使明廷不得不寻求军队建设的其他途径,募兵训练就是其中之一。沿海募兵,开始于嘉靖三十二年(1553 年)的南直隶地区,而募兵最成功的要算后来的谭纶、戚继光等人。谭纶于嘉靖三十四年(1555 年)选募千余人组成一军;戚继光于三十八年(1559 年)募矿徒和农民 4 000 余人,组成"戚家军"。他们招募时,特别注意选兵,只收勇于战斗、膂力强壮的矿徒和农民,不要游手好闲的无赖。招募之后,组织严密,严加训练,很有战斗力。募兵制是对明卫所制兵役的重大变革。它打破了军卒的世袭制,战时应募为兵,战后遣散为民;将领对士兵有选择的余地,可摒弃老弱残疾;平时训练的军官就是战时指挥的将领,兵将相互熟悉,利于形成节制之师,提高战斗力。募兵制的发展使明军编制发生了很大变化。过去的卫所制,十一人为一小旗,五小旗为一总旗,五总旗为一百户,十百户为千户,五千户为卫。募兵的编制大体仿古代什伍之制,五人为伍,二伍为什,三什或四什为队,三队或四队为哨,五哨为总,五总为营,形成了营、总、哨、队、什的编制。"戚家军"大体就是采用这种编制。它更适合于战术队形的需要。当时的战术队形大体是一头两翼,或一头两翼一尾,或者再加上中军。这样的编制,便于布阵和指挥。

第二,增强水军建设。当时一些高级文武官员认识到,海防就是要防敌于海,要大力加强水军建设。在南直隶,俞大猷于明嘉靖三十五年(1556 年)督率福船 16 只,苍船、沙船 40 余只,分为二哨,远哨洋山、马迹等海域。在浙江,嘉靖三十六年(1557 年)设海盐、澉浦、乍浦三关水寨,招募苍山、福清等船 78 只,官兵 2 000 余人,组成了一支相当规模的水军。在台金严区,嘉靖四十年(1561 年),戚继光造船 40 只,分于松门、海门二哨。整个浙江调发广东横江、乌尾船二百余艘,改造福清船 400 余只,雇苍、沙民船数百只。总计约有战船近 900 只,比洪武年间的 730 只还多。在福建,谭纶于嘉靖四十二年提出恢复五水寨,用船 200 只,用兵 65 000 人。在广东,俞大猷于明隆庆三年(1569 年)造船 80 只,后又建 6 水寨,共拥有战船 260 只,水军亦有增强。明代的真正海军(或称其为常备海军、专职海军)是从这时开始建立的。新建的水军,船和人始终牢牢地结合在一起,有利于专业的训练和战斗力的提高。这时舰船上还较多地使用了火器。嘉靖二十八年(1549 年)俞大猷主张:“大兵船一只要用佛郎机铳二十门,中哨船一只要用十二门,小哨一只要用八门。”[①]戚继光的战船,用的火器有佛郎机、鸟铳、火砖、喷筒、火箭等,形成百步以内火器杀伤系统,用火器的士卒已占战斗士卒的50%,远较陆军为多。在舰队的组成上,大、中、小各种型号舰船混合编队,互相补充,提高了整体战斗力。到隆庆初年,海军发展到了前所未有的规模,在海上设置了较严密的防线,如浙江海宁总统水兵三支,远者哨洋山、马迹,中者哨大小七山、滩浒,近者哨港口,实行三层防守,并在南部与定海、临观的海军会哨,北部与南直隶的兵船会哨。

第三,修筑城池,加强城镇防守。在倭寇侵犯日趋严重的形势下,沿海各地加紧修筑城池,各府县的城池逐渐完固。如浙江沿海的6府35县,在明嘉靖三十一年至三十九年(1552—1560 年)间,筑县城20座,修复8座,只有靠近内地的3座县城没有城池。多数城池都用砖石包砌,外有城壕,上有台堞,坚固性和防御性超过前代。

第四,重新划分战区,加强防守。嘉靖末年,浙、直、闽、粤的沿海防务打破了卫所的防御区划,形成了新的防御区域。在广东,把沿海地区分成三路,设有总兵、参将、兵备佥事等官。在福建,沿海地区也分成三路,各置参将,恢复五水寨,以把总领之;另设总兵统领全省三路五寨。在浙江,总兵之下设四参六总,实际分成四个防区。在南直隶,分成江南、江北两大防区,各设总兵、参将、把总等,负责防守。这种区划便于统一指挥,协同对敌,加强了沿海防御的整体性。谭纶、戚继光、俞大猷等就是在这种海防体系逐渐加强的过程中取得了台州大捷、平海卫大捷、剿灭吴平等一系列抗倭战斗的胜利,在浙、闽、粤基本平息了倭患。

明万历二十年(1592 年),日本丰臣秀吉发动了侵略朝鲜的战争,并欲侵略中国。明廷一方面派兵应援朝鲜,一方面加强沿海的戒备。在直隶、蓟镇,调保定总兵倪尚忠移驻天津,命指挥佥事宋仁斌为天津海防游击;从浙江调沙、唬船80只,兵1 500名,从应天调沙、唬船共60只,兵950名到天津;并截留漕运粮六七万石到天津。一时间,天津驻军达23 000余人。在蓟镇,调游击吴惟忠率

① 俞大猷:《正气堂集》卷2,《议征安南水战事宜》。

南兵驻沿海的宝坻、丰润适中地方;新设游击于乐亭,调河南都司陈蚕为蓟镇游击,统领南兵驻扎石匣神机营,从而形成了以天津、宝坻、丰润、乐亭为一线,以蓟镇为后盾的防御体系。在山东,万历二十一年(1593 年),调集南北水陆官兵防海,集中于登州。登州共有六营,近 3 700 余人,防卫有所加强。在辽东,加强了辽东半岛的防守,设复州参将、金州守备专负其责。陆上防守以金、复、海、盖本营兵哨守海口;海上防守,调山东登州游击水军驻扎旅顺,与登莱水兵会哨,控扼渤海大门。另外,岫岩设一守备,增 500 名士兵;九连城外筑镇江城(在今丹东市东北),设游击,统兵 1 700 名。沿海其他地区的防卫也有所加强。在浙江,明隆庆六年(1572 年)有陆兵 40 总,战船 723 艘,到明万历二十一年(1593 年),有陆兵 46 总,战船 1 117 只,军 30 154 名。在福建,新添设了嵛山、海坛、湄州、浯铜、玄钟、澎湖等水师游兵。

明万历二十六年(1598 年),陈璘、邓子龙、陈蚕等率水兵 13 000 余人,战舰数百艘,赴朝鲜海域,抗击日本侵略者。这是郑和下西洋一个半世纪之后,明廷较大舰队第一次远离本国海域作战。这支舰队同朝鲜水师一起,配合陆军攻打盘踞顺天的日军小西行长部,当日军撤离时,又取得了著名的露梁海战大捷。

明代末年的海防 万历中期之后,明朝的政治日趋腐败,统治阶级内部矛盾加剧。辽东的女真逐渐壮大,明万历四十四年(1616 年)建立后金,二年之后进攻明朝,对明构成巨大威胁。农民痛苦不堪,于明天启七年(1627 年),举起义旗,逐渐形成全国规模的起义。而东方的日本,德川幕府放弃对外侵略政策,倭寇对中国沿海的侵扰由削弱到基本停止。此后虽然又有荷兰殖民主义者的侵扰,但其规模不大,地域有限,沿海地区基本上是平静的。在这种形势下,明朝的军事重心移向内陆,沿海防务出现了逐渐削弱的趋势。明代末年海防的削弱是相当严重的,不过还没有达到废弛的程度。万历三十二年(1604 年)和天启四年(1624 年),先后两次将侵占澎湖的荷兰殖民主义者逐出。天启五年(1525 年),明廷决定以 2 000 余名水陆军常年驻守澎湖,不仅有效地保卫了澎湖,开发了澎湖,也有效地在澎湖行使了自己的主权。明崇祯六年(1633 年),荷兰人再度入侵,攻陷厦门。福建巡抚邹维琏调集重兵,将其击退,明廷在沿海依然有能力抗击外敌入侵。

(三)清代海防

清顺治元年(1644 年),清世祖入关,定都北京,逐步统一中国。这个时期正是西方开始资产阶级革命的时代。中国的发展正好逆时代潮流而行,一个落后的民族统治全国,他们不是在封建制度的基础上向资本主义社会发展,而是学习汉民族的政治、经济和文化,改朝换代,又建立了一个封建制度的国家。这个时期,西方殖民主义已经开始形成,并向全世界扩展;东亚大陆外缘的国家,逐步被西方列强占领,成为他们的殖民地,也成为威胁中国的海上地缘板块。海洋已经成为外敌入侵的便捷通道。中国已经面临西方列强来自海上的潜在威胁。海防成为保证国家安全的重大战略措施。但是,朝廷对世界形势了解非常少,对海防形势长期没有清醒认识。我们从史料中找到康熙、乾隆、嘉庆三位皇帝关于海防的几段话,对于世界上出现的资本主义制度、西方列强的对外侵略以及中国面临的海上入侵形势,都处于蒙眬状态,似乎有所觉察,又似乎什么也不知道。中国仍然在封建制度下缓慢发展,逐步落后,因而开始遭受外来海上入侵。

康熙中期以前的海防 清王朝刚刚建立,东南沿海地区存在势力很大的海上反清复明力量,海防的主要任务是剿灭以郑氏集团为主的反清力量,统一台湾。根据当时的形势和任务,清代沿袭明代的海防经验,沿用明代的海防设施,在沿海地区建设八旗、绿营队伍,包括沿海的水师,实施海禁政策,开展海上清剿,最后消灭了各种海上反清势力,统一了台湾。同时,签订了《尼布楚条约》,确定了东北海疆。

清代初期的海防部署,形成了包括海岸、近岸海岛和沿海水域的防御体系,其中布防的海岛都是近岸岛屿,包括庙岛群岛、舟山群岛、广东沿海岛屿等。沿海各省的部署,则以当时的行政区域设置为根据,分为:东三省海防,直隶海防,山东海防,江南海防,浙江海防,福建海防,广东海防。负责各地海防的武装力量包括八旗兵、绿营兵,其中包括水师。

各地区驻防的八旗兵大致可按地域分为东北驻防、畿辅驻防和直省驻防兵。其中,各直省驻防就包括沿海地区的驻防,分设于江宁、杭州、福州等处,分别设将军、副都统、城守尉等统率,共105处,兵力约11万人。[①] 八旗的兵种除步兵、骑兵外,在金州、福州、广州等地设有水师营。与海防相关的驻防线包括京畿驻防线,长江驻防线,由杭州经福州至广州的东南沿海驻防线。杭州、福州、广州八旗驻防兵力较多。

绿营兵是清朝入关后以归附的明军为基础组建的军队。乾隆年间绿营划

---

① 《清朝文献通考》卷一,第182-191页。

分为11个军区,沿海地区的军区是:直隶、山东、两江(辖江苏、江西、安徽)、闽浙(辖福建、浙江)、两广(辖广东、广西)。军区最高统帅为总督。省级绿营的军事统帅为提督。在编有水师的省区,提督或水陆兼辖,如江南、浙江、广东;或分设,如福建。巡抚本为地方行政长官,但山东因不设总督,而以巡抚兼提督衔,为最高军事统帅;镇是军区以下绿营的最大编制单位。各军区设镇多少不一,如山东设2镇,直隶、两江各设5镇,广西设2镇,浙江5镇,广东7镇,福建8镇,不同时期各地区设镇数量也有变化。①

清朝入关后就开始在八旗兵和绿营兵系列中建立水师。水师是八旗兵和绿营兵的下属部分,不是独立兵种。清代的水师有内河、外海两部分。沿海各省水师是海防的重要武装力量。清兵入关之初,仅在旅顺口等地设少量八旗水师,主力则是绿营水师。奉天、直隶、山东、福建水师为外海水师,江西、湖广水师为内河水师,江南、浙江、广东水师则兼有外海、内河两部分。

统一台湾　清王朝建立之初,明代残余势力退守南方的一些地区,建立反清的地方政权。南明地方政权是不统一的,包括福王朱由崧的弘光政权,唐王朱聿键的绍武政权,桂王朱由榔的永历政权,韩王朱本铉的定武政权。其中永历政权存在到清顺治十八年(1661年),而郑成功集团沿用永历年号到清康熙二十二年(1683年),定武政权存在到康熙二年(1663年)。南明的各部分力量,分散在南方地区活动,企图恢复明朝政权。其中有些势力退到沿海地区和海岛,形成了海上的反清势力。反清势力中的最大势力是退守台湾的郑氏集团。自清初至康熙二十二年(1683年),朝廷与郑氏集团进行过长期军事斗争和政治斗争。最后康熙帝认识到,纯粹和平方式不可能解决台湾问题。要实现统一,必须诉诸武力。康熙十八年(1679年),平定三藩叛乱的战争尚在进行中,康熙即已下定了武力统一台湾的决心。康熙二十二年六月二十二(1683年7月17日),清军在海上几乎全部消灭郑军,郑军大小将领340余人、兵士1.2万人被杀,大小将领165人、兵士4 853人被俘,击毁、缴获战船194只。郑氏集团的后代郑克塽令兵民削发,携降表至清军阵前,缴出明朝印信,彻底投降了。

划定东北海疆　15世纪末、16世纪初,俄罗斯形成统一的国家,开始对外侵略扩张,17世纪上半叶征服了整个西伯利亚,之后立即把侵略魔爪伸向中国

① 罗琨,等:《中国军事通史》,第17卷,北京,军事科学出版社,1998年,第336页。

黑龙江地区。俄罗斯连年向东进行殖民扩张，侵扰黑龙江一带，筑室盘踞，杀掠当地中国居民，强征实物税。中国虽派员前往交涉，要求其撤回本国，但俄方置若罔闻，继续盘踞尼布楚、雅克萨及精奇里江、额尔古纳河流域，并向黑龙江下游进犯。康熙亲自到东北沿海地区进行视察，中国军队多次打击俄国入侵者。在对峙一段时间之后，中俄双方决定进行边界谈判。康熙二十八年(1689 年)，清政府与沙皇俄国签订了《尼布楚条约》，第一次从法律上确定了两国东部边界。条约规定："以格尔必齐河为两国之界，格尔必齐河发源处为大兴安岭，此岭直达于海，亦为两国之界。凡岭南一带土地及流入黑龙江大小诸川，均为中国管辖。""又流入黑龙江之额尔古纳河亦为两国之界，河以南诸地尽属中国。"根据这个条约的规定，黑龙江流域、乌苏里江流域，以及滨海地区和库页岛都属于中国领土。黑龙江、乌苏里江是中国的内河。《尼布楚条约》的签订，是中国军民为保卫祖国边疆、海防，英勇抗击沙俄侵略者，收复被侵占的祖国领土的结果，它标志着沙俄早期侵略中国的失败。①

康熙中期至嘉庆年间的海防　清王朝的统治地位已经稳固，海上已经没有强大的反清势力，西方列强尚未从海上用武力侵略中国，海防任务主要是"保商靖盗"。根据当时的海防形势与任务，解除了海禁，开放了海上贸易，针对海盗扰乱沿海地区治安和影响海上商船活动的需要，制定了"保商靖盗"的方针，进行了几次规模较大的剿灭海盗的斗争。这个时期西方列强正在积极发展近代化海军，并且已经开始东来，威胁中国的海防安全。但是，朝廷没有认识到这种严峻形势，海防建设方向与这种新形势正好相反，没有以防御西方海洋强国入侵为主要任务，调整海防战略，建设近代化海防力量，水师战船越改越小，甚至不如明代和统一台湾之前，因此在鸦片战争时期一败涂地。

沿海地区一直有海盗活动。防止海盗对沿海地区的骚扰，是这个时期的主要海防任务之一。清乾隆十五年(1750 年)，朝廷下令东南沿海水师加强巡逻，"保商靖盗"。"以闽、浙海洋绵亘数千里，远达异域，所有外海商船，内洋贾舶，藉水师为巡护，尤恃两省总巡大员，督饬弁兵，保商靖盗。而旧法未尽周详，自二月出巡，至九月撤巡，为时太久。乃令各镇总兵官每阅两月会哨一次。其会哨之月，上汛则先巡北洋，后巡南洋。下汛则先巡南洋，后巡北洋。定海、崇明、黄岩、温州、海坛、金门、南澳各水师总兵官，南北会巡，指定地方，蝉递相联，后

① 编写组：《中国人民保卫海疆斗争史》，北京，北京出版社，1979 年，第 45 - 46 页。

先上下,由督抚派员稽察。”①

乾隆五十四年(1789 年),安南(今越南)黎氏集团衰微,阮光平父子篡位,引起社会动乱,国内财政空虚,亡命之徒流亡海上,在我国东南沿海形成武装海盗,劫掠商船、渔船。这个时期,清朝水师已经严重腐败,战船失修,武备废弛,海防空虚,出现了因“洋盗”引起的海防危机。

这些海盗当时号称“洋盗”。“洋盗”出没,踪迹飘忽,为患中国广东等沿海地区。之后,内地的土盗与“洋盗”结合起来,进入福建与浙江地区,海盗势力大的时候,有时可以集中几十艘船只,集体进行抢劫,为害越来越大。嘉庆年间是海盗猖獗时期,也是清代前期的一次海防危机,共持续 20 多年,清嘉庆十四年(1809 年)基本平息。

嘉庆年间曾经“详议”海防。当时议论的问题是两个,一是海盗问题,二是水师整顿问题。这都是海防问题,也可以算海防战略问题。但是,当时西方列强已经开始威胁中国,而嘉庆皇帝自己不知道这一点,大臣们更不知道。所以,这次海防讨论没有认清西方列强潜在威胁日趋严重的局势,不是建造大型战船,发展海军,全面加强海防建设,而是继续以防盗为主要任务,改小战船,消极整顿水师,为后来的海防造成消极后果。第一,在西方列强严重威胁的形势下,仍然以防盗作为海防的主要任务,违背了时代潮流,这是极其严重的战略失误。第二,在西方大力发展近代舰船的时候,按民用船只改小战船,使中国水师与西方列强舰队的差距越拉越大,为后来的海战造成被动。在西方列强的入侵活动日益频繁的形势下,防御英国及其他殖民主义者的海上入侵,已经成为中国海防的根本任务。中国政府没有充分认识这种形势,制定正确的战略和措施,因此长时期处于被动应付状态。

两次鸦片战争时期的海防 西方强国的发展史,在一定意义上就是争夺海洋的历史。15 世纪以后,西班牙、葡萄牙、荷兰向海外扩张,成为海上强国,也成为当时的世界强国。后来,英国强大起来,海上霸权被英国取代。英国掌握海上霸权 100 多年,殖民地遍布全球,成为当时最强大的国家。当时,清王朝在政治、经济、军事、科学技术等领域都处于落后状态,各种矛盾不断激化,社会动荡不安,呈现穷途末路景象。于是,正积极对外进行殖民扩张的英国,便以保护非法的鸦片贸易为借口,发动了侵略战争,用坚船利炮打开了中国的大门。从

① 《清史稿》卷 135,志 110,兵,水师。

此,独立自主的封建的中国逐渐变成半殖民地半封建的国家。

清代后期海防史可分为三个阶段:第一阶段是1840年至1860年,这期间发生了两次鸦片战争;第二阶段是1861年至1894年,这期间发生了日本侵略台湾和中法战争,清朝开始转变海防战略,进行近代海防建设;第三阶段是1895年至1912年,这期间中国已经沦为半殖民地半封建社会,海防门户洞开,处于有海无防状态。

1840年至1860年是古代海防向近代海防的过渡时期。这个时期发生了两次鸦片战争。这两次战争都是西方列强从海上入侵中国,因此,在研究海防史的时候,鸦片战争可以认为是海防斗争。这个时期的海防形势和任务已经发生质的变化,西方列强成为主要防御对象,反对西方海洋强国入侵成为海防的主要任务。但是,清朝的海防建设、海防战略未能适应形势的需要而改变。朝廷没有把反对外敌从海上入侵上升为国家的战略任务,对抗西方列强近代化军队的中国武装力量仍然是旧的八旗兵和绿营兵,抗击西方"坚船利炮"的水师,仍然使用旧式帆船和旧式火炮。两次战争自然是失败了。之后,中国人得到了许多教训,提出了"师夷长技以制夷"的思想,以守为战的军事战略等,中国的海防在整体上开始从古代海防向近代海防过渡。因此,两次鸦片战争既是重大的海防斗争,也是古代海防向近代海防的过渡时期。

鸦片战争时期　鸦片战争是西方列强对中国发动的第一次大规模侵略战争,历时两年有余,大体经过以下几个阶段。序幕是1839年9月至1840年6月,这期间在广州进行了多次战斗,这也是第一次广州战役。从1840年6月到1841年1月,英国强占中国的香港,是第二阶段,经历了半年多的时间。第三阶段从1841年1月27日清政府对英宣战开始,到5月27日《广州和约》签订为止,恰好四个月的时间。战争的最后阶段从1841年8月英国扩大侵略战争,到1842年8月29日《南京条约》签订为止,历时一年整。

鸦片战争期间,清朝的主要武装力量有八旗兵和绿营兵。鸦片战争前,八旗兵约20万,绿营兵60多万,数量比侵华英军多很多,但是军队的素质很差,无法与资本主义国家的军队相比。鸦片战争开始后的很长时间,朝廷对海防没有全面部署,对整个战争没有统一考虑,没有研究相应的战略战术,敌人的舰队在南北海域游动,到处攻击,中国的防御部署也是反应式的,一处一处应付,十分被动。道光帝是主张抗战的,在战备方面先后发出多次谕旨,但毫无定见。他看到林则徐关于在九龙洋面击退英舰挑衅的奏报后,当即批示:"朕不虑卿等孟浪,但诫卿等不可畏葸,先威后德,控制之良法也。"①所谓"先威后德",就是对敢于挑衅的英舰示以兵威,大张挞伐,英国人闻风慑服,然后再坐下来谈。这本来是对的。但是,朝廷对中国和英国的力量对比根本不了解,实际上根本做不到先威后德。

战争已经进行了很长时间,道光皇帝才于道光二十一年正月五日(1841 年 1 月 27 日),发布了一份比较长的上谕,谕示沿海地区加强防御,并调动各地兵力对英军开战。这也就是一份宣战动员令了。清军的会剿并不成功,英国人到处打败清军。后来,朝廷的意志就被摧毁了,放弃了一切早期坚持的原则,答应了英国的全部要求。道光帝在道光二十二年七月十七日(1842 年 8 月 22 日),发出了"所求无不准允"的圣旨,接受了城下之盟。七月二十四日(1842 年 8 月 29 日),耆英、伊里布在下关江面的英国军舰"汉华丽"号上,按照英国的要求,一字不改地签订了丧权辱国的《南京条约》。

第二次鸦片战争时期 鸦片战争结束以后,英国从中国获得了割地赔款和五口通商等权益,最初,英国资本家欣喜若狂,以为从此以后可以越来越多地向中国倾销商品,获取暴利。但是,实际情况没有像他们幻想的那样好。英国向中国输入货物的总值,在第一次鸦片战争结束的几年明显增长后,从 1846 年起出现下降的趋势,直到 1856 年始终徘徊在 100 万至 250 万英镑之间。"近来同这个国家的贸易处于十分不能令人满意的状态。"②

英国人的不满意,就意味着中国将面临更大的威胁。这是当时许多有识之士的共识。徐继畬认为,英军的下一步计划有两点:一是继续来天津,希望索取更多的通商口岸;二是进入长江,隔断水路运输通道,实施要挟。他们一旦做出决定,就不肯轻易罢手,不达目的,决不心甘。英国人"天津之再来走诉,固在意中,而入长江而阻运道,更系犬羊之惯技。设以兵船五六只,蓦入长江以投文控诉为名,扼我之吭,妄肆要求,其炮火在可开可息之间,于和议在可完可毁之际,以此为牵制之谋,要劫之计,是则不得不虑者耳。"③

徐继畬的预测是对的。不久,英国果然联合法国,发动了第二次鸦片战争。第二次鸦片战争是英、法在俄、美支持下联合发动的侵华战争,其性质与第一鸦

① 《筹备夷务始末》道光朝(一),第 226 页。
② 转引自马克思:《鸦片贸易史》,《马克思恩格斯选集》,第 2 卷,第 23 - 29 页。
③ 丁守和:《中国历代奏议大典 4》,哈尔滨,哈尔滨出版社,1994 年,第 423 - 426 页。

片战争基本相同,是它的继续与扩大。战争自1856年10月开始,至1860年11月结束。侵略军从广州一直打到北京,烧毁了圆明园,战争的结果仍然是中国失败,签订了丧权辱国的《天津条约》《北京条约》以及《通商章程善后条约:海关税则》,使中国再次蒙受巨大的损害。英国霸占九龙,外国的侵略势力扩展到沿海各省,并深入内地,中国的独立主权又一次受到严重损害,大大加速了中国社会半殖民地化的进程。

第一次鸦片战争之后,中国没有认真进行海防建设,更没有真正进行战争准备。英法联军进攻广州时,太平天国与清政府之间的斗争正在激烈进行。清朝统治者面临着"内忧外患交迫"的局势。为了保住封建政权,它既要"安内",也要"安外"。地主阶级与造反的农民没有妥协的余地,但对外国侵略者可以妥协。关于清政府的这种态度,在段光清记载咸丰九年(1859年)皇帝召见他的一段对话中,反映得很清楚。咸丰问:"方今夷人强横,粤匪扰乱,是天下两大患也。据尔看来,如何办理,办理宜以何者为先,何者为后?"段答:"夷人扰害中国,今已二十余年,猝欲除之,势必不能。夷人之志,不过专心营利,未必遂有他志。刚者必缺,自然之理,不久夷人当自虚弱。……皇上且振刷精神,命将出兵,奠安海内,以顺舆情。粤匪既灭,夷人自驯,内顺外安,有不期然而然者矣。"咸丰没有表示反对,军机大臣们表示"段臬司之言是也"。[①] "内顺外安"的思想并没有错。问题是"内顺"是什么,把镇压农民起义作为内顺,就是反进步潮流的思想了;何为"外安",不抵抗能自然"外安"吗?军机大臣们并不了解这些根本问题。

这时也有坚决主张抵抗的大臣。潘祖荫在咸丰八年(1858年)上了一道奏折,"敬陈御夷之策折",反对"媚夷辱国"的政策,主张加强防御,做好反侵略准备,提出"议抚不如议战,用兵不如用民"的主张。[②] 就在这时,朝廷已经决定采取不抵抗政策。咸丰八年(1858年)初,黄宗汉、何桂清等提出了"以抚局为要"的主张,理由有三点:内外交困,不能抗战;广东无力再战;浙江不能支援广东。这个主张正打在咸丰帝心坎上,因此咸丰立即批道:"所奏实为明晰。"[③]这就是确定了"以抚局为要"的政策。

---

① 段光清:《镜湖自撰年谱》,第144页,转引自《中国近代史稿》第一册,第160页。

② 丁守和:《中国历代奏议大典4》,哈尔滨,哈尔滨出版社,1994年,第606-608页。

③ 咸丰朝:《筹办夷务始末》,第20卷,第4-8页。

在英法联军发动战争之后,朝廷是内战外战两头忙。一是抗击英法联军,争取和谈。二是集中精力镇压太平天国运动。在这关乎国家生死存亡的关头,清朝能干的官员都在打太平天国,而未调到抗击英法联军第一线。六月二十四日(8月10日),朝廷授曾国藩为两江总督、钦差大臣,负责督办江南军务,所有大江南北水陆各军均归其节制。咸丰帝命沈葆桢迅赴江西,听候曾国藩调遣,并要求左宗棠、刘蓉各募兵勇6 000人,由曾国藩、胡林翼分别委派调用,用于攻打太平天国。[1]并催左宗棠、李元度、鲍超、张运兰等,由池州、广德分路进兵苏州、常州。然后又命官文、胡林翼仍遵前旨,添调马步兵三四千名,速赴都兴阿军营,以便该将军驰赴江北督剿。[2]这个时候,最需要精兵强将的地方是外敌侵扰的天津和北京,可是,朝廷却把力量都集中在南方,用于攻打太平天国。太平天国镇压下去了,但是,天津失守了,北京遭劫了,圆明园被烧了,第二次鸦片战争失败了。

清咸丰十年九月十一(1860年10月24日),中英《北京条约》签订。这个条约共九款,主要之点为:增开天津为通商口岸;割让九龙司给英国;允许华人赴英做工;赔偿英国兵费八百万两。[3]九月十二(10月25日),中法《北京条约》签订。中法《北京条约》共十款,主要之点有:允许法籍教士在中国自由传教,赔还以前没收之天主教堂、学校、茔坟、田土、房产;准许华人赴法做工;增开天津为通商口岸;赔偿法国兵费八百万两。[4]九月十九(11月1日),法军大部退出北京,前往天津。至此,第二次鸦片战争结束了。

俄罗斯割占东北沿海地区 林则徐说:"终为中国患者,其俄罗斯乎。"[5]魏源在《圣武纪》中总结俄罗斯吞并中国大片领土的教训时认为,"北洋俄罗斯"是中国身边的大患。第二次鸦片战争后,主管总理衙门的大臣奕䜣,对俄罗斯有一个认识:"俄国地壤相接,有蚕食上国之志,肘腋之忧。"[6]这位奕䜣对俄国的认识是很有见地的,也符合历史事实。俄国与中国签订过一系列不平等条约,先后割占中国144万多平方千米的国土,确实是"蚕食上国"的"肘腋之患"。鸦片战争前,中国东北部的版图沿外兴安岭直达鄂霍次克海。外兴安岭以南的黑龙江流域,乌苏里江流域,都是中国领土。后来被地壤相接的俄

①②③④ 张开沅:《清通鉴》,第3册,长沙,岳麓出版社,2000年,第1126、1132、1153页。

⑤ 黄冕:《林文忠公逸事》。

⑥ 咸丰朝:《筹办夷务始末》,第71卷,第17页。

国蚕食了,中国失去了作为日本海沿岸国的地位。这是一个十分重大的战略损失,它使中国失去了日本海沿岸的40多万平方千米的黑土地,失去了大片日本海的管辖海域,失去了海参崴等优良港口,失去了从日本海进入太平洋的战略通道。这是中华民族的千古剧痛,是无法挽回的历史性损失。承担这项历史责任的咸丰皇帝和大臣们,都是千古罪人。当时承办大臣奕䜣等,可能也感知了这种难以挽回的历史责任,因此在《中俄北京条约》签订后,专门写了一个奏折,解释其经过。他们的解释没有涉及任何根本问题,实际上也无法解释清楚。

同治至光绪年间的海防　1861年至1894年是近代海防的发展时期。与前一个时期相比,这个时期海防形势没有发生根本变化,西方海洋强国海上入侵的威胁依然存在,并且出现了日本、俄国等新的更严重的威胁。中国的海防战略、海防建设发生了重大变革,朝廷开始实行自强新政,把海防提升为国家战略,近代海军建设取得决定性成果,近代海防经济开始发展,发生了中日、中法战争。但是,由于出现了日本这个"永久大患",日本发动了空前规模的侵略中国的战争,中国的近代海军被消灭,中国的京畿海防体系被摧毁,割台湾,赔巨款,表明中国的海防建设彻底失败了。

自强新政　第二次鸦片战争结束后,中国丧失了黑龙江以北、乌苏里江以东领土,被迫承担对英、法各800万两白银的赔款,新增十个通商口岸,整个中国沿海和长江中下游被迫向西方国家全面开放,广州城被英法联军占领,英、法、俄、美的公使进驻北京。在国内,太平军活跃在大江南北,捻军驰骋于黄淮平原。面对这种局势,咸丰十年十二月一(1861年1月11日),奕䜣、桂良、文祥等大臣,建议改革朝政,兴办洋务。朝廷很快就批准了这些大臣的建议,并成立总理各国事务衙门,开始兴办洋务。

"洋务"包括的范围很广泛,凡是与外国有关的事务,都可以称之为洋务,其中的主要内容包括引进和学习西方科学技术、兴办近代军事工业和民用工业,改革军事、外交、文化教育和某些政府机构,实行自强新政。"洋务运动"在当时号称"自强"和"求富"运动,它既是重大政治运动,又是海防战略决策。从19世纪60年代起,开始采用西方的科学技术,创办了新式军事工业,建立新式海陆军,以后又创办了新式民用企业,还向国外派遣留学生,在国内开办新式学堂等。"洋务运动"先后持续了35年,到中日甲午战争失败才大体结束。以"公车上书"为标志,洋务运动让位给维新运动。

当时中国的封建社会制度,落后于西方资本主义制度,这是中国落后的根本原因。"洋务运动"的倡导者认为,中国孔孟文化是先进的,清代的统治制度不需要改革,需要向西方学习的仅仅是军事技术、近代科学、近代工业、外交等,没有抓到根本。这种舍本求末的运动,自然不可能使中国真正富强起来,不可能使中国的海防强大起来。

海防战略大讨论 19 世纪 70 年代,朝廷开展了一次海防战略的大讨论。这次海防战略讨论,发生在清政府准备大举西征,收复新疆之际,也正在这时发生了日军侵略台湾的事件。清政府鉴于海军太弱,海防无力,决定不与日开战,力争谈判解决。清政府以对日赔款 50 万两白银的妥协,换取日本自台湾撤兵。日军侵台事件虽了结,但对清政府却是一个很深的刺激,昔日"蕞尔小国"的日本竟敢侵占"上国"领土,使清朝统治者大为震惊。中日台湾事件专约签字后第五天,总理各国事务衙门就上奏朝廷,陈述海防事宜,提出练兵、简器、造船、筹饷、用人、持久六条要事,请沿海沿江各省将军、总督、巡抚讨论。同治皇帝同意总理衙门的奏折,因此发布上谕:"海防亟宜切筹。"[①]于是在清政府高级官员中展开了海防问题大讨论。这次讨论有数十名官员发表意见,一致认识到海防的重要性和迫切性,提出了组建近代化海军、建设沿海防卫体系、开发矿源、架设电报线路等具体主张。

光绪元年四月二十六(1875 年 5 月 30 日),总理各国事务衙门对海防大讨论进行了总结,上奏朝廷。同日,朝廷发布上谕,明确了海防的战略地位:"海防关系紧要,既为目前当务之急,又属国家久远之图,若筑室道谋,仅以空言了事,则因循废弛,何时见诸施行?亟宜未雨绸缪,以为自强之计。惟事属创始,必须通盘筹画,计出万全,方能有利无害。若始基不慎,过于铺张,既非切实办法,将兴利转以滋害,贻误曷可胜言。计惟有逐渐举行,持之以久,讲求实际,力戒虚糜,择其最要者,不动声色,先行试办,实见成效,然后推广行之,次第认真布置,则经费可以周转,乃为持久之方。南北洋地面过宽,界连数省,必须分段督办,以专责成。著派李鸿章督办北洋海防事宜,派沈葆祯督办南洋海防事宜,所有分洋、分任练军、设局及招致海岛华人诸议,统归该大臣等择要筹办。"[②]这个决定的历史意义,是第一次把海防问题提升到国家战略的地位,并落实了南

---

① 丁守和:《中国历代奏议大典 4》,哈尔滨,哈尔滨出版社,1994 年,第 519 页。

② 张侠,等:《清末海军史料》,北京,海洋出版社,1982 年,第 12 – 13 页。

北洋海防建设的领导人，开始加强海防建设。这是这次海防战略大讨论形成的具有历史意义的成果。此后，中国的海防建设不断加强。

近代海军建设　海军是海防力量的核心。加强海防必然要创建近代海军。光绪九年至十一年（1883—1885 年）的中法战争，中国陆军胜利了，海军失败了，福建海军几乎全军覆灭，引起了海防建设的又一次大讨论。这一次讨论的重点，是如何加强海军建设和建立海军领导机关的问题。光绪十一年五月初九（1885 年 6 月 21 日），清廷发布上谕，要求大臣们讨论海军建设问题。许多大臣参加了讨论，提出了自己的意见。总理衙门和李鸿章汇总了讨论的意见，形成了"总理各国事务衙门遵旨会议海防折"，提出了建立海军衙门和北洋海军的建议。奏折说："当蒙发下左宗棠、李鸿章、穆图善、彭玉麟、曾国荃、张之洞……各折件，臣等公同商阅，大致不外练兵、筹饷、用人、制器数大端，而目前自以精练海军，为第一要务。"其中关于建立海军衙门的问题，重要大臣意见基本一致，左宗棠建议设海防全政大臣，海部大臣，驻扎长江；穆图善谓海部宜设天津；吴大澂建议在京师设水师总理衙门；李鸿章也建议设海部，或设海防衙门。这个奏折得到慈禧的懿旨允准。李鸿章奉旨入京，慈禧单独召见 5 次，还同醇亲王、军机大臣广泛接触，密商设立海军部之事。光绪十一年九月初五（1885 年 10 月 12 日），慈禧太后发布懿旨，指定了办理海军的人选。"着派醇亲王奕譞总理海军事务，所有沿海水师悉归节制调遣；并派庆郡王奕匡力、大学士直隶总督李鸿章会同办理；正红旗汉军都统善庆、兵部右侍郎曾纪泽帮同办理。现当北洋练军伊始，即责成李鸿章专司其事。其应行创设筹议各事宜，统由该王大臣等详慎规画，拟立章程，奏明次第兴办。"①光绪十一年九月十七（1885 年 10 月 24 日），奕譞等奏请设立"总理海军事务衙门"，获准成立。中国的近代海军建设，从 19 世纪 60 年代中期设厂造近代舰船、购买外国舰船开始，到 19 世纪 90 年代初期，北洋海军正式成军，一支近代海军舰队初具规模。

海防经济发展　师夷长技不能单纯依靠购买舰船火炮，而需要发展自己的国防经济，形成自己的国防工业。这一点在两次鸦片战争之后就逐步被提到决策层。第一次鸦片战争之后，魏源就提出"请于广东虎门外之大角、沙角二处，置造船厂一，火器局一，行取佛兰西（法国）、弥利坚（美国）二国各来夷目一二

① 《清德宗实录》卷 215，光绪十一年九月。

人,分携西洋工匠,司造船械。"[①]后来,丁日昌、曾国藩、李鸿章等陆续提出购买"制器之器"的奏折,并得到朝廷的认可。曾国藩、李鸿章目睹洋枪洋炮的威力,已认识到购买和制造新式武器的重要性。但是,单靠购买武器难以及时满足需要,最有效的办法是自己设厂制造。"自强以练兵为要,练兵又以制器为先"。曾国藩提出了"先购买后制造"的初步设想。李鸿章进一步发展、实现了曾国藩的设想。太平天国被镇压后,阶级矛盾逐渐缓和,使洋务派有较多的精力、人力、财力转向御侮方面。面对"外国利器强兵,百倍中国"的险恶形势,中国必须因时变通,要学习"外国利器",创办近代军工企业,引进"制器之器",仿造外洋船炮,取"外人之长技,为中国之长技",作为御侮之资,自强之本。"中国欲自强,则莫如习外国利器,欲习外国利器,则莫如觅制器之器,师其法而不必尽用其人。"[②]

初期的"制器"主要是办新式军用工业。清咸丰十一年(1861 年)曾国藩在安庆设立军械所。清同治元年(1862 年)李鸿章在上海设立洋炮局。同治三年(1864 年),左宗棠在杭州试造了轮船。从同治四年(1865 年)到光绪十六年(1890 年),洋务派在全国各地共创办了 21 个军工企业。这些军工厂的主要产品是仿造战舰、火炮、弹药等。由于这些军事工业的发展,清朝军队的装备开始从全用刀矛弓箭、木船土炮的落后状态,转变为使用近代枪炮,这对打败太平军和捻军,维护清朝统治,起了重要作用。这些军事工业的兴办,也多少增强了清朝的国防力量,而且对后期兴办民用工业起到一种开路和引导作用。

19 世纪 70 年代以前,洋务派以为西方国家"长技"仅仅在于船坚炮利,便创办起军事工业和训练新式军队,以为这样便可以使国力强盛,长治久安,与西方国家并驾齐驱。随着外国侵略的加深,以及中外接触的频繁,他们开始觉察到,在西方国家的坚船利炮背后,还有雄厚的经济实力作后盾。所以,在继续学习西方国家坚船利炮的同时,还应该把西方国家的一些近代化的经济设施也移植过来,以增加国家经济力量,化弱为强,变贫为富。

李鸿章说:"中国积弱,由于患贫,西洋方圆千里、数百里之国,岁入财赋以数万万计,无非取资于煤铁五金之矿,铁路、电报、信局、丁口等税。酌度时势,

---

① 魏源:《海国图志》第二卷,《议战》。

② 《筹办夷务始末》(同治朝),第 25 卷,第 4 页。

若不早图变计,择其至要者逐渐仿行,以贫交富,以弱敌强,未有不终受其敝者。"①基于这种认识,从19世纪70年代开始,洋务派便在继续"求强"的同时,着手兴办以"求富"为目的的民用企业。其中包括采矿、冶炼、纺织等工矿业,以及航运、铁路、邮电等交通运输事业。从19世纪70年代起,经过20多年的努力,在航运、煤矿、金属矿、电讯、铁路、纺织、冶炼等方面,都建立了一些企业,总数达20多个。投资这些企业的除了洋务派官僚以外,主要是一些与他们关系密切的官僚、地主、商人和买办。官督商办企业,实际上是官绅包办,不许商家自行经理。官府所派的总办、帮办、坐办、提调等,把持企业一切财政和用人大权,股商无权过问。控制这些企业的洋务派大官僚、大买办,便形成了中国早期的大资产阶级。这些企业的产品,首先保证军用的需要,供应南北洋海军和其他军队,同时也供应民用。洋务派举办的这些企业,经营管理腐败,严重地束缚着民族资本的发展,招商局股东起初对官府提出过抗议和要求,但得不到解决,后来失望,让官府任意侵蚀。这些企业多数享受清政府给予的专利和减税特权,因此,它又排斥民族资本主义工业的发展。在这些产业中,轮船航运、电报、铁路、采矿业,与海防建设关系最为密切。

中日战争　日本在明治维新以后,资本主义发展与国内市场小的矛盾日益突出,很快走上了向外侵略扩张的道路。中国和朝鲜是日本首先要侵略的目标。清同治九年(1870年),日本政府曾先后两次派人来中国,要求仿"西人成例,一体订约"。清政府代表拒绝了日本的要求。当时清廷内部对是否与日本订约一事分歧很大,历史上中国人民曾受倭寇之患,如今再纵寇入室,恐怕祸患无穷,不仅守旧顽固派势力这样看,就连李鸿章也认为:"日本近在肘腋,永为中土之患。"②

对于日本的侵略,当时负责对日交涉的北洋大臣李鸿章,抱定了妥协求和方针。第一,可答应开放台湾和各国通商;第二,对日赔款了事。因此,清政府与日本订立《台事专约》三条,规定中国给日本"抚恤""偿银"50万两,作为日本从台湾撤兵的条件;专约还承认,台湾高山族人民"曾将日本国属民等妄为加害",以及日军侵台是"保民义举"。后来,日本即以此为据,硬说中国已承认琉球为日本属国,于清光绪五年(1879年)正式吞并琉球,废除其国王,将琉球

① 《李文忠公全集》,朋僚函稿卷16,第25页。

② 《李文忠公全集》,奏稿,卷17,第54页。

改为冲绳县。清政府虽然向日本提出过抗议，但并未采取有力措施，随着时间的推移，琉球作为日本的冲绳县也就变为既成事实。

中法战争 清光绪九年到十一年（1883—1885年），法国发动了侵略中国的战争。战争是在两个战场上进行的，一个在中越边界的陆上，另一个在东南沿海及台湾战场。

法国政府对中国的战略，首先是把越南变为它的殖民地，通过越南侵略中国西南边疆地区。清光绪九年（1883年），越南因国王病逝，国内政局混乱，投降法国，与法国签订了《法越新和约》。与此同时，法国派兵船8艘，通过厦门，向北开驶，威胁中国。朝廷命令李鸿章与法国谈判，并密谕李鸿章要设法保全中法和局。经过谈判，光绪十年四月十七（1884年5月11日），李鸿章与法国签订《天津简明条约》。但是，清廷已经考虑到法国对中国的威胁，也开始筹划应对之策。光绪皇帝曾多次下旨，要求南北洋大臣等筹划沿海防务，要求沿海地区总督和巡抚加强海防，但并没有主动与法国交战。

清光绪九年十月二十一（1883年11月20日），光绪发布上谕，全面部署了防御法国入侵问题。①决定法军侵犯中国在越南驻军时，中国要参战，保护属国。②估计到法国可能侵犯中国沿海地区，要在沿海重点地区加强海防。③落实海防建设的负责官员。朝廷下令李鸿章、左宗棠等，“就各省海口情形，将应如何修筑炮台，筹备军械，慎选将领，调拨兵勇之处，逐一详细筹画，迅速办理”。④部署了长江防御安排。最后，皇帝号召：要同仇敌忾，“及早筹防，力维大局，至通商口岸各外商聚居之处，仍当随时加意保护，断不可别酿事端，致生枝节也”。[①]

清光绪十年六月十二（1884年8月2日），中法谈判破裂，法国代表巴德诺，将谈判破裂的消息告诉远东舰队副司令利士比，并让他进攻台湾，占据基隆煤矿。第二天，利士比率领3艘军舰、400余人向台湾进发。之后，法军先后进攻基隆、淡水等，遭到台湾军民的坚决抵抗。

法军见清军在台湾已有准备，就集中全部兵力进攻马尾，企图首先破坏马尾军港，击毁福建海军军舰和造船厂，尔后夺取基隆、淡水，控制台湾北部；得手后北上进攻旅顺、威海卫，迫使清政府答应其侵略要求。清光绪十年七月初四日（8月22日），约定第二天八点钟开仗，结果当日法军就先开炮击沉中国水

---

① 王彦威：《清季外交史料》（一），台北，文海出版社，1964年，第666页。

师。法国战斗持续约30分钟,福建海军21艘舰艇全部被击沉,海军官兵伤亡700余人,数十艘商船同时受损。法军2艘鱼雷艇受重伤,其余为轻伤,死伤30余人。

但是,在陆地战场,清军取得了胜利。光绪十一年三月(1885年4—5月),刘永福的黑旗军在竹春、陶美等人率领下,大败法军于临洮,乘胜克复十数州县,向越南内地挺进,越南各省义民闻风响应。同时,广西冯子材率领清军在镇南关打垮了法军,打死打伤1 000多人,打伤了法军前敌指挥尼格里,法军撤退。这是开仗以来第一次取得的重大胜利。[①]这时,推行远东殖民政策的茹弗里内阁倒台,中法战争局面发生重大变化。这对中国是十分有利的形势。但是,清政府未把反法战争进行到底,反而执行妥协求和的政策,与法国签订了《中法会订越南条约》。

光绪末年至宣统年间的海防　1894年至1912年是清代海防的末期。这个时期,海防形势更加严峻,西方主要列强都来了,沿海地区被列强瓜分,中国已经无力抗击列强的侵略,海军被消灭了,新式陆军尚未建设起来,实际上处于有海无防的状态。但是,中国是一个有几千年历史、有大国凝聚力的文明古国,民族意识很强,不可能被消灭。在封建制度即将退出历史舞台的时期,朝廷和有识之士,在极其困难的情况下,制定了新的强国战略,计划建设36镇(师)野战军队,改组一批地方部队,形成后备兵役体制,恢复海军,扩建海军基地等。其中由袁世凯在小站开始的编练新军工作,取得了一定的成绩,陆续形成了近代化的新式军队。

甲午战争　为发动侵略中国的战争,日本进行了长时间的扩军备战。清光绪十三年(1887年)日本参谋部着手制定详细的侵华作战计划,名为《讨伐清国之策略》。日军的总目标是攻占北京,分三个时期实施:一是陆军占领全部朝鲜,击败在朝清军,诱使中国海军出动;二是海军联合舰队歼灭北洋舰队主力,掌握黄海、渤海的制海权、占领渤海湾两岸的辽东、山东半岛;三是从渤海湾登陆,在直隶平原与中国野战师决战。[②]

中日甲午战争爆发于清光绪二十年(甲午年,1894年),战火遍及辽东半

① 王彦威:《清季外交史料》(一),台北,文海出版社,1964年,第988页。

② 日本参谋本部:《日清战史》,第二卷,第6页。转引自鲍忠行:《中国海防的反思——近代帝国主义从海上入侵史》,北京,国防大学出版社,1990年,第177页。

岛、山东半岛、黄海、澎湖列岛和台湾。战争自光绪二十年(1894 年)日军丰岛突然袭击开始,到光绪二十一年(1895 年)签订《马关条约》止。由于朝廷政治腐败,国家经济落后,军队落后腐败,加上掌管清廷外交、军事、经济大权的直隶总督兼北洋大臣李鸿章奉行避战求和方针,招致了战争失败,北洋海军覆没,台湾被日本割占。

八国联军入侵 中日甲午战争之后,帝国主义认为瓜分中国的时机已到,因而争先恐后争夺在华的势力范围。德国占领胶州湾,以山东为势力范围;俄国租界旅大,以东北为势力范围;英国以长江流域为势力范围;法国租界广州湾,以两广和云南为势力范围等。帝国主义列强加紧对中国的瓜分,加紧政治、经济和文化侵略,给中华民族带来了深重的灾难,进一步加深了阶级矛盾和民族危机。中国人民进一步认识到,不可能指望腐败的清政府抵抗帝国主义的瓜分和侵略,只有自己组织起来,同帝国主义和反动派进行斗争,才能保卫领土完整和民族的生存。于是,在全国范围内掀起了声势浩大的反帝爱国运动。山东、广西、四川、湖北等地人民,自发地把反对教会侵略和反对列强瓜分结合起来,提出"扶清灭洋"的口号,不断打击帝国主义在中国的侵略势力。

义和团在京畿、东北、山西、河南等地的发展,引起了帝国主义列强的恐慌,纷纷采取措施,威逼清政府镇压义和团。列强不间断地向清政府施加压力。清政府答应要镇压义和团,但未采取相应措施。四月(5 月中、下旬),列强开始策划出兵。

清光绪二十六年五月初十(1900 年 6 月 6 日)前后,驻华公使议定的联合侵华计划,相继得到各自政府的批准,各国分别从在华军事基地、殖民地国家和国内抽调兵员,由军舰和运输船载运至大沽、塘沽,并进驻天津租界。至五月十四日(6 月 10 日)止,进入天津租界的日、英、俄、法、德、美、意、奥八国陆海军达 3 000 余人。之后又陆续增兵,最多时总兵力达 12. 8 万余人,装备火炮 276 门。战争准备完成之后,八国联军开始发动进攻。八国联军很快攻占天津,占领北京,慈禧和光绪逃离北京,清政府彻底屈服了。光绪二十六年十一月初一(1900 年 12 月 22 日),德、奥、比、西、美、法、英、意、日、荷、俄 11 国驻华公使,向清政府提出《议和大纲十二条》。光绪二十七年(1901 年)七月二十五(9 月 7 日),清政府的代表奕劻、李鸿章与 11 国代表在北京正式签订了丧权辱国的《辛丑条约》。条约共 12 款,附件 19 件。主要内容包括:①派醇亲王载沣为头等专使赴德国谢罪,在德国驻华公使克林德被杀处建立牌坊,书以拉丁、德、汉等文字；②惩办载漪、载勋、赵舒翘、疏贤等“首祸”诸臣，并分别惩办发生教案的各外省官员，外国人遇害被虐的城镇，停止文武各等考试五年；③派户部侍郎那桐为专使，赴日本为驻华日本使馆书记生杉山彬被杀一事向日本谢罪；④在外国人坟墓被挖掘损坏之处，分别建立“涤垢雪侮”之碑；⑤两年之内，中国不准进口军火以及专为制造军火的各种器料；⑥赔款四亿五千万两，分三十九年还清，本息合计九亿八千万两，以海关、常关及盐政各进款为担保；⑦划定外国使馆区域，中国人概不准在界内居住，各国可以派驻军队，保护使馆；⑧将大沽炮台及有碍京师至海通道的所有炮台一律削平；⑨各国在黄村、廊坊、杨村、天津、军粮城、塘沽、芦台、唐山、滦州、昌黎、秦皇岛、山海关十二处地方留兵驻守，以控制北京至海的交通；⑩两年之内，在各府、厅、州、县张贴布告，永禁设立与诸国为仇敌之会，违者皆斩。各省督抚文武官吏于所属境内，如再有伤害外国人等情事，或再有违约之行，必须立即弹压惩办，否则该管之员即行革职，永不叙用；⑪清政府允定，将通商行船各条约内诸国，视为应行商改之处，以及有关通商其他事宜，均行议商，以期妥善简易，现议定改善北河、黄浦两水路；⑫将总理各国事务衙门，按照诸国酌定，改为外务部，班列六部之前，并变通各国钦差大臣觐见礼节。[①]

《辛丑条约》是中国近代历史上空前丧权辱国的不平等条约，这个条约的签订，进一步加强了帝国主义对中国的控制和掠夺，使清政府完全成了帝国主义统治的工具，中华民族从此彻底沦入了半殖民地半封建社会的深渊。

建设新式陆军　为了维持摇摇欲坠的统治，也为了恢复海防建设，清光绪二十年(1894 年)年底，清政府决定建立一支新式陆军，派长卢盐运使胡燏棻在天津小站(初为马厂)编练“定武军”，计有 10 营4 750 人，其中步兵 3 000 人，炮兵 1 000 人，骑兵 250 人，工程兵 500 人。次年 12 月，“督办军务处”荐举，袁世凯接替统率定武军，并加募步兵 2 000 人，骑兵 250 人，将其扩充到 7 000 人，改名为“新建陆军”。

恢复海军　甲午战争之后，朝廷一直急于恢复海军。清光绪二十四年六月初十(1898 年 7 月 28 日)，朝廷曾发布上谕：“国家讲求武备，非添设海军，筹造兵轮，无以为自强之计。”[②]光绪三十三年八月初一(1907 年 9 月 8 日)，陆军部

① 参考《中国近代史通鉴》《第三篇 · 典章制度》，第 924 页。

② 张侠，等：《清末海军史料》，北京，海洋出版社，1982 年，第 135 页。

奏报:计划“添购三四千吨穹甲快船数艘,炮船二十余艘,练船一艘,并筑浙江宁波府属之象山港,以便各船收泊”。这是甲午战争之后第一次规模较大的恢复海军计划。清宣统元年正月二十九(1909 年 2 月 19 日),朝廷任命善亲王善耆等负责恢复海军的工作。宣统元年五月二十八(1909 年 7 月 15 日)颁布了“宪法大纲”,其中规定:“统率陆海军之权操之自上。”因此,皇帝宣布“朕为大清帝国统率陆海军大元帅。”专设军咨处,统筹全国陆海各军事宜。同时任命载洵、萨镇冰为筹办海军大臣。[①] 准备正式开始重新筹建海军,设筹办海军事务处。后来命萨镇冰为海军提督,以南澳镇总兵李准为广东水师提督。

自清宣统元年(1909 年),海军事务处将南北洋收归统一,分为巡洋、长江两舰队,形成江、海舰队分别组织的体制。宣统二年(1910 年)年初,筹办海军大臣先后出国勘察,勘察国家包括日、美、英、法、德、意、奥、俄八国,勘察内容包括海军编制、官署组织、军队实情、局厂办法、服装器械、精神教育等。之后,朝廷派陆军、民政、度支三部尚书,会同筹办海军大臣载洵、萨镇冰,直隶总督、两江总督、湖广总督、闽浙总督、两广总督、东三省总督等,提出了一个七年海军恢复计划。这个计划未经实行,清王朝就灭亡了。

(四)走向衰落

未及时确立走向海洋的大战略 中国自明代开始走向衰落有多种原因,其中,缺乏“经略海洋”的国家战略是重要原因之一。明代世界已经开始进入大航海时代。适应航海时代的要求,世界强国都在建立强大海军,探索全球航道,占领殖民地,发展航海事业,逐步成为海洋强国。中国有条件走在这种世界潮流的前列,继续保持世界海洋强国地位。中国在大航海时代开始的时候,曾经走在世界前列。在郑和时代,中国拥有世界上最大最好的船舰和航海技术,发现新大陆的哥伦布船队,与郑和巨型船只及庞大船队对比,有如小巫见大巫。从明永乐三年(1405 年)至明宣德六年(1431 年),郑和先后七次出使西洋。郑和下西洋的船员人数相当众多。第一次为 27 800 余人,第三次为 27 000 余人,第四次为 27 670 人,第七次为 27 550 人。其余几次人数也在 27 000 人左右。郑和下西洋的船队是一支种类齐全的特混船队,每次都有大小船只 200 多艘。郑和下西洋历时 28 年,航路从东海出发,远至西亚、东非、波斯湾、阿拉伯海、红海,越过赤道达到南半球的麻林地。达·伽马 1498 年才到达非洲。但是,郑和

---

① 张侠,等:《清末海军史料》,北京,海洋出版社,1982 年,第 96 页。

下西洋停止之后，中国与西方海洋强国走上相反的道路，开始实现闭关锁国政策，不但不发展航海事业，占领海外殖民地，也严格限制与西方国家的贸易，限制下海经商、捕鱼，造船业萎缩了，海军落后了，国家也由此走向衰落的道路。

消极的海防战略　明朝建立后，鉴于十几年的战乱，大地满目疮痍，人民需要休养生息，朝廷采取了睦邻自固的战略。这个思想，以《皇明祖训》的形式固定下来，传承下去。因此，明代国防的基本战略是防御，海防也是如此。“睦邻自固”作为国策并没有错。但是，在海防战略方面，由此而形成消极防御战略就是严重的战略问题。要御敌于海，必须有强大的海军。海军本质上是进攻型的武装力量，消极防御不符合海军的发展规律。在明代，有很多人缺乏海洋观念，以海洋为防御天堑，以陆岸为疆界，反对海上防御。因此，御敌于海的思想没有坚持贯彻下去，致使嘉靖年间倭寇连年入侵，造成巨大祸患。抗倭战争开始后，明廷既没有采纳俞大猷的主张“水兵急于陆兵”①，“水兵常居十七，陆兵常居十三”②，大力发展海军，也没有像他主张的那样，“倭奴入寇，来则就洋攻之，去则出洋击之，屡来屡攻，屡去屡追”，使其“不敢再来”③，以致抗倭战争主要依靠陆军，与敌陆战，使东南沿海财富之区受到很大破坏。到嘉靖末期，沿海海军力量有了较大增强，在浙江，水军兵力甚至超过陆军，所以能多次歼灭倭寇，保卫了内地的安全。但是，第一，船型较小，不能远海作战；第二，分属各个防区，力量不集中。依然没有建立起像明初水军等 24 卫和郑和下西洋舰队那样能在各个海区和远洋机动作战的海军。因此，在援朝战争初期只能派陆军而不能派海军。后来临时从南直隶、浙江调来战船，但无力追歼敌人。这正反两方面的经验教训说明，海防一定要以防敌于海上为主，建立强大的海军；不仅要建立防守各海区的海军，还要建立能机动作战的具有战略预备队性质的远洋作战的海军。

清代的中国海军也很弱，无法在海上与侵略者决战。在相当长时期，许多大臣主张“舍水就陆之策”，主张把侵略者引入陆地再决战。“今人谈海事者，往往谓御之于陆不若御之于海。其实大海茫茫，却从何御起？自有海患以来，未有水兵能尽歼于海者，亦未有能逆之使复回者。”“陆战一胜即可尽歼，贼乃

---

① 俞大猷：《正气堂集》卷 10，《与熊兵备书》。

② 俞大猷：《正气堂集》卷 16，《恳乞天恩赐大举以靖大患以光中兴大业疏》。

③ 俞大猷：《正气堂集》卷 7，《论海势宜知，海防宜密》。

兴惧,不复范我。”这种在大陆海岸线上建立边防线的思想,在明清两代有很深的影响。

首先认识到建设近代“船炮水军”重要性的是林则徐和魏源。他们在总结鸦片战争经验之后认识到,要战胜拥有强大海上力量的侵略者,自己必须建设海上力量。这种海上力量包括水师、海上运输船队以及开拓海外垦殖事业的力量。这些思想与后来美国人马汉的海权论有很多类似的内容。不同的是,中国朴素海权思想是中国防御外敌入侵的理论根据,马汉的海权论是帝国主义侵略的理论基础。

清廷也逐步认识到旧式水师的落伍,无法对抗西方的坚船利炮,因此同意购买外国舰船,建设近代海军。在一些大臣中,海军立国、决战海上的思想也陆续提出。胡燏棻提出:“凡地球近海之邦,苟非海军强盛,万无立国之理。”中国必须重振海军以图恢复。[①] 李鸿章曾经形成“决胜海上”的思想萌芽。清光绪五年(1879 年)日本吞并琉球时,李鸿章形成防御日本侵略,以及整个海防建设应该实行以海为主、水陆相依的方针,并提出了海军应该实行“决胜海上”的战略,初步形成了争夺制海权的思想萌芽。朝廷下令李鸿章等购买铁甲舰,建设海军。李鸿章认为,中国海岸线数千里,口岸众多,难以处处设防,因此,“非购置铁甲等船,练成数军,决胜海上,不足臻以战为守之妙”。[②] 有了海军,可以“渐拓远岛为藩篱,化门户为堂奥,北洋三省皆其捍卫之中,其布势之远,奚啻十倍陆军”。[③] 中国购买了 7 000 吨的大型舰船,应该是受了李鸿章“决战海上”思想的一定影响的。遗憾的是,直到清代灭亡,“决战海上”、御敌于海的思想并没有成为国家的战略,国家没有制定“经略海洋”的战略,也没有建设成能够“决战海上”的强大海军,最终沦落到有海无防的地步。

马汉的海权思想于 19 世纪末在美国提出之后,不久传入中国。但是,当时在清代朝廷和大臣中,还没有引起重视。直到 20 世纪初,才有一些有识之士,有意识地介绍海权思想,筹备海军的一些人士才开始形成海权思想的萌芽。1907 年练兵处提调姚锡光,主持制定海军发展战略,他在“筹海军刍议”中说:“方今天下,海权竞争剧烈之场耳。古称有海防而无海战,今寰球既达,不能长

---

① 丁守和:《中国历代奏议大典 4》,哈尔滨,哈尔滨出版社,1994 年,第 766 页。

② 《李鸿章奏稿》,卷 35,第 28 页。

③ 张侠,等:《清末海军史料》,北京,海洋出版社,1982 年,第 24 页。

驱远海，即无能控制近洋……然而远人之来抵掌而作说客者，恒劝我多购浅水兵舰，以图近海之治安；而我当道及海军诸将恒乐闻其说者何哉？盖海权者，我所固有之物也。”帝国主义国家不能禁止中国建设海军，就劝说中国购买浅水军舰，以便阻止中国拥有强大的海军。姚锡光认为，中国的当权者头脑要清醒，不能上当。他说：他们“遂乃巧为其辞，劝我购浅水兵船为海军根本，使我财力潜销于无用之地，而远洋可无中国只轮”。[①] 这是在筹划海军战略的官员中，第一次明确使用海权的概念，是一个巨大的进步。

近代有识之士逐步认识到“兴帮张海权”的道理。从孙中山到新中国的领导人，都很关心海洋问题。孙中山说：“中国海权一日不兴，则国基一日不宁。”“争太平洋之海权，即争太平洋之门户权，人方以我为争，岂置之不知不问。”孙中山面对旧中国的形势，从民族存亡和民生的角度关注海洋，在《实业计划自序》中说：海权“操之在我则存，操之在人则亡”。新中国成立后，面临着维护国家主权的严峻形势，所以第一代领导核心下决心建设强大的海军。20 世纪 80 年代以后，发展经济和解决台湾问题、反对外国海上干涉的任务繁重，国家在大力发展经济的同时积极实施近海防御战略。世纪之交，江泽民要求我们从新时代的战略高度关注海洋，从“蓝色国土”、振兴经济、战略资源基地、国家安全、世界安全的角度，考虑海洋的战略问题，把建设海洋强国作为一项重要的历史任务。

社会制度落后是影响海防安全的根源　17 世纪欧洲主要国家已经开始进入资本主义社会，中国却长期停滞于封建社会。到 19 世纪出现洋务新政的时候，仍然坚持封建的政治制度，以“中体西用”为基本原则。“中体西用”就是中学为体，即把封建制度作为不可改变的根本。中体西用是冯桂芬提出的，他在《采西洋议》中提出：“以中国之伦常名教为原本，辅以诸国富强之术。”[②]这个思想后来成为一面思想旗帜。

中国坚持封建的社会制度，与当时资本主义迅速发展的世界潮流背道而驰。这是一种致命的根本性的问题。社会制度落后，必然制约经济发展、科技进步、国力增强，成为全面落后的国家。清咸丰八年（1858 年），马克思在谈第二次鸦片战争时说：“一个人口几乎占人类三分之一的幅员广大的帝国，不顾

① 张侠，等：《清末海军史料》，北京，海洋出版社，1982 年，第 798 – 799 页。

② 转引自《中国近代史通鉴：洋务运动与边疆危机（上）》，第 475 页。

时势，仍然安于现状，由于被强力排斥于世界联系之外而孤立无依，因而竭力以天朝尽善尽美的幻象来欺骗自己，这样一个帝国终于要在这样一场殊死的决斗中死去。在这场决斗中，陈腐世界的代表是激于道义原则，而最现代的社会的代表却是为了获得贱买贵卖的特权——这的确是一种悲剧，诗人的幻象也永远不敢创造出这种离奇的悲剧题材。"①

由于社会制度落后，在世界已经进入工业化时代，中国还处在农业和手工业经济时代，经济发展缓慢，财税来源少，国家不富。这就没有财力发展近代化国防力量。这个问题直到 19 世纪 70 年代，李鸿章等人才认识到。求强与求富密切相关，不富也不能强。要想富，必须发展近代民用工业。这是一种重要的思想转变。"船炮机器之用非铁不成，非煤不济。英国所以雄强于西土者，维借此二端耳。闽沪各厂日需外洋煤铁极夥，中土所产多不合用，即洋船来各口者，运用洋煤，设有闭关绝市之时，不但各铁厂废工坐困，即已成轮船，无煤则寸步不行，可忧孰甚。"②在这种思想指导下，在 19 世纪 70 年代以后，逐步改变单纯发展军工企业的思想，开始全面发展近代民用工业。但是，由于中国的封建制度没有改变，资本主义经济发展缓慢，海防建设缺乏近代工业支持，缺少资金保证，因此一直处于落后状态。这也是制约海防建设的致命因素。

武装力量落后是海防斗争失败的直接原因 中国近代海防斗争全部失败了，原因是多方面的，其中，武装力量落后是直接原因。武装力量落后也是全面的，包括武装力量体制、军事制度、兵役制度、武器装备落后等。

封建社会皇权至上，武装力量建设和决策，都是皇帝一人说了算。皇帝集行政、军政、财政、立法、司法、执法、监督、征兵、调兵、统兵、指挥、监军大权于一身，是国防(海防)的最高决策者。这种体制根本不能适应对外反对西方列强侵略的需要。

为防止拥有兵权的将领摆脱朝廷控制，一般以文官掌握军政事务，包括军队的调度，军官的选拔与任命，武器装备的制造与保管，粮饷的筹措等，武职官员则受制于行政官员。清代军队部署的重心在京师，皇帝手握重兵，君临天下。平时保持一支强大的中央军，战时作为机动力量。地方的兵力都比较少。清代前期沿海地区也是这种情况。

① 马克思:《鸦片贸易史》，见《马克思恩格斯选集》，第二卷，第 137 页。

② 《李文忠公全集》奏稿，卷 19，第 49 页。

清朝的军队是一支腐败落后的武装力量,不能承担抵御西方列强的重任。清朝全国共有23万八旗兵,60多万绿营兵,是世界上数量最多的武装力量。但是,满洲贵族掌握政权之后不久,迅速腐化,八旗兵很快丧失了战斗力。绿营兵是世兵制,一人入伍,全家在籍,以兵为业。平时星散于各地,忙于差役,很少训练;战时临时抽调,拼凑成军,兵与兵不相识,兵与将不相知,难以形成有机的战斗集体;一旦临阵,兵不听将令,将不得兵力,往往遇敌即溃。加之清军的武器装备落后于西方列强的侵略军,因此根本无法抵御强敌入侵。鸦片战争时期,英国军队总数只有20万人。但是,它已经是一支近代化的资产阶级军队,已经有步兵、炮兵和工兵的分工,海军400多艘舰艇。封建的清军与资产阶级的英军对阵,失败是很自然的。在整个近代史上,基本都是这种状况,这也就是中国在海防斗争中失败的直接原因。

在作战方面,战争准备、战略决策、作战指导、武器装备等,都很落后。清军武器装备落后是失败的重要原因之一,这里不说了。除此之外,其他方面的落后,也是十分重要的原因。英军在侵略中国之前,做了长时间的战争准备。在鸦片战争之前,1832年,英军就派出调查测量船,对中国沿海进行了几个月的调查测量。1834年,英国派出3艘军舰,强行闯入珠江,进行试探性进攻。1838年,英国驻印度海军司令马他伦又根据英国政府的指示,率领3艘军舰进行武装侦察。而在这期间,清朝军队未做任何战争准备,也没有制定整个战争的战略。鸦片战争开始之后,朝廷也没有提出明确的战略意图,战争过程中,一直处于被动应付状态。在实际作战中,清军总兵力一般占多数;但是,在每一次战斗时,清军不能集中优势兵力对敌,战法落后,结果是每一次战斗都失败了。鸦片战争是这样,其他多次海防斗争,清军失败的直接原因也都是因为清军是一支落后的封建军队,无法抗击近代化的外国侵略者。

三、海洋事业的新发展与能力建设

(一)海洋事业的新发展

海洋事业的新生和全面发展　新中国建立之后,十分重视发展海洋事业。50多年来,海洋事业的发展经历了恢复和发展传统的海洋产业,建立海洋科学技术队伍,组织全国海洋综合调查,加强海洋工作的领导,成立国家海洋局以及海洋事业全面发展的新时期。目前,海洋调查和科学研究、海洋监测预报和信息服务、海洋管理和保护、海洋资源开发利用和海洋经济发展,都取得重大进步,成为发展中国家海洋事业发展形势最好的国家。

综合国力的增强 中国军事科学研究院黄硕风研究员根据政治力、经济力、科技力、国防力、文教力、外交力和资源力等指标计算,1949 年中国的综合国力指数为 20.54,位居第十三,1989 年为 133.07,位居第六。在 1999 年李成勋等主编的《2020 年的中国》中,中国的综合国力总分 1970 年为 1 794.8,位居世界第九;1980 年为 1 997.7,位居世界第九;1990 年为 2 158.6,位居世界第九;2000 年为2 431.5,位居世界第九;2010 年为 2 483.2,位居世界第八;2020 年为 2 551.9,位居世界第七。中国综合国力在逐步上升,但是一直排在几个传统海洋强国之后,因此缺乏成为世界级海洋强国的综合国力基础。改革开放之后的几十年,中国经济发展很快,综合国力也在迅速提高,中国已经有十分广阔的海外利益,需要成为海洋强国,也具备了建设海洋强国的潜力。中国的综合国力逐步增强,已经有可能更多地关注海洋。现在是最有能力发展海洋事业的时期。中国的海洋事业也已经有一定的基础,有可能比较快的发展。目前,从事海洋工作的劳动力已经超过 3 000 万人,机动渔船 20 多万艘,其中远洋渔船 1 200 多艘,海洋运输船舶 10 150 艘,2 780 多万净载重吨。

海洋可持续发展战略 1996 年中国制定的《中国海洋 21 世纪议程》,提出了中国海洋事业可持续发展战略,其基本思路是:有效维护国家海洋权益,合理开发利用海洋资源,切实保护海洋生态环境,实现海洋资源、环境的可持续利用和海洋事业的协调发展。

海洋经济发展 依据海洋资源的承载能力,中国采取综合开发利用海洋资源的政策,以促进海洋产业的协调发展。近年来,中国不断改造海洋捕捞业、运输业和海水制盐业等传统产业,大力发展海洋增养殖业、油气业、旅游业和医药业、海洋能源发电、海水淡化、工程装备制造等新兴产业,促进了海洋经济持续快速发展。1997 年,中国主要海洋产业的总产值 3 000 多亿元,2000 年 4 133 亿元。2003 年国务院发布《全国海洋经济发展规划纲要》,推动海洋经济更快速发展。2005 年主要海洋产业总产值 16 987 亿元,相当于同期国内生产总值的 4.0%。2006 年国家调整了《海洋生产总值核算制度》,发布了《海洋及相关产业分类》标准,海洋统计增加了相关产业的发展情况,全国海洋生产总值 20 958 亿元,2011 年全国海洋生产总值 45 570 亿元,2012 年超过 50 000 亿元,海洋生产总值占国内生产总值的近 10%。

海洋生态环境保护与建设 1982 年,中国颁布了《中华人民共和国海洋环境保护法》,后来又进行了修改完善。这是中国保护海洋环境的基本法律,对防止因海岸工程建设、海洋石油勘探开发、船舶航行、废物倾倒、陆源污染物排入而损害海洋环境,以及海洋生态环境建设等作了法律规定。中国政府还颁布了《中华人民共和国防止船舶污染海域管理条例》《中华人民共和国海洋石油勘探开发环境保护管理条例》《中华人民共和国海洋倾废管理条例》《中华人民共和国防止拆船污染环境管理条例》《中华人民共和国防止陆源污染物污染损害海洋环境管理条例》和《中华人民共和国防止海岸工程建设项目污染损害海洋环境管理条例》,以及多项政府各部门制定的海洋环境保护规章和保护标准等,形成了海洋环境保护法律体系。国家有关部门还制定了海洋环境保护规划和计划,以及湿地保护、生物多样性保护等专业计划,建立了全海域海洋监测网和近岸海域环境监测网。中国逐步建立了海洋环境保护管理体制,形成了国家环境保护部门、国家海洋管理部门等分工合作的管理体制,对确保海洋环境保护法律的实施及有效保护海洋环境发挥了重要作用。中国的海洋生态建设也不断取得重要发展。由于海洋环境保护工作不断加强,在沿海地区国民经济快速增长,入海污染物急剧增加的情况下,污染严重恶化的势头得到缓解,局部海区的环境质量得到改善,并使大面积海域水质基本保持在良好的状态。

海洋科学技术和教育发展　全国海洋科研机构 186 个,涉海科技人员 34 076 人。建立了一批重点实验室,新建了一些调查船和野外观测试验站。形成了海洋科技规划体系:相继出台了《国家“十一五”海洋科学和技术发展规划纲要》《全国科技兴海规划纲要(2008—2015 年)》《深海海洋技术发展规划》《海洋高技术产业发展规划》《海洋卫星发展规划》《国际海底区域“十一五”规划》,沿海省、市或自治区也出台了本地区的海洋科技发展战略和规划,形成了多部门合作、上中下结合的海洋科技规划体系。构建了海洋科技创新体系,形成了海洋公益事业科技创新体系、企业为主体的应用技术创新体系、以科研机构为主体的知识创新体系、国家和地方合作创新体系以及区域海洋科技创新体系,为支撑海洋强国建设奠定了重要基础。中国初步形成了海洋专业教育、海洋职业教育、公众海洋知识教育体系。设立了海洋专业的高等院校几十所,中等专业学校几十所,不断为海洋事业输送大批科技与管理人才。

海洋综合管理　1992 年联合国环境与发展大会制定的《21 世纪议程》提出,为了保证海洋的可持续利用和海洋事业的协调发展,沿海国家应建立海洋综合管理制度。这一倡议得到了包括中国在内的世界各国的普遍赞同。中国陆续建立并完善了国家和沿海地方海洋管理机构,形成了中国海警海洋执法、管理监测和科学研究队伍,并制定了有关法规,开展各项海洋综合管理工作。中国加强了有关海洋领域的法制建设。全国人大通过了《中华人民共和国领海及毗连区法》《中华人民共和国海洋环境保护法》《中华人民共和国海上交通安全法》《中华人民共和国渔业法》《中华人民共和国矿产资源法》《中华人民共和国专属经济区和大陆架法》《中华人民共和国海域使用管理法》《中华人民共和国海岛保护法》等海洋和涉海管理法律。依据这些法规,中国不断加强海域使用管理、海岛开发保护管理、海洋资源和环境管理,广泛动员社会各界参与海洋资源和环境保护。

海洋事务的国际合作　中国一贯主张和平利用海洋,合作开发和保护海洋,公平解决海洋争端。中国积极参与国际和地区海洋事务,推动海洋领域的合作与交流,认真履行自己承担的义务,为国际海洋事业的发展做出了应有的贡献。中国支持并积极参与联合国系统开展的各种海洋事务,相继加入了联合国教科文组织政府间海洋学委员会、海洋研究科学委员会、海洋气象委员会、国际海事组织、联合国粮农组织、北太平洋海洋科学组织、太平洋科学技术大会等国际组织,并与几十个国家在海洋事务方面开展了广泛的合作与交流。中国参与了联合国第三次海洋法会议的历次会议和《联合国海洋法公约》的制定工作,并成为缔约国。中国学者还当选为国际海洋法法庭法官,在国际海洋事务中发挥了积极作用。中国重视公海及其资源的保护管理工作。作为国际海事组织成员国,中国与许多国家签订了双边海运协定,积极开展海洋交通运输的国际合作与交流。中国参与了许多全球性海洋科研活动。中国同美国、德国、法国、加拿大、西班牙、俄罗斯、朝鲜、韩国、日本等几十个国家广泛开展海洋科技合作。依据平等互利原则,中国积极开展地区性海洋渔业合作。

(二)近海防御型海军建设

第二次世界大战结束时,中国海军实力已丧失殆尽。战后,南京政府开始重建海军。首先从日本接收了一批军舰,又从美国、英国接受“赠送”和购买得到了一批军舰。但是,南京政府把海军投入内战,海军爱国官兵不断起义。南京政府海军成批起义,为中国人民海军的创建提供了一些人才和装备。人民海军的三个舰队陆续建立:① 1949 年 4 月 23 日,人民解放军强渡长江天险,占领了国民党政府总统府。同一天,中国人民解放军的第一支海军部队——华东军区海军在江苏泰州成立。华东军区海军在 1955 年 10 月 24 日更名为中国人民解放军海军东海舰队。② 1949 年 12 月 15 日，建立广东军区江防司令部。1950 年 12 月 3 日成立了中南军区海军领导机构。1955 年 10 月 24 日，中南军区海军更名为中国人民解放军海军南海舰队。③ 1950 年 10 月 10 日成立海军青岛基地，1960 年 8 月成立中国人民解放军海军北海舰队。为统一管理指挥各地人民海军，1949 年 12 月萧劲光受命组建海军领导机构，1950 年 1 月 12 日任命萧劲光为海军司令员，4 月正式建立海军领导机关。人民海军水面舰艇兵力包括驱逐舰、护卫舰（艇）、导弹艇、鱼雷艇、猎潜舰（艇）、布雷舰、扫雷舰（艇）、登陆舰（艇）和各种勤务舰船。

1953 年 12 月 4 日，毛泽东在中共中央政治局扩大会议上对海军建设的总任务、总方针作了完整的表述："为了肃清海匪的骚扰，保障海道运输的安全；为了准备力量于适当时机收复台湾，最后统一全部国土；为了准备力量，反对帝国主义从海上来的侵略，我们必须在一个较长时期内，根据工业发展的情况和财政的情况，有计划地逐步地建设一支强大的海军"。[①]毛泽东对于海军建设还说过许多话，例如："为了反对帝国主义的侵略，我们一定要建立强大的海军。""有海就要有海军。过去我们有海无防，受人欺负，我们把海军搞起来，就不怕帝国主义欺负我们了。""海军一定要搞，不搞不行。"[②]

海军从 1949 年开始建设，到 1955 年年底，海军总人数为 18.8 万余人，战斗舰艇 519 艘、辅助船只 341 艘，共计 860 艘，为以后的发展打下了一定的物质基础。从 1956 年到 1966 年，中国海军进入全面发展时期。从 20 世纪 50 年代末起，海军武器装备建设的重点，由转让制造过渡到购买技术资料和样品进行仿制改进。1960 年 8 月，苏联政府撤走专家，已经达成协议的供应材料、设备，有的停止供应，有的以次充好，使仿制工作陷入非常困难的境地。到 1965 年年底，海军武器装备仿制能力已有明显提高。

1966 年 5 月到 1976 年 10 月，中国发生"文化大革命"，海军现代化、正规化建设工作被全盘否定。但是，出于战备的需要，海军的装备建设和后勤建设仍有一定程度的发展。新装备研制工作没有中断。第一艘导弹护卫舰于 1975 年 2 月开工建造，12 月交付部队使用。第一艘中型导弹驱逐舰在 1968 年 12 月编入序列。第一艘攻击型核潜艇在 1968 年开工建造，1974 年被命名为"长征

① 丁一平，等：《世界海军史》，北京，海潮出版社，2000 年，第 724 页。

② 转引自《华夏人文地理》，2006 年纪念郑和下西洋 600 周年专刊。

一号”，正式编入海军战斗序列。从此，人民海军进入了拥有核潜艇的新阶段。

1978年以后，海军建设进入新时期。新时期海军建军的指导思想是：从国情与军情出发，适应社会主义初级阶段和相对和平时期的历史条件，牢记战斗队的根本职能，努力提高部队战斗力，通过深化改革，加速现代化建设。根据中国积极防御的战略方针，确定了海军战略的近海防御战略。海军建设的奋斗目标是：在20世纪末或更长一段时期内，建设一支精干顶用的、具有现代战斗能力的海军，即达到机构精干、指挥灵便、装备精良、训练有素、反应快速、效率很高、战斗力很强的精兵，真正成为一支具有中国特色的人民海军。[①]

（三）船舶和海洋装备研发制造能力

中国已经形成了比较完整的船舶工业体系，拥有技术力量雄厚的船舶科研设计机构、船舶生产企业和比较完善的船舶配套体系，形成了包括基础理论、船舶总体、动力、机电、材料、工艺、通信、导航、雷达、水声、光学、电子对抗、指挥控制、火控、舰炮和水中兵器等门类齐全、专业配套的科研、设计、试验机构，以及造船、造机、仪表生产、武器装备研制等生产基地。此外，全国拥有多所舰船高等院校，许多高等院校设有船舶工程专业，从事与船舶有关的教学和科研活动。

中国造船企业主要分布在沿海和沿江的省、市、自治区，已经形成大、中、小造修船厂并举，船、机、仪配套，国有企业与合资企业、地方企业共同发展的格局。随着改革开放的发展，在国有企业主导地位日益突出的同时，地方和三资造船企业发展迅速，两大军工造船集团（中国船舶工业集团公司、中国船舶重工集团公司）和地方船厂“三分天下”的造船格局已经形成。在科研方面，建立了一支以30多家研究院所和数所高等院校有关的科技人员为核心的科研设计队伍，形成了产学研联合、功能完整的科技开发体系。

中国船舶工业实行军转民战略，船舶工业产业结构由单一军品型向军民结合型转变。1999年，原中国船舶工业总公司改组为两个军工集团，在打破垄断、优化产业组织结构方面迈出重要的一步。

中国船舶工业的军用舰艇和民用船舶科研生产发展迅速，产品基本涵盖了船舶的各个领域。在舰艇及武器装备方面，研制生产了新一代导弹驱逐舰、导弹护卫舰、导弹快艇、核潜艇、常规潜艇、鱼雷艇、扫雷艇、各种军辅船和综合远洋航天测量船以及水中兵器等，并承担了舰船动力、电子装备、水声、雷达、通

---

① 丁一平，等：《世界海军史》，北京，海潮出版社，2000年，第731页。

信、光电、指挥控制系统以及电子对抗等武器装备的研制任务。在民用船舶研制生产方面,研制生产了大量的干散货船、油船等常规船舶,还研制生产了30万吨级的超大型油船、集装箱船、滚装船、化学品运输船、液化石油气船、滚装客货船、大型自卸船、高速水翼客船等以及各种海洋石油钻井平台。

改革开放以来,中国船舶工业实行军民结合、平战结合、军品优先、以民养军的方针,在保证完成军品科研生产任务的前提下,积极研制各种民用产品。引进国外先进技术,开拓国际市场,成为世界造船业中的一支劲旅。

早期,中国船舶工业采用高度集中、统一领导和计划调节为主要的管理体制,由第六机械工业部统一领导。1978年以后,第六机械工业部改组为中国船舶工业总公司,1998年中国船舶工业总公司划分为中国船舶工业集团公司和中国船舶重工集团公司。中国船舶工业集团公司和中国船舶重工集团公司均属于国有特大型企业集团。

在改革开放以来的30多年中,中国船舶工业在基础设施、生产能力、产品多样化以及质量技术水平方面都取得了长足的进步。中国造船产量已经连续8年位居世界第三位,基本形成了比较完善的海军舰船和武器装备科研生产体系,目前能够研制和建造核潜艇、导弹驱逐舰、远洋航天测量船等现代装备,以及高性能、高附加值的民用船舶和海洋工程设备。

中国已经能够建造除豪华游船之外的各种船舶。除一般的干、散货船和油船外,已经研制生产了许多具有国际先进水平的成品油船、化学品船、滚装船、大型风冷集装箱船、液化石油气船、滚装客货船、大型自卸船和高速水翼客船等。已经批量生产15万吨级的大型散货船和油船,建成了30万吨级的超大型油船。

改革开放以来,中国船舶工业的造船产量迅速增长。1982年全国商船产量仅为102万吨,20世纪90年代中期达到400万~500万吨。中国船舶工业积极开拓国际市场,船舶出口急剧增加。1988年的出口量为64艘、423万载重吨;1997年的出口量达到1 275艘,超过200万载重吨。进入21世纪,中国在国际船舶市场的竞争能力进一步提高,订单量名列前三位,船舶已出口到美国、英国、德国、法国、日本和挪威等发达国家在内的50多个国家和地区,船舶设计建造技术水平和质量得到世界各国船东的好评。

海洋科技支撑能力越来越强　目前,全国海洋科研机构186个,涉海科技人员3万余人。建立了一批重点实验室,新建了一些调查船和野外观测试验站。形成了海洋科技规划体系:相继出台了《国家"十一五"海洋科学和技术发展规划纲要》《全国科技兴海规划纲要(2008—2015 年)》《深海海洋技术发展规划》《海洋高技术产业发展规划》《海洋卫星发展规划》《国际海底区域"十一五"规划》,沿海省、市或自治区也出台了本地区的海洋科技发展战略和规划,形成了多部门合作、上中下结合的海洋科技规划体系。构建了海洋科技创新体系,形成了公益服务科技创新体系、海洋产业技术创新体系、海洋知识创新体系、区域海洋科技创新体系,为支撑海洋强国建设奠定了重要基础。

四、建设海洋强国

(一)海洋的战略作用

海洋是"国土""公土"和战略资源基地 联合国缔约国大会的文件认为,21 世纪是海洋世纪。海洋对于人类的可持续发展具有越来越重要的作用。①海洋是生命的诞生地。4.25 亿年之前所有的生物都是海洋生物,300 万年前出现了人类;目前,海洋仍是物种宝库,人类食物宝库。海洋是人类生存环境的重要支持系统:地球表面积约为 5.1 亿平方千米,其中海洋的面积为 3.6 亿平方千米,占总面积的 71%,是影响地球环境变化的重要源泉,没有健康的海洋,人类就会灭亡。人类社会发展程度越高,与海洋的关系越密切。②沿海地区仍然是黄金地带,经济中心仍然在沿海地区,人口将进一步向沿海地区移动。目前世界上 60% 以上的人口居住在距离海岸线 100 千米以内的沿海地区,进入 21 世纪,沿海地区的人口有可能达到人口总数的 3/4。③海洋是沿海国家新的生存和发展空间:海洋被划分为领海、专属经济区、大陆架、公海和国际海底区域等法律地位不同的政治地理区域,其中,划归沿海国家管辖的 1.09 亿平方千米,成为各国的"蓝色国土",国际社会共有的公海和国际海底区域 2.5 亿平方千米是世界各国的"公土"。④海洋是尚未充分开发利用的自然资源宝库,是开发自然资源的战略性基地,海洋水体(生物资源、化学资源、动力资源、海底金属资源、生物基因)、底土(海底石油、天然气、天然气水合物)将得到全面开发,海洋将成为人类经济活动的立体空间,全人类的穷人、富人,世界各国之人都不能离开海洋而生存。

经济全球化时代海洋通道的战略价值更大 海洋不适合人类居住,属于自然障区。但是,海洋对世界政治经济发展具有极其重要的作用。它是世界政治经济地理结构的一个重要环节,是全球运转的通道。海洋成为全球通道,是因为:①地理因素。在地球表面,71%是汪洋大海,陆地只是海洋中的"岛屿"。陆地几大洲之间以及岛屿之间都是海洋,因此不适宜空运的货物只能海运。②社会因素。由于生产力的发展早已超出了自然经济阶段,世界各国的物质生产活动紧密相连,原材料和最终产品的运输,越来越多地需要跨洲际进行,形成了全球一体化的形势,这就对海洋运输提出了越来越多的社会需求。资本主义的发展和经济全球化离不开海洋。《共产党宣言》中所说的"世界市场",世界性的生产和消费,各民族的相互往来和依赖,都与"交通的极其便利"密不可分,其中主要是全球海上交通。所以,资本主义国家都很重视争夺海洋,15世纪以后,葡萄牙、西班牙、荷兰、英国、法国,相继成为海洋强国;20世纪以来,美国、日本、俄国(苏联)又先后成为海洋强国。因此,大国的政治家、战略家都从战略全局上关注海洋,建设海洋强国成为立国的根本大计。在新的经济全球化形势下,国家之间的经济贸易往来更加频繁,更需要利用海洋通道。海上通道出问题,就会严重影响经济发展。因此,必须成为海洋强国,有能力保卫海上通道的安全。

海洋运输有很多优越性,连续性强,费用低,适合大宗货物运输等。因此,在世界大洋上形成了许多重要航线,成为世界经济一体化的大通道。例如,北大西洋航线,西欧加勒比海航线,西欧、地中海航线,西欧、北美经地中海苏伊士运河至中东、印度、远东澳大利亚航线,西欧、地中海和北美东岸至南美东海岸航线,西欧、北美经好望角至印度洋航线,北太平洋航线,远东至加勒比海、北美东海岸航线,澳、新(指澳大利亚、新西兰,下同)至北美东西海岸间港口的南太平洋航线,远东至澳、新航线,远东至中东航线。通航海峡都是重要的海上通道咽喉,在军事上和经济上都有重要战略意义。

海洋是国际竞争的大舞台　由于海洋对世界各国可持续发展具有重要的战略价值,在21世纪,海洋仍然是国际政治、经济和军事斗争的重要舞台。海洋划界争端、海底油气资源争端、渔业资源争端、深海矿产资源勘探开发以及深海生物资源利用的竞争,十分激烈。海洋政治经济领域的斗争将直接影响海洋军事,形成以维护海洋权益为中心的军事防卫任务,局部地区出现争夺海岛主权、争夺管辖海域、争夺经济资源的海上战争。今后海洋领域的斗争将超出以往控制海上交通线和战略要地以及通过海洋制约陆地的性质,发展到以海洋空间和资源为中心的海洋本身的争夺,成为关系到民族生存和发展的战略性争夺;争夺海洋的力量将由单纯的武装力量发展到政治外交力量、经济开发能力和海洋科技力量与军事力量相结合的综合海上力量。因此,大国的政治家、战略家都从战略全局上关注海洋。

(二)国家的海洋利益

中国在全球海洋上有广泛的战略利益:国家管辖海域的海洋权益;利用全球通道的利益;开发公海生物资源的利益;分享国际海底财富的利益;海洋安全利益;海洋科学研究利益等。中国必须成为海洋强国,才有可能分享这些海洋利益。

国家管辖海域的海洋权益 领海主权:《联合国海洋法公约》第2条规定,“沿海国的主权及于其陆地领土及其内水以外邻接的一带海域”“此项主权及于领海的上空及其海床和底土”。这种主权包括:自然资源的所有权;沿岸航运权;航运管辖权;国防保卫权;边防、关税和卫生监督权;领空权;管辖权;确定海上礼节权。领海区域的和平和安全利益:这种利益在《公约》中是通过解释船舶无害通过的意义说明的:“通过只要不损害沿海国的和平、良好秩序或安全,就是无害的。”“如果外国船舶在领海内进行下列任何一种活动,其通过即应视为损害沿海国的和平、良好秩序或安全……”沿海国在专属经济区还享有三项管辖权:人工岛屿、设施和结构的建造和使用;海洋科学研究;海洋环境的保护和保全。国家在大陆架的主权权利:《公约》第77条规定,“沿海国为勘探大陆架和开发其自然资源的目的,对大陆架行使主权权利。”

利用全球通道的利益 我国是海陆兼备的国家,在世界经济体化的大势下,与世界各地的经济贸易和科技文化联系越来越多,利用世界大洋通道是一个极其重要的战略问题。我们必须有出海通道,必须保障海上交通线安全。通航海峡都是重要的海上通道。美国、俄国、英国、日本等国家,都很重视通航海峡的控制和争夺。美国在世界上选择了16个通航海峡,作为控制大洋航道的咽喉,它们是:阿拉斯加湾、朝鲜海峡、望加锡海峡、巽他海峡、马六甲海峡、红海南部的曼德海峡、北部的苏伊士运河、直布罗陀海峡、斯卡格拉克海峡、卡特加特海峡、格陵兰－冰岛－联合王国海峡、非洲以南和北美航道、波斯湾和印度洋之间的霍尔木兹海峡、巴拿马运河、佛罗里达海峡。这些海峡实际上是所有从事海洋运输的国家都要用的通道。这些海峡被封锁,世界上绝大多数国家的经济发展都要受影响。我国要进入世界大洋,必须经过朝鲜海峡、大隅海峡、巴士海峡、马六甲海峡等出海通道。我国的海上交通线遍及全球海洋,必须有利用全球通道的权利和利益。我国的国际航线分为:①东行航线,包括中国至日本航线,中国至北美东海岸航线,中国至北美西海岸航线,中国至中美洲航线,中国至南美洲东海岸航线,中国至南美洲西海岸航线。②西行航线,这是一条十分重要的航线,由我国沿海各港口穿过马六甲海峡进入印度洋、红海,过苏伊士运河,入地中海,进入大西洋,包括中国至中南半岛航线,中国至孟加拉航线,中国至阿拉伯湾航线,中国至红海航线,中国至东非航线,中国至西非航线,中国至地中海航线,中国至黑海航线,中国至西欧航线,中国至北欧、波罗的海航线。③北行航线,它由我国沿海各港口北行进入朝鲜西海岸的南浦。东海岸的元山、兴甫和清津港等,苏联远东的海参崴、纳霍德卡等港。④南行航线,包括中国至新加坡、马来西亚航线,中国至印度尼西亚航线,中国至菲律宾航线,中国至澳新航线,中国至西南太平洋岛国航线等。

开发公海生物资源的利益　世界各国都有利用公海生物资源的自由和权利。从地理分布来说,世界大洋中的各种区域都有一定的开发潜力,其中比较重要的区域有:①太平洋西北部潜在渔获量1 980 万~2 133 万吨,目前的实际捕捞量已达潜在可捕量的90%,头足类、鲽鱼是开发潜力大的资源。②白令海东部和阿列鸟特岛区的底层鱼类资源量约 1 600 万吨,目前利用的比较少,尚有开发潜力。③太平洋中西部的热带海区,头足类资源潜力很大,澳大利亚、巴布亚新几内亚沿岸的底层和中上层鱼类尚有开发潜力,本区内的小型金枪鱼尚处于中等开发状态。④太平洋西南部头足类的年捕捞量 6 万~7 万吨,增产潜力尚大。⑤太平洋东南部的竹荚鱼和枪乌贼,未充分开发。⑥大西洋中东部区离岸 50~200 海里的底层鱼类资源,尚有开发潜力。⑦印度洋西部的头足类资源潜力很大。⑧太平洋西南部的鲣鱼,生物量比较大,还有一定的开发潜力。

分享国际海底财产的利益　《联合国海洋法公约》规定:“区域”及其资源是人类共同继承财产。“国家管辖范围以外的海床和洋底区域及其底土的资源为人类的共同继承财产,其勘探与开发应为全人类的利益而进行,不论各国的地理位置如何。”国际海底管理局要“在无歧视的基础上公平分配从区域内活动取得的财政及其他经济利益”。国际海底区域的科学研究和技术发展,也要为全人类的利益服务。《公约》规定:“区域”内的海洋科学研究,应按照第 13 部分专为和平目的并为谋求全人类的利益进行。“促进和鼓励向发展中国家转让这种技术和科学知识,使所有缔约国都从其中得到利益。”“在区域内发现的一切考古和历史文物,应为全人类的利益予以保存或处置,但应特别顾及来源国,或文化上的发源国,或历史和考古上的来源国的优先权。”[①]公海是发展远洋渔业的海域。要树立大海洋思想,积极利用世界海洋资源,包括通过各种合作的方式利用其他国家的海洋资源,通过独立自主的勘探开发或参与国际合作,积极利用国际海底资源、公海资源。

海洋安全利益 目前我国国家安全的主要威胁已经从陆疆转向海疆。我国的西部和北部陆疆已经形成比较稳定的格局,海洋方向的斗争则呈现多元化的趋势:海上战争和战争威胁,海上入侵,控制海上交通线,争夺海洋资源和海洋权益。与我国安全密切相关的海区:①濒临我国的边缘海是外国侵犯和干涉我国的必经之海区。我国面临的海域被第一岛链(琉球群岛、台湾、菲律宾群岛)、第二岛链(小笠原群岛、马利亚那群岛)以及朝鲜海峡、大隅海峡、巴士海峡、马六甲海峡等海峡封闭着,并处于某些国家的军事力量封锁状态,外国干涉和侵略我国,可能主要是从海上来。②西北太平洋区域,重点是菲律宾海,这是外国干涉我国必须利用的战场区域,是我国近海防御的重点区域。③南太平洋是战略核武器试验的目标海域。④大洋是战略核潜艇实施战略威慑和核反击的活动区域。

海洋科学研究利益 科学研究涉及国家利益中的民族生存、政治承认、经济收益、主导地位、世界贡献。《联合国海洋法公约》专门对海洋科学研究问题做出了各种规定。其中第238条规定:“所有国家,不论其地理位置如何,以及各主管国际组织,在本公约所规定的其他国家的权利和义务的限制下,均有权进行海洋科学研究。”[②]作为世界大国,我们应该重视海洋科学研究,这也是国家利益。①与我国相邻的边缘海对我国大陆气候变化、我国管辖海域的生态环境以及国家安全有重要影响,应该加强研究。②适度参与一些全球性海洋科学研究项目,为世界海洋科学发展做出应有的贡献。③自主进行一些必要的全球海洋科学研究,体现大国地位,获取我国的特殊利益。

(三)民族复兴需要成为海洋强国

世界强国必须首先是海洋强国 海洋问题历来是国家战略问题。①海洋是“国土”和“公土”:全球1.09亿平方千米近海划归沿海国家管辖,其中领海是水体覆盖的宝贵国土,专属经济区和大陆架是“国土化”的管辖海域;2.5亿

① 《联合国海洋法公约》第十一部分。
② 《联合国海洋法公约》公海部分。

多平方千米的公海和国际海底区域，是世界各国利用的“公土”。②海洋是富饶的资源宝库，开发利用海洋形成的海洋产业超过20个，海洋经济产值超过世界GDP总量的4%。联合国秘书长的关于海洋的报告指出，海洋和沿海生态系统以及各种海洋用途，为全世界数十亿人口提供粮食、能源、运输和就业，以此维持他们的生活。③海洋是各国融入世界的大通道，大国政治家、战略家都从战略全局上关注海洋通道安全；在经济全球化形势下，国际经济贸易更需要利用海洋通道。④海洋历来是国际政治、经济和军事斗争的重要舞台，参与国际竞争必须走向海洋。

民族复兴需要走向海洋　①中国是陆海兼备大国，需要以海撑陆和以洋补海：中国陆地国土有600多万平方千米的高原区域，开发成本高，生态环境脆弱，高效国土面积较小；中国面临的海域被岛链封锁，管辖海域面积相对较小，需要世界海洋，谋求全球海洋的支撑。②中国是世界人口最多的国家，理应分享较多的海洋利益，包括国家管辖海域的海洋权益，利用全球通道的利益，开发公海生物资源的利益，分享国际海底财富的利益，海洋科学研究利益等。③中国周边有多个海上强邻，面临严峻的海洋安全挑战。④中国已经成为依赖海洋通道的外向型经济大国，国际贸易货物运输总量的85%是通过海上运输完成的，世界航运市场19%的大宗货物运往中国，22%的出口集装箱来自中国，中国商船队的航迹遍布世界1 200多个港口。因此，中国必须走向海洋，成为海洋强国，才有可能分享海洋利益，实现民族复兴。

（四）和平发展时代的历史机遇

第二次世界大战之前，建设海洋强国都是为了控制海洋，因而离不开战争，可以称为战争模式，主要特征是：形成统一的国家—建立中央集权的政府—建设强大的军事力量—用战争打败竞争者—利用海洋谋求国家利益。其中，建设强大海军是实现这种模式的核心要素，所以，一个很长时期曾流行海军主义，西方列强政府内都设有海军部。第二次世界大战之后，世界历史进入新时代，和平与发展成为时代特征，60多年没有发生海洋强国之间的大规模战争，世界上既有海洋霸权国家，也有在和平环境下建设和保持一般海洋强国地位的国家，出现了可以采取和平模式建设海洋强国的历史环境。和平模式的主要特征是：具有建设海洋强国的综合国力基础—确立走向海洋的国家战略—建设以海军为骨干的综合海上力量—利用海洋谋求国家发展和安全利益。英国、日本、德国、法国都不是霸权国家，但是，他们都还保持走向海洋的国家战略,仍然是海洋强国,尽管他们不是也不可能称霸海洋。这是新时代的世界战略格局决定的。新的时代潮流要求大国走向海洋,融入世界经济体系,全面开发利用海洋,维护海洋安全形势。所以,世界主要大国,尽管没有与美国争夺海洋霸权的战略意图,还是坚持走向海洋,坚持发展海上力量,保持海洋强国地位。

中国建设海洋强国处于和平与发展的新时代,有可能吸取历史经验,避开大国崛起的战争模式,利用多极化和全球化的时代潮流,利用中国的和谐文化和特有智慧,化解各种矛盾,冲破各种扼制和阻力,实现自己建设海洋强国的战略目标,同时促进世界海洋的和平利用,促进世界和谐发展。

(五)建设海洋强国的战略决策

郑和航海时代,中国曾经是海洋强国。近代中国衰落了,成为有海无防的弱国,但是强国梦未曾断过。孙中山先生就主张:“兴船政以扩海军,使民国海军与列强齐躯并驾,在世界称为一等强国。”①毛泽东启动海洋强国建设:“为了反对帝国主义的侵略,我们一定要建立强大的海军。”“必须大搞造船工业,大量造船,建立海上铁路,以便在今后若干年内建设强大的海上力量。”1960年毛泽东又说:“核潜艇,一万年也要搞出来。”②毛泽东真要实现中国人的海洋强国梦了。邓小平1979年为海军题词:建设一支强大的具有现代战斗力的海军。江泽民1990年为海军题词:建设祖国海上长城。胡锦涛2008年说:海军是一个战略性、综合性、国际性军种,在维护国家主权、安全、领土完整,维护国家海洋权益中具有重要地位和作用。2003年,国务院《全国海洋经济发展规划纲要》提出了建设海洋强国的战略目标。党的十八大做出了全面建设海洋强国的政治决策:提高海洋资源开发能力,发展海洋经济,保护海洋生态环境,坚决维护国家海洋权益,建设海洋强国。中国在21世纪有可能成为海洋经济发达、海洋科技先进、海洋环境健康、海上力量强大、海洋安全稳定的新型海洋强国。

建设一个海洋强国,需要几十年,甚至上百年的时间。美国自19世纪末马汉提出建立太平洋地区海洋强国以来,到第二次世界大战成为世界海洋强国,用了50年时间。中国从现在开始实施建设海洋强国战略,启动建设海洋强国

---

① 继承孙中山海权思想,两岸共卫南海,王名舟,2011年7月2日,http://chinareviwnews.com。

② 以上毛泽东论述均转引自舟欲行等《中国人民海军纪实》,北京,学苑出版社,2007年。

的战略工程，进行理论研究、规划制定、方案设计，启动一些急需项目，全面进行海洋强国建设，逐步成为亚太地区的海洋强国和世界海洋强国。

建设海洋强国是21世纪的历史使命。2011—2020年，进入世界海洋强国的八强行列：确立建设海洋强国的国家战略，综合国力排序上升到第四位，GDP总量上升到第二位，海洋科技水平进入世界前五位，成为海洋工程和造船强国，海洋经济总量进入前五位。2021—2030年，进入五强行列：国家海洋战略逐渐完善，综合国力排序将上升到第二位，GDP总量上升到第一位，海洋科技实力居世界前三位，与最先进国家军事舰船研发建造能力的差距进一步缩小。2031—2050年，进入三强行列：形成符合世界大势和国情的海洋战略、方针、政策和各种措施；综合国力排序保持世界第二位，GDP总量保持世界第一位，海洋科技实力保持前三位，海洋工程和船舶工业继续保持在世界先进行列，建设世界规模最大的商船队、渔船队、海洋科研船队，具备建造领先水平的军事舰船的能力，海洋经济保持世界领先地位。

（六）创立强而不霸的新型海洋强国模式

海洋强国的两条道路　世界上的海洋强国有两种性质、两种类别。一类是殖民主义、帝国主义、霸权主义国家，对外实施侵略扩张政策的国家，另一类是自强自立、不侵略别国的国家。或谓一类是资本主义国家，另一类是社会主义国家。二者在建设海洋强国方面有共同之处，也有本质区别。前者的本质是对外侵略扩张，后者的本质是反对海上霸权，自己不称霸。这种区别反映在建设海洋强国的各个主要环节（建设条件，建设目的，活动行为）中：①理论依据不同：西方海洋强国大体都是依侵略扩张理论建立起来的。马汉的理论是帝国主义时代的产物，它代表了垄断资产阶级的利益，鼓吹建设强大海军，实施对外侵略扩张。中国在新形势下建设海洋强国，依据中国和平崛起的国家战略，不是依据马汉的侵略扩张理论。②建设目的不同：早期西方海洋强国的目的包括发展商业、航海事业、建立海外殖民地等；现代西方海洋强国则还包括利用海洋资源，自由进行全球海洋科学考察，特别是利用公海和国际海底的战略性资源。在这方面，非西方国家应该是不同的。中国不会霸占殖民地，垄断世界市场，但是在发展对外经济贸易往来、发展海洋航运事业、开发利用海洋资源等方面是一样的。③活动行为：西方海洋强国的活动行为有四个特点：一是海军至上，以海军为主要的甚至是唯一的手段；二是争夺制海权，海上称霸；三是海外扩张，早期是抢占殖民地，现在是控制别的国家，干涉别国内政；四是强烈的进攻性，总是主动制造事端，干涉别国事务。中国建设海洋强国的活动行为应该区别于西方海洋强国，海军不是唯一的活动手段，不搞炮舰政策，有了强大的海洋力量，也要依靠政治、外交、经济、科技等多种手段，与世界各国交往；不搞海上霸权，不允许别人侵略自己，也不侵略别人，不干涉别国内政；不是进攻型的强国，而是防御型强国。

世界上所有老牌海洋强国，发展海上力量的主要目的都是争夺世界霸权，几乎无一例外。“帝国主义国家首先把海上威力用做征服和奴役其他国家和民族的侵略政策的工具，用做加剧国际形势，在世界各地发动战争和挑起武装冲突的手段。帝国主义的军事理论家和思想家，例如在美国，把海上威力不仅看作是威胁社会主义国家的最重要手段，而且是其在侵略军事集团内部控制盟国，保证美国霸主地位及保证美国垄断资产阶级支配地位的一种力量。”海上威力实际上是帝国主义国家争夺世界霸权的主要工具之一。①

中国建设海洋强国的目的，是确保领土完整、主权独立、国家统一、海洋权益不受侵犯、国家海上利益安全，促进现代化建设，使中华民族走上复兴之路。江泽民在十四届五中全会上说：“发展是硬道理。中国解决所有问题的关键要靠自己的发展。增强综合国力，改善人民生活；巩固和完善社会主义制度，保持稳定局面；顶住霸权主义和强权政治的压力，维护国家主权和独立；从根本上摆脱经济落后状态，跻身于世界现代化国家之林，都离不开发展。”这也是中国建设海洋强国的根本目的。

中国建设海洋强国的文化和法律基础　中国建设海洋强国的思想和原则受民族精神和宪法的制约，是能够走上不称霸发展道路的。中国文化中有丰富的优良传统。例如，宽容大度的精神是中华民族的优秀文化传统和独特的民族精神。《论语·颜渊》：“四海之内皆兄弟。”协和万邦的精神：中华民族在国际交往中主张“协和万邦”，热爱和平，被称为“礼仪之邦”。中国文化传统中也有自强自立和维护正义的精神。这些文化传统有助于中国实施和谐中国、和谐世界的政策，建设不称霸的海洋强国。

和平共处五项原则是中国处理国际事务的法律基础。中国的宪法规定：“中国坚持独立自主的对外政策，坚持互相尊重主权和领土完整、互不侵犯、互不干涉内政、平等互利、和平共处的五项原则，发展同各国的外交关系和经济、

---

① 戈尔什科夫：《国家的海上威力》，房方译，北京，海洋出版社，1985年，第11页。

文化的交流;坚持反对帝国主义、霸权主义、殖民主义,加强同世界各国人民的团结,支持被压迫民族和发展中国家争取和维护民族独立、发展民族经济的正义斗争,为维护世界和平和促进人类进步事业而努力。"这些原则也应该成为建设海洋强国的原则,中国成为海洋强国之后,也应该坚持独立自主的和平外交政策,不搞海上霸权。

创立强而不霸的新型海洋强国模式 中国建设海洋强国不能以"海权论"为理论基础,更不能走海上霸权道路,必须有中国特色海洋强国的理论和发展模式:要以中国的优良传统为文化基础,中国特色社会主义理论为指导思想的理论基础,也要借鉴海权论的某些积极因素,和平走向海洋,创立强而不霸的新模式。中国建设海洋强国,必然与现有的海洋强国发生矛盾和竞争,甚至遭到遏制。这是中国现阶段发展无法回避的矛盾。同时,在海洋政治、经济、科技、军事、环境等方面,与世界海洋国家有许多利益汇合点,在开发利用海洋资源、勘探开发国际海底资源、保持海洋战略通道畅通和安全、建设全球海洋观测系统、保护世界海洋生态环境等方面,都可能有合作的机会。中国坚持和平、发展与合作的原则,精心寻求利益汇合点,构建利益共同体,管理和控制危机,有可能破解冲突和竞争难题,走和平建设海洋强国之路,建设中国特色的"强而不霸"的新型海洋强国。

(七)21世纪中叶前的区域海洋战略

在21世纪中叶之前,中国走向海洋要有全球意识,但要实施区域海洋战略,重点关注与中国海洋利益密切的海洋区域,每个区域又有不同的战略关注领域。

第一,国家管辖海域。①渤海重点关注:海洋生态环境保护;海洋生物资源开发保护;海底油气资源勘探开发;港口开发建设;海防安全;环渤海经济圈发展。②黄海重点关注:海洋生态环境保护;海洋生物资源开发保护;海底油气资源勘探开发;港口开发建设;海上军事安全形势;环黄海经济圈发展。③东海重点关注:海洋生态环境保护;海洋生物资源开发保护;海底油气资源勘探开发;港口开发建设;出海通道安全;维护岛屿主权和海洋权益;海上军事安全形势。④台湾海峡重点关注:海洋生态环境保护;海洋生物资源开发保护;港口开发建设;海上军事安全形势;海峡两岸海上合作。⑤南海北部海域重点关注:海洋生态环境保护;海洋生物资源开发保护;海底油气资源勘探开发;港口开发建设;出海通道安全;维护海洋权益;海上军事安全形势。⑥南海群岛海域重点关注:

海洋生态环境保护;海洋生物资源开发保护;海底油气资源勘探开发;维护海洋权益;战略通道安全;海上军事安全形势。⑦北部湾海域重点关注:海洋生态环境保护;海洋生物资源开发保护;海底油气资源勘探开发。

第二,环中国海区域。①鄂霍茨克海重点关注领域:黑龙江等通江大海航行;溯河性鱼类资源开发保护。②日本海重点关注领域:图们江口出海权,朝鲜海峡、对马海峡、济州海峡和日本海航行;溯河性鱼类资源开发保护。③菲律宾海重点关注领域:海洋环境和气候变化影响;海洋科学研究;海上军事安全形势;东海进入太平洋通道和菲律宾海航行利用。④苏禄海、苏拉威西海、爪哇海、安达曼海等南海周边海域重点关注领域:最关注马六甲海峡航行安全;其次关注马六甲海峡替代通道,包括巽它海峡、龙目海峡、塔宁巴尔岛北侧通道、翁拜海峡、勒蒂海峡,其中主要是西线的巽它海峡、中线的龙目海峡和东线翁拜海峡。

第三,泛中国海。①西北太平洋重点关注领域:海洋自然环境规律;海气相互作用和气候变化影响;传统海洋安全;非传统海洋安全;海上通道利用。②东印度洋重点关注领域:海气相互作用和气候变化影响;非传统海洋安全;海上通道利用。

第四,国际海域。①北极洋区重点关注领域:航道开发利用;资源勘探开发;气候变化影响。②公海开发保护重点关注领域:海洋生物资源开发保护;公海保护区建设;公海航行自由;公海战略性利用。③国际海底区域重点关注领域:多金属结核资源勘探开发;多金属硫化物资源勘探开发;钴结壳资源勘探开发;深海基因资源开发利用。关注国际海底区域生态环境,以提升我国参与国际海底区域的话语权。

(八)建设海洋强国的战略任务

第一是国家海上力量建设。建设强大海上综合力量,包括:建设一支强大的海上武装力量,2050 年拥有最先进的水面、水下作战平台和武器装备,成为强大的区域性防御型海上力量之一;建设有效进行海洋行政执法和维护海洋权益的警备力量;建设完全满足需要的商业船队、规模最大的渔业船队和先进的科研船队。

第二是维护海洋权益。海洋权益即国家的海洋权利和利益,包括国家的领海主权,专属经济区和大陆架的主权权利,以及海洋科学研究、人工岛屿设施、结构建造和使用、海洋环境保护和保全方面的管辖权,以及行使公海航行、捕鱼和科研等自由的权利，分享国际海底区域人类共同继承财产利益等。中国的海洋权益面临错综复杂的形势，涉及海岛主权、海域划界、油气资源争端、渔业资源争端、海洋科学研究争议等。维护海洋权益关系国家的根本利益，是长期的政治任务。管辖海域包括领海、专属经济区和大陆架，是民族生存和发展的宝贵海域空间。要提高维护管辖海域海洋权益的战略能力，划定管辖海域边界，捍卫领海主权，合理开发与保护海洋资源，有效维护管辖海域的各种海洋权益。国际海域包括公海和国际海底区域。世界所有国家都有权分享国际海域的海洋权益。中国在全球海洋上有广泛的战略利益，要提高开发利用国际海域的战略能力，分享全球通道利用的利益、开发公海生物资源的利益、国际海底财富开发的利益，以及海洋安全利益和海洋科学研究利益等。中国海运航线和远洋军事活动处于海洋强国的监控之下，形势十分复杂严峻。要提高远海战略能力，维护海洋运输和能源资源战略通道安全。精心经营台湾海峡和南海中北部航线；密切关注通往俄国、韩国、日本、美国和澳大利亚航线。加大重要交通枢纽及航线附近港口的经济投入，增加在这些港口区域的立足点和准入权。巩固重要航线沿岸国的双边合作关系，加强港务和航运合作。加强海洋通道问题上的对话，建立灵活多样的信任措施，避免意外事件和战略误判。开展双边和多边海上搜救、反恐、缉毒、反走私、反海盗等合作，推动建立地区性海上安全合作网络。建立交通、海洋、军事、贸易等部门的海洋通道安全问题协调机制，加强政策协调与操作协同。

第三是发展海洋经济。树立大海洋思想，海洋调查、科研、勘探、开发、海洋战略利用，从浅水向深水拓展，从近海向远洋拓展，扩大生存发展和安全空间，以海洋空间和资源支撑陆地国土资源，建设海洋战略性资源基地，使海洋成为石油、天然气的战略资源替代区域，蛋白质资源的重要补充区域，淡水的重要补充和大生活用水的重要替代水源，新能源开发的重要领域，金属矿产资源战略性基地。制定海洋经济科学发展规划和计划，加强海洋开发保护的规划指导。继续发展传统海洋产业，提升改造现代渔业、滨海旅游业、海洋交通运输业、船舶工业等传统产业；积极发展新兴海洋产业，发展海洋油气业、海水利用业、海洋再生能源业、海洋生物医药等新兴产业，以及海洋新兴制造产业、服务型海洋新兴产业等；重视部署未来产业，部署大洋固体矿产资源勘探开发产业、深海生物基因资源开发利用产业等未来战略性资源产业的技术储备。制定政策措施，推进海洋循环经济发展。应用和推广循环经济技术，节约海洋空间，循环利用海洋资源,发展海洋资源的综合利用产业,形成资源高效循环利用的产业链,发挥产业集聚优势,提高资源利用率。建立海洋循环经济示范企业和产业园区。在滨海湿地、三角洲和海岛等特殊海洋生态区,发展高效生态经济。

第四是海域使用管理和海岛开发保护。海域是国有资源资产,是宝贵的海洋空间资源。2002 年开始实施的《海域管理使用法》,确立了海洋功能区划、海域权属管理和海域有偿使用制度,为维护国家海域所有权和海域使用权人的合法权益,促进海域的合理使用提供了法律保障,海域使用管理进入法制时代。要继续依法管海,规范海域使用申请审批和招标拍卖工作,海域使用金征收管理工作,保证海域国有资源性资产的保值增值,在宏观调控中发挥更大作用。

加强海域使用管理法规和配套制度建设。争取把海域写入《宪法》《民法》和《刑法》;制定海域使用权管理条例,海域使用金征缴使用管理条例,军事用海管理条例。加强海域使用现状与权属调查,加强资料汇总和海域使用权登记造册工作,加强档案资料管理;建立海域使用统计与分析制度,加强海域使用管理信息系统和动态监测系统建设。

适应海域使用形势的发展,适时修编全国海洋功能区划,加强投资项目的统筹和引导。统筹安排好新增投资计划项目用海的规模和布局,优先保障涉海基础设施建设围填海用海。做好扩大内需相关项目的用海保障工作,加强对项目选址、海域使用论证、评审和审批等环节的服务和指导。

中国面积大于 500 平方米的岛屿有 6 961 个(不包括海南岛及台湾、香港、澳门诸岛),其中有居民海岛 430 多个,无居民海岛 6 500 多个;面积在 500 平方米以下的岛礁有上万个。海岛在国防建设、海洋权益维护和经济发展等方面,都有极其重要的价值。维护海岛主权、保护海岛资源环境、加强海岛综合管理意义重大。要制定和完善海岛开发保护法规和规划,加强海岛和跨海基础设施建设,促进海岛经济社会持续健康发展。加强中心岛屿涵养水源和风能、潮汐能电站建设,调整海岛渔业结构和布局,重点发展深水养殖,发展海岛休闲、观光和生态特色旅游,推广海水淡化利用,建立各类海岛及邻近海域自然保护区。对适宜开发的无人海岛,在科学论证的基础上,明确功能定位,选择合理开发利用方式,发展海岛特色经济。单位和个人可以按照规划开发利用无居民海岛。鼓励外资和社会资金参与无居民海岛的开发利用。

第五是构筑科技支撑体系。发展海洋科学技术与教育,增加对海洋自然规律的认知,增强海洋科技能力,提高海洋教育水平,增强全民族海洋意识,是建设海洋强国的重要战略措施，要重点支持和优先发展。实施科教兴海战略，加快建设海洋科技创新体系，提高海洋科技和教育实力，由海洋科技和教育大国转变为海洋科技和教育强国，支撑和引领海洋事业的现代化建设。海洋调查科研从近海走向深海远洋，形成海岸海洋学、上层海洋学、深层海洋学、南极海洋学、北极海洋学等海洋学体系，近海海洋科学研究达到领先水平，深海大洋研究进入世界先进行列。积极参与重大国际海洋科技计划，力争提出和主导新的国际海洋科技计划。大力发展海洋技术，形成海洋技术体系，重点发展海洋调查、监测与测量、遥感遥测、勘探开发、平台工程，深水运载与作业、材料和能源等领域的工程技术，实现关键领域的新突破，为海洋资源开发与保护利用提供技术支撑。建设和完善天空、海面、水体、海底观测系统，发展海洋预报系统，数字海洋信息系统，形成业务化海洋学体系，基本形成覆盖中国海和全球重要区域的环境保障服务能力，为海洋开发和战略利用提供保障服务。

第六是保护海洋生态环境。中国近海开发利用程度很高，生态环境和资源保护压力很大，部分海湾和沿海区域已经面临荒漠化的严重威胁，必须调整政策，遏制海洋环境污染恶化势头，实行经济发展与资源环境相协调的战略，实现海洋经济、海洋生态环境协调发展。

依据海洋生态承载能力规划海洋产业发展，突出重点海域主导功能的恢复与保护，实行分类指导、分级管理、分步实施、分区推进，即：对各类典型珍稀的海洋生态区域实行严格保护与生态涵养相结合的环境政策，强化海洋自然保护区建设和管理；对脆弱敏感的海洋生态区域实行限制开发与生态保护相结合的环境政策，抓紧建立海洋特别保护区；对已受损破坏的海洋生态环境实施生态建设与综合整治相结合的环境政策，积极开展典型海洋生态系统修复；对全海域的海洋生态环境实行综合管理与协调开发相结合的环境政策，推进基于生态系统的海洋管理。海洋环境管理要努力实现三个转变，即由单纯污染控制向污染控制与生态建设并重转变、由单纯环境管理向环境管理与服务同时转变、由被动应对生态破坏向主动预防和建设转变，综合运用法律、经济和行政手段，强化监督管理，推进生态执法，规范海岸带和海洋开发活动，从源头上扼制海洋生态破坏趋势。

以落实节能减排绩效指标为核心减少海洋环境污染，根据国家确定的二氧化硫、化学需氧量等主要污染物排放总量减少 10% 的目标要求，控制和减少向海洋排放污染物。运用综合手段完成节能减排任务，通过严格执行海洋功能区划、严把建设项目海洋环境影响评价等环节，严格控制主要污染物增量，实现环境影响评价、施工运营、污染物排放、后评估等全过程监管。发布落后淘汰海洋产业、工艺和设备目录，实行环境污染末位淘汰制度，实施海洋污染源超标排污限期治理制度，探索建立海洋环境认证制度，防止高污染、高耗能的淘汰产业向沿海转移。新建排海污水处理厂必须有脱氮、脱磷工艺，现有污水处理厂要创造条件提高脱氮、脱磷效率。综合防治船舶运输、海上油气勘探开发、海洋倾废和海水养殖造成的海洋环境污染。深化海洋污染物排海总量控制工作，综合考虑各地海洋环境质量状况、环境容量、排放基数、海洋经济发展水平和削减能力等，建立跨行政区域、跨部门的协调联动机制，实现对主要污染源的分配排放控制。

加快实施海洋保护区网络建设和海洋生态修复工程。对亟待保护的滨海湿地、红树林、海草床、珊瑚礁、河口、海湾、海岛等重要海洋生态系统分布区域，有目标、有重点、有计划地选划一批海洋自然保护区和特别保护区，迅速填补海洋生态保护的空白点，加快构建布局合理、规模适中、类型齐全、管理完善的海洋保护区体系。同时，切实提高已建海洋保护区的管理水平，建立健全规章制度，编制好保护区总体规划，做好执法监督工作，规范海洋保护区内开发项目管理，积极开展海洋监测、生态恢复和宣传教育，加强海洋保护区管理机构和队伍建设，加大对海洋保护区资金投入，开展保护区管理绩效评估。在典型海洋生态系统集中分布区、外来物种入侵区、海岛、气候变化影响敏感区等区域开展一批典型海洋生态修复工程，建立海洋生态建设示范区，因地制宜采取适当的人工措施，在较短的时间内实现生态系统服务功能的初步恢复。要积极开展生态养殖、建设生态浴场，构建滨海生态社区，恢复海洋生态服务功能和生物多样性的维护能力。

(九)准备经历漫长的蓝色航程

树立坚定的战略意志　和平与发展时代并不平静，建设海洋强国肯定会经历惊涛骇浪的考验，必须树立坚定的战略意志，像当年搞核工程那样，坚定不移走下去，直到成功。在中国建设海洋强国的过程中，“中国威胁论”“中国海上威胁论”等议论不会停止；规劝中国不要走向海洋、不要与强国争夺海上利益等威胁也不会停止；科技封锁、经济封锁等，也有可能发生。因此，我们要不怕议论，不怕威胁，不怕遏制，坚定不移地走下去。这也符合科学发展观。科学发展观的第一要义是发展，不发展最不科学。中国海洋事业在许多方面落后于发达国家，只有发展才能缩小差距，迎头赶上。我们要以发达国家的海洋科学技术、海洋开发利用、海洋生态环境保护、海洋管理的水平作为标杆，比他们发展快一点，逐步赶上他们，实现海洋领域的崛起。

国民海洋意识有待于提高 中国是世界上最早开发利用海洋的民族之一，2000年前，就形成过“历心于山海而国家富”的思想。但是，旧中国疏远过海洋，实行过海禁政策和闭关锁国政策，走过了曲折之路。在很长的历史时期，中国占统治地位的民族不是向海的民族，也没有倡导海洋的政府。民众的心理是安土乐业，治国思想就是大陆思想。客观原因是依靠陆地可以“安土乐业”，国家安全的威胁也主要来自西北。安土乐业心理与大陆思想，培育了黄土文化。黄土文化维系中华民族五千年，使中国成为多民族的大国。黄土文化的历史力量是举世无双的。但是，重陆轻海的思想对近代中国的发展产生过消极影响。这种思想至今仍有深刻影响，许多中国人至今海洋意识不强，影响中国在海洋世纪走向海洋。因此，增强全民族的海洋意识，宣传海洋文化，是提高民族素质和振兴海洋事业的重要任务。

综合国力有待于增强 国家大战略与综合国力有不可分割的内在联系。在历史上，决定大国兴衰的根本因素是综合国力。世界历史上的海洋强国也是当时综合国力强的国家。许多控制海洋很久的国家，最后衰落了，决定性因素也是综合国力衰落了。中国在很长的历史时期，综合国力落后于多个世界强国，即使国内生产总值超过日本，赶上美国，人均国内生产总值也远远低于几个世界强国。这是制约中国成为海洋强国的最基本因素。

应对霸权国家的遏制 我国的和平发展和实现民族伟大复兴，必然受到世界各海洋强国的挑战。首先是美国，它的国家大战略目标是永久维持美国的霸权地位，在海洋方向是控制两洋（太平洋、大西洋）、进驻两洲（欧洲、亚洲），遏制俄国和中国。美国正在实施亚太再平衡战略，调整全球驻军计划，加强围堵中国的大包围圈。长期以来，美国在亚太地区驻有10万军队，其在亚太地区的日本基地群、韩国基地群、澳大利亚/新西兰基地群、关岛基地群、夏威夷基地群等形成点线结合、纵深配置的军事基地体系，从海上方向对我构成了围堵和封锁态势。美国认为，中国在2015年以后将发展成与美并列的超级大国，是比俄罗斯更具有能力向美国进行全面挑战的潜在对手。因而，冷战后美国不断对中国以各种方式进行打压，遏制中国发展。在军事上，近几年美国进一步加紧针对我国的部署和行动：与日本联合研发和部署以中国为主要假想敌的战区导弹防御系统;扩建关岛基地,并加强海、空战略力量的部署;获取新加坡樟宜基地的使用权;在中国南海海域多次举行大规模的军事演习。最近,在欧洲相对“安定”、俄罗斯自顾不暇的情况下,美国正在把全球战略的重点向东亚转移,其矛头主要针对中国,把中国作为最主要的战略对手甚至作战对象。从现实看,美国对我的军事威胁主要集中在钓鱼岛、南海诸岛问题上,一旦我使用武力维护岛屿主权,美国进行军事干预或支援周边国家是不可避免的。美国对我国的威胁将是长期的、严重的。美国海军既是我解决台湾问题中现实的作战对象,又是未来中国海洋方向上的主要战略对手。

应对强邻的挑战。家有恶邻,寝食不安。在历史上,俄国和日本是侵略中国的恶邻,曾经侵略过和蚕食过中国。现在,这两个国家仍然是强国,是中国的强邻。日本是中国的永久大患(李鸿章)。近年来,日本明确把中国作为21世纪的主要作战对象。新的日美防卫合作矛头直接指向中国。近几年日本右翼势力抬头,否认侵华历史,干涉中国台湾和南海问题,成为21世纪中国必须十分警惕的主要潜在作战对象。

俄罗斯在亚太地区具有重要的战略利益,其太平洋舰队仍具有强大的实力,其未来的发展趋势值得关注。印度海军不仅在印度洋拥有优势,而且把其战略触角伸向南中国海,我们必须密切关注其今后的动向。

韩国正在实施海洋强国战略,建设蓝水海军。印度的海洋战略是控制印度洋,并东进南海。他们也对我国构成新的挑战。

第二十一章　海洋强国兴衰的经验和教训

在几千年的历史长河中,不同的时代有不同的海洋强国,一批强国兴起了,一批强国衰落了,他们成功的经验各不相同,衰落的原因千差万别。如果勉强归纳起来,基本认识可能是:走向海洋是世界强国的共同国家战略。细想起来,可能有一些粗线条的认识,例如,海洋强国是有能力利用海洋获得比较多的国家利益的国家;海洋强国是一个历史范畴,不同历史时代的海洋强国有不同的标准;海洋强国有兴有衰,没有永久不衰的海洋强国;国家统一和建立中央集权的政府,是成为海洋强国的政治条件;社会制度变革适应时代发展潮流的国家,才能成为海洋强国;国家大战略取向对于成为海洋强国是十分重要的,要想成为世界强国,必须确立走向海洋的国家战略;海洋强国必须有强大的海上力量;历史上的海洋强国都是伴随争霸战争和各种竞争发展起来的;海洋强国衰落的原因各不相同,社会制度落后是根本原因;穷兵黩武也是一些海洋强国衰落的重要原因;地理位置在建设海洋强国方面有双重作用;国民的海洋意识很重要;在陆权时代的世界强国,都是陆海兼备的国家,不是海洋强国;历史上称霸海洋的国家有葡萄牙、西班牙、荷兰、英国、美国、苏联。

关于中国的海洋战略,基本认识是,中国历史发展过程有三大海洋战略:清代中期之前是拓展海疆;近代史开始之后是保卫海防;改革开放之后是走向海洋。中国在强盛时期是陆海兼备强国,而不是海洋强国,只有郑和时代的短时间可以称为海洋强国。一个世界强国必须走向海洋。掠夺海外财富要走向海洋,海外殖民要走向海洋,获取海洋自然财富要走向海洋,进入全球经济体系要走向海洋,维护海洋权益要走向海洋,获得全球海洋利益要走向海洋。中国在21世界要实现民族复兴,也必须走向海洋。

一、海洋问题历来是国家的大战略问题

在几千年的世界历史上,绝大多数世界大国和强国,都与海洋有密切的关系。关于这个问题,很多名人有过经典论述,至今还被人们引用。例如2500年

前古希腊海洋学者狄米斯托克利的预言:谁控制了海洋,谁就控制了世界。这个预言后来被许多国家的政治家重复强调。15世纪英国雷莱爵士说:谁控制了海洋,谁就控制了世界贸易;谁控制了世界贸易,谁就可以控制了世界的财富,最后也就控制了世界本身。[①] 马汉从大量的历史事实中概括出一条结论:"所有帝国的兴衰,决定性的因素在于是否控制了海洋。"[②]马克思说:"对于一种地域性蚕食体制来说,陆地是足够的;对于一种世界性侵略体制来说,水域就成为不可缺少的了。"[③]这些论述都说明,海洋对世界各国的安全和发展,都具有战略意义。在世界历史上,一个国家要在世界上称霸、控制世界财富,必须走向海洋,必须垄断性利用海洋。许多国家选择了走向海洋的国家战略,这些国家就成为不同历史时期的世界强国。

奴隶制时代,人类征服和利用海洋的能力还很有限,海洋对于大多数国家是天然的安全隔离带,而对于少数强国是征服跨海地区的通道;海洋在人类生存和发展方面开始发挥作用,可以提供一部分实物和盐类。在封建社会时代的早期,出现过几个版图跨越地中海等海域的大帝国。海洋在国家安全方面的作用,与奴隶制时代没有太大的区别;海洋在生存和发展方面的作用差别也不大。奴隶制时代走向海洋的迦太基、罗马等国家,成为当时地中海地区的陆海强国。封建时代的奥斯曼帝国、阿拉伯帝国、拜占庭帝国等成为跨越欧、亚、非三大洲的陆海大帝国,中国成为亚洲的大帝国。

进入封建社会晚期,人类社会在欧洲开始向资本主义时代过渡,进入大航海时代,葡萄牙、西班牙、荷兰、英国等国成为海洋强国,他们有能力跨越海洋征服和占领落后的沿海地区,海洋成为这些强国占领殖民地的通道,落后国家已经不能利用海洋作为国家安全的天然隔离地带;海洋在生存和发展方面的作用也发生了重大变化,海洋成为全球通道,非洲人被殖民主义者利用海洋运往美洲和欧洲做奴隶,海洋强国利用海洋掠夺世界各地的财富,发展了世界性商业。

进入资本主义时代之后,海洋的作用更大了,在安全方面,海洋既是强敌入侵的通道,也是国防前哨;在生存和发展方面,海洋大通道的作用促进了经济全球化,少数列强利用海洋掠夺全世界的财富,全世界的落后国家都成为西方列

① 我在许多文章中看到过这段话,但未查过原文。
② 内森·米勒:《美国海军史》,卢如春译,北京,海洋出版社,1985年,第176页。
③ 马克思:《十八世纪外交史内幕》,北京,人民出版社,1979年,第80页。

强的侵略剥削对象。

帝国主义阶段,利用全球通道仍然是最突出的国家利益。对于帝国主义国家,海洋是他们争夺世界霸权的通道,发展世界性贸易的通道;对于落后国家,海洋是强国入侵的通道。后起的帝国主义国家为了重新瓜分世界,必然与老的海洋强国争夺海洋霸权。因此,马汉的海权论形成了,美国逐步走上海洋强国道路,德国、日本极力发展海上力量,他们与英国争夺海上霸权,目的是重新瓜分殖民地,占领更多的原料产地、销售市场、资本输出市场,由此引发了各种地区性战争和两次世界大战。

第二次世界大战之后,海洋在安全和发展方面的作用都发生了质的变化。在安全方面,海洋强国争夺海上霸权,威胁许多沿海国家的安全。在生存和发展方面,1945 年美国宣布大陆架制度之后,陆续形成了新的海洋区域制度,领海、专属经济区、大陆架、公海、国际海底制度形成,国家管辖海域向国土化方向发展,成为国家发展的新空间。20 世纪 50 年代以后,海洋交通运输业、海洋渔业、海盐业规模扩大了,海上油气资源开发、海洋空间资源利用、海洋能源利用等形成了新产业,海洋成为资源宝库,海洋经济成为世界经济的一个重要领域。这个时期利用海洋能力强的美国、苏联成为两个海洋霸权国家,英国、法国等继续保持海洋强国地位。

二、谋求国家利益是海洋战略的核心目标

关于什么是海洋强国,基本认识是:海洋强国是有能力利用海洋获得比较多的国家利益的国家。不同时代的任何国家,走向海洋,争夺海洋霸权,都是为了利用海洋,获得比其他国家更多的国家利益。这是世界各国海洋战略的核心。围绕这个核心,不同时期的海洋强国,采取不同的海洋战略。

自从国家产生到公元 5 世纪是奴隶制时代。这个时代世界强国走向海洋的战略目的是:跨过海洋建立早期殖民地;跨海经商;获取隔海陆地区域的财富。主要国家力量是陆军、海军和造船能力。主要手段是跨海作战,占领敌国的国土。

5—14 世纪为封建时代早中期,也称为中世纪。这个时期世界大国走向海洋的战略目的是:跨海扩张版图和建立跨海跨洲的大帝国;掠夺海外财富和经商致富。主要国家力量是陆军和海军。主要手段包括:利用强大的武装力量征服敌国,控制海上商道,跨海征服广大的地区。

15—16世纪是封建社会晚期。这个时期形成了一批海洋强国,他们走向海洋的战略目的是:探索海洋的奥秘;发现海外新大陆和占领海外殖民地;发展航海事业和世界性商业。主要国家力量已经不是以陆军为主的武装力量,而是以海军为主的国家海上力量。主要手段是利用武装探险船队、能够跨海作战的陆军和海军,组织大规模的海外探险,在海战中打败敌国的海军,利用武力控制海洋,占领殖民地。这是海权初步成为影响历史发展关键性因素的时代。

在资本主义时代,世界大国走向海洋的根本战略目的是利用海洋霸权进行资本原始积累,具体目的包括:扩大海外殖民地;发展航海事业;发展海洋科学;建立海上霸权;建立廉价原料产地、产品销售市场等。主要海上力量包括:近代造船业;以蒸汽铁甲舰为核心的近代海军。主要手段是:长期进行海上争霸战争,打败争霸对手和侵略沿海国家与落后地区。

进入帝国主义时代以后,后起的大国也要走向海洋,战略目的主要是:保卫和重新瓜分殖民地和势力范围。主要国家海上力量是:发达的船舶工业;强大的海军。主要手段是通过战争争夺海上霸权,重新划分势力范围,重新确立各大国的国际地位。

第二次世界大战之后的新海权时代,世界强国也都要走向海洋,战略利益更趋多元化,包括政治利益、经济利益、安全利益、科研利益等,例如:扩大管辖海域,拓展生存和发展空间;开发利用海洋资源,发展海洋经济;利用海洋通道,参与世界经济活动;利用海洋维护国家安全;发展海洋科学技术,获得海洋知识和技术能力等。主要国家海上力量包括:综合国力强;海洋软实力强;海洋开发利用能力强;海洋研究和保障能力强;海洋管理能力强;海洋防卫能力强等。实现国家海洋利益的手段多元化,包括:政治外交手段;经济手段;武力制海手段等。

三、海军始终是主要国家海上力量

一个国家选择走向海洋的战略,必须有强大的海上力量,这是走向海洋的先决条件。从古至今,国家海上力量的核心都是海军。关于海军在国家海上力量中的战略地位和作用,历史上有过很多典型的事例和著名言论。公元前5世纪,雅典的政治家和军事家伯里克利提出:雅典的根本战略就是发展海军,在一切可能控制的海域确立支配地位。“世界在你面前分成两部分,陆地和海洋,每部分对人类都是珍贵和有用的。海洋的任何地方都可受你支配,不单是你权力所及之处,也包括其他地方,只要你决心向前推进。驾驭你的海军前进吧!世界上没有任何力量,无论是波斯国王或任何其他民族,都不能阻止你的前进。"①

迦太基是一个很小的国家,能够从腓尼基的殖民地,发展成为经济比较发达的国家,建立强大的海军是关键。由于它有了强大海军,获得地中海制海权,就垄断了西地中海的贸易,成为西地中海地区海上强国。

罗马帝国在与先前强国争夺地中海霸权时,竭尽全力建设海军。罗马海军多次遭受严重挫折,船队一次次遭飓风袭击而沉没,但他们顽强地奋斗,几次重建海军。公元前243年,罗马人通过志愿贷款运动,又重新建造250艘战船。正是罗马人坚持建设强大海军,才使得它成为海陆力量兼备的强国,成为当时的世界强国。

葡萄牙依靠武装探险船队和海军,成为一个时代的海洋霸权国家。到16世纪初,西班牙已拥有商船1 000艘,航行于世界各大洋。为了保护商船队,西班牙建立了一支强大的舰队,在勒潘陀附近海战中大败土耳其舰队,赢得"无敌舰队"的称号。1581年吞并葡萄牙,实力更加强大。西班牙还凭借自己强大的舰队,掌握了欧洲与东方各国和美洲贸易的垄断权,成为海上霸主。

荷兰为了保护庞大的商船队,取得商业霸权,建立了一支强大的舰队。他们用这支舰队在太平洋打败葡萄牙舰队,在大西洋上打败西班牙舰队。荷兰利用强大的舰队封锁了英国同波罗的海沿岸各地的贸易,夺取了北海和英吉利海峡的制海权。到17世纪中期,荷兰在航海业和世界贸易方面达到极盛时期,取代了西班牙海上霸主的地位。

15世纪末,为了争夺海上霸权,英国在海盗的基础上建立了皇家海军,并在16世纪中期开始参与海上争霸斗争,1588年英国战胜了西班牙的无敌舰队,取得海上争霸斗争的初步胜利。17世纪中期,英国与荷兰发生了一系列海战,荷兰舰队被击败,英国的海上霸权初步确立。这个过程从1485年都铎王朝建立算起,时间长达170年。从1690年法国与英国海军在比奇赫德湾发生的海战算起,到1805年的特拉法加海战,共用115年,英国打败了法国海军,打破了拿破仑海上争霸之梦,最后确立了英国海上霸权。1805年到1914年第一次世界大战开始,英国的海上霸主地位保持了109年。英国争夺海上霸主地位,

① 2006年8月17日摘自互联网,《中国必须重新定位——控制海洋,才能真正崛起》。

建立日不落帝国,经历了300年的海上争霸战争,100年保持海上霸主地位的斗争。丘吉尔说过:“英国海军对我们来说是必须的,海军实力直接关系到英国本身的生死存亡,是我们生命的保证。”①

法国在路易十四时代,出现了一位重视海军建设的大臣柯尔培尔(1616—1683年)。他提出了建立谋利海军思想。他认为,商船是国家赚取财富的手,而海军则是手中的枪,这支枪保护着殖民地和商业利益。在他任职期间,法国组建了自己的海军,很快成为海上强国之一。1879年法国海军大臣表示:“法之战船,较欧洲各国战船,定列二等。乃各国尚且造头等大船,尽心船政,法若不加整顿,恐更居人后。凡国家能备战船多而且佳者,后必能掌大权,威行海外。”②

俄国沙皇彼得一世有一句名言:“任何一个统治者,如果只有陆军,他就只有一只手,如果他也有海军舰队,他就有两只手了。”③戈尔什科夫倡导大海军主义,他认为:“海军的强大是促进某些国家进入强国行列的诸因素之一。历史证明,如果没有海上军事力量,任何国家都不能长期成为强国。一个沿海国家,它如果没有与它在世界上的作用相适应的一支舰队,就表明这个国家在经济上是相对地薄弱的。”海军的重要性不仅在于它是战时达到武装斗争的政治目的的强大手段,而且在于在和平时期它“可以用来显示一个国家的经济实力和军事实力”。在现代条件下,海军由于其打击力量的增长,“已成为最重要的战略因素之一,它能直接作用于敌集团军和敌国领土上极为重要的目标,从而给予战争进程以非常大的,有时甚至是决定性的影响”。苏联是一个大陆国家,但也是一个濒海国家,苏联必须拥有强大海军。④2006年,莫斯科一位名为库兹涅耶夫的军事专家向记者指出:俄总统普京在一次政府工作会议上曾强调指出,“俄罗斯急需建设一支强大的海军部队,以满足国家利益发展的需要。如果放弃海军的建设,俄罗斯将在国际舞台上失去发言权。我们要充分认识到海军在国防系统中的重要作用,我们要使海军彻底结束和摆脱目前的不幸局面”。俄罗斯要想走军事强国之路,必须依托海军和战略火箭军。俄罗斯是世

①④ 丁一平,等:《世界海军史》,北京,海潮出版社,2000年,第667、681页。

② 皮明勇,宫玉振:《世界现代前期军事史》,北京,中国国际广播出版社,1996年,第23页。

③ [苏]尼·伊·帕夫连科:《彼得大帝传》,北京,生活·读书·新知三联书店,1986年,第116页。

界上地域最辽阔的国家,濒临北冰洋、太平洋、波罗的海、黑海、里海等13个海,如此大的海域需要有一支强大的海军来守卫。俄罗斯前科技工业部部长伊·克列班诺夫对记者说:"从今以后,海军问题将成为整个俄联邦的问题,而不再仅仅是一个国防部的问题。"俄国防部长伊万诺夫指出:"俄罗斯过去、现在和将来永远都是海军大国。俄罗斯海军军旗将一如既往地飘扬在世界海洋上。"新闻界评论认为,这说明奉行"海军主义"的海军元帅库罗耶多夫,在竞争中成功地占了上风。①

德国统一之后也十分重视建设强大海军。威廉二世说,"一支强大的舰队对于我们来说极端重要""帝国的力量意味着海上力量"。比洛首相声称:"与我国历史上任何时候相比,海洋已成为国家生活中一个更加需要的因素……它已成为一条生死攸关的神经,如果我们不想让一个蒸蒸日上的、充满青春活力的民族变成一个老气横秋的衰朽民族,我们就不能允许这条神经被割断。"德意志帝国还以"舰队法"的形式,确定了加强海军建设的重大问题。②

国家海上力量(海权)的概念是马汉提出的。在马汉的海权论中,建设世界一流海军、夺取制海权是核心。马汉的海权论被美国政府所接受,1890年美国国会通过了海军法,从此进入了建设全球海军的时代,并逐步成为世界海洋的霸权国家。

中国清代也有人从战略高度重视海军的作用。胡燏棻提出:"凡地球近海之邦,苟非海军强盛,万无立国之理。"中国必须重振海军以图恢复。③

四、制海权是走向海洋的关键因素

制海权概念 传统的制海权就是海战时对一定海区的控制权,目的是确保己方兵力海上行动的自由,剥夺敌方兵力海上行动的自由;保护己方海上交通运输的安全,阻止敌方的海上交通运输,亦即使该海洋区域为己所用而不为敌所用。根据控制海洋区域的目的、范围和持续时间,分为战略制海权、战役制海权和战术制海权。制海权不是绝对的,在优势一方取得总的制海权的情况下,

---

① 2006年8月21日摘自2004年3月23日舰船知识网络版。
② 张世平:《史鉴大略》,北京,军事科学出版社,2005年,第269页。
③ 丁守和:《中国历代奏议大典4》,哈尔滨,哈尔滨出版社,1994年,第766页。

劣势一方也可能在一定的时间内对局部海区取得制海权。在现代条件下,夺取和保持制海权还包括夺取海域上空的制空权,并要综合使用各种作战兵力兵器和多种作战样式才能达到。

马汉的制海权思想 马汉认为海战的首要目标是夺取制海权。夺取制海权的三条作战原则是:集中优势兵力;占领战略位置和基地;通过用来协调行动的有效交通线进行攻势作战和内线作战。夺取制海权的目的是把敌国海军和商船逐出海洋,保护己方交通线畅通无阻和阻止敌人通过。夺取制海权的方式有两种:一是进行舰队决战;二是封锁敌方海岸,将敌舰队封锁在港内,阻止其发挥作用。

科贝特的发展 比马汉稍晚的海军战略家科贝特,发展了制海权理论。科贝特认为,制海权思想的准确定义是控制共同的交通线。海战的目标就是控制交通线,公海无法占领和统治、又不能供养部队,它对国计民生的唯一积极价值在于提供交通便利。打击一个濒海国家的国计民生的最有效方法就是不让它得到海上贸易资源。控制交通线,可分为全面与局部控制,永久或暂时控制。全面控制只能通过舰队决战,这通常是优势舰队的做法;局部控制可通过部分成功行动,通过阻止敌人使用一个特定区域,劣势舰队也可采用这种办法。

海上控制 "海上控制"一词是美国海军 1972 年提出的,用以区别"制海权"一词。20 世纪 70 年代以前,美国海军以强大优势独霸世界海洋,获得了全面制海权。70 年代以后,苏联海军崛起,一些小海军国家也能在近岸海域对美国舰队构成威胁,美国的海上霸权受到了挑战。使海洋完全为己所用而不为敌所用的全面制海权已一去不复返。现在的"海上控制"是在有限的时间和空间内,对一个特定的作战海区进行空中、水面、水下控制。这就是海上控制的含义。在这种思想指导下,美国海军部 1986 年 2 月制定了控制世界上 16 个海上咽喉航道的计划。世界上有上千个大小海峡,有航运价值的海峡 130 余个。美国海军宣布要控制的这 16 个海峡,是其中最具有战略意义的海上通道。控制了它们,就控制了世界上连接几个大洋的海上交通线。这些航线不但是环球贸易航线,也是军事补给通道。美国海军认为,只要使用少量的兵力在盟国海军的配合下控制几个重要海峡,就可以有效地达成控制海洋的目的。[①]

---

① 参考美国海军战略与作战思想,aikanshu. com/books/7466/206336. htm,2005 - 08 - 16。

目前，美国承认中国正在崛起，但是，警告中国不要走向海洋，日本也要阻止中国走向海洋。这里的走向海洋，实际上就是获得制海权。没有制海权就难以真正走向海洋。因此，后来崛起的国家，必须采取措施解决制海权和冲破海上控制的问题。在今后的一个很长时期，美国的海上力量仍然是难于战胜的，任何国家要采取舰队决战的办法从海上霸权国家手中夺取全球制海权，冲破美国的"海上控制"，都是不可能的。但是，具有一定海上作战能力的国家，在局部海域，有限时间内，取得相对优势，形成海上霸权国家难以承受的威慑，是有可能的。

五、海洋强国兴衰的决定性因素是综合国力

国家大战略与综合国力有不可分割的内在联系。第一，综合国力是实现大战略目标的手段。西方研究者关于大战略或国家战略的定义表明，他们确信实现大战略目标，即使仅仅是国家安全目标，也不能单纯依靠军事力量，而必须依靠军事力量与其他多种非军事力量的结合使用。他们通常至少列举政治、经济、军事、心理四种最具代表性的因素。第二，综合国力也是大战略目标体系的组成部分。例如，指导国家长远发展的总体战略就包含着增强综合国力的内容，从这个意义来说，增强综合国力就成了奋斗目标。

在历史上，决定大国兴衰的根本因素是综合国力。世界历史上的海洋强国也是当时综合国力强的国家。许多控制海洋很久的国家，最后衰落了，决定性因素也是综合国力衰落了。综合国力研究由许多因素组成，不同的历史时期，综合国力因素是不同的。

美国军事理论家阿弗雷德·塞耶·马汉是西方对国力进行定性分析研究的主要代表人物之一，也是从古典国力观向近代国力观过渡的承前启后的代表人物。他在《海权对历史的影响》一书中，明确阐述了通过控制海洋成为世界强国的思想，并提出了掌握制海权必须具备的六个条件，即地理位置、领土结构、自然疆域、人口数量、国民习性、政府制度。这些因素实际上也是综合国力的体现。现代的综合国力研究，提出的国力要素更多一些，包括资源承载能力、经济活动能力、对外经济活动能力、科技能力、社会发展程度、军事能力、政府调控能力、外交能力等，这些因素都是国家支持海洋事业发展的总体能力。

在西方政治学研究中，有一个"国际政治长波理论"，断言大约每100年国际体系中的大国霸权地位发生一次根本性的转移，原先处于顶峰地位的大国渐

趋衰落,最终被另一个新的大国所取代,直至下一个百年周期。近500年世界历史上发生的每一次权力大转移都伴随着"全球性战争",只有核时代美苏争霸是例外。这些霸权主义大国从顶峰衰落甚至覆灭,决定性的原因在国内,在于综合国力的下降,通常是由于统治集团腐败、穷兵黩武,锐意征伐、扩张过度,浪费国力,激化国内阶级矛盾、民族矛盾和统治集团内部矛盾,内乱频仍,以致给外敌以可乘之机。

六、建设海洋强国必须有坚实的政治经济基础

国家统一是必须的政治条件 国家统一和建立强有力的政府,是成为海洋强国的政治条件。古希腊、古罗马、波斯帝国,中世纪的奥斯曼帝国、阿拉伯帝国和中国,14—17世纪的葡萄牙、西班牙、荷兰和英国,19世纪的德国和俄国,都是在国家实现统一,建立了中央集权的政权之后,动员全国的资源和力量,参与争霸海洋的斗争,并取得胜利,才成为海洋强国。

社会制度变革能力是重要前提 社会制度变革适应时代发展潮流的国家,才能成为海洋强国。公元前的一两千年,在世界文明发展快的地区进入了奴隶制社会,成为海洋强国的古罗马、波斯帝国、中国等国家,都是最先建立奴隶制的国家;人类社会开始进入封建时代的时候,成为强国的阿拉伯帝国、奥斯曼帝国和中国等,都是较早建立封建社会的帝国;在封建社会向资本主义社会过渡的时期,荷兰和英国是最先形成资本主义社会形态和建立资本主义社会制度的国家;在自由资本主义向帝国主义过渡时期,保持海洋强国地位的英国,新挤入海洋强国阵营的德国,都是最先建立垄断资本主义制度的国家;美国在建国不久就形成了民主制度的理论和国家政体,为其长治久安奠定了政治基础;明治维新使日本开始了崛起的历程。

确立走向海洋的大战略十分重要 一个国家能不能成为海洋强国,是国家大战略问题。国家的最高决策层确立建设海洋强国的战略,最高领导人立志成为海洋强国,也是成为海洋强国的政治决策条件。葡萄牙从国王阿丰索三世开始,历代国王都非常重视航海事业的发展,把它作为传统的国策。他们开放王室森林,以大量优质木材供应造船,发展造船业,奖励优秀造船官和工人,重视任用优秀的航海人才,任命一个热那亚人为世袭海军司令,招揽热那亚水手,把他们培养成为海员,到15世纪后期成为海洋强国。英国在1640年资产阶级革命之后,确立了走向海洋的国家战略,出了一个立志成为海上霸权的克伦威尔。

英国政府在克伦威尔统治下,一直坚持不懈地发展海军。英国海军遍布于世界各地。克伦威尔死后,查尔斯二世登上了其父的王位。这位国王仍然对政府的海洋政策忠心耿耿。查尔斯下决心要"控制海洋",他说,"这是英格兰的传统"。查尔斯的继任者詹姆斯二世本人有海员背景,指挥过两次大规模的海上战役,他继续发展海军。到19世纪,英国成为世界工业中心、世界造船厂、世界商人、世界搬运夫,拥有世界最强大的海军,这五大优势确立了英国的世界海洋强国地位。俄罗斯出了一个彼得大帝,下决心建设了强大的陆军和海军,使沙皇有了两只手,在俄罗斯大陆的四周打开出海口,最终成为世界级海洋强国,这也是一个十分典型的例子。

经济技术发达是海洋强国的坚实基础　15世纪世界新航路开辟后,英国成了国际贸易的中心,海外贸易不断扩大。海外贸易和殖民掠夺攒取的巨额财富,加速了资本的原始积累,刺激了英国资本主义的发展,也为资产阶级革命奠定了基础。18世纪中期在英国爆发了技术革命,新技术的出现带动了新产业的建立,英国建成了纺织业、采矿冶金、机器制造和交通运输为核心的产业结构。工业革命带来了经济大发展,使英国经济在当时的世界上占据绝对优势。英国已经成为世界经济强国。这就为其长期保持海洋霸主地位奠定了经济技术基础。

美国取代英国成为世界海洋霸权国家,也与其坚实的经济和技术条件密切相关。南北战争后,美国扫除了资本主义发展的障碍,工业进入迅猛发展的新时期。第一次世界大战前,美国的工业生产总值就已居世界的首位,黄金储备在1913年超过英、法、德三国的总和。战争期间美国又大发横财,它的实力更为雄厚了。整个第一次世界大战期间,美国的工业生产总值大幅度增长,对外贸易几乎增长了三倍,从1914年到1919年,美国资本输出132亿美元,由战前的债务国跃而成为头号债权国,战争结束时,世界40%以上的黄金储备都集中到了美国,它取代英国成了世界经济的中心。第二次世界大战之后直到今天,美国的经济和技术能力一直保持世界领先的地位,这是它保持海洋霸权地位的坚实物质基础。

七、四个海洋霸权国家的历史影响

在世界历史上,地理大发现时代以前是陆权时代,没有产生依赖海权称霸世界的国家。自从海权时代开始以来,产生过四个海洋霸权国家,15—16世纪的葡萄牙和西班牙,17—19世纪的英国,20世纪的美国。这四个海洋霸权国家产生在不同的时代,他们利用海洋对世界造成的影响也有很大的不同。

葡萄牙和西班牙是同时成长起来的海洋强国。15世纪末,伊比利亚半岛上的西班牙和葡萄牙,完成了国家统一,建立了中央集权的政治制度,成为探索新航路和进行殖民掠夺的先锋,并形成了瓜分世界海洋的两个强国。西班牙几乎独占整个美洲,葡萄牙称霸印度洋,势力范围主要在亚洲和非洲广大地区。这是世界上第一次瓜分海洋和殖民地。他们控制海洋的主要目的是掠夺美洲、非洲、亚洲的金银财宝,垄断海上贸易,贩卖奴隶等,很少进行开发建设,对美洲、非洲和亚洲的社会发展很少有促进作用。

英国则不同了。英国在自己进入资本主义社会之后,利用海洋征服全世界,在世界各大洲占领殖民地,建立日不落大帝国;他们在殖民地掠夺金银财宝,掠夺奴隶,这与葡萄牙和西班牙是一样的。同时,他们还开发殖民地,在殖民地建立资本主义的生产方式,发展商业和贸易,殖民地成为他们的原料产地、产品销售市场、资本输出市场,在一定程度上把原始状态的地区带入近代社会,带进世界市场,这是有一定进步作用的。

美国称霸海洋是在20世纪,时代变了,美国的称霸方式和影响也变了。美国作为新海权时代的海上霸主,有几个不同的特点:①仍然采取控制海洋的战略。美国在世界各地建立许多军事基地,控制世界16个海上咽喉点,利用强大的海上力量称霸世界,这与老牌海洋霸权国家西班牙、英国在本质上是没有区别的。②用强大的海上力量压制其他海洋强国,通过建立广泛的联盟,维持自己的霸权地位,20世纪90年代以前与西方全部强国结盟,压制苏联。但是,美国没有在世界各地建立旧式殖民地,没有成为日不落帝国。③20世纪90年代以后,美国的海军战略由大洋战略调整为近海战略,利用海洋干涉其他国家内政,发动了海湾战争、科索沃战争、伊拉克战争,企图通过战争改变这些地区的局势,建立美国民主模式的亲美政府;但是,他们仍然没有建立旧式殖民地国家。④美国称霸海洋的时代是世界经济一体化的时代,美国没有利用海洋建立掠夺式原料产地、商品销售市场和资本输出市场,而是大体依据平等的原则,维持公平的世界贸易环境。在这种形势下,有能力的国家可以不受或少受美国的掠夺,相反,可以从中寻找发展的机遇。中国的海上实力无法与美国相比,不能与美国争夺海洋的控制权。但是,中国在20世纪的后期发展起来了。印度、巴西等许多发展中国家,也是在这种形势下发展起来的。

八、海洋强国衰落有深刻的社会政治经济原因

海洋强国也如其他万事万物一样，有生有灭，这是至今为止的历史证明的历史结论。历史上的任何一个海洋强国，无一例外都想永久保持自己的强国地位，但是，自奴隶制时代至今，无论是地中海地区的海洋强国，还是从大西洋沿海、太平洋地区走向海洋的世界海洋强国，没有一个能够保持千年以上。英国自15世纪开始成为海洋强国，至今500多年了，其中有一百多年是世界海洋霸权国家，这算是很长时间了。英国在两次世界大战之后开始衰落，丧失海洋霸主地位。现在的英国仍然处在海洋强国的队伍之中，是次于美国、俄罗斯的二流海洋强国，预计这种地位还会保持一个比较长的时期。其他海洋强国再没有寿命这样长的了。这至少可以说明，任何一个国家都不可能永远是唯一的海洋霸主。这其中的原因是很复杂的，有这些国家自己的内在原因，也有世界发展的外在原因。

社会制度落后是根本原因之一　以社会发展形态为线索，研究世界海洋强国的兴衰规律，各个历史时期兴起的海洋强国，都是与时代发展潮流一致的；落后于时代发展潮流的国家，很难成为时代强国，成为海洋强国。西班牙成为海洋强国之后，未能适应欧洲开始发展资本主义的时代发展潮流，严格控制航海、海外贸易、呢绒生产的一切环节，一般商人无法参加这些经济活动，阻碍了经济发展；朝廷实行的高税收政策，也损害工商业者的利益，扼杀了新生的工业发展。这就使西班牙落后于资本主义产生时期的发展潮流，逐步落后于时代，最终走向衰落。

俄罗斯的衰落也与社会制度变革落后于时代有关。到19世纪中期，俄国还是一个封建农奴制度国家，社会制度落后于西方资本主义制度。沙皇政府未能及时变革社会制度，结果，农奴制成为资本主义发展的桎梏，生产力和生产关系发生严重冲突，阶级矛盾也日益尖锐，于是农民揭竿起义反抗农奴制，军队中不断发生骚动，最终导致十月革命。

中国的衰落也是一个典型例子。中国在明代中期以前是世界大国和强国。但是，世界进入资本主义时代之后，中国还坚持封建的社会制度，与当时世界潮流背道而驰。社会制度落后，必然制约经济发展、科技进步、国力增强，成为全面落后的国家。清咸丰八年（1858年），马克思在谈第二次鸦片战争时说：“一个人口几乎占人类三分之一的幅员广大的帝国，不顾时势，仍然安于现状，由于

被强力排斥于世界联系之外而孤立无依，因而竭力以天朝尽善尽美的幻象来欺骗自己，这样一个帝国终于要在这样一场殊死的决斗中死去。”①

分裂和战乱必然导致衰落 例如，希腊人没有建成最强大的海上帝国，主要原因是希腊半岛内各民族分裂为独立的小城邦——雅典、斯巴达、科林斯、底比斯等，相互之间经常争执不休。没有一个城邦最终统一全希腊，形成大帝国。另外，希腊长期处于战乱状态，犹如中国的春秋战国时期，社会和经济日渐衰落。波斯帝国的衰落也与此有关。波希战争结束之后，国王和军队严重腐败，被征服民族未被波斯民族融合，以及遭受外部强敌的进攻，最终衰落了。

国防开支过大是大国衰落的重要原因 例如，西班牙衰落的直接原因是长期战争，西班牙没有建立支持长期战争的经济基础，战争费用过大，借债应付战争，造成难以维持的后果，最后走向衰落。第二次世界大战期间，日本实行穷兵黩武政策，军事开支占政府财政收入的85%，全国80%以上的劳动力从军或从事军工生产。侵略战争严重破坏了日本的经济。1945年日本的粮食产量仅为1937年的一半，供应紧张，物价飞涨。1944年12月，日本的主要食品价格比1938年同期上涨21倍。冷战时期，苏联为了争夺世界霸权，与美国展开了一场大规模的军备竞赛，每年把预算开支的25%左右用于国防，这是必然要出问题的。苏联把主要人力和财力用于军事领域，拖垮了经济。

有些海上强国衰落是外部出现后起的强国 这方面的例子很多，如：荷兰从海上霸主地位衰落下来，就同英国和法国两个强国的兴起有关。17世纪中期英国资产阶级革命取得胜利，成为最有力量争霸海洋的国家，它不容许荷兰独霸海洋，向荷兰发起了挑战，英国与荷兰之间发生了三次英荷战争，荷兰因此丧失了海上贸易垄断地位和海上霸权，降为二等国家。从17世纪60年代末起，荷兰遭到了法国的陆上威胁。荷兰将大量资金用于军费支出，结果战争债务螺旋上升，削弱了国家商业的长期竞争能力。荷兰人要将国防支出的3/4用于陆军，因而忽视了海军的发展，海外贸易形势也越来越严峻。后来，荷兰又卷入英国与法国的争霸斗争，在一场既无法避免又无法利用的国际争夺中，丧失了殖民地和海外贸易。②

大英帝国的衰落也与更强大的国家兴起有关。英国没有被打败，也没有严

① 马克思：《鸦片贸易史》，见《马克思恩格斯选集》，第二卷，第137页。

② 肯尼迪·保罗：《大国的兴衰》，梁于华译，北京，世界知识出版社，1990年，第109页。

重衰落。但是,它的确走下坡路了。第一次世界大战时,美国和德国的经济实力就赶上英国。第二次世界大战使英国的经济实力进一步下降。1938 年时英国的净债权是 216 亿美元,战后英国则不得不出售 65 亿美元的长期投资债权,同时还向美国、加拿大等国借债 71 亿美元,在美元成为国际硬通货的情况下,英国经济已完全受制于美国。[①] 丘吉尔在出席雅尔塔会议时说:"我的一边坐着巨大的俄国熊,另一边坐着巨大的北美野牛,中间坐着的是一头可怜的英国小毛驴。"[②]

九、后来崛起的海洋强国的某些经验

争霸战争是崛起的基本办法　在海洋强国兴衰的历史过程中,后来崛起大国积累了许多经验。例如:罗马走上帝国之路的第一个障碍,是当时西部地中海地区的强国迦太基。罗马人下决心建立强大的海军,然后经过上百年的陆上战争和海上战争,取得西地中海地区强国地位和海上强国地位。[③] 葡萄牙成为一个时期的海洋强国,是在长期与阿拉伯人的战争中,锻炼出一支强大的舰队,他们的船舰上都配有当时比较先进的武器,最后才征服了印度,战胜了印度、埃及联军,使印、埃联盟瓦解。荷兰的崛起,是使用强大的武装力量,打败了葡萄牙和西班牙的舰队,取代了西班牙海上霸主的地位,成为世界商业霸主,称霸海上。英国的崛起,更是经过长期的争霸战争,首先是打败西班牙的无敌舰队,然后是打败海上马车夫荷兰,之后再与法国进行长达百年的战争,最终稳定了海上霸主地位。

后来崛起国家争夺海上霸权有巨大风险　争夺海洋强国的竞争历来都是很激烈的,后起崛起的国家面临很大的风险。德国的衰落有多种原因。其中,德国崛起比较晚,受到强国的遏制是重要原因之一。德国的战略决策缺乏整体考虑,海军想着同英国的战争,陆军计划如何消灭法国,金融家和商人希望打入巴尔干、土耳其和近东,并在此过程中消除俄国的影响。战略上树敌过多,德国要向世界上一切国家挑战,这是决策的重大失误。另外,德国在推行"新世界政策"的时候,国内政治分歧严重。如果它在国际对抗中退却下来,德国民族主义者就会谩骂和谴责皇帝和他的助手;如果参加一场战争,很难被广大工人、

①② 张世平:《史鉴大略》,北京,军事科学出版社,2005 年,第 255 页。
③ 于贵信:《古代罗马史》,长春,吉林大学出版社,1988 年,第 90 - 95 页。

士兵和水兵群众接受。这些弱点影响德国打一场旷日持久的“总体”战的能力。

美国的特殊经验 美国能够成功崛起,有许多特殊原因:一是它占着优越的地理位置和拥有丰富的自然资源。美国远离欧洲大陆,它的邻国都是弱国,又有两大洋环绕着,在地理上处于最安全的地位,南北战争后,美国本土未受过战争的破坏。同时,它的国土辽阔,有丰富的矿藏、水力和森林资源。这些都是国家发展的有利自然地理条件,在美国实行世界霸权战略之前,它不需要长期保持很大规模的军队,军费开支比较低。二是移民国家的独特优势。它摄取了较高的欧洲文明和生产力,并以世界范围内的商品经济发展作为动力,美国是一个向全世界开放的国家,也能从全世界吸取精华。三是两次世界大战的机遇。世界大战使许多国家遭受严重的战争破坏,而美国却在战争期间获得了大发展。第一次世界大战前,美国的工业生产总值就已居世界的首位,黄金储备在1913年超过英、法、德三国的总和。战争期间美国又大发横财,它的实力更为雄厚了。战争期间,美国参战较晚、损失最小,收获却是最大。战争结束时,世界40%以上的黄金储备都集中到了美国,它取代英国成了世界经济的中心,并且已经成为军事大国。在第二次世界大战中,美国海军实力的快速发展未受到海军强国英国的遏制,急剧膨胀,迅速成为第一海军强国。这是很难得的机遇。

国家大战略失误是日本失败的原因之一 日本民族是一个有武士道精神,有治理国家干将,但是没有为历史负责的战略家。日本崛起之后确立的大陆政策和建立大东亚共荣圈的战略目标,作为国家大战略,是一个违背历史发展潮流和客观规律的战略错误。实现这样的大战略就要征服中国、朝鲜、整个亚洲,打败美国,称霸太平洋,甚至称霸世界。这是一个日本人永远也无法实现的梦想。与美国争夺太平洋霸权,这也是一个必然失败的战略错误。美国也不允许日本完全吞并中国,不允许日本霸占东南亚地区,不允许日本称霸太平洋。日本人不知天高地厚,下决心与美国争高低,要求美国不限制贸易、承认日本对中国的侵略等。这就必然激化日本与美国的矛盾,因此,在战争期间进行的谈判失败之后,美国、英国、荷兰、加拿大、新西兰等国对日本采取了更加严厉的经济制裁措施。日本认为,上述国家对日本的经济战已宣战了。在这种认识之下,日本偷袭了珍珠港。结果,把美国、英国、法国、澳大利亚、新西兰、加拿大、苏联等20多个国家都推到了对日宣战的境地。最后,日本人被美国打败,明治维新之后取得的“一等国家”地位,一夜之间成为泡影。

十、建立海洋事务协调协作体制机制

现代海洋工作涉及领域多,分管部门多,政府投资多,涉外事务多,最需要建立协调协作体制机制,提高效率和效益。美国、英国、俄罗斯和日本,创造了海洋事务协调协作体制和机制,提供了一些新经验,值得研究借鉴。第一,专门立法建立协调机构:英国2009年11月12日由王室批准《英国海洋法》,该法规定建立英国“海洋管理组织”,全面负责组织协调英国的海洋事务;2001年9月1日,俄罗斯联邦批准第662号政府决议,批准成立了联邦政府海洋委员会;日本2007年依据《海洋基本法》建立了“综合海洋政策本部”;美国2010年7月19日,奥巴马总统发布了国家海洋政策的行政命令,设立了包括27个涉海部门的国家海洋委员会。第二,协调机构的职责范围都很广,凡是跨部门的涉海事务均列在协调协作范围,例如俄罗斯海洋委员会的职责包括:确定联邦在海洋领域的优先事项;协调联邦相关机构、科学研究单位、非政府组织的涉海工作;研究和准备关于海洋方面的政策建议,包括产业调整,海洋环境保护,海洋工作经费估算,国际海洋协议的协调,海洋政策的执行情况评估;协调联邦各机构执行总统和政府发布的涉海法律法令,研究和发展俄国在世界海洋领域的事务,海洋利用和自然环境保护;国外海洋工作项目的管理,包括军事技术和经济方向的工作,海外劳动力、财产和设施的合理利用;海洋信息支持等。第三,协调机构有职有权,分工精细具体,例如美国,2013年公布了海洋委员会制定的海洋政策实施计划,把需要协调协作的事务分解成为40多个具体事项,每个事项列出2013—2017年的年度计划,每项任务落实参与部门,例如,北极地区通信系统建设2014年任务,由国防部、海岸警备队、国家海洋大气局、运输部负责,非常具体明确。

中国是涉海部门多的大国,也应建立涉海事务联席会机制、涉海部门协商协作机制、执法队伍协作执法机制,解决不同部门涉海政策协调、重大项目协作、行政资源节约和共享问题。具体办法包括:建立国务院分管领导主持海洋事务委员会,负责议论综合性国家海洋发展战略、政策和规划,协调跨部门的重大海洋事务,通报各部门涉海规划和重大行动计划,交流相关信息等;建立涉海部门协商协作机制,形成涉海政策和法律法规的密切衔接,重大海洋专项协作谋划和执行,成果与信息共享等。

十一、21 世纪美国仍然是世界第一的海洋强国

优越的海洋自然条件 美国毗邻大西洋、太平洋、五大湖及墨西哥湾,包括阿拉斯加、夏威夷、大西洋的四个群岛和太平洋的九个群岛,共有 22 680 千米海岸线,17 500 千米的湖岸线,全国 39 个州属于沿岸州,专属经济区面积 762 万平方千米,具有发展海洋事业的天然优越条件。

对海洋战略作用的深刻认识 20 世纪 70 年代以后,美国对海洋的认识发生了新的变化。过去认为海洋是交通的公共通道,隐蔽战略武器的基地,都是海洋的间接作用。1966 年美国总统批准的《我国与海洋》报告,对海洋在国家安全中的作用、海洋资源对经济发展的贡献、保护海洋环境和资源的重要性,做了深入研究,形成了海洋本身也是资源宝库的思想。在 2004 年制定的海洋政策中,再一次重新评估了海洋的作用和价值,提出了海洋是可持续发展的宝贵财富的思想。①海洋是地球和全部生命的支持系统。它控制、支配天气和气候,为我们提供食物、运输通道、娱乐的机会、药物和其他自然产物,海洋也是国家安全的缓冲器。②"美国是海洋国家""美国的专属经济区扩展到 200 海里近海,包括多种多样的生态系统,大量的自然资源,例如渔业、能源和其他矿产资源。美国有 13 000 英里的海岸线,340 万平方海里的海域,它比陆地 50 个州的面积还大。美国的专属经济区在世界上是最大的"。美国有 1.4 亿人口居住在离海岸 50 英里的沿海地区,预计 2025 年将有 75% 的美国人居住在沿海地区。③海洋在经济可持续发展中有巨大贡献:95% 的外贸进出口物资通过海上运输;海洋产业(包括沿岸陆域渔业)增加值超过 1 万亿美元,占全国 GDP 的 10%(包括沿海县在内则达到 4.5 万亿美元,对美国 GDP 的贡献达到 50%);1 300 万美国人在涉海产业就业;每年有 1.89 亿美国人到沿海地区旅游。[①]美国的经济发展是离不开海洋的。

强大的综合国力基础 第二次世界大战之后,美国的综合国力一直排在世界第一位,到 2020 年,也没有一个国家的综合国力能够与美国相比,美国支持发展海洋事业的能力是世界上最强的,这是美国长期保持海洋霸主地位的牢固基础。

谋求世界霸权的国家大战略。美国人很早就在谋划建立世界霸业。1941

① The report of U S commission Ocean Policy 2004, 第 3 页。

年年初,美国《时代》《生活》杂志的老板亨利·卢斯在《美国世纪》一文中狂妄声称:“20 世纪是美国的世纪”“这是美国作为世界统治力量出现的第一个世纪”,美国的主要目标“就是建立美国的世界统治地位”,美国应该“全心全意地接受我们作为世界上最强大、最重要的国家的责任和机会,并从而为我们认为合适的那种路标,用我们认为合适的那种手段,对世界施加我们力量的充分影响”。美国总统罗斯福构筑了一幅以美国为中心的世界蓝图。这就是以美国为领导,以美国的价值观为核心,以美国的政治和经济模式为榜样,通过建立联合国、国际货币基金组织,确定新的国际行为准则,最大限度地实现美国的价值和利益。①

冷战时期的海军战略 冷战时期是美国和苏联两霸称霸世界的时代,也是他们称霸海洋的时代。20 世纪 50 年代初,通过签订各种条约和双边军事协定,美国在世界上已有军事基地 152 个,加上辅助基地、机场、军港及其他军事设施,多达 2 000 多处。海外驻军总数达到 58 万余人,许多国家实际上已处于它的军事占领之下。此后,美国一直把谋求世界霸权作为国家的基本战略,也实现了这个战略,成为世界霸权国家。冷战时期美国海军始终站在遏制战略的最前沿,执行“显示力量”“战略威慑”“海上控制”“兵力投送”四大任务,并按这四大任务要求,积极发展建设自己的战略威慑力量和常规力量,为执行与苏联进行全球大战的军事战略打下坚实的物质基础。

20 世纪 80 年代初期,美国海军推出了战略,其核心思想是:平时将适当的兵力部署在敌国前沿地区,防止不利于美国的危机和冲突发生或升级。当威慑失败,战争不可避免时,海军兵力灵活地采取“横向升级”的办法,不局限在事发地区与敌对抗,而是要与盟国的海上力量一道,利用海洋的流动性,深入敌方其他敏感地区,用对等的方式有效地打击敌人,使敌人顾此失彼,得不偿失,从而在有利于美国的情况下结束战争。美国海军在 80 年代确定的主要任务是:海上控制、兵力投送、应付危机。海军战略的基本内容是:实力威慑,前沿防御和盟国团结。

冷战后美国的海军新战略② 冷战之后,俄罗斯退守相关区域,美国成为世界第一海洋强国。根据这种形势,美海军战略进行了大调整,主要是从冷战

① 刘金质:《冷战史》,北京,世界知识出版社,2003 年,第 24 - 25 页。

② 美国海军战略与作战思想,aikanshu. com/books/7466/206336. htm,2005 - 08 - 16。

时期奉行的公海、远洋战略向地区、近岸和远征战略的转变,形成由海向陆战略。两个要点:第一,从控制海洋的作战转为向应急战区实施的远征作战,即注重应急作战;第二,从独立实施的大规模海上作战转为从海上支援地面的作战,即注重与陆空军的联合作战。内容包括:第一,战略形式的多样化与作战对象的多元化。美海军未来进行的战争形式由打一场全球性的全面的海上战争转变为对付各种地区性冲突。美军要具备同时在世界两个地区作战,并打赢两场相当于海湾战争规模的局部战争的能力。美海军的主要作战对象由原苏联海军,转变为第三世界国家军队这一多元的不确定对象。美军今后的战略重点是对付发生在第三世界的地区性冲突,在这些冲突中,美海军要配合陆军和空军部队作战,支援战区或联合特遣部队作战。第二,以支援岸上作战为美国海军的主要作战任务。首要作战任务由控制海洋转变为支援陆上作战。新战略基本保留了战略威慑、前沿存在、兵力投送和海上运输等传统的海军任务,此外,还为美海军制定了新的战略任务,主要有远征作战和沿海作战。第三,夺取五维的作战空间控制权。世界上有60%的政治中心城市距海岸25英里以内。75%距海岸不足150英里。因此,一旦出事,美国要捍卫这类城市或地区的美国利益,海军将起重要作用。第四,以联合作战为主要作战方式。海军要与陆空军并肩作战,因此,全力发展某些沿海作战所需要具备的作战能力,如浅水反潜作战、反水雷战、两栖作战和特种作战将成为常见的作战类型,兵力投送的能力也比以往要求更高。第五,灵活的编组和部署方式。航母战斗群;两栖戒备大队和装备战斧巡航导弹的水面作战群组成的特遣部队;由部分扫雷舰艇加上若干艘担负护航任务的导弹护卫舰编成的特遣部队;协同陆空军作战的航母战斗群和载有海军陆战队的两栖戒备大队组成的强大特遣部队。

称霸全球的海军　美国海军为了在21世纪长期保持世界第一强大海军的地位,2005年提出了未来30年海军造舰计划。这份计划详细规划了未来30年海军造船情况,主要内容包括:2010年前,海军每年建造1艘驱逐舰,2020年前平均每年建造1.4艘驱逐舰,到2035年前将建造260~325艘舰船(简称"260计划""325计划")。规划中还提到,2019年前,海军应将其水面战舰(包括护卫舰和濒海作战舰)的数量从现在的102艘增至145艘。此后,在2035年前,海军将确保拥有130艘水面战舰(根据"260计划"),以轮流保障不多的几支航空母舰战舰和远征战舰。海军还提议在2010年前,建造驱逐舰的速度从每年1艘逐渐增至每年建造1.2艘(或在5年内建造6艘舰船)。2010年后,建造水面战舰的数量将在5年内增长到7艘,2020年前平均每年建造4艘。海军将确保在2035年前拥有325艘舰船(其中包括174艘水面战舰)。[①]

船舶工业　美国的军用造船业在世界上依然首屈一指。美国的舰船配套工业门类齐全,实力雄厚,形成了世界上体系最为完善的海军舰艇和舰载装备体系。美国舰船所使用的动力装置、导航仪表、观通设备和武器装备等完全由本国提供,同时还可以大量出口。20世纪70年代末期以后,美国民船年产量大约保持在20艘以上、100多万总吨水平,已经淡出国家民船市场的竞争。

美国船舶科研是军民结合的体制。舰艇及其武器装备的科研工作由国会和总统决策,国防部统一领导,海军部负责具体管理,以军内外科研机构结合进行。美国舰船科研设计部门由海军、私营企业和大学三方面组成。海军领导的科研单位主要为海军急需及长远发展服务;私营企业以合同形式承担大部分应用研究项目;大学主要从事基础理论和部分应用研究工作。

领先的海洋学研究　美国在海洋学方面长期处于世界领先地位,为其称霸海洋奠定了可靠的海洋学基础。美国有一些很有名的海洋科研机构,如:①太平洋海洋环境实验室;②大西洋海洋学与气象学实验室;③伍兹霍尔海洋研究所是私立研究机构;④斯克里普斯海洋研究所。

高度集成的海洋观测能力　美国经过长期努力,建立了先进的海洋观测网和预报服务系统,为海军的全球活动和国内的海洋工作提供海洋环境保障服务。进入21世纪,美国正在整合本国海洋观测网,并利用世界海洋观测系统(GOOS计划)的观测能力,建设高度集成的对海观测网。这个系统实际上已经成为美国进行全球战略的一个战场环境建设项目。建设这个系统的主要目的,是形成美国主导的全球海洋观测网,实现美国在全球海洋领域主导地位的国家目标。这个系统的具体目标是实现全球海洋透明化。美国有关人士说:“要把全球海洋变成透明的海洋。”[②]“透明的海洋”在改进天气预报、海洋环境预报、气候预测等方面有重要意义,在军事方面意义更突出,或许这才是美国建设这种巨大系统工程的主要目的。冷战局面结束后,美国海军的战略从深海远洋向

---

① 2005年4月7日,中国国防科技信息中心。

② 国家海洋监测中心:《海洋监测技术发展战略研究报告》,2004年11月,第63页。

浅海和沿岸转移。发生利害冲突国是美国海上干涉的目标国家,这些国家的近海是美国海军的战略重点。在目标国家近海进行军事干涉,必须掌握大量的海洋环境信息。为了保障浅海区两栖作战需要,美国海军的口号是:“要把全世界四分之三海岸线摸得跟自家后花园一样熟。”①

海洋行政执法能力强 美国海岸警备队是美国实施海上执法管理的主要机构。2001 年“9·11”事件后,成立国土安全部,海岸警备队同海关、移民归化局、边防巡逻队等 20 多个机构一起并入国土安全部。这是在其从财政部转归运输部 36 年后的又一次大的机构变动。美国海岸警备队为目前世界上最大最完善的海上执法队伍,是美国五大军种之一(即陆军、海军、空军、海军陆战队、海岸警备队)。美国海岸警备队肩负多种使命,主要职责是保护美国在其内陆水域、港口和码头、长达 95 000 英里的海岸线、领海以及 340 万平方英里的专属经济区的公共安全秩序、环境、经济及国家安全利益,保护美国在国际水域及其他美国认为重要的海域的利益。美国海岸警备队的主要装备有:巡逻舰艇 175 艘、远洋巡逻舰 78 艘、内海巡逻艇 86 艘、支援舰艇与其他舰船 11 艘、航空兵固定翼飞机 52 架等。

先进的海洋政策原则 美国依据可持续发展的原则,提出了系统的海洋政策原则包括:①可持续性原则(Sustainability)。海洋政策的制定既满足现代人的需要,也不损害后代人发展能力的要求。②公共利益原则。政府在制定海洋政策时,要从全体民众的利益出发,平衡不同海洋用户的关系;全体民众要认识海洋和沿海的价值,支持符合公共利益的政策,并且要有保护海洋的道德,自觉减少对海洋环境的消极影响。③海、陆、气相互作用原则。海洋、陆地和大气是相互作用、相互影响的大系统,有密切的内在联系,无论哪一部分受到影响,都会影响其他部分,因此,海洋政策的制定要建立在承认这种相互作用的基础上。④生态系统管理原则。海洋、海岸带资源管理,应该反应生态系统的全部内容,包括人类、非人类种群及其生存环境;同时,管理的地理区域也应该以生态系统的完整性为基础,而不是政治地理边界。⑤多用途管理原则。海洋有多种用途,而且有许多潜在用途。海洋政策和管理工作,要在保护海洋环境的基础上,平衡竞争性用途之间的关系。在这些政策原则的基础上,形成了全面发展海洋事业的规划蓝图。根据这个规划,在整个 21 世纪,美国的海洋事业都将处于世界领先地位。

---

① 国家海洋监测中心:《海洋监测技术发展战略研究报告》,2004 年 11 月,第 63 页。

十二、世界海洋强国展望

我们根据海洋强国的综合国力、海上武装力量、海洋软实力(国家海洋战略)、海洋开发利用能力、海洋研究和保障能力、地理条件等方面的关键标志,对世界海洋强国做了初步分析,把海洋强国分为一等、二等(中等)和三等三个级别,美国和俄罗斯是一等,中、法、英、印是中等,德国和日本是三等。

美国的综合国力、经济总量、海上力量等,均远胜于其他国家,到2020年,仍然是海上最强势国家;俄罗斯的综合国力排序不高,但是,可能拥有更多中型航空母舰,10艘以上战略核潜艇,海洋渔业、海洋科研能力也很强,而且,俄罗斯有十分强烈的海洋强国愿望,可以排在美国之后列为一等。

法国已经拥有中型航空母舰和战略核潜艇,其他海上力量也很强,2020年海上力量不会削弱,是中等海洋强国。英国目前有轻型航空母舰和战略核潜艇,2020年也有可能建造中型航空母舰、新型战略核潜艇,其他海上力量也不会削弱。印度早已确立了建设海洋强国的国家战略,也是有中型航空母舰的国家,并且正在考虑自己建造航空母舰与核潜艇,其他海上力量也会发展。

日本和德国综合国力比较强,造船和油气开发装备制造能力强,海洋科研能力也很强,但是,他们不能拥有海上核力量。

中国是陆海兼备大国,海洋与国家生存和发展息息相关。清代中期之前长期拓展海疆,使中国成为临海大国;近代艰苦卓绝地保卫海防,使中国保持了陆海兼备大国地位;改革开放之后全面走向海洋,成为海洋利益最多的外向型经济大国。中国在新时代要全面建设小康社会,实现民族复兴,必须确立走向海洋的国家战略,建设世界一流的海洋强国,以海富国、以海强国。这是中华民族21世纪的历史性战略任务。2010—2020年是中国海洋事业发展的重要时期,要把海洋事业作为国家战略的一个重大领域,全面开展海洋强国建设,各项涉海事业持续协调发展,实现海洋事业发展的历史性跨越,进入中等海洋强国行列。

参考文献

1. 肯尼迪·保罗,大国的兴衰.梁于华译. 北京:世界知识出版社,1990.
2. 埃及教育部文化局. 埃及简史.方边译.北京:生活·读书·新知三联书店,1972.
3. 罗琴斯卡亚. 法国史纲.刘玉勋译. 北京:生活·读书·新知三联书店,1962.
4. 李雅书,杨共乐. 古代罗马史.北京:北京师范大学出版社,1994.
5. 依田喜家. 简明日本通史.卞强译.上海:远东出版社,2004.
6. 霍立迪.简明英国史.南昌:江西人民出版社,1985.
7. 孙颖,黄光耀.世界当代史.北京:中国时代经济出版社,2003.
8. 朱寰.世界中古史.长春:吉林人民出版社,1981.
9. 聂奇金娜. 苏联史.关其侗译.北京:生活·读书·新知三联书店,1959.
10. 申沉.新编世界军事史(上册):世界古代前期军事史.北京:中国国际广播出版社,1996.
11. 刘庆,毛元佑.新编世界军事史(上册):世界中世纪军事史.北京:中国国际广播出版社,1996.
12. 李明.新编世界军事史(下册):世界近代中期军事史.北京:中国国际广播出版社,1996.
13. 皮明勇,宫玉振.新编世界军事史(下册):世界现代前期军事史.北京:中国国际广播出版社,1996.
14. 鲁亦冬,张宁.新编世界军事史(下册):世界当代军事史.北京:中国国际广播出版社,1996.
15. 乐庆平,王文涛.新编世界政治史(上册):世界古代后期政治史.北京:中国国际广播出版社,1996.
16. 孙兰芝.新编世界政治史(下册):世界近代后期政治史.北京:中国国际广播出版社,1996.
17. 英帝兴衰史编写组.英帝兴衰史.北京:社会人文出版社,1975.
18. 波特.海上实力.北京:海洋出版社,1990.
19. 潘润涵,林永节.世界近代史.北京:北京大学出版社,2000.
20. 李文业.世界近现代史.沈阳:辽宁人民出版社,1985.
21. 傅蓉珍,等.海上霸主的今昔.哈尔滨:黑龙江人民出版社,1998.
22. 王连元.美国海军争霸史.兰州:甘肃文化出版社,1996.
23. 内森·米勒. 美国海军史.卢如春译.北京:海洋出版社,1985.
24. 拉赛尔·F. 韦格利.美国军事战略与政策史.北京:解放军出版社,1986.
25. 李树藩,王德林.世界最新各国概况.北京:世界知识出版社,1993.
26. 张泽森,田锡文.20世纪的资本主义和社会主义.北京:中国言实出版社,2005.

27. 丁一平,等. 世界海军史. 北京:海潮出版社,2000.
28. 张世平. 史鉴大略. 北京:军事科学出版社,2005.
29. 吴春秋. 论大战略和世界战争史. 北京:解放军出版社,2002.
30. 阿伦·未利新·彼得马斯洛夫. 美国海军史. 北京:军事科学出版社,1989.
31. 戈尔什科夫. 国家的海上威力. 房方译. 北京:海洋出版社,1985.
32. [苏]约·彼·马吉诺维奇. 世界探险史. 北京:世界知识出版社,1988.
33. 李成勋,等. 2020 年的中国. 北京:人民出版社,1999.
34. 张炜,方坤. 中国海疆通史. 北京:中国古籍出版社,2002.
35. 编写组. 中国人民保卫海疆斗争史. 北京:北京出版社,1979.
36. 孙光圻. 中国古代航海史. 北京:海洋出版社,2005.
37. 鲍中行. 中国海防的反思——近代帝国主义从海上入侵史. 北京:国防大学出版社,1990.
38. 戴逸. 中国近代史通鉴. 北京:红旗出版社,1997.
39. [英]威廉·穆尔. 阿拉伯帝国. 周术情等译. 西宁:青海人民出版社,2006.
40. [美]斯坦福·肖. 奥斯曼帝国. 许序雅等译. 西宁:青海人民出版社,2006.
41. [南斯拉夫]乔治·奥斯特洛格尔斯基. 拜占庭帝国. 陈志强译. 西宁:青海人民出版社,2006.
42. [英]利尔德·哈特. 第二次世界大战史. 哈协力译. 上海:上海译文出版社,1978.
43. [美]艾尔弗雷德·塞耶·马汉. 海权对历史的影响. 安常容等译. 北京:解放军出版社,2006.